對本書的讚譽

「這本書補足了在整個技術堆疊中構建微服務和分析架構決策細微差別中所缺少的部分。在這本書中，你可以得到在構建分散式系統時可以做出的架構決策清單，以及與每個決策相關的優缺點。這本書是每個構建現代分散式系統的架構師所必須具備的。」

—*Aleksandar Serafimoski*，*Thoughtworks* 首席顧問

「對於熱衷於架構的技術專家來說，這是一本必讀的書。本書對模式的表達清晰扼要。」

—*Vanya Seth*，*Thoughtworks India* 技術主管

「無論你是位有抱負的架構師，還是經驗豐富帶領團隊的架構師，都不要手忙腳亂，這本書將具體引導你在如何建立企業應用程式和微服務的過程中獲得成功。」

—*Venkat Subramaniam* 博士，獲獎作家和 *Agile Developer, Inc.* 創始人

「《軟體架構：困難部分》在讓你瞭解如何拆開高度耦合的系統並重新構建它們上，為讀者提供了寶貴的見解、實踐和真實世界的範例。藉由獲得有效的權衡分析技能，你將開始做出更好的架構決策。」

—*Joost van Wenen*，*Infuze Consulting* 聯合創始人兼執行合夥人

「我喜歡閱讀這本關於分散式架構全方位的著作！它完美結合了基本概念的扎實討論與大量實用的建議。」

—*David Kloet*，獨立軟體架構師

「分割一個大泥球並不是件容易的事。從程式碼開始到資料，這本書將幫助你明白應該提取的服務和應該保持在一起的服務。」

—*Rubén Díaz-Martínez*，*Codesai* 的軟體開發人員

「本書將為你提供理論背景和實用框架，協助解答在現代軟體架構上所面臨的最困難問題。」

—*James Lewis*，*Thoughtworks* 技術總監

軟體架構：困難部分

分散式架構的權衡分析

Software Architecture: The Hard Parts

Modern Trade-Off Analysis for Distributed Architectures

Neal Ford, Mark Richards, Pramod Sadalage, and Zhamak Dehghani 著

劉超群　譯

O'REILLY®

目錄

前言

當本書的兩位作者 Neal 和 Mark 在撰寫《*Fundamentals of Software Architecture*》一書時，我們不斷遇到我們想要涵蓋的架構中複雜的例子，但這太難了。每一個例子都沒有提供簡單的解決方案，而是一堆混亂的權衡。我們把這些例子放在我稱為「困難部分」的一堆中。在那本書完成後，我們看著當時已經成為一大堆的困難部分，並試圖搞清楚：*為什麼這些問題在現代架構中是如此的難以解決？*

我們拿著所有的例子，像架構師一樣工作，對每一種情況進行權衡分析，但也注意到我們用來達成權衡的過程。我們早期的發覺之一是資料在架構決策中越來越重要：誰可以 / 應該存取資料、誰可以 / 應該寫入資料、以及如何管理分析和操作資料的分割。為此，我們邀請了這些領域的專家加入我們，這使得本書能夠從兩個角度充分地納入決策過程：架構到資料和資料到架構。

結果就是這本書：現代軟體架構中困難問題的匯集，使決策變得困難的權衡，以及最終向你展示如何將同樣的權衡分析應用到你自己獨特問題的說明指南。

本書編排慣例

本書中使用了以下編排慣例：

斜體字（*Italic*）

　　表示新的術語、URL、電子郵件地址、文件名稱和文件路徑。中文以楷體表示。

定寬字（`Constant width`）

用於程式列表，以及在段落中引用程式的元素，像是變數或函數名稱、資料庫、資料類型、環境變數、敘述和關鍵字等。

定寬粗體字（**`Constant width bold`**）

顯示應該由使用者按字面意思輸入的命令或其他文字。

定寬斜體字（*`Constant width italic`*）

顯示應該用使用者提供的值或由上下文確定的值替換的文字。

這個圖示表示提示或建議。

使用範例程式

補充材料（範例程式、練習等）可在以下網站下載：
http://architecturethehardparts.com。

如果你有技術上的問題或在使用範例程式時遇到問題，請發送電子郵件至：
bookquestions@oreilly.com。

本書旨在協助你完成工作。一般來說，你可以在自己的程式或文件中使用本書的程式碼而不需要聯繫出版社取得許可，除非你更動了程式的重要部分。例如，使用這本書的程式段落來編寫程式不需要取得許可，但是將 O'Reilly 書籍的範例製成光碟來銷售或發布，就必須取得我們的授權。引用本書的內容與範例程式碼來回答問題不需要取得許可，但是在產品的文件中大量使用本書的範例程式，則需要我們的授權。

雖然沒有強制要求，但如果你在引用時能標明出處，我們會非常感謝。出處一般包含書名、作者、出版社和 ISBN。例如：「*Software Architecture: The Hard Parts* by Neal Ford, Mark Richards, Pramod Sadalage, and Zhamak Dehghani (O'Reilly). Copyright 2022 Neal Ford, Mark Richards, Pramod Sadalage, and Zhamak Dehghani, 978-1-492-08689-5」。

如果你覺得自己使用範例程式的程度超出上述的允許範圍，歡迎隨時與我們聯繫：
permissions@oreilly.com。

致謝

Mark 和 Neal 要感謝所有參加我們（幾乎完全是線上）課程、研討會、會議和使用者群組會議的人，以及所有聽過這個素材版本並提供寶貴回饋意見的人。當我們不能在現場進行時，對新素材執行迭代尤其困難，所以我們感謝那些對多次迭代提出評論的人。我們感謝 O'Reilly 的出版團隊，他們使這成為一種就像寫書一樣輕鬆的體驗。我們也要感謝一些隨機保持理智和激發靈感的團體，像是 Pasty Geeks 和 Hacker B&B。

感謝那些為本書進行技術審查的人——Vanya Seth、Venkat Subramanian、Joost van Weenen、Grady Booch、Ruben Diaz、David Kloet、Matt Stein、Danilo Sato、James Lewis 和 Sam Newman。你們的寶貴意見和回饋幫助我們驗證了技術的內容，並使本書變得更好。

我們特別要問候受到這場突如其來的全球大流行疾病影響的許多工作者和家庭。與各行各業許多的朋友和同事所遭受的巨大干擾和破壞相比，身為知識工作者的我們所面臨的不便實在顯得微不足道。我們要特別慰問和感激醫護人員，他們中的許多人從未預料到自己會站在一場可怕的全球性災難的前線，但卻高尚地處理了這場災難。對此我們集體的感謝是遠遠不足以表達。

Mark Richards 的致謝

除了前面的致謝之外，我再次感謝我可愛的妻子 Rebecca，感謝她在又一本書專案中對我的容忍。即使這意味著妳必須犧牲在妳自己小說上的工作時間，但妳無止盡的支持和建議幫助了這本書的出版。妳是我的全世界，Rebecca。我還要感謝我的好朋友和共同作者 Neal Ford。與你在這本書（以及我們的上一本）素材上的合作，實在是一次有價值和有意義的經歷。你現在是，而且永遠都是我的朋友。

Neal Ford 的致謝

我要感謝 Thoughtworks 集團這個大家庭，以及集團中的 Rebecca Parsons 和 Martin Fowler。Thoughtworks 是一個特殊的群體，他們在為客戶創造價值的同時，還能敏銳地觀察事物的工作原理，以便我們能夠改善它們。Thoughtworks 對本書提供了許多方面的支援，並持續培養一些每天都在挑戰和激勵我的 Thoughtworks 人。我還要感謝我們社區雞尾酒俱樂部取消了包括每週一次戶外活動的定期聚會，保持社交距離的生活方式，幫助我們大家安然度過了我們正面臨的艱困時刻。我感謝我的老朋友 Norman Zapien，他從未停止過提供我愉快的聊天時光。最後，感謝我的妻子 Candy，她持續支持我專注在像是寫書之類的事情，而不是貓咪的生活方式。

Pramod Sadalage 的致謝

我感謝我的妻子 Rupali 的支持和理解，感謝我可愛的女兒 Arula 和 Arhana 的鼓勵；爸爸愛妳們。如果沒有我工作的客戶端機器以及在迭代的概念和內容上協助我的各種會議，我是不可能執行所有這些工作。感謝有最新的客戶端機器 AvidXchange 的支援，並提供了足夠的空間來迭代新的概念。我還要感謝 Thoughtworks 在我生涯中的持續支持，感謝 Neal Ford、Rebecca Parsons 和 Martin Fowler 這些了不起的導師；是你們讓我成為一個更好的人。最後，感謝我的父母，特別是我每天都思念的母親 Shobha。我想妳，媽媽。

Zhamak Dehghani 的致謝

我感謝 Mark 和 Neal 公開的邀請，讓我能有機會為這驚人的作品出一份力。如果沒有我丈夫 Adrian 的持續支持和我女兒 Arianna 的耐心，我就不可能對這本書能有所貢獻。我愛你們。

第一章

當沒有「最佳做法」時，會發生什麼？

為什麼像軟體架構師這樣的技術專家會出席會議或寫書？因為他們發現了俗稱的「最佳做法」，這個術語被過度濫用，以致於那些說這個術語的人越來越受到強烈反對。不管是哪種說法，當技術專家對一個一般性的問題發現新的解決方案，並想把它傳播給更多人的時候，他們就會寫書。

但是，對於那些沒有好解決方案的大量問題會發生什麼？在軟體架構中存在所有類型的問題，這些問題卻沒有好的一般性解決方案，而是呈現一組凌亂的權衡，與一組（幾乎）同樣凌亂的集合。

軟體開發人員在網上搜尋當前問題的解決方案方面建立了出色的技能。例如，如果他們需要弄清楚如何在他們的環境中配置一個特定工具，專業地使用 Google 就會找到答案。

但對架構師來說，情況並非如此。

對於架構師來說，許多問題都帶來了獨特的挑戰，因為它們混淆了你組織的確切環境和情況——有人遇到了這種情況並將它發布在博客或貼在 Stack Overflow 上的機會有多少？

架構師可能想知道，與框架、API 等技術主題相比，為什麼關於架構的書籍這麼少。架構師很少會經歷常見的問題，但卻在新情況下為了做決定而不斷地掙扎。對於架構師來說，每一個問題都是一片雪花。在許多情況下，問題不僅僅是出現在特定的組織內，而對整個世界都是新的。對於這些問題，沒有任何的書籍或是會議討論它！

架構師不應該一直為他們的問題尋找靈丹妙藥；現在這些靈丹妙藥和 1986 年 Fred Brooks 創造這個術語時一樣罕見：

> 無論是技術還是管理方面的技術，都沒有任何一個發展能夠承諾十年內在生產力、可靠性和簡單性方面有平均一個數量級 [十倍] 的改善。
>
> —出自 Fred Brooks 的「No Silver Bullet」

因為幾乎每一個問題都會帶來新的挑戰，架構師的真正工作在於他們能夠客觀地決定和評估一個最終決定任何一方的權衡，以盡可能好地解決它。作者沒有談論「最佳解決方案」(在本書或現實世界中)，因為「最佳」意味著架構師已經設法將設計中所有可能的競爭因素最大化。相反地，我們提出以下半開玩笑的建議：

不要試圖在軟體架構中找到*最好的*設計；相反地，要爭取*最不差的*權衡組合。

通常情況下，架構師可以建立的最好設計是最不差的權衡集合——沒有一個單一架構特徵能超過它單獨的那樣，但所有競爭架構特徵的平衡能促進專案成功。

這就引出了一個問題，「架構師如何才能**找到**最不差的權衡組合（並有效地記錄它們）？」本書主要是關於決策的，使架構師在面對新情況時能做出更好的決策。

為什麼是「困難部分」？

為什麼我們把這本書叫做《*軟體架構：困難部分*》？實際上，書名中的「hard」一字有雙重含義。首先，*hard* 意味著*困難*，而架構師們不斷面臨著字面上（及象徵性地）以前沒有人所面臨過的困難問題，涉及許多具有長期影響的技術決策，這些決策必須發生在人際和政治環境之上。

第二，*hard* 意味著*硬*——就如同在分離的*硬*體和*軟*體中，*硬*的部分應該改變得比較少，因為它為*軟*的部分提供了基礎。同樣地，架構師也討論了*架構*和*設計*之間的區別，前者是結構性的，而後者更容易改變。因此，在本書中，我們討論的是架構的基礎部分。

軟體架構的定義本身已經為它的參與人員提供了許多時間的非生產性對話。一個最受歡迎半開玩笑的定義是「軟體架構是那些以後很難改變的*東西*」，這些*東西*就是我們這本書的內容。

提供關於軟體架構的永恆建議

軟體開發的生態系統不斷地、混亂地轉變和成長。幾年前風靡一時的話題要麼被生態系統所包含並消失，要麼被不同 / 更好的東西所取代。例如，10 年前，大型企業的主流架構樣式是協作驅動、服務導向的架構。現在，幾乎沒有人再採用這種架構的樣式了（原因我們將在後面揭曉）；目前許多分散式系統所青睞的樣式是微服務，這種轉變是如何以及為什麼發生的？

當架構師注視一個特定的樣式（尤其是歷史性的），他們必須考慮導致這架構成為主流的約束因素。當時，許多公司合併成為企業，伴隨著這種過渡隨之而來的是整合問題。此外，對於大公司來說，開源並不是一個可行的選項（通常是出於政治而非技術原因）。因此，架構師強調共用資源以及集中協作作為一種解決方案。

然而，在這幾年中，開源和 Linux 成為可行的替代方案，使作業系統在商業上免費。然而，真正的轉捩點發生在 Linux 隨著像是 Puppet 和 Chef 等工具的出現而在操作上變得免費，這些工具允許開發團隊以編程方式啟動他們的環境，作為自動建構的一部分。一旦有了這種能力，它就透過微服務和迅速出現的容器基礎架構，以及像是 Kubernetes 等協作工具而促進了一場架構革命。

這說明了軟體開發的生態系統以完全無法預期的方式擴展和演進。一種新的能力導致了另一種能力，這又不預期地創造了新的能力。隨著時間的推移，這個生態系統一次一個地完全取代了自己。

這對一般技術以及特別是軟體架構書籍的作者提出了一個古老的問題——我們怎樣才能寫出不會立即變老的東西？

在本書中，我們並不關注技術或其他實作的細節。相反地，我們關注的是架構師如何做決策，以及在遇到新情況時如何客觀地權衡取捨。我們使用當時的情景和例子來提供細節和上下文，但基本原則著重於面對新問題時的權衡分析和決策。

資料在架構中的重要性

> 「資料是一種珍貴的東西，並會比系統本身更持久。」
>
> —Tim Berners-Lee

對於架構界許多人來說，資料就是一切。每個建立任何系統的企業都必須處理資料，因為它的壽命往往比系統或架構還長得多，需要勤奮的思考和設計。然而，資料架構師建立緊密耦合系統的許多本能在現代分散式架構中產生了衝突。例如，架構師和 DBA 必須確保商務資料在整體式系統被拆散後仍能存在，並且無論架構如何波動，商務仍可以從它的資料中獲得價值。

有人說，**資料是一個公司最重要的資產**。企業希望從他們擁有的資料中提取價值，並在決策中找到新的方法部署資料。現在企業的每一部分都是由資料驅動的，從服務現有客戶到獲得新客戶、增加客戶保留率、改善產品、預測銷售和其他的趨勢。這種對資料的依賴意味著所有的軟體架構都在為資料服務，確保正確的資料可以被企業的各部門使用。

幾十年前，當分散式系統剛開始流行時，作者就建立了許多分散式系統，但是現代微服務的決策似乎更為困難，我們想弄清楚為什麼。我們最終意識到，在分散式架構的早期，我們大多仍然是堅持資料在一個單一的關聯式資料庫中。然而，在微服務中，以及從「Domain-Driven Design」（*https://oreil.ly/bW8CH*）中對有界上下文的哲學堅持，作為限制實作細節耦合範圍的一種方式，資料已經和交易性一起移到了架構關注點上。現代架構的許多困難部分都來自於資料和架構關注點之間的緊張關係，我們會在第一部分和第二部分解開這個問題。

我們在不同章節中涵蓋的一個重要區別，是在**操作**資料與**分析**資料之間的分割。

操作資料

用於商務運作的資料，包括銷售、交易資料、庫存等等。這些資料是公司運行的依據，如果這些資料受到干擾，組織就無法長期運作。這種類型的資料被定義為**線上交易處理**（OLTP），它通常涉及在資料庫中插入、更新和刪除資料。

分析資料

資料科學家和其他商務分析師用於預測、趨勢分析及其他商務智慧的資料。這種資料通常不是交易性的，而且通常不是關聯性的——它可能位於圖形資料庫或快照中，其格式與原來的交易形式不同。這些資料對日常運作並不重要，但是對長期策略方向和決策都很重要。

我們在全書中涵蓋操作和分析資料的影響。

架構決策記錄

記錄架構決策的最有效方法之一是透過**架構決策記錄**（ADR（*https://adr.github.io*））。ADR 最早是由 Michael Nygard 在一篇博客貼文（*https://oreil.ly/yDcU2*）中宣揚的，後來在 Thoughtworks Technology Radar（*https://oreil.ly/0nwHw*）中被標記為「採用」。一個 ADR 由描述一個特定架構決策的簡短本文檔案組成（通常為一到兩頁）。雖然 ADR 也可以用明文編寫，但它們通常是用某種本文檔案格式編寫的，像是 AsciiDoc（*http://asciidoc.org*）或 Markdown（*https://www.markdownguide.org*）。或者，ADR 也可以用 wiki 頁面模板來編寫。在我們的前一本書《*Fundamentals of Software Architecture*》（O'Reilly）中，我們用了整整一章來討論 ADR，繁體中文版《**軟體架構原理｜工程方法**》由碁峰資訊出版。

我們將利用 ADR 作為記錄本書中各種架構決策的一種方式。對於每個架構決策，我們將使用以下的 ADR 格式，並假設每個 ADR 都得到正式的認可。

> *ADR*：一個包含架構決策的短名詞片語。
>
> **上下文**
> 在 ADR 的部分，我們將增加簡短一兩句話的問題描述，並列出替代的解決方案。
>
> **決策**
> 在這部分我們將陳述架構決策，並提供決策的詳細理由。
>
> **結果**
> 在 ADR 的這部分中，我們將描述應用決策後的任何結果，並討論所考慮的權衡。

本書中建立的所有架構決策記錄清單可以在附錄 B 中找到。

記錄一個決策對架構師很重要，但管理決策的正確使用是一個單獨的主題。幸運的是，現代工程實作允許透過使用架構適應度函數自動化許多常見的管理問題。

架構適應度函數

一旦架構師確定了組件之間的關係並將其編入設計中，他們如何確保實作者會遵守這設計？更廣泛地說，如果架構師不是實作者，他們如何能確保他們定義的設計原則會成為現實？

這些問題屬於**架構管理**的範疇，它適用於對軟體開發的一個或多個面向的任何有組織的監督。由於本書主要涵蓋架構結構，我們在很多地方都介紹了如何經由適應度函數使設計和品質的原則自動化。

軟體開發隨著時間的推移慢慢演變以適應獨特的工程做法。在軟體開發的早期，無論是大的（如瀑布式開發過程）還是小的（專案上的整合實作），製造業的比喻通常被應用於軟體實作。在 1990 年代初期，由 Kent Beck 和 C3 專案的其他工程師領導的對軟體開發工程實作的重新思考，被稱為 eXtreme 編程（XP），說明了增量回饋和自動化作為軟體開發生產力的關鍵推動者的重要性。在 2000 年代初期，同樣的教訓被應用於軟體開發和作業的路口，催生了 DevOps 的新角色，並使許多以前手動作業的雜事自動化。就像以前一樣，自動化使團隊走得更快，因為他們不必擔心沒有好的回饋事情就會中斷。因此，**自動化**和**回饋**已經成為有效軟體開發的核心原則。

考慮導致自動化突破的環境和情況，在持續整合之前的年代，大多數軟體專案都包括一個漫長的整合階段。每個開發者都被期望與其他人在某種程度上隔離的工作，然後在最後將所有的程式碼整合到一個整合階段。這種做法的痕跡仍然存在於版本控制工具中，強迫分支並阻止持續整合。毫不奇怪地，專案規模與整合階段的痛苦之間存在著強烈的關聯。透過開創性的持續整合，XP 團隊說明了迅速、持續回饋的價值。

DevOps 革命遵循類似的歷程。隨著 Linux 和其他開源軟體對企業來說變得「足夠好」，再加上允許虛擬機器編程定義（最終）工具的出現，作業人員意識到他們可以將機器定義和許多其他重複性工作自動化。

在這兩種情況下，技術和洞察力的進步導致由昂貴角色處理的重複性工作的自動化——這描述了大多數組織中架構管理的目前狀態。例如，如果一個架構師選擇了一個特定的架構樣式或通訊媒介，他們如何確保開發者正確地實作它？手動完成時，架構師會執行程式碼審查或召開架構審查委員會來評估管理狀態。然而，就像在作業中手動配置電腦一樣，重要的細節很容易落入膚淺的審查中。

使用適應度函數

在 2017 年的《*Building Evolutionary Architectures*》（O'Reilly）一書中，作者（Neal Ford、Rebecca Parsons 和 Patrick Kua）定義了**架構適應度函數**的概念：對某些架構特徵或架構特徵的組合進行客觀完整性評估的機制。以下是對這定義的逐點分解：

任何機制

架構師可以使用多種工具來實作適應度函數；我們將在書中展示大量的例子。例如，有專門的測試庫來測試架構結構，架構師可以使用監視器來測試作業架構的特性，像是性能或可擴展性等，並且用混沌工程框架測試可靠性和彈性。

客觀的完整性評估

自動化管理的一個關鍵推動因素是對架構特徵的客觀定義。例如，架構師不能指定他們想要一個「高性能」網站；他們必須提供一個可以用測試、監控或其他適應度函數測量的目標值。

架構師必須注意**複合架構的特徵**——那些不能客觀測量但實際上是其他可測量事物的組合。例如，「敏捷性」是不可測量的，但如果架構師開始把廣義的**敏捷性**拉開，目標是讓團隊能夠迅速、自信地回應生態系統或領域的變化。因此，架構師可以找到有助於敏捷性的可測量特徵：可部署性、可測試性、週期時間等等。通常，缺乏測量架構特徵的能力表示定義太模糊。如果架構師朝著可測量的性質努力，就可以允許他們將適應度函數應用自動化。

某些架構特徵或架構特徵的組合

這個特徵描述了適應度函數的兩個範圍：

原子的

這些適應度函數單獨的處理單一架構特徵。例如，檢查程式碼庫中組件週期的適應度函數在範圍上是原子的。

整體的

整體的適應度函數驗證了架構特徵的組合。架構特徵的一個複雜特點是它們有時會展現出與其他架構特徵協同作用。例如，如果架構師想提高安全性，它將很有可能會影響性能。同樣地，可擴展性和彈性有時也是不一致——支援大量的併發使用者會使處理突發事件變得更加困難。整體的適應度函數行使了互鎖架構特徵的組合，以確保組合效果不會對架構產生負面影響。

架構師實作適應度函數，以圍繞架構特徵的意外變化建立保護。在敏捷軟體開發領域，開發者實作單元、功能以及使用者驗收測試，以驗證**領域**設計的不同維度。然而，直到現在，還沒有類似的機制來驗證設計中的**架構特徵**部分。事實上，適應度函數和單元測試之間的分離為架構師提供了一個很好的範圍指引。適應度函數驗證架構特徵，而不是領域標準；單元測試則正好相反。因此，架構師可以透過詢問以下問題來決定是否需要適應度函數或單元測試：「執行這個測試是否需要任何的領域知識？」如果答案是「是」，那麼單元 / 功能 / 使用者驗收測試是合適的；如果答案是「否」，則需要一個適應度函數。

例如，當架構師談論**彈性**時，指的是應用程式能夠承受使用者突然爆發的能力。請注意，架構師不需要知道有關領域的任何細節——這可以是電子商務網站、線上遊戲、或其他的東西。因此，**彈性**是一個架構上的問題，並且在適應度函數的範圍內。另一方面，如果架構師想要驗證一個郵寄位址的正確部分，則可以透過傳統測試來涵蓋。當然，這種分離並不是純粹的二分法——有些適應度函數會觸及到領域，反之亦然，但不同的目標提供了一個很好的方法來從精神上將它們分開。

這裡有幾個使這個概念不那麼抽象的例子。

架構師的一個共同目標是在程式碼庫中保持良好的內部結構完整性。然而，在許多平台上，惡意的力量與架構師的良好意圖作對。例如，當在任何流行的 Java 或 .NET 開發環境中編碼時，只要開發者引用了尚未導入的類別，IDE 就會協助地顯示一個對話框，詢問開發者是否想自動導入這個引用。這種情況經常發生，以致於大多數程式師都養成了像反射動作一樣打發掉自動導入對話框的習慣。

然而，在彼此之間任意地導入類別或組件會對模組化造成災難。例如，圖 1-1 說明了架構師希望避免的一種特別有害的反模式。

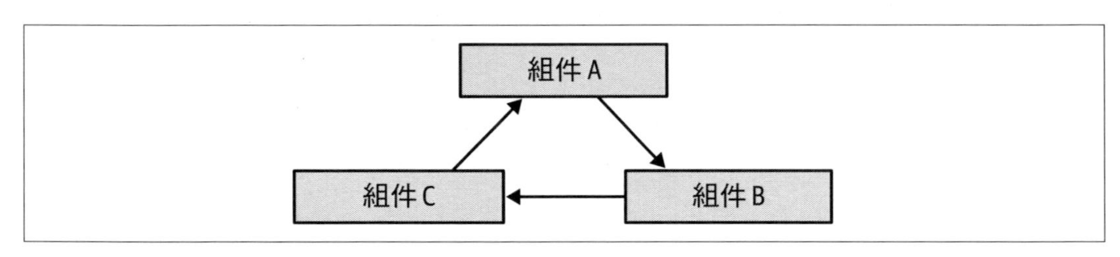

圖 1-1　組件之間的循環相依性

在這種反模式中，每個組件都引用了其他組件中的某些東西。有像這樣的組件網路會損害模組化，因為開發者如果不把其他組件也帶上，就不能重用一個組件。當然，如果其他組件被耦合到另外的組件上，架構就會越來越傾向於大泥球（*https://oreil.ly/usx7p*）的反模式。架構師如何管理這種行為，而又不至於持續盯著那些會亂開槍的開發者的肩膀？程式碼審查雖有幫助，但因在開發週期中發生的太晚了而無效。如果架構師允許開發團隊在程式碼審查前的一週內肆意導入程式碼庫，則程式碼庫中已經發生了嚴重的損害。

這個問題的解決方法是編寫一個適應度函數來避免組件循環，如範例 1-1 所示。

範例 1-1　檢測組件循環的適應度函數

```
public class CycleTest {
    private JDepend jdepend;

    @BeforeEach
```

```
    void init() {
        jdepend = new JDepend();
        jdepend.addDirectory("/path/to/project/persistence/classes");
        jdepend.addDirectory("/path/to/project/web/classes");
        jdepend.addDirectory("/path/to/project/thirdpartyjars");
    }

    @Test
    void testAllPackages() {
        Collection packages = jdepend.analyze();
        assertEquals("Cycles exist", false, jdepend.containsCycles());
    }
}
```

在程式碼中，架構師用度量工具 JDepend（*https://oreil.ly/ozzzk*）來檢查套件之間的相依性。這工具了解 Java 套件的結構，如果存在任何循環，則測試失敗。架構師可以將這個測試連接到專案的持續建構中，不再擔心亂開槍的開發者意外引入循環。這是一個很好的例子，說明適應度函數可以守護軟體開發重要而不緊急的做法：這對架構師來說是一個重要的問題，但對日常的編碼影響不大。

範例 1-1 顯示了一個非常低層次、以程式碼為中心的適應度函數。許多流行的程式碼保健工具（如 SonarQube（*https://www.sonarqube.org*））以完整立即可以使用的方式實作了許多常見的適應度函數。但是，架構師可能還想驗證架構的宏觀結構以及微觀結構。當設計一個像圖 1-2 中的分層架構時，架構師定義了各層以確保分離關注點。

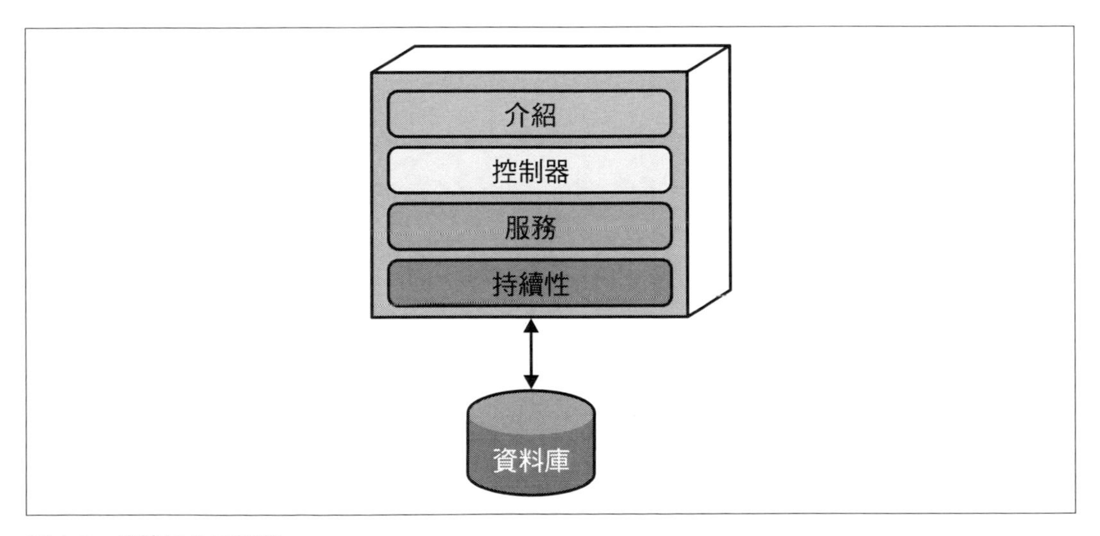

圖 1-2　傳統的分層架構

但是，架構師如何能確保開發者會尊重這些層呢？一些開發者可能不理解這些模式的重要性，而另一些開發者則可能會因為一些像是性能等壓倒一切的局部考慮，而採用「寬恕好於允許」的態度。但是，允許實作者侵蝕架構的原因會傷害架構的長期健康。

ArchUnit（*https://www.archunit.org*）允許架構師透過適應度函數解決這個問題，如範例 1-2 所示。

範例 *1-2* 管理層次的 *ArchUnit* 適應度函數

```
layeredArchitecture()
    .layer("Controller").definedBy("..controller..")
    .layer("Service").definedBy("..service..")
    .layer("Persistence").definedBy("..persistence..")

    .whereLayer("Controller").mayNotBeAccessedByAnyLayer()
    .whereLayer("Service").mayOnlyBeAccessedByLayers("Controller")
    .whereLayer("Persistence").mayOnlyBeAccessedByLayers("Service")
```

在範例 1-2 中，架構師定義了各層間的理想關係，並編寫了一個驗證適應度函數來管理它。這允許架構師在圖表和其他資訊工件之外建立架構原則，並持續地驗證它們。

在 .NET 領域有類似的工具 NetArchTest（*https://oreil.ly/EMXpv*），允許對這個平台做類似的測試。範例 1-3 中顯示一個 C# 中的層次驗證。

範例 *1-3* 層次相依性的 *NetArchTest*

```
// 在介紹中的類別不應該直接引用儲存庫
var result = Types.InCurrentDomain()
    .That()
    .ResideInNamespace("NetArchTest.SampleLibrary.Presentation")
    .ShouldNot()
    .HaveDependencyOn("NetArchTest.SampleLibrary.Data")
    .GetResult()
    .IsSuccessful;
```

在這領域持續出現複雜程度越來越高的工具，我們將繼續強調其中的許多技術，因為我們在說明許多解決方案的同時也說明了適應度函數。

為一個適應度函數找到一個客觀的結果是至關重要的。然而，**客觀**並不意味著**靜態**。一些適應度函數會有非上下文的回傳值，像是真 / 假或一個如性能閾值的數值。但是，其他適應度函數（被視為是**動態的**）會根據某些上下文回傳一個值。例如，當測量**可擴展性**時，架構師測量併發使用者的數量，且一般也測量每個使用者的性能。通常，架構師設計系統時，隨著使用者數量的增加，每個使用者的性能會稍微下降，但不會急遽降低。因此，對於這些系統，架構師在設計性能適應度函數時要考慮到併發使用者的數量。只要對架構特徵的測量是客觀的，架構師就可以對它進行測試。

雖然大多數適應度函數應該自動化，並持續運行，但某些函數必須是手動的。手動的適應度函數需要一個人來處理驗證。例如，對於有敏感法律資訊的系統，律師可能需要審查關鍵部分的改變以確保合法性，這不能自動化。大多數部署管道支援手動階段，允許團隊容納手動適應度函數。理想情況下，這些函數在合理的可能範圍內頻繁地執行——不執行的驗證就不能驗證任何事。團隊可以因為需要（很少）或作為持續整合工作流的一部分（最常見）執行適應度函數。為了完全實現像是適應度函數驗證的好處，它們應該持續執行。

連續性很重要，正如這個使用適應度函數的企業級管理例子所說明的。考慮以下場景：當企業使用的某個開發框架或資料庫被發現有零日漏洞時，公司會怎麼做？如果它像大多數公司一樣，安全專家會偵查專案以找到有問題的框架版本並確保它已經被更新，但這個過程很少是自動化的，而是依賴許多手動步驟。這不是一個抽象的問題，這個確切的場景影響了「Equifax 資料外洩」中描述的一個主要金融機構。就像前面描述的架構管理一樣，手動流程容易出錯，並讓細節被忽略。

Equifax 資料外洩

2017 年 9 月 7 日，美國一家主要的信用評等機構 Equifax 宣佈發生了資料外洩。最終，這問題被追溯到 Java 生態系統中流行的 Struts 網路框架的駭客攻擊漏洞（Apache Struts vCVE-2017-5638）。這機構在 2017 年 3 月 7 日發表一份聲明，宣佈這個漏洞並發布補丁。國土安全部第二天聯繫了 Equifax 和類似的公司，警告他們這個問題，他們在 2017 年 3 月 15 日進行掃描，並沒有發現所有受影響的系統。因此，直到 2017 年 7 月 29 日，當 Equifax 的安全專家確認導致資料外洩的駭客行為時，關鍵補丁才被應用於許多舊的系統上。

想像在一個替代的世界中，每個專案都執行一個部署管道，且安全團隊在每個團隊的部署管道中都有一個「插槽」，他們可以在那裡部署適應度函數。大多數的時候，這些將是對安全防護的普通檢查，像是防止開發者在資料庫中存儲密碼和類似的常規管理工作。然而，當出現零日漏洞時，在各處都有相同機制允許安全團隊在每個專案中插入測試，以檢查框架和版本編號；如果發現危險的版本，則構建失敗並通知安全團隊。團隊配置部署管道會被生態系統的任何改變喚醒：程式碼、資料庫模式、部署配置和適應度函數。這允許企業普遍地自動化重要管理工作。

適應度函數為架構師提供了許多好處，其中最重要的是有機會再次進行編碼！架構師一個普遍的抱怨問題是他們不再寫很多程式碼了——但適應度函數往往就是程式碼！透過建立一個可執行的架構規範，任何人都可以藉由執行專案構建來隨時驗證，架構師必須很好地了解系統和它持續的演進，這與在專案發展過程中跟上專案程式碼的核心目標重疊。

無論適應度函數多麼強大，架構師應該避免過度使用它們。架構師不應該形成一個小集團，並撤回到象牙塔中去建立一個難以置信的複雜、互鎖的一組適應度函數，這只會使開發者和團隊感到沮喪。相反地，這是為架構師在軟體專案上建立一個**重要**但不**緊急**原則可執行清單的方法。許多專案都淹沒在緊迫性中，讓一些重要的原則從旁邊溜走。這是技術債務的常見原因：「我們知道這很不好，但我們以後會回來修正它」——而這個以後卻永遠不會來。透過將關於程式碼品質、結構和其他防衰減措施的規則編入持續執行的適應度函數，架構師建立了一個開發者不能跳過的品質查核表。

幾年前，Atul Gawande（Picador）的優秀著作《*The Checklist Manifesto*》強調了像外科醫生、飛行員等專業人士對查核表的使用，以及那些經常使用（有時是法律強制使用）查核表作為他們工作的一部分領域。這不是因為他們不了解自己的工作或特別健忘；當專業人士反復執行相同的工作，當不小心跳過時，就很容易自欺欺人，而查核表可以防止這種情況。適應度函數代表了由架構師定義的重要原則查核表，並作為構建的一部分執行，以確保開發者不會意外地（或因為像是進度壓力等外部力量而有目的地）跳過它們。

當有機會說明管理架構解決方案以及初始設計時，我們會在整本書中使用適應度函數。

架構與設計：保持定義簡單性

架構師不斷奮鬥的領域是保持**架構**和**設計**為獨立但相關的活動。雖然我們不想涉入關於這區別永無止境的爭論中，但我們在本書中努力堅定地站在這範圍中**架構**的這一邊，有以下幾個原因。

首先，架構師必須了解底層架構的原則以做出有效的決策。例如，在架構師實作細節分層之前，**同步**與**異步**通訊之間的決策有許多權衡。在《*Fundamentals of Software Architecture*》一書中，作者創造了軟體架構的第二定律：**為什麼比如何做更重要**。雖然最終架構師必須了解如何實作解決方案，但他們首先必須了解為什麼一種選擇會比另一種選擇有更好的權衡。

第二，透過專注在架構概念上，我們可以避免這些概念的大量實作。架構師可以透過各種方式實作異步通訊；我們專注於為什麼架構師會選擇異步通訊，並將實作細節留在另一個地方。

第三，如果我們開始在我們顯示所有種類選項的實作路上，這將會是曾經有過最長的一本書。專注於架構原則使我們能夠盡可能地保持事物的通用性。

為了使主題盡可能地扎根於架構，我們對關鍵概念使用了盡可能簡單的定義。例如，架構中的**耦合**就可以寫滿整本書（而且已經寫了）。為此，我們使用以下簡單的、近乎簡化的定義：

服務

在口語上，**服務**是作為獨立可執行文件部署功能的凝聚集合。我們對於服務討論的大多數概念廣泛適用於分散式架構，且特別是對微服務架構。

我們在第 2 章定義的術語中，**服務**是架構量子的一部分，其中包括服務和其他量子之間的靜態和動態耦合的進一步定義。

耦合

如果一個工件（包括服務）的改變可能需要另一個工件的改變以維持適當的功能，那麼這兩個工件就是耦合的。

組件

應用程式的一個架構建構區塊，用於做某種商務或基礎架構的功能，通常是透過套件結構（Java）、命名空間（C#），或某種目錄結構中的原始程式碼檔案的實體分組表現出來。例如，訂單歷史這個組件可以透過位於命名空間 `app.business.order.history` 中的一組類別檔案實作。

同步通訊

如果呼叫者在繼續進行之前必須等待回應，那麼這兩個工件的通訊為同步。

異步通訊

如果呼叫者在繼續之前不用等待回應，那麼這兩個工件的通訊為異步。可以選擇的是，當請求已經完成時，接收者可以透過單獨的通道通知呼叫者。

協作的協調

: 如果一個工作流程包括一個主要責任是協調工作流程的服務，那它就是協作的。

編排的協調

: 當一個工作流程缺少協作器時，它就是編排的；相反地，工作流程中的服務分享工作流程的協調責任。

原子性

: 如果一個工作流程所有部分始終都保持一致的狀態，那麼這工作流程就是**原子的**；相反地，則由**最終一致性**的範圍表示，這涵蓋在第 6 章中。

合約

: 我們廣泛地使用**合約**這個術語來定義兩個軟體部分之間的介面，其中可能包括方法或函數呼叫、整合架構遠端呼叫、相依性等。只要兩個軟體連接的地方，都涉及到合約。

軟體架構本質上是抽象的：除了沒有兩個是完全相同的以外，我們無法知道平台、技術、商務軟體以及讀者可能會有的其他令人眼花繚亂的獨特組合。我們涵蓋了許多抽象的想法，但必須以一些實作細節為基礎，使它們具體化。為此，我們需要一個問題來說明架構概念——這將我們引向了 Sysops Squad。

Sysops Squad 傳奇的介紹

> 傳奇
>
> 一個關於英雄成就的長篇故事。
>
> —牛津英語詞典

我們在本書中討論了一些傳奇，包括字面的和比喻的。架構師共同選擇了**傳奇**這個術語來描述分散式架構中的交易行為（我們將在第 12 章中詳細介紹）。然而，關於架構的討論往往會變得抽象，尤其是在考慮像架構的困難部分這樣抽象的問題時。為了幫助解決這個問題，並為我們討論的解決方案提供一些真實世界的上下文，我們開啟了一個關於 *Sysops Squad* 的字面傳奇。

我們在每一章中使用 Sysops Squad 傳奇來說明本書所描述的技術和權衡。雖然許多關於軟體架構的書籍涵蓋了新的開發工作，但許多真實世界的問題仍然存在於現有系統中。因此，我們的故事用這裡所強調現有的 Sysops Squad 架構開始。

Penultimate Electronics 是一家大型電子巨頭，在全國有許多零售店。當客戶購買電腦、電視、音響和其他電子設備時，他們可以選擇購買一個支援計畫。當發生問題時，面向客戶的技術專家（Sysops Squad）會到客戶的住所（或辦公室）解決電子設備的問題。

Sysops Squad 單據應用程式的四個主要使用者如下：

管理者

管理者維護系統的內部使用者，包括專家名單和他們對應的技能集合、位置和可用性。管理者還管理使用這系統客戶的所有帳單處理，並維護靜態參考資料（例如支援的產品、系統中的名 - 值對等）。

客戶

客戶註冊 Sysops Squad 服務並維護他們的客戶個人資料、支援合約和帳單資訊。客戶在系統中輸入問題單，並在工作完成後填寫調查表。

Sysops Squad 專家

專家被分配到問題單，並根據問題單修復問題。他們還與知識庫互動以搜尋客戶問題的解決方案，並輸入有關維修的注釋。

經理

經理保持持續追蹤問題單的作業，並接收關於整個 Sysops Squad 問題單系統的操作和分析報告。

非單據工作流程

非單據工作流程包括管理者、經理和客戶執行的與問題單據無關的行動。這些工作流程概述如下：

1. Sysops Squad 專家是經由輸入他們位置、可用性和技能的管理者，在系統中添加和維護。
2. 客戶在 Sysops Squad 系統上註冊，並根據他們購買的產品擁有多個支援計畫。
3. 客戶根據他的個人資料中包含的信用卡資訊按月自動開具帳單。客戶可以經由系統查看帳單歷史和敘述。
4. 管理者要求並接收各種操作和分析報告，包括財務報告、專家績效報告和單據報告等。

單據工作流程

當客戶在系統輸入問題單後，單據工作流程就開始了，且當客戶在維修完成後完成調查時結束。這個工作流程概述如下：

1. 已購買支援計畫的客戶藉由使用 Sysops Squad 網站輸入問題單。
2. 一旦一個問題單進入系統，系統就會根據技能、目前位置、服務區域和可用性決定哪個 Sysops Squad 專家最適合這項工作。
3. 一旦被分配，問題單會上傳到 Sysops Squad 專家行動裝置上的專用定制行動應用程式。專家也會收到簡訊通知，告訴他們分配到一張新的問題單。
4. 客戶透過 SMS 簡訊或電子郵件（根據他們個人資料的偏好）得到通知專家正在來的路上。
5. 專家使用他們手機上的定制行動應用程式取得問題單資訊和位置。Sysops Squad 專家還可以透過行動應用程式存取知識庫，找出過去為解決這種問題所採取的措施。
6. 一旦專家修復了這個問題，他們將問題單標記為「完成」。然後，Sysops Squad 專家可以將有關問題及修復的資訊加入知識庫。
7. 在系統收到問題單完成的通知後，它向客戶發送一封附有調查鏈結的電子郵件，然後由客戶填寫。
8. 系統從客戶那裡接收到完成的調查表並記錄調查資訊。

糟糕的場景

最近 Sysops Squad 問題單應用程式的情況並不好。目前故障的單據系統是多年前開發的大型整體式應用程式。客戶抱怨說，因為問題單遺失，所以顧問們從來沒來過，而且也經常是錯誤的顧問來維修他們一無所知的東西。客戶也抱怨，系統並不總是可以輸入新的問題單。

在這個龐大的整體中，更改也很困難和危險。每當進行更改時，通常會花費很多時間，而且常會出現其他問題。由於可靠性問題，Sysops Squad 系統經常「當機」或崩潰，當問題被確認並重新啟動應用程式的 5 分鐘到 2 小時不等時間內，所有應用程式的功能都無法使用。

如果不趕快處理，Penultimate Electronics 將被迫放棄利潤豐厚的支援合約業務線，並解雇所有 Sysops Squad 管理者、專家、經理和 IT 開發人員——包括架構師。

Sysops Squad 的架構組件

Sysops Squad 應用程式的整體式系統處理單據管理、操作報告、客戶註冊和帳單，以及一般性的管理功能，像是使用者維護、登錄、專家技能和個人資料維護等。圖 1-3 和對應的表 1-1 說明並描述現有整體式應用程式的組件（ss. 部件命名空間指定了 Sysops Squad 應用程式的上下文）。

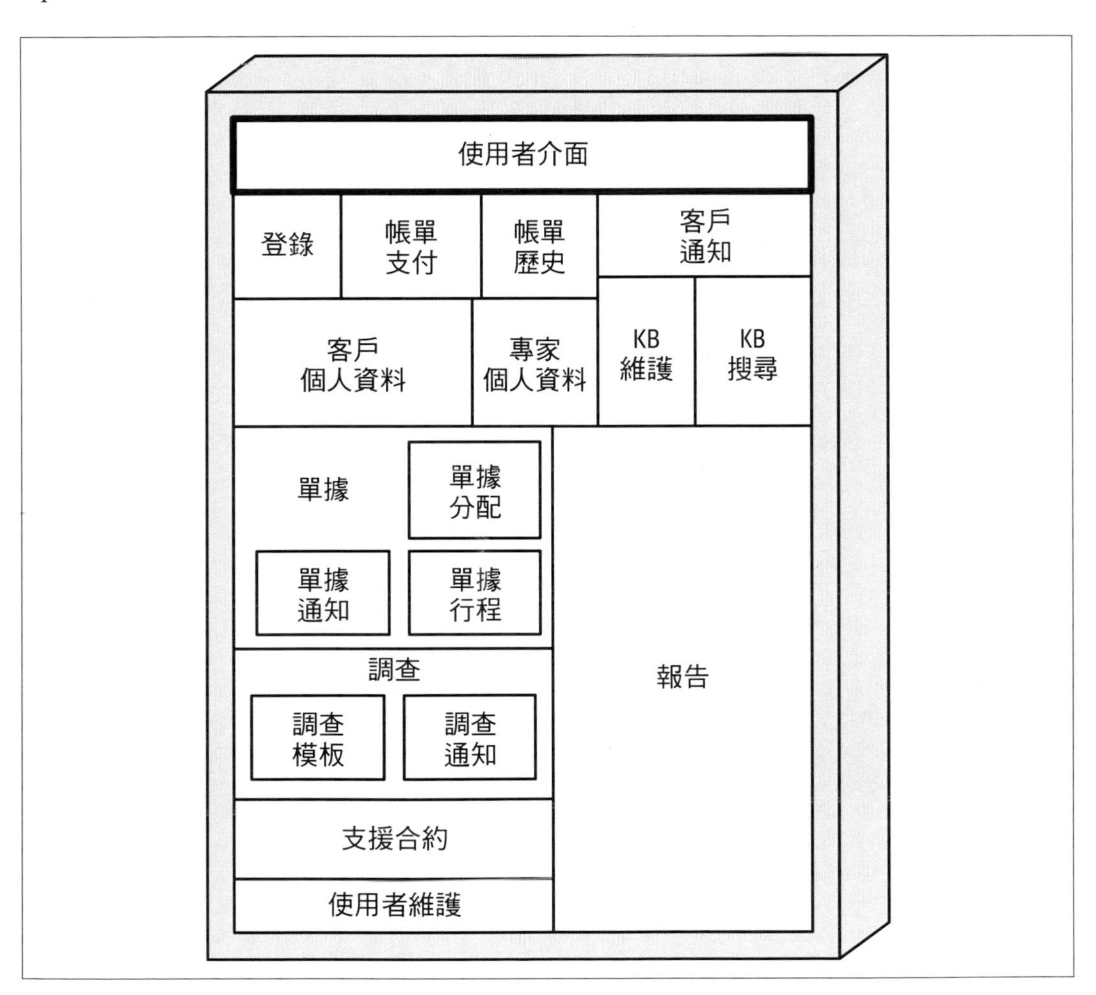

圖 1-3 現有 Sysops Squad 應用程式中的組件

表 1-1　現有的 Sysops Squad 組件

組件	命名空間	責任
登錄	ss.login	內部使用者和客戶的登錄和安全邏輯
帳單支付	ss.billing.payment	客戶按月帳單和客戶信用卡資訊
帳單歷史	ss.billing.history	付款歷史和以前的帳單敘述
客戶通知	ss.customer.notification	通知客戶帳單、一般資訊
客戶個人資料	ss.customer.profile	維護客戶個人資料、客戶註冊
專家個人資料	ss.expert.profile	維護專家個人資料（姓名、地點、技能等）
KB 維護	ss.kb.maintenance	維護和查看知識庫中的項目
KB 搜尋	ss.kb.search	用於搜尋知識庫的查詢引擎
報告	ss.reporting	所有報告（專家、單據、財務）
單據	ss.ticket	單據創建、維護、完成、常用程式碼
單據分配	ss.ticket.assign	尋找專家並分配單據
單據通知	ss.ticket.notify	通知客戶專家已經在路上了
單據行程	ss.ticket.route	將單據發送到專家的行動裝置應用程式
支援合約	ss.supportcontract	對客戶、計畫中的產品提供支援合約
調查	ss.survey	維護調查、捕捉和記錄調查結果
調查通知	ss.survey.notify	發送調查郵件給客戶
調查模板	ss.survey.templates	根據服務類型維護各種調查
使用者維護	ss.users	維護內部使用者和角色

這些組件將在後續章節中處理將應用程式分解成分散式架構時，用來說明各種技術和權衡。

Sysops Squad 的資料模型

Sysops Squad 應用程式以及它在表 1-1 中列出的各種組件，在資料庫中使用單一的模式來託管它所有的表格和相關的資料庫程式碼。這資料庫用於保存客戶、使用者、合約、帳單、付款、知識庫和客戶調查；這些表格的清單列於表 1-2 中，ER 模型則說明於圖 1-4。

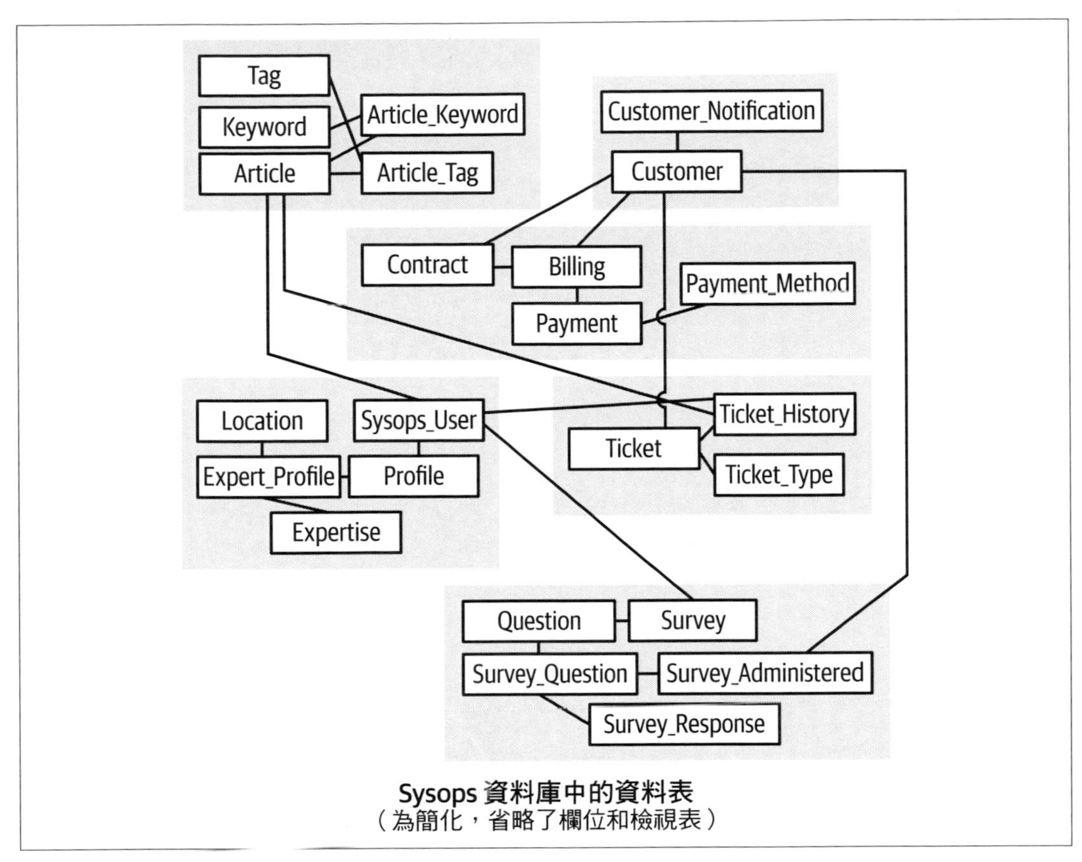

圖 1-4 現有 Sysops Squad 應用程式中的資料模型

表 1-2 現有 Sysops Squad 資料庫資料表

表格	責任
Customer	需要 Sysops 支援客戶的實體
Customer_Notification	客戶的通知偏好
Survey	支援後客戶滿意度調查
Question	調查中的問題
Survey_Question	分配給調查的一個問題
Survey_Administered	分配給客戶的調查問題
Survey_Response	客戶對調查的回應
Billing	支援合約的帳單資訊

表格	責任
Contract	產品與 Sysops 之間的支援合約
Payment_Method	對支援的付款方式
Payment	帳單付款處理
Sysops_User	Sysops 中的各種使用者
Profile	Sysops 使用者的個人資料
Expert_Profile	專家個人資料
Expertise	Sysops 內的各種專業知識
Location	專家服務的地點
Article	知識庫內的文章
Tag	文章的標籤
Keyword	文章的關鍵字
Article_Tag	與文章相關的標籤
Article_Keyword	關鍵字和文章連接表
Ticket	客戶提出的支援單
Ticket_Type	不同類型的單據
Ticket_History	支援單的歷史

Sysops 資料模型是標準第三種正常形式的資料模型，只有少數存儲過程或觸發器。但是，存有相當多主要提供給報告組件使用的檢視表。當架構團隊試圖分解應用程式並轉成分散式架構時，它將不得不與資料庫團隊合作以完成資料庫層級的工作。這種資料庫資料表和檢視表的設置將用於本書中所討論的各種技術和權衡，以完成資料庫的分割工作。

Part I

把事情分開

正如我們許多人在小時候發現的那樣，要了解一件東西是如何組合在一起的，最好的辦法就是先把它拆開。為了理解複雜的主題（例如分散式架構中的權衡），架構師必須弄清楚從哪裡開始拆開。

在《*What Every Programmer Should Know About Object-Oriented Design*》（*https://oreil.ly/bLPm4*）（Dorset House）一書中，Meilir Pag-Jones 敏銳地觀察到，架構中的耦合可以分割成靜態耦合和動態耦合。**靜態**耦合指的是架構部件（類別、組件、服務等）**連接**在一起的方式：相依性、耦合程度、連接點等。架構師通常可以在編譯時測量靜態耦合，因為它代表了架構內的靜態相依性。

動態耦合指的是架構部件如何相互**呼叫**：什麼樣的通訊、傳遞什麼樣的資訊、合約的嚴格性等等。

我們的目標是研究如何在分散式架構中進行權衡分析；要做到這一點，我們必須把移動的片段拉開，以便我們可以單獨地討論它們，在把它們放回一起之前充分了解它們。

第一部分主要處理**架構結構**，即事情是如何靜態地耦合在一起。在第 2 章，我們將解決在架構中定義靜態和動態耦合範圍的問題，並展示我們必須拆開以理解的整個畫面。第 3 章開始這個過程，定義了架構中的模組化和分離。第 4 章提供了評估和解構程式碼庫的工具，第 5 章提供協助這一過程的模式。

資料和交易在架構中變得越來越重要，促使了架構師和 DBA 的許多權衡決策。第 6 章討論了資料的架構影響，包括如何使服務和資料的界限一致。最後，第 7 章將架構耦合與資料關注聯繫在一起，以定義**整合器**和**分解器**——鼓勵一個更大或更小的服務規模和邊界的力量。

第二章

識別軟體架構中的耦合性

11 月 3 日，星期三，13:00

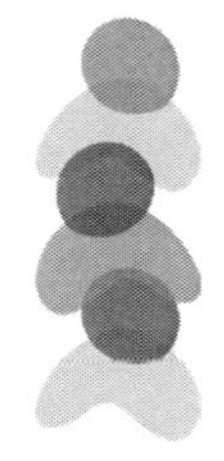

Penultimate Electronics 的首席架構師 Logan 打斷了一小群架構師在自助餐廳裡對於分散式架構的討論。「Austen，你又打石膏了嗎？」

「不，這只是一個夾板，」Austen 回答。「我在週末玩極限飛盤高爾夫時扭傷了手腕——它幾乎已經痊癒了。」

「什麼是…算了吧。我闖入的這場熱烈的討論是關於什麼？」

「為什麼有人總是不在微服務中選擇*傳奇模式*來連接交易呢？」Austen 問。「這樣一來，架構師們就可以將服務做得盡可能小。」

「但是你不需要在傳奇中用*協作*嗎？」Addison 問。「當我們需要異步通訊的時候怎麼辦？還有，交易會變得多複雜？如果我們把事情分解得太厲害，我們真的能保證資料的保真度嗎？」

「你知道，」Austen 說，「如果我們使用*企業服務匯流排*，我們可以讓它為我們管理大部分的事情。」

「我認為沒有人在使用 ESB 了——我們不是應該用 Kafka 來做這類事情嗎？」

「它們甚至不是同樣的事！」Austen 說。

Logan 打斷了越來越激烈的談話，「這是一個蘋果與橘子的比較，但這些工具或方法都不是萬靈丹。像微服務這樣的分散式架構是很困難的，尤其是如果架構師不能解開所有起作用的力量時。我們需要的是一種方法或框架，幫助我們弄清架構中的困難問題」。

「好吧，」Addison 說，「無論我們做什麼，都必須盡可能地解耦——我讀過的所有東西都說架構師應該盡可能地擁抱解耦。」

「如果你遵循這個建議，」Logan 說，「所有的東西都會被解耦，以致於沒有任何東西可以與其他東西通訊——以這種方式很難構建軟體！像很多事情一樣，耦合本身並不是壞事；架構師們只是必須知道如何適當地應用它。事實上，我記得來自一位希臘哲學家說過的名言…」

> 「所有的東西都是毒藥，而且沒有什麼東西是無毒的；只有劑量才能使一個東西不是毒藥。」
>
> —Paracelsus

架構師將面臨的最困難的工作之一，是理清分散式架構中的各種力量和權衡。提供建議的人不斷歌頌「寬鬆耦合」系統的好處，但架構師如何設計沒有與其他東西連接的系統呢？架構師設計細粒度的微服務來實現解耦，然後協作、交易性和異步性就成為大問題。一般的建議是「解耦」，但沒有提供**如何**完成這目標的同時，又能構建有用系統的指南。

架構師在粒度和溝通決策方面很掙扎，因為沒有明確的通用指南來做決策——沒有可以應用於真實世界複雜系統的最佳實作。直到現在，架構師們都還缺乏正確的觀點和術語來進行仔細的分析，以逐案確定最佳（或最不差）的一組權衡。

為什麼架構師在分散式架構中難以決策？畢竟，我們從上個世紀就已經在構建分散式系統，使用許多相同的機制（訊息佇列、事件等）。為什麼微服務的複雜性會急遽上升？

答案在於微服務的基本理念，其靈感來自於**有界上下文**的想法。構建以有界上下文為模型的服務需要對架構師設計分散式系統的方式進行微妙但重要的改變，因為現在交易性是一級的架構關注點。在微服務之前架構師設計的許多分散式系統中，事件處理常式通常連接到單一的關聯式資料庫，允許它處理像是完整性和交易等細節。在服務邊界內移動資料庫，就是將資料問題移到架構問題中。

正如我們以前說過的，「**軟體架構**」**是你無法在 *Google* 上找到答案的東西**。現代架構師必須建立的一項技能是進行權衡分析的能力。雖然有一些框架已經存在了幾十年（像是「Architecture Trade-off Analysis Method」，或 ATAM（*https://oreil.ly/okbuO*）），但它們缺乏專注在架構師每天所面臨的實際問題上。

本書的重點是架構師如何對他們特有任何數量的場景進行權衡分析。就像建築學中的許多事情一樣，建議很簡單；困難的部分在於細節，特別是困難的部分如何糾纏在一起，使它難以看清和理解各個部分，如圖 2-1 所示。

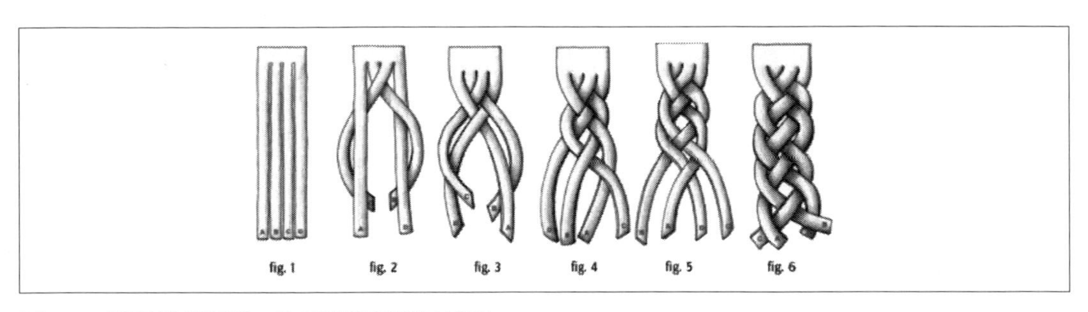

圖 2-1　辮子纏住頭髮，使個別頭髮難以辨認

當架構師看到糾纏不清的問題時，他們很難進行權衡分析，因為很難分開關注點，以便他們可以獨立地考慮它們。因此，權衡分析的第一步是解開問題的維度，分析哪些部分相互耦合，以及這種耦合對改變有什麼影響。為了這個目的，我們使用**耦合**一詞最簡單的的定義：

耦合

　一個軟體系統的兩個部分是耦合的，如果其中一個的改變會造成另一個改變。

通常，軟體架構會產生多維的問題，其中多種力量都以相互依賴的方式互動。為了分析權衡，架構師首先必須確定哪些力量需要彼此權衡。

因此，以下是我們對軟體架構中現代權衡分析的建議：

1. 找出哪些部分糾纏在一起。
2. 分析它們是如何耦合的。
3. 透過確定改變對相互依賴系統的影響來評估權衡。

雖然步驟很簡單，但困難的部分潛伏在細節中。因此，為了在實作中說明這個框架，我們採用分散式架構中最困難的（可能也是最接近通用的）問題之一為例，這與微服務有關：

架構師如何決定微服務的規模和通訊方式？

　決定微服務合適的規模似乎是一個普遍存在的問題——太小的服務會產生交易和協作問題，而太大的服務會產生規模和分佈問題。

為此，本書的其餘部分將解開在回答上述問題時需要考慮的許多面向。我們提供了新的術語來區分類似但不同的模式，並展示了應用這些和其他模式的實際例子。

然而，本書的總體目標是為你提供實例驅動的技術，以學習如何為你領域內獨特問題構建自己的權衡分析。我們從解開分散式架構中的第一個大力量開始：定義架構量子，以及靜態和動態兩種類型的耦合。

架構量子（quantum|quanta）

當然，**量子**這個術語被大量使用在被稱為**量子力學**的物理學領域中。然而，作者選擇這個字的原因與物理學家相同。**量子**起源於拉丁語的 *quantus*，意思是「多大」或「多少」。在物理學採用它之前，法律界用它表示「要求或允許的金額」（例如，在支付的損害賠償中）。這個術語也出現在數學領域的拓撲學中，涉及形狀家族的屬性。由於其拉丁語的根源，單數是 *quantum*，複數是 *quanta*，類似於 datum/data 的對稱性。

架構量子測量軟體架構中與各部分如何連接及通訊有關的拓撲和行為的幾個面向。

架構量子

: 架構量子是一個具有高功能內聚力、高靜態耦合性、和同步動態耦合性的可獨立部署的工件，架構量子的一個常見例子是工作流程中結構良好的微服務。

靜態耦合

: 表示靜態相依性如何在架構內經由合約解決。這些相依性包括作業系統、框架及/或透過過渡相依性管理交付的資料庫，以及允許量子運作的任何其他操作要求。

動態耦合

: 表示量子在執行時期如何同步或是異步的通訊。因此，這些特徵的適應度函數必須是**連續的**，通常使用監視器。

儘管靜態耦合和動態耦合看起來相似，但架構師必須區分兩個重要的區別。考慮這區別的一個簡單方法是，**靜態耦合**描述服務如何**連接**在一起，而**動態耦合**描述服務在執行時期如何相互**呼叫**。例如，在微服務架構中，服務必須包含資料庫等相依組件，這代表靜態耦合——沒有必要的資料，服務就無法作業。該服務在工作流程的過程中呼叫其他服務，這表示動態耦合。除了這個執行時期的工作流程以外，任何一個服務都不需要另一個服務存在才能作用。因此，靜態耦合分析的是操作相依性，而動態耦合分析的是通訊相依性。

這些定義包括重要的特徵；讓我們涵蓋每一個細節，因為它們為書中的大多數例子提供參考。

可獨立部署

可獨立部署意味著架構量子的幾個面向——每個量子代表特定架構中的一個獨立可部署單元。因此，整體式架構——作為單一單元部署——根據定義就是單一架構量子。在像是微服務的分散式架構中，開發者傾向於獨立部署服務的能力，通常是以高度自動化的方式。因此，從可獨立部署的角度來看，微服務架構中的服務代表了一個架構量子（取決於耦合——如接下來討論的）。

使每個架構量子代表架構內的可部署資產有幾個有用的目的。首先，由架構量子所表示的邊界可作為架構師、開發者和作業之間有用的共同語言。每個人都了解問題下的共同範圍：架構師了解耦合特性，開發者了解行為範圍，而作業團隊了解可部署特徵。

其次，架構量子代表了架構師在分散式架構中，為適當服務粒度努力時必須考慮的力量之一（靜態耦合）。通常，在微服務架構中，開發者面臨著什麼樣的服務粒度能提供最佳權衡的困難問題。其中一些權衡是圍繞著可部署能力的：這服務需要什麼發布節奏、其他哪些服務可能會受到影響、牽涉到哪些工程實作等等。架構師從部署邊界位於分散式架構確切位置的堅定理解中獲益。我們將在第 7 章中討論服務粒度以及它伴隨的權衡問題。

第三，**獨立的可部署性**迫使架構量子包括共同耦合點，例如資料庫。大多數關於架構的討論都輕易地忽略了資料庫和使用者介面等問題，但真實世界的系統通常必須處理這些問題。因此，任何使用共用資料庫的系統都不符合獨立部署的架構量子標準，除非資料庫的部署與應用程式步調一致。許多分散式系統本來有資格獲得多個量子，但如果它們共用一個有自己部署節奏的共同資料庫，就無法符合獨立部署這部分。因此，僅僅考慮部署的邊界並不能完全提供一個有用的衡量標準。架構師還應該考慮架構量子的第二個標準，即高功能內聚力，以將架構量子限制在有用的範圍內。

高功能的內聚力

高功能的內聚力在結構上指的是相關元件的接近性：類別、組件、服務等等。縱觀歷史，計算機科學家定義了各種內聚類型，在這情況下的範圍是泛型**模組**，根據平台，可以表示為**類別**或**組件**。從領域的角度來看，**高功能內聚力**的技術定義與領域驅動設計中的**有界上下文**的目標重疊：實作特定領域工作流程的行為和資料。

從純粹獨立可部署的角度來看，一個巨大的整體式架構有資格作為一個架構量子。然而，它幾乎肯定不是高功能內聚的，而是包括整個系統的功能。整體式越大，就越不可能是單一的功能內聚。

理想情況下，在微服務架構中，每個服務模仿單一的領域或工作流程，因此表現出高功能內聚力。在這種情況下，內聚力不是關於服務如何互動以執行工作，而是關於一個服務與另一個服務如何獨立和耦合。

高靜態耦合

高靜態耦合意味著架構量子內部的元件緊密地連接在一起，這實際上是合約的一個面向。架構師認識到像 REST 或 SOAP 之類的東西是合約格式，但方法署名和作業相依（透過 IP 位址或 URL 等耦合點）也代表合約。因此，合約是**架構上的困難部分**；我們在第 13 章中涵蓋的耦合議題涉及了所有類型的合約，包括如何選擇合適的。

架構量子部分是靜態耦合的測量，且對於大多數架構拓撲來說，這種測量非常簡單。例如，下圖顯示了《*Fundamentals of Software Architecture*》中的架構樣式，並說明了架構量子的靜態耦合。

如圖 2-2 所示，任何整體式架構的樣式都必然會有一個量子。

正如你所看到的，任何作為單一單元部署並使用單一資料庫的架構將總是有單一的量子。架構量子靜態耦合測量包括資料庫，而依賴單一資料庫的系統不能有超過一個量子。因此，架構量子的靜態耦合測量有助於識別架構中的耦合點，而不僅僅是在開發中的軟體組件。大多數整體式架構包含一個使它的量子測量為一的單一耦合點（通常是資料庫）。

分散式架構通常以組件層級的解耦為特徵；考慮下一組架構樣式，從圖 2-3 所示基於服務的架構開始。

雖然這種單獨的服務模型顯示了微服務中常見的隔離，但該架構仍然使用單一的關聯式資料庫，使其架構的量子數為 1。

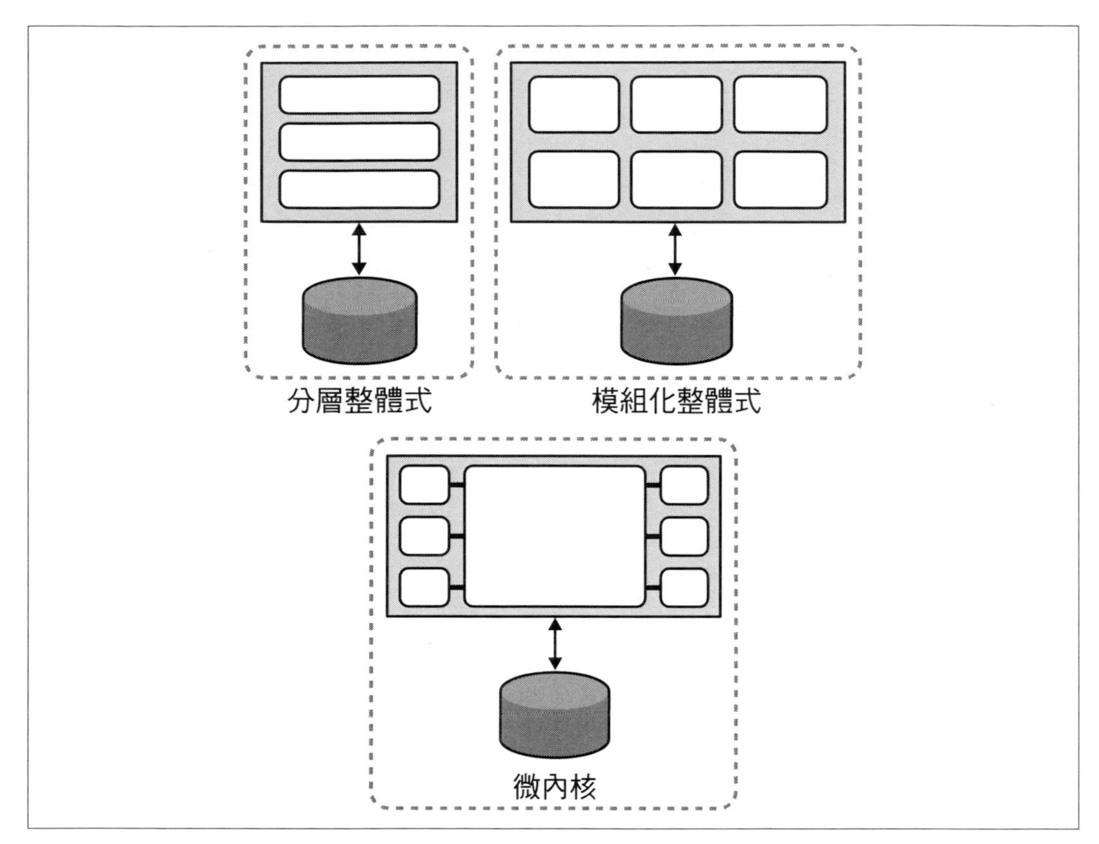

圖 2-2　整體式架構總是有一個量子

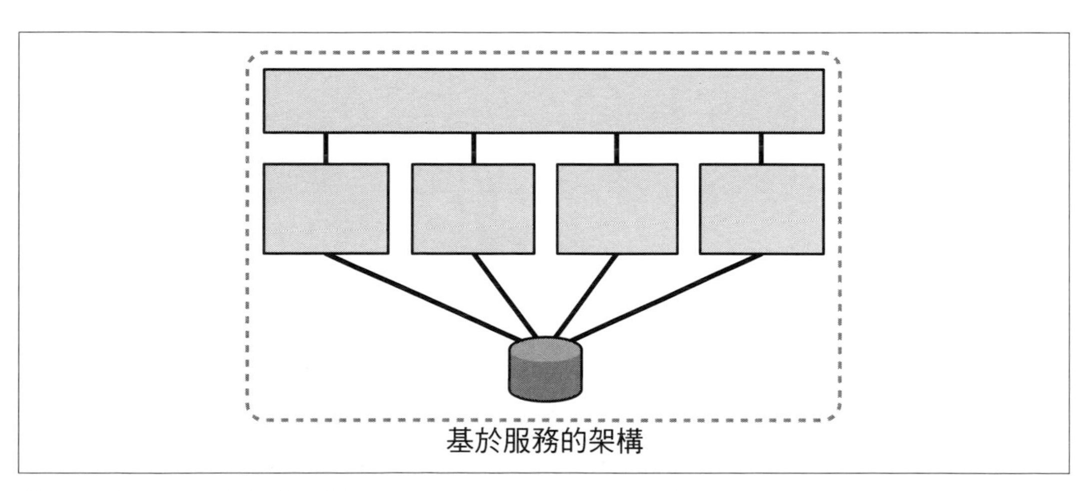

圖 2-3　對基於服務架構的架構量子

基於服務的架構

當我們參考*基於服務的架構*，我們並不是指基於服務的泛型架構，而是一種特定的混合架構樣式，它遵循由分開部署的使用者介面、分開部署的遠端粗粒度服務、和一個整體式資料庫組成的分散式的宏觀分層結構。這種架構解決了微服務的複雜問題——在資料庫層級的分離。因為架構師沒有看到分離的價值（或者看到了太多的負面權衡），基於服務架構中的服務遵循與微服務相同的原則（基於領域驅動設計的有界上下文），但依賴於一個單一的關聯式資料庫。

在重組整體式架構時，基於服務的架構是常見的目標，允許在不破壞現有資料庫模式和整合點的情況下進行分解。我們將在第 5 章中涵蓋分解模式。

到目前為止，架構量子的靜態耦合測量已經評估所有的拓撲結構為一個。然而，分散式架構建立了多量子的可能性，但不一定保證它。例如，如圖 2-4 所示，事件驅動架構的調解器樣式將總是被評估為單一架構量子。

儘管這種樣式代表了一種分散式架構，但兩個耦合點將它推向了單一的架構量子：資料庫，與整體式架構一樣常見，但也是 `Request Orchestrator` 本身——架構運作所需要的任何整體耦合點都形成了圍繞它的架構量子。

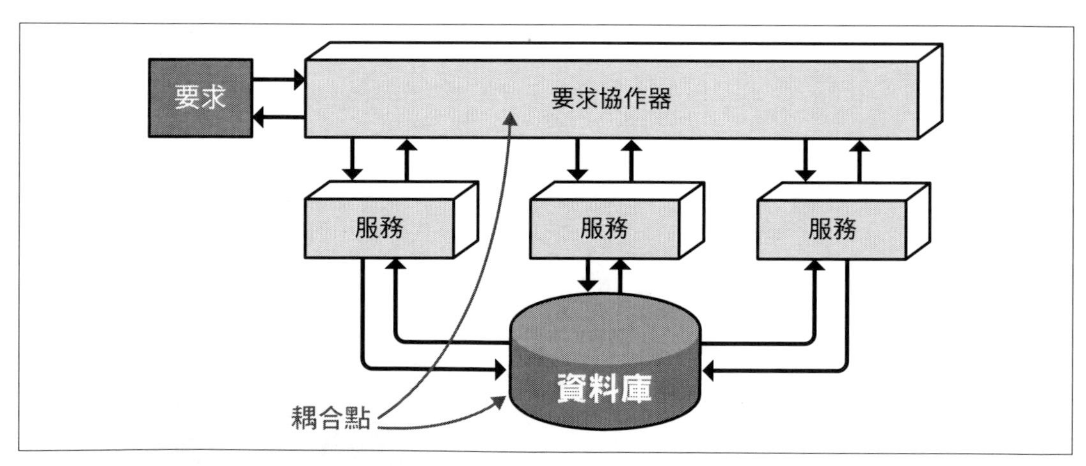

圖 2-4　一個調解的 EDA 有一個單一架構量子

代理者事件驅動的架構（沒有中央調解器）的耦合度較少，但這並不能保證完全解耦。考慮如圖 2-5 所示的事件驅動架構。

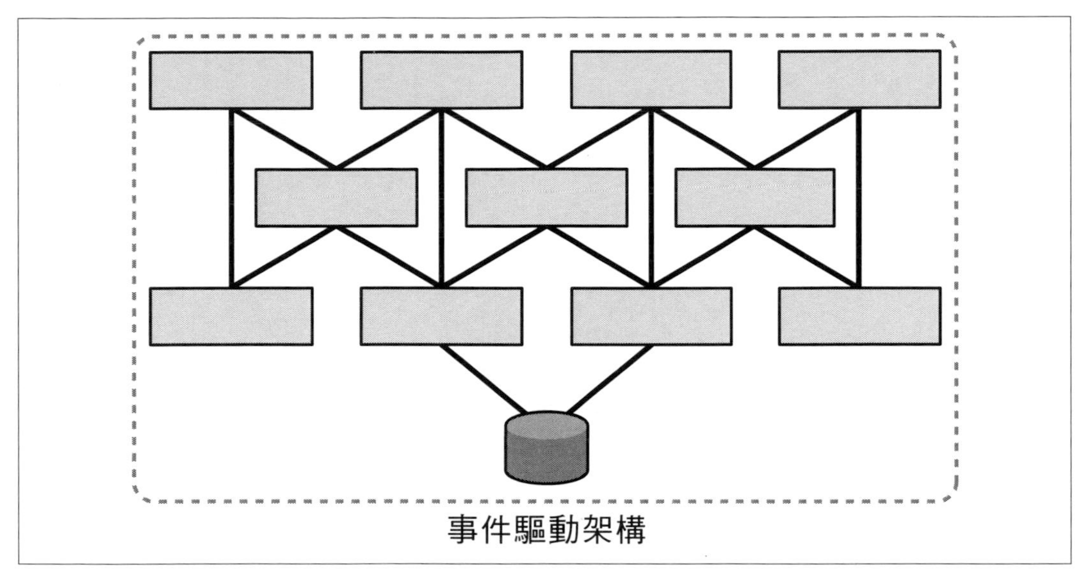

圖 2-5 甚至像是代理者樣式的事件驅動架構的分散式架構，也可以是一個單一量子的

這種代理者樣式的事件驅動架構（沒有中央調解器）因為所有的服務都使用作為一個共同耦合點的單一關聯式資料庫，因此仍然是一個單一的架構量子。架構量子的靜態分析所回答的問題是：「這是否相依於引導這個服務所需要的架構？」即使在一些服務不存取資料庫的事件驅動架構的情況下，如果它們依賴於會存取資料庫的服務，那它們就成為架構量子靜態耦合的一部分。

但是，在分散式架構中不存在共同耦合點的情況下怎麼辦？考慮一下圖 2-6 中所示的事件驅動架構。

架構師設計的這個事件驅動的系統有兩個資料存儲，且在服務之間沒有靜態相依性。注意，二種架構量子都可以在類似生產的生態系統中執行。它可能無法參與系統所需要的所有工作流程，但它能成功地執行並作業——在架構內發送請求和接收請求。

架構量子的靜態耦合測量，評估架構和操作組件之間的耦合相依性。因此，作業系統、資料存儲、訊息代理者、容器協作以及所有其他的操作相依性形成了一個架構量子的靜態耦合點，使用最嚴格的可能合約、操作相依性（更多關於合約在架構量子中的角色包含在第 13 章中）。

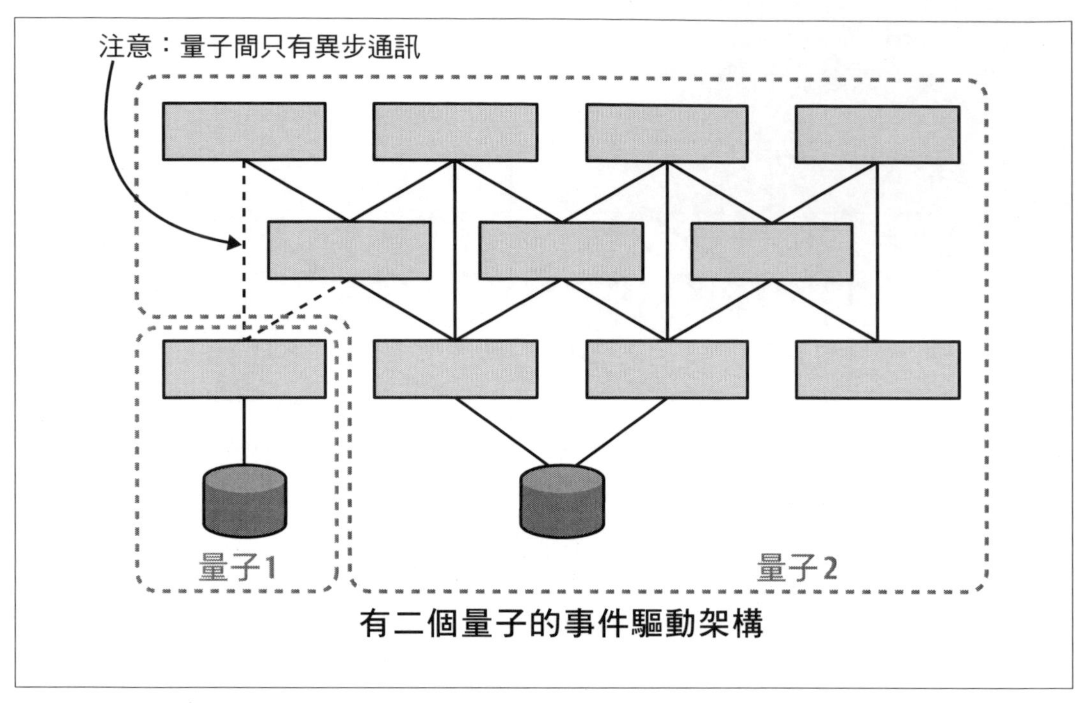

圖 2-6　有多個量子的事件驅動架構

微服務架構樣式的特點是包括資料相依性的高度解耦服務。這些架構中的架構師喜歡高度解耦，並注意不要在服務之間建立耦合點，允許每個單獨的服務形成各自的量子，如圖 2-7 所示。

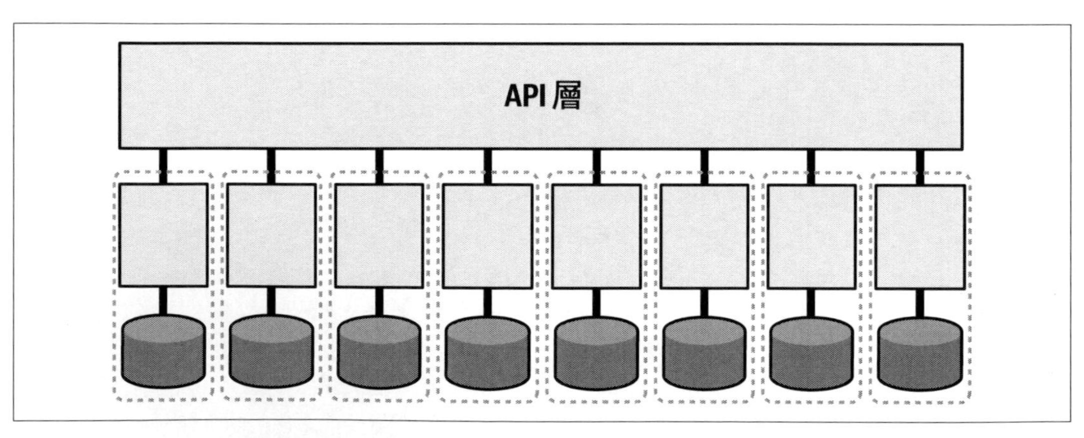

圖 2-7　微服務可能會形成它們自己的量子

每個服務（作為有界上下文）可能會有自己的一組架構特徵——一個服務可能比另一個服務有更高層次的可擴展性或安全性。這種架構特徵範圍的粒度層次代表了微服務架構樣式的優勢之一。高程度的解耦允許在服務工作的團隊盡可能快地移動，而不必擔心破壞其他的相依性。

但是，如果系統與使用者介面緊密耦合，則這架構就會形成一個單一的架構量子，如圖 2-8 所示。

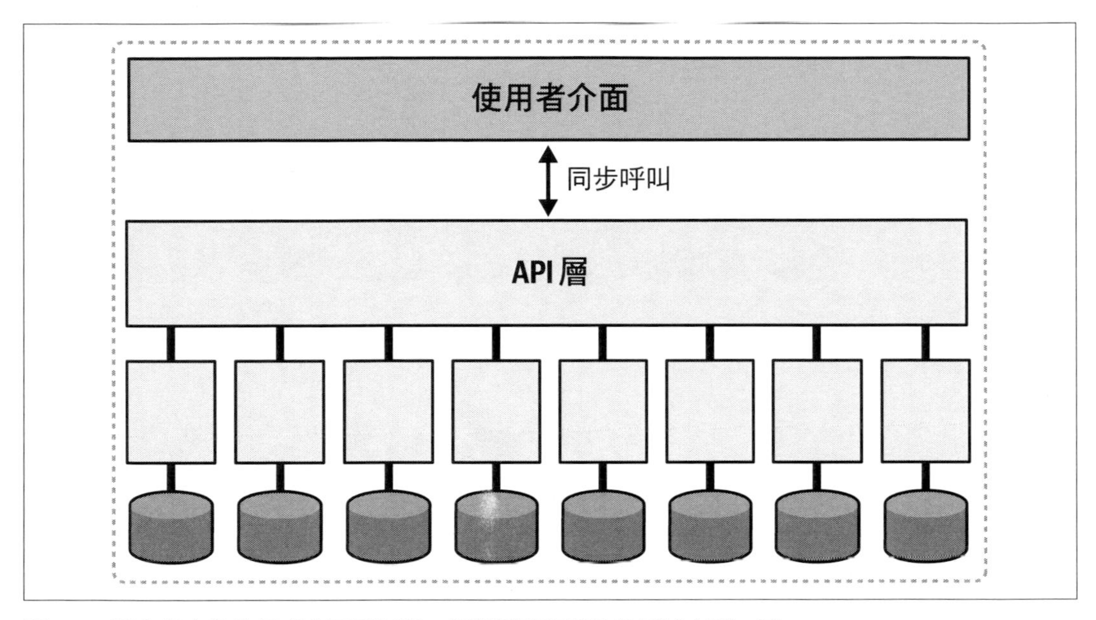

圖 2-8　緊密耦合的使用者介面可以將一個微服務架構的量子減少到一個

使用者介面在前端和後端之間建立了耦合點，且如果後端的部分不能使用，大多數使用者介面就不會運作。

此外，如果每個服務都必須在單一使用者介面中一起合作，則為每個服務設計不同層級的操作架構特徵（性能、規模、彈性、可靠性等等）對架構師將很困難（特別是在第 35 頁「動態量子耦合」中所談及的同步呼叫情況下）。

架構師利用異步性設計使用者介面，不會在前後端之間建立耦合。在許多微服務專案中的一個趨勢，是在微服務架構中為使用者介面元件使用一個*微型前端*框架。在這樣的架構中，代表服務互動的使用者介面元件是由服務本身發出的。使用者介面表面作為一個使用者介面元件可以出現的畫布，並且也促進了組件之間通常使用事件的寬鬆耦合通訊，這樣的架構圖說明於圖 2-9。

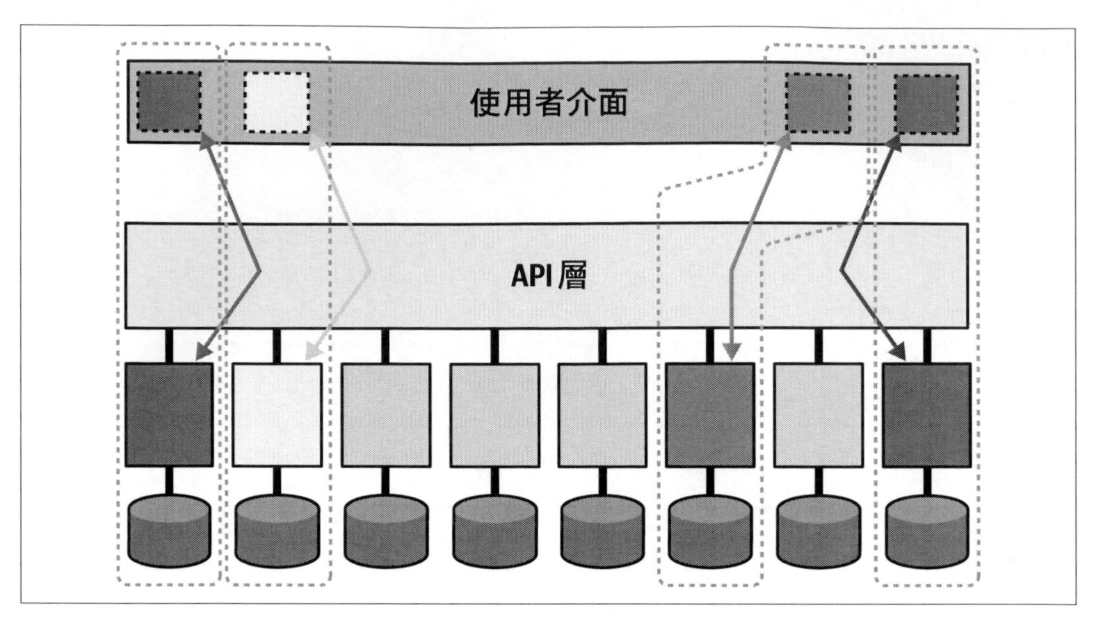

圖 2-9　在一個微型前端的架構，每個服務 + 使用者介面組件形成了一個架構量子

在這個例子中，四個有色的服務伴隨著它們對應的微型前端形成了架構量子：這些服務中的每一個都可能有不同的架構特徵。

從量子的角度看，架構中的任何耦合點都可以建立靜態耦合點。考慮在兩個系統之間共用資料庫的影響，如圖 2-10 所示。

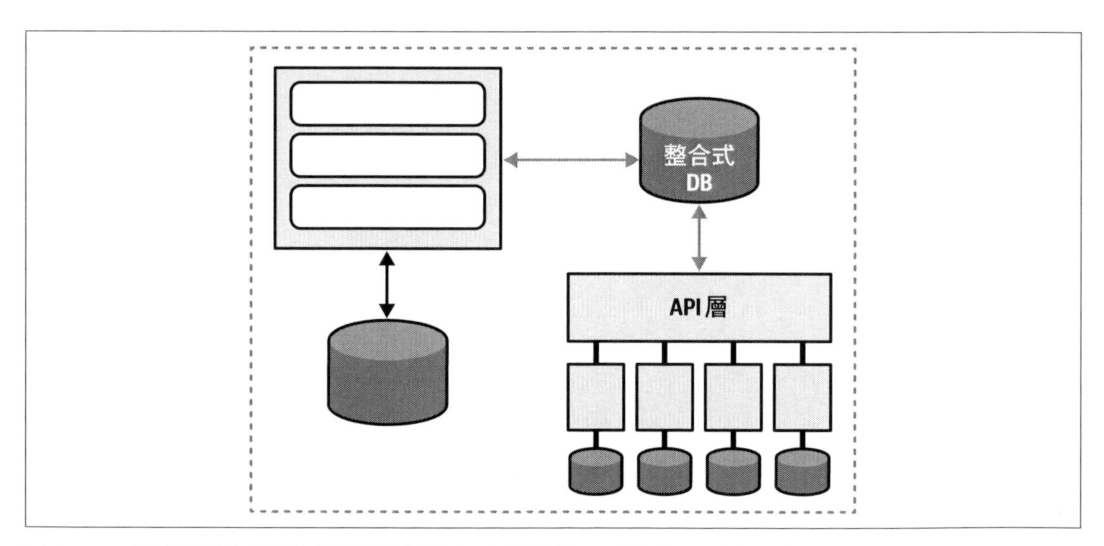

圖 2-10　共用資料庫在兩個系統間形成了一個耦合點，建立了一個單一量子

即使在涉及整合式架構的複雜系統中，系統的靜態耦合提供了寶貴的洞察力。為了解傳統架構的一般架構技術，逐漸地涉及到建立事物是如何「連線」在一起的靜態量子圖，這有助於確定哪些系統將受到變化的影響，並提供一種了解（和可能的解耦）架構的方法。

靜態耦合只是分散式架構中發揮作用力量的一半，另一半是動態耦合。

動態量子耦合

架構量子定義的最後一部分涉及執行時期的同步耦合——換句話說，架構量子彼此互動的行為，在分散式架構中形成了工作流程。

服務**如何**相互呼叫的性質造成了困難的權衡決策，因為它代表了一個多維的決策空間，受到三種交錯力量的影響：

通訊

　指所使用連接的同步類型：同步或異步。

一致性

　描述了工作流程通訊是否需要原子性或可以使用最終一致性。

協調

　描述工作流程是否使用協作器或服務是否經由編排通訊。

通訊

當兩個服務相互通訊時，架構師的一個基本問題是這種通訊應該是同步的還是異步的。

同步通訊要求請求者等待來自接收者的回應，如圖 2-11 所示。

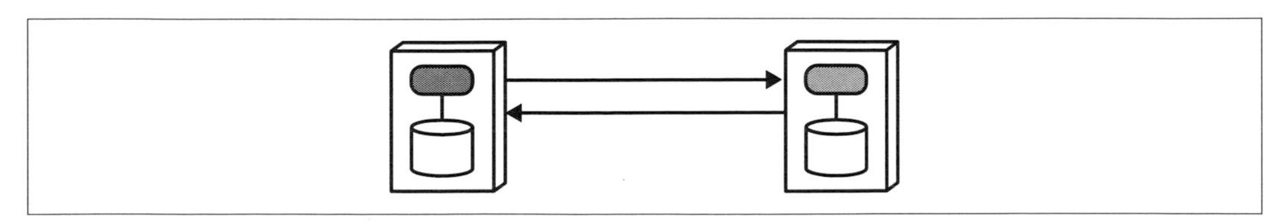

圖 2-11　一個同步呼叫等待來自接收者的結果

呼叫的服務進行呼叫（使用一些支援同步呼叫的協定之一，例如 gRPC）並阻擋（不做進一步處理），直到接收者回傳一個值（或指示狀態改變或錯誤狀況的狀態）為止。

異步通訊發生在兩個服務之間，當呼叫者發布訊息給接收者（通常經由訊息佇列等機制），且一旦呼叫者確認訊息將被處理，它就返回工作。如果這請求需要一個回應值，接收者可以使用一個回覆佇列（異步地）將結果告知呼叫者，說明如圖 2-12。

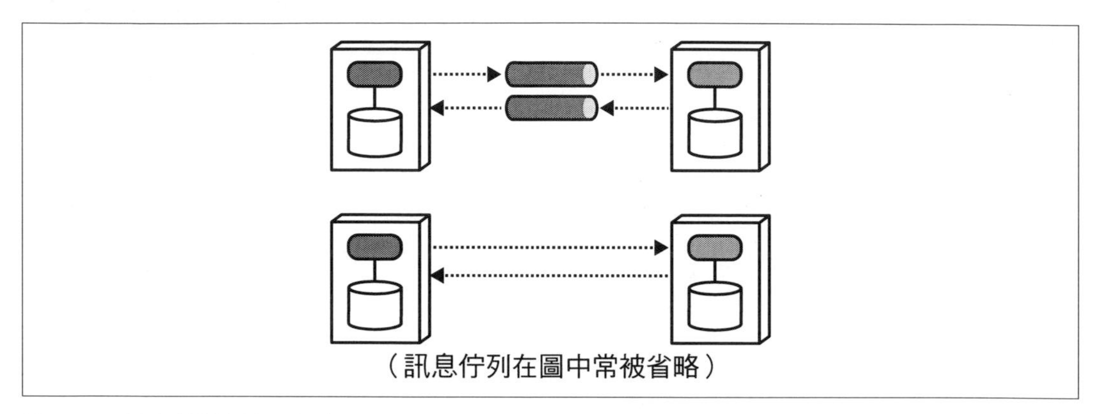

圖 2-12　異步通訊允許平行處理

呼叫者將訊息發布到訊息佇列並繼續處理，直到接收者通知所請求的資訊透過對呼叫的回傳已經可以使用。一般而言，架構師使用訊息佇列（透過圖 2-12 上圖中的灰色圓柱形管說明）實作異步通訊，但佇列很常見，會在圖上產生雜訊，所以許多架構師不用它們，如圖 2-12 的下圖所示。當然，架構師也可以透過使用各種庫或框架實作沒有訊息佇列的異步通訊。每個圖表種類都意味著異步訊息傳遞；第二種圖表提供了視覺速記法和較少的實作細節。

架構師在選擇服務如何通訊時必須考慮重要的權衡。圍繞通訊的決策會影響同步、錯誤處理、交易性、可擴展性和性能。本書的其餘部分將深入探討其中的許多問題。

一致性

一致性指的是通訊呼叫必須堅持嚴格的交易完整性。原子交易（在處理請求的期間需要一致性的全有或無交易）位於範圍的一側，而不同程度的最終一致性則位於另一側。

交易性——一些服務參與一個全有或全無的交易——是分散式架構建模中最困難的問題之一，因此一般建議儘量避免跨服務交易。我們將在第 6、9、10 和 12 章中討論一致性以及資料和架構的交集。

協調

協調是指通訊建模的工作流程需要多少協調。微服務兩種常見的通用模式是協作和編排，我們將在第 11 章中介紹。簡單的工作流程——單一服務對請求的回覆——不需要特別考慮這個維度。但是，隨著工作流程複雜性的增加，對協調的需求也越大。

這三個因素——通訊、一致性和協調——所有這些都為架構師必須做出的重要決策提供訊息。然而，關鍵是架構師不能單獨地做出這些選擇；每個選項都對其他選項有引力效果。例如，交易性在具有調解的同步架構中比較容易實作，而最終一致的異步編排系統可以實作更高層級的規模。

考慮這些相互關聯的力形成一個三維空間，如圖 2-13 所示。

在服務通訊期間發揮作用的每一種力量都顯示為一個維度，對於一個特定的決策，架構師可以在空間中畫出代表這些力量強度的位置。

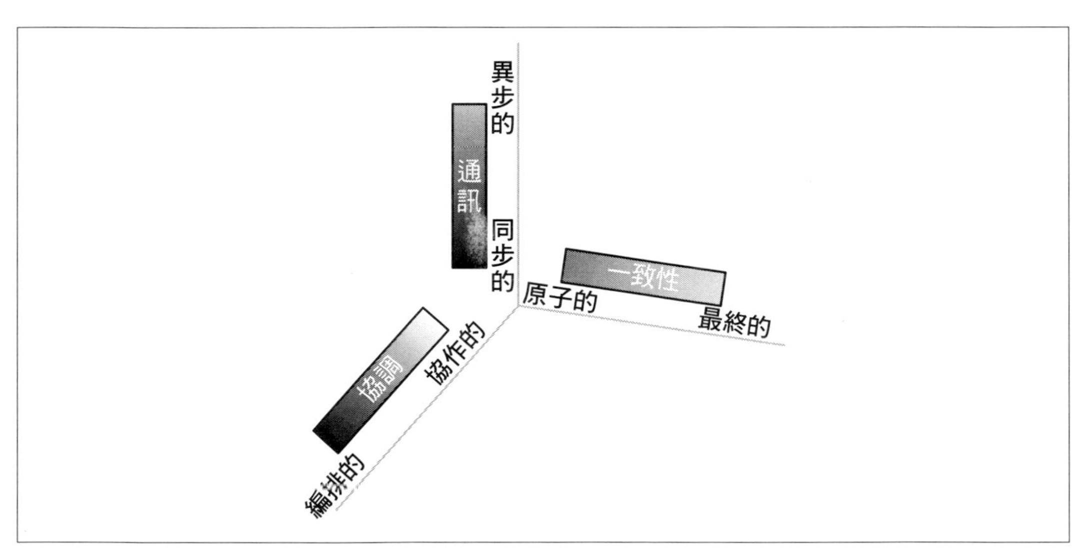

圖 2-13　動態量子耦合的維度

當一個架構師能夠對給定情況下發揮作用的力量有清晰的了解，它就為權衡分析建立了標準。在動態耦合的情況下，表 2-1 顯示為了辨識基於八個可能組合的基本模式名稱的框架。

表 2-1　分散式架構的維度交集矩陣

模式名稱	通訊	一致性	協調	耦合
史詩傳奇 (sao)	同步的	原子的	協作的	非常高
電話捉迷藏遊戲傳奇 (sac)	同步的	原子的	編排的	高
童話傳奇 (seo)	同步的	最終的	協作的	高
時空之旅傳奇 (sec)	同步的	最終的	編排的	中
奇幻小說傳奇 (aao)	異步的	原子的	協作的	高
恐怖故事 (aac)	異步的	原子的	編排的	中
平行傳奇 (aeo)	異步的	最終的	協作的	低
選集傳奇 (aec)	異步的	最終的	編排的	非常低

要充分了解這個矩陣，我們必須先個別地研究每個維度。因此，以下章節將幫助你建立上下文以了解通訊、一致性和協調的個別權衡，然後在第 12 章將它們重新糾纏再一起。

在第一部分的其餘章節中，我們將專注於靜態耦合，並了解分散式架構中發揮作用的各個維度，包括資料的所有權、交易性和服務粒度。在第二部分「**將事物重新組合起來**」中，我們將專注在動態耦合和了解微服務的通訊模式。

Sysops Squad 傳奇：了解量子

11 月 23 日，星期二，14:32

Austen 來到 Addison 的辦公室，帶著一反常態的挫折表情。「嘿，Addison，我能打擾你一下嗎？」

「當然，怎麼了？」

「我已經在閱讀關於這個架構量子的東西，我只是…不…明白它！」

Addison 笑了，「我知道你的意思，當它純粹是抽象的時候，我對它也很頭痛，但當你把它放在實際的東西上時，它就變成了一套有用的觀點。」

「什麼意思呢？」

「嗯，」Addison 說，「架構量子基本上定義了架構術語中的 DDD 有界上下文。」

「那為什麼不直接使用有界上下文呢？」Austen 問。

「有界上下文在 DDD 中有一個特定的定義，用關於架構的東西重載它只會讓人不斷地必須區分它。它們相似，但是不一樣的東西。關於*功能內聚力*和*獨立部署*的第一部分當然與基於有界上下文的服務相匹配。但是架構量子的定義藉由識別耦合的類型而更進一步——這就是*靜態*和*動態*東西進來的地方。」

「這到底是怎麼回事？*耦合*不就是*耦合*嗎？為什麼要區分？」

「事實證明，圍繞不同類型有一堆不同的關注點，」Addison 說。「讓我們先來看看*靜態*的，我喜歡把它想像成事物是如何連接在一起。另一種思考方式：考慮我們在目標架構中構建的其中一個服務。引導那服務所需的所有接線是什麼？」

「嗯，它是用 Java 撰寫的，使用 Postgres 資料庫，在 Docker 中執行——就是這樣，對嗎？」

「你錯過了很多。」Addison 說。「假設我們什麼都沒有，而你必須從頭開始構建這個服務，會怎麼樣？它是 Java，但也使用 SpringBoot 以及大約 15 或 20 個不同的框架和庫？」

「沒錯，我們可以查看 Maven POM 檔案以找出所有這些相依性。還有什麼？」

「*靜態量子耦合*背後的想法是作用所需的佈線。我們使用事件在服務之間通訊——那事件代理者怎麼樣呢？」

「但這不就是動態部分嗎？」

「不是代理者*存在*。如果我想引導的服務（或更廣泛地，架構量子）使用訊息代理者來運作，則代理者必須存在。當服務透過代理者*呼叫*另一個服務時，我們就進入了動態方面。」

「好，這有道理，」Austen 說。「如果我考慮從頭開始引導它需要什麼，那就是靜態量子耦合。」

「這就對了。而且就是這些資訊超級有用。我們最近為我們的每項服務防禦性地構建了一個靜態量子耦合圖。」

Austen 笑了。「防禦性地？你是什麼…」

「我們執行可靠性分析，以確定如果我改變這個*東西*，可能會損壞什麼，而那裡的*東西*可能是我們架構或作業中的任何東西。他們在試圖降低風險——如果我們改變一項服務，他們想知道什麼是必須測試的。」

「我明白了——這就是靜態量子耦合。我可以看到這是一個有用的觀點。它還顯示了團隊如何相互影響，這似乎真的很有用。有沒有我們可以下載的工具，可以為我們弄清楚？」

「那不是很好嗎！」Addison 笑道。「不幸的是，我們獨特的架構組合並沒有被建構過，也沒有我們想要的開源工具。然而，有些平台團隊正在開發一個工具來使它自動化，但必須要根據我們的架構進行定制。他們使用容器清單、POM 檔案、NPM 相依性和其他相依性工具來構建和維護構建相依性的清單。我們還為所有的服務建立了可觀察性，因此我們現在有關於哪些系統相互呼叫、何時呼叫、以及多久呼叫等一致的日誌檔案。他們正在使用這些來構建立一個呼叫圖以了解事情是如何連接的。」

「好的，所以靜態耦合是事情如何被連線在一起的。那麼**動態耦合**呢？」

「動態耦合涉及量子如何互相**通訊**，特別是同步與異步呼叫，以及它們對作業架構特性的影響——像是性能、規模、彈性、可靠性等等。暫時先考慮一下**彈性**——還記得可擴展性和彈性之間的區別嗎？」

Austen 笑了笑。「我不知道會有測試。讓我看看…**可擴展性**是指支援大量併發使用者的能力；**彈性**是指在短時間內支援使用者爆發請求的能力。」

「正確！給你一顆金色的星星。好的，讓我們思考一下**彈性**。假設在我們的未來狀態架構中，我們有兩個像是單據和分配的服務，以及兩種類型的呼叫。我們精心設計了我們彼此高度靜態解耦的服務，以使它們可以獨立地具有彈性。順便一提，這是靜態耦合的另一個副作用——它確認了作業架構特徵等事情的範圍。比方說單據是在分配的 10 倍彈性規模下運作，而且我們需要在它們之間進行呼叫。如果我們進行一個同步呼叫，整個工作流程將會停滯，因為呼叫者在等待較慢的服務處理及回傳。另一方面，如果我們進行異步呼叫，使用訊息佇列作為緩衝區，我們可以允許兩個服務獨立地執行作業，允許呼叫者在佇列中添加訊息並繼續工作，當工作流程完成的時候收到通知。」

「哦，我明白了，我明白了！架構量子定義了架構特徵的範圍——靜態耦合如何影響它是很明顯的。但我現在明白了，根據你呼叫的類型，你可能會暫時將兩個服務耦合在一起。」

「對，」Addison 說。「如果呼叫的性質像是與性能、反應能力、規模和一堆其他的事情有關，在呼叫過程中架構量子可以暫時相互糾纏。」

「好吧，我想我了解架構量子是什麼，以及耦合定義如何工作了。但我永遠不會弄清楚量子單 / 複數型態的事情！」

「資料的單 / 複數型態也一樣，但沒有人使用資料的複數型態！」Addison 笑道。「當你繼續挖掘我們的架構時，你會看到動態耦合對工作流程和交易性傳奇更多的影響。」

「我等不及了！」

第三章

架構模組化

9 月 21 日，星期二，09:33

這是他們之前去過一百次的同一間會議室，但今天的氣氛不同，非常不同。當人聚集在一起時，沒有閒聊。只有沉默，那種你可以用刀割開這樣死一般的沉默。是的，鑒於會議的主題，這確實是陳詞濫調。

失敗的 Sysops Squad 單據應用程式的業務主管和贊助商與應用程式架構師 Addison 和 Austen 會面，目的是表達他們對 IT 部門無法修復永無止境與故障單應用程式有關問題的擔憂和沮喪感。

「沒有能夠工作的應用程式，」他們說：「我們不可能繼續支持這一條業務線。」

隨著緊張的會議結束，商務贊助商一個個悄悄地離開，會議室裡只剩下 Addison 和 Austen。

「這是一次糟糕的會議，」Addison 說。「我不敢相信他們實際上將目前在故障單應用程式中面臨的所有問題都歸咎於我們。這真是一個糟糕的情況。」

「是的，我知道，」Austen 說。「尤其是關於可能關閉產品支援業務線的部分。我們將被分配到其他專案，或更糟甚至可能被革職。雖然我寧願把所有的時間都花在足球場上或冬天在山坡上滑雪，但我真的不能失去這份工作。」

「我也不能，」Addison 說。「此外，我真的很喜歡我們現有的開發團隊，我討厭看到它被打散。」

「我也是，」Austen 說。「我仍然認為拆開應用程式會解決大部分的問題。」

「我同意你的看法，」Addison 說，「但我們如何說服企業花更多的錢和時間來重構架構？你看到他們在會議上如何抱怨我們已經補東補西的花了很多錢，而只是在過程中建立了額外的問題。」

「你說的對，」Austen 說。「在這一點上，他們絕不會同意一個昂貴和耗時的架構遷移工作。」

「但是如果我們都同意我們需要拆開應用程式以保持它生存，那麼我們到底要如何說服企業，並得到我們完成重組 Sysops Squad 應用程式所需的資金和時間呢？」Addison 問。

「難倒我了，」Austen 說。「讓我們看看 Logan 是否有時間和我們討論這個問題。」

Addison 在網上查到了 Penultimate Electronics 的首席架構師 Logan 有空。Addison 發了一條訊息，解釋說他們想拆開現有的整體式應用程式，但不確定如何說服企業相信這種方法可行。Addison 在訊息中解釋說，他們處於真正的困境，需要一些建議。Logan 同意與他們會面，並到會議室加入他們。

「是什麼讓你如此肯定拆開 Sysops Squad 應用程式能解決所有的問題？」Logan 問道。

「因為，」Austen 說，「我們已經一再嘗試修補程式碼，但似乎並不可行。我們仍然有太多的問題。」

「你完全誤解了我的意思，」Logan 說。「讓我用不同方式問你這個問題。你怎麼保證把這個系統拆開，除了花更多的錢和浪費更多的寶貴時間之外，可以完成任何事？」

「嗯，」Austen 說，「實際上，我們沒有。」

「那你怎麼知道拆開應用程式是正確的方法？」Logan 問道。

「我們已經告訴你了，」Austen 說，「因為我們嘗試的其他方法似乎都不起作用！」

「抱歉，」Logan 說，「但你和我一樣清楚，這不是一個合理的商務理由。用這種理由你永遠不會得到你需要的資金。」

「那麼，什麼是好的商務理由呢？」Addison 問。「我們如何向企業推銷這種方法並得到批准額外的資金？」

「嗯，」Logan 說，「要為這種規模的事情建立一個好的商務案例，你首先需要了解架構模組化的好處，將這些好處與你在目前系統中面臨的問題互相匹配，最後分析並記錄拆開應用程式所涉及的權衡。」

今天的企業面臨著變革的洪流；市場演變似乎正以驚人的步調持續加速。商務的驅動因素（如兼併和收購）、市場競爭的加劇、消費者需求的增加以及創新的增加（如經由機器學習和人工智慧的自動化），都需要對底層電腦系統進行改變。在許多情況下，電腦系統的這些變化需要對支援它們的底層架構進行更改。

然而，正在經歷持續和快速變化的不僅是企業，還有這些電腦系統所在的技術環境。容器化、移到基於雲端的基礎架構、採用 DevOps，甚至持續交付管道的新進展，都影響著這些電腦系統的底層架構。

在當今世界，要管理軟體架構所有這些不斷且快速的變化很困難。軟體架構是系統的基礎架構，因此一般認為是應該保持穩定而不會經歷頻繁變化的東西，類似於一個大型建築或摩天大樓的底層結構。但是，與建築物結構架構不同，軟體架構必須不斷變化和適應，以滿足現今商業和技術環境的新需求。

考慮到現今市場上發生兼併和收購數量的增加，當一家公司收購另一家時，它不僅獲得了公司的實體方面（如人員、建築物、庫存等），而且還獲得了更多的客戶。兩家公司現有系統規模能否滿足因兼併或收購而增加的使用者數量？可擴展性是兼併和收購的一個重要部分，敏捷性和可延展性也是如此，這些都是**架構上的問題**。

大型整體式（單一部署）系統通常不提供支援大多數兼併和收購所需的可擴展性、敏捷性和可延展性程度。額外的機器資源（執行緒、記憶體和 CPU）的容量很快就會被填滿。為了說明這一點，考慮圖 3-1 中顯示的玻璃杯。玻璃杯代表伺服器（或虛擬機），而水代表應用程式。隨著整體式應用程式的增長以處理增加的消費者需求和使用者負荷（無論是來自兼併、收購，或公司增長），它們開始消耗越來越多的資源。隨著更多的水被加到玻璃杯裡（表示不斷增長的整體式應用程式），杯子開始被填滿。增加另一個玻璃杯（代表另一個伺服器或虛擬機）沒有任何作用，因為新的玻璃杯將包含與第一個杯子相同的水量。

架構模組化的一個面向是將大型整體式應用程式分解成獨立的、較小的部分，為進一步的可擴展性和成長提供更多的能力，且同時促進不斷並快速的變化。反過來，這些能力可以幫助實現一個公司的策略目標。

透過在我們的玻璃杯例子中增加另一個空杯子，並將水（應用程式）分成兩個獨立部分，現在可以將一半的水倒入新的空杯子了，提供 50% 多的容量，如圖 3-2 所示。水杯的比喻是向商業利益相關者和 C 級管理者解釋架構模組化（打破整體式應用程式）的好方法，他們將不可避免地為架構重構的工作買單。

圖 3-1　一個滿的玻璃杯代表一個接近容量的大型整體式應用程式

圖 3-2　兩個半滿的玻璃杯代表著一個被分解的應用程式，有足夠的增長容量

增加可擴展性只是架構模組化的一個好處。另一個重要的好處是**敏捷性**，即對改變快速反應的能力。來自 David Benjamin 和 David Komlos 在 2020 年 1 月《*Forbes*》（*https://oreil.ly/2im3v*）的一篇文章指出：

> 有一件事將把一群人分成贏家和輸家：依需求作大膽和果斷的路線修正的能力，並能有效和堅持的執行。

企業必須靈活才能在當今世界上生存。然而，雖然企業的利益相關者也許能夠快速做出決策並迅速改變方向，但公司的技術人員可能無法足夠快地實施這些新的指令以造成影響。要使技術能和業務一樣快速發展（或者反過來，避免技術減緩了業務），需要一定程度的架構敏捷性。

模組化驅動因素

除非存有明確的業務驅動因素，否則架構師不應該將系統分解成更小的部分。將應用程式分解成更小部分的主要業務驅動因素包括**上市速度**（有時稱為上市時間），和在市場上獲得一定程度的**競爭優勢**。

上市速度是透過架構的敏捷性實現——快速對改變反應的能力。敏捷性是由許多其他架構特徵組成的複合架構特徵，包括可維護性、可測試性和可部署性。

競爭優勢是透過上市速度與可擴展性，和整個應用程式的可用性和容錯性相結合來實現的。一個公司做得越好，它成長就越快，因此需要更多的可擴展性來支持增加的使用者活動。**容錯性**，即應用程式失效後能繼續運作的能力，確保應用程式的某些部分失效時，其他部分仍能正常作用，是對最終使用者整體影響最小化所必要的。圖 3-3 說明了模組化技術驅動因素，和所產生的模組化業務驅動因素之間的關係（包含在方框內）。

企業必須夠敏捷才能在當今快速節奏和千變萬化的市場中生存，這意味著底層架構也必須是敏捷的。如圖 3-3 所說明的，支援敏捷性、上市速度以及最終在當今市場的競爭優勢的五個關鍵架構特徵是可用性（容錯性）、可擴展性、可部署性、可測試性和可維護性。

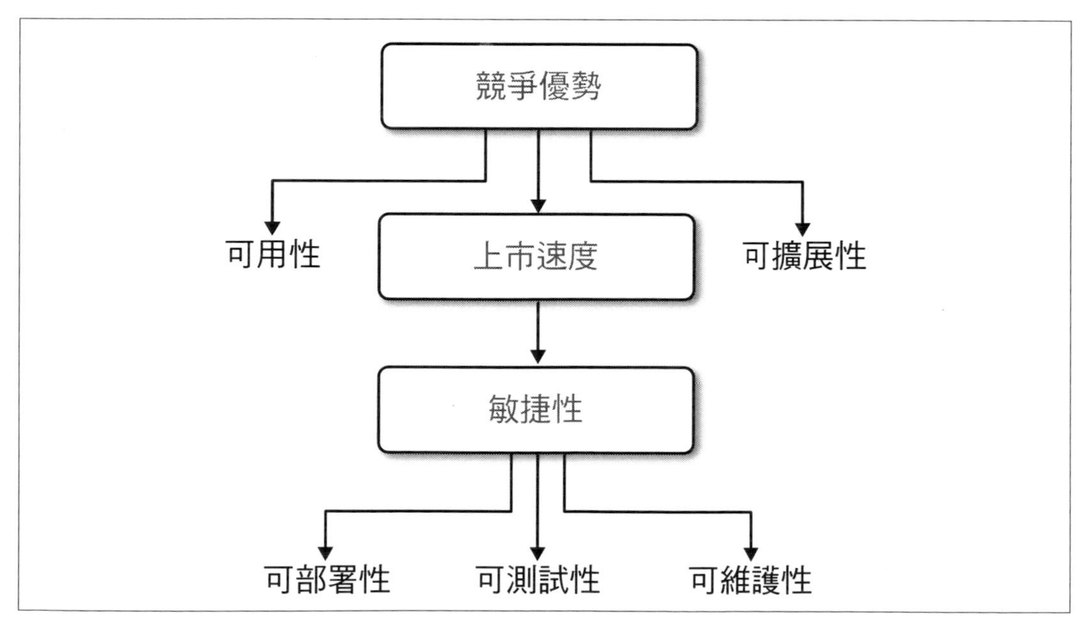

圖 3-3　模組化的驅動因素和它們之間的關係

注意，**架構模組化**並不總是必須轉化為分散式架構。可維護性、可測試性和可部署性（在後續的章節中定義）也可以透過整體式架構來實現，如模組化整體式，甚至是微內核架構（提供關於這些架構樣式更多資訊的參考清單，參閱附錄 B）。這兩種架構樣式都根據組件的**結構**方式提供了一定程度的架構模組化。例如，在模組化整體式中，組件被分組成形式良好的領域，提供了所謂的**領域分區架構**（參考《*Fundamentals of Software Architecture*》，第 8 章 103 頁）。在微內核架構中，功能被區分成獨立的外掛組件，允許更小的測試和部署範圍。

可維護性

可維護性是關於容易增加、改變或移除功能，以及應用像是維護補丁、框架升級、協力商升級等內部變化。與大多數複合架構的特徵一樣，可維護性也很難客觀地定義。軟體架構師及 hello2morrow 的創始人 Alexander von Zitzewitz（*http://www.hello2morrow.com*）寫了一篇關於客觀定義應用程式可維護性程度新指標的文章（*https://oreil.ly/TbFjN*）。雖然 von Zitzewitz 的可維護性指標相當複雜並涉及很多因素，但它初始的形式如下：

$$ML = 100 * \sum_{i=1}^{k} c_i$$

其中 ML 是整個系統的可維護性程度（百分比從 0% 到 100%），k 是系統中邏輯組件的總數，c_i 是任何給定組件的耦合程度，特別著重於傳入耦合程度。這個公式基本上表明，組件之間的傳入耦合程度越高，程式碼庫的整體可維護性程度就越低。

將複雜的數學放一邊，一些典型用於決定基於組件（應用程式的結構建構區塊）的應用程式相對可維護性的指標，包括以下內容：

組件耦合

組件相互了解的程度和方式

組件內聚力

組件操作相互關聯的程度和方式

迴圈複雜性

組件內間接和巢狀的整體程度

組件大小

　　組件內的程式碼聚合敘述的數量

技術分區與領域分區

　　組件依技術用法或領域目的排列——請參考附錄 A

在架構的上下文中，我們將**組件**定義為應用程式中做某種業務或基礎架構功能的一個架構建構區塊，通常透過套件結構（Java）、命名空間（C#）或在某種目錄結構中的檔案（類別）的實體分組表現出來。例如，訂單歷史這個組件可以透過位於 `app.business.order.history` 命名空間中的一組類別檔案來實作。

大型整體式架構通常具有較低的可維護性，這是因為在技術上將功能劃分為不同的層次，組件之間的緊密耦合以及來自領域觀點的弱組件內聚力。例如，考慮在一個傳統整體式分層架構中的一個新需求，要在客戶的希望清單中的項目（清單中的項目可能在以後購買）增加一個到期日。注意在圖 3-4 中新需求的改變範圍是在**應用程式層級**，因為改變被傳播到應用程式中的所有分層。

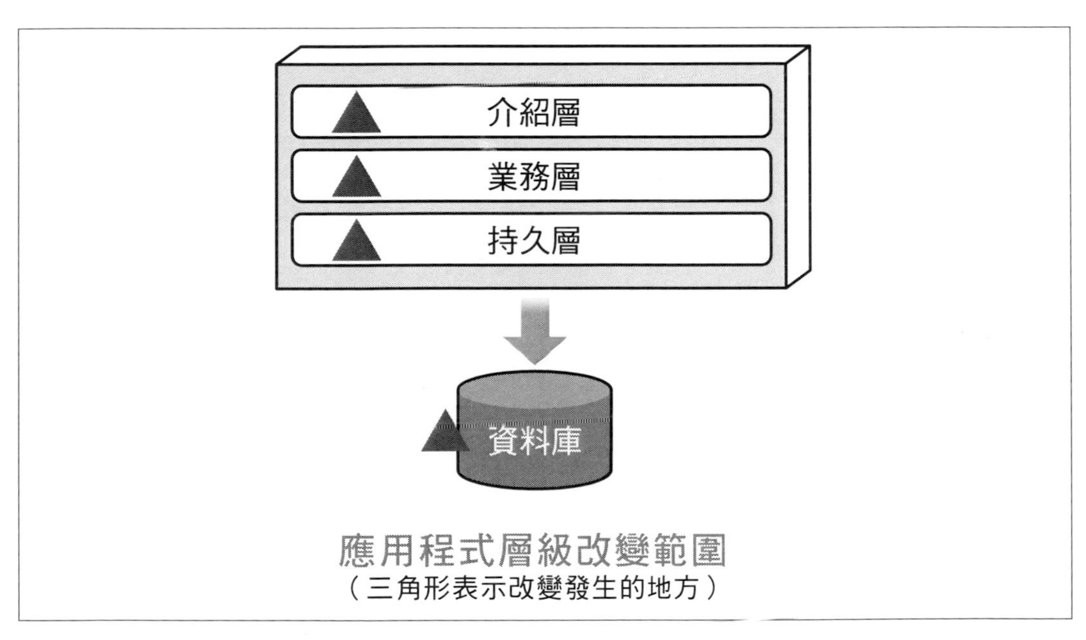

圖 3-4　對於整體式分層架構，改變是在應用程式層級

依據團隊結構，在整體式分層架構中實作在希望清單項目增加一個到期日這簡單的改變，可能至少需要三個團隊的協調：

- 來自使用者介面團隊的一名成員需要將新的到期日欄位加到螢幕上。
- 來自後端團隊的一名成員需要增加與到期日相關的業務規則，並修改合約以增加新的到期日欄位。
- 來自資料庫團隊的一名成員需要改變資料表的模式，以在希望清單表中增加新的到期日欄。

因為希望清單領域分散在整個架構中，要維護一個特定的領域或子領域（如希望清單）變得更加困難。另一方面，模組化架構將領域和子領域劃分為更小的、單獨部署的軟體單元，使修改領域或子領域更容易。注意，如圖 3-5 所示的在基於服務的分散式架構中，新需求的更改範圍是在一個特定領域服務中的*領域層級*，使它更容易隔離需要更改的特定部署單元。

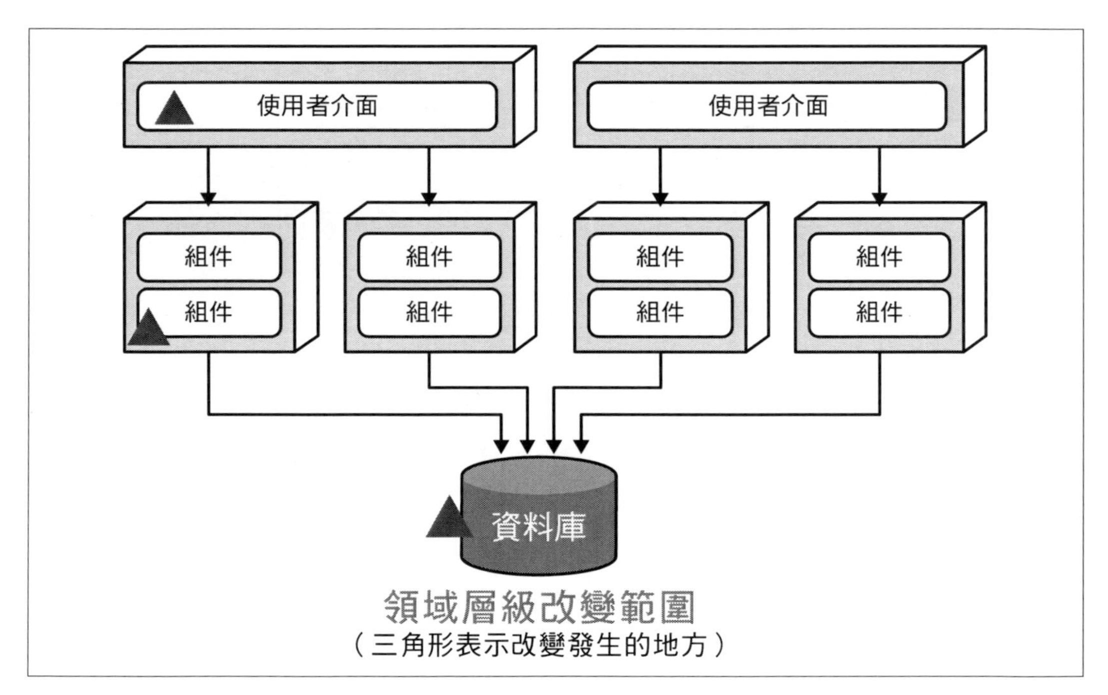

圖 3-5　對於基於服務的架構中，改變是在領域層級

移到像是微服務架構這種甚至有更多架構的模組化，如圖 3-6 所示，將新需求放在**功能層級**的改變範圍上，可以將改變隔離到負責希望清單功能的特定服務。

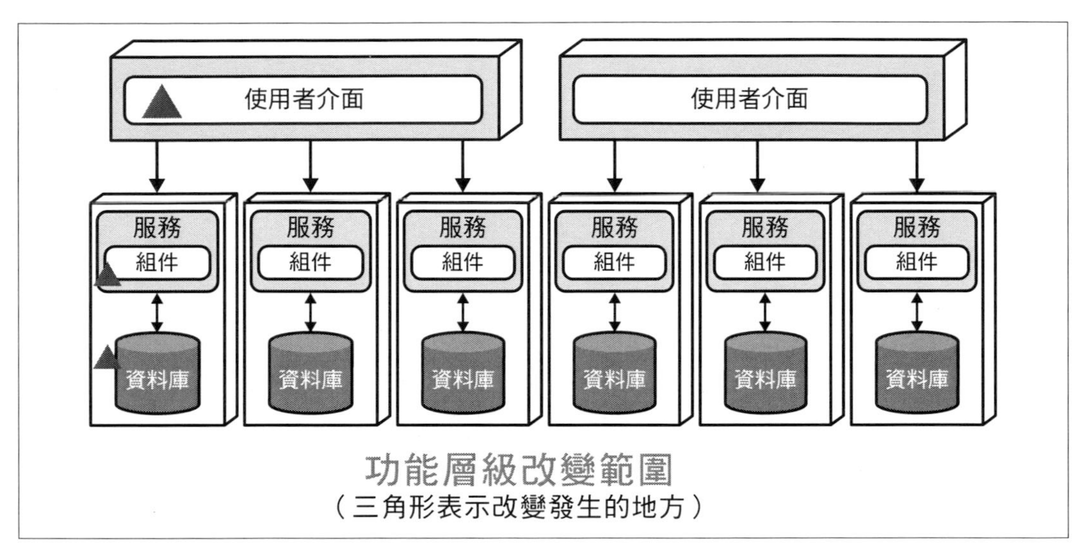

圖 3-6　對於微服務架構，改變是在功能層級

這三個朝向模組化的進展證明，隨著架構模組化程度的增加，可維護性也會增加，使得它更容易增加、改變或移除功能。

可測試性

可測試性被定義為易於測試（通常透過自動測試實現）以及測試的**完整性**。可測試性是架構敏捷性的一個基本成分。如分層架構的大型整體式架構樣式，因為很難在大型部署單元內達到對所有功能的全面和完整的回歸測試，所以只支援相對較低程度的可測試性（以及敏捷性）。即使整體式應用程式有一套完整的回歸測試，想像一下必須為簡單的程式碼修改而執行數百甚至數千個單元測試的挫敗感。執行所有的測試不僅要花費很長時間，而且可憐的開發者還要研究為什麼幾十個測試會失敗，而事實上這些失敗的測試卻與改變都沒有關係。

架構模組化——將應用程式分解成更小的部署單元——顯著地減少了對服務改變的整體測試範圍，使測試更完整也更容易測試。模組化不僅導致更小、更有針對性的測試套件，而且維護單元測試也變得更容易。

雖然架構模組化通常會提高可測試性，但它有時也會導致存在於整體式、單一部署應用程式的相同問題。例如，考慮一個被分解成三個較小的自含部署單元（服務）的應用程式，如圖 3-7 所描繪的。

因為服務 B 和服務 C 未和服務 A 耦合，因此對服務 A 做改變會限制測試範圍在該服務上。然而，隨著這些服務之間的通訊增加，如圖 3-7 底部所示，可測試性會迅速下降，因為對服務 A 改變的測試範圍現在包括服務 B 和服務 C，因此影響了測試的簡易性和測試的完整性。

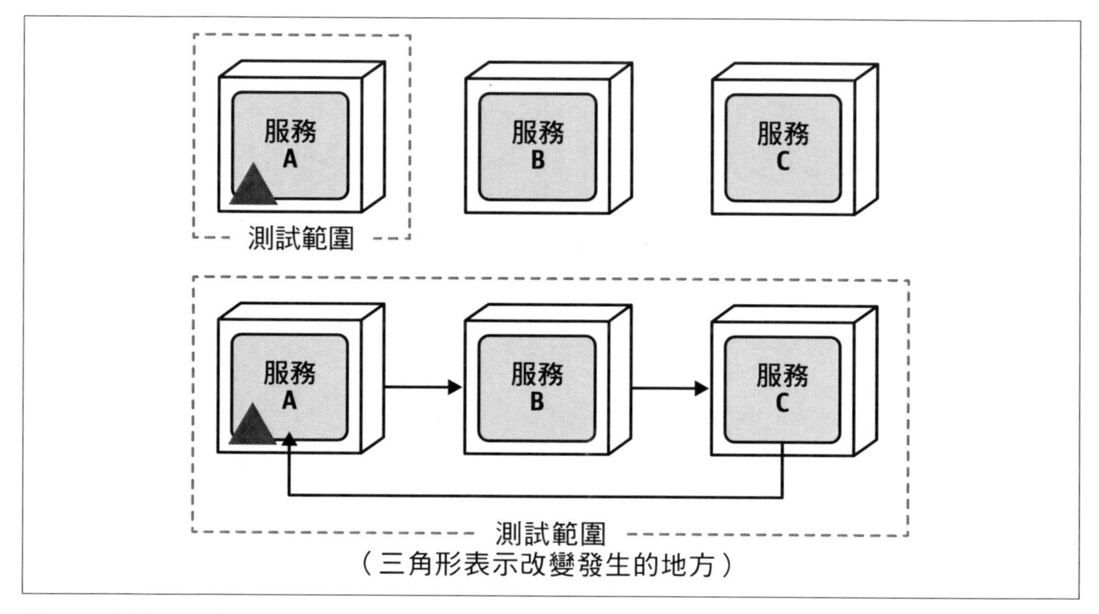

圖 3-7　測試範圍隨著服務之間的通訊而增加

可部署性

可部署性不僅是與部署的難易有關，也與部署的頻率和部署的整體風險有關。為了支援敏捷性和對改變快速反應，應用程式必須支援所有這三個因素。每兩週（或更長時間）部署一次軟體不僅會增加部署的整體風險（由於將多個改變組合在一起），而且在大多數情況下會不必要地延遲準備推送給客戶的新功能或錯誤修復。當然，部署頻率必須與客戶（或最終使用者）能夠迅速吸收改變的能力相平衡。

因為在部署應用程式時涉及大量的程序（如程式碼凍結、模擬部署等），因此整體式架構通常支持低程度的可部署性，當新功能或錯誤修復部署後，可能損壞其他東西的風險增加，且部署之間的時間很長（幾週到幾個月）。在單獨部署的軟體單元方面，有一定程度架構模組化應用程式的部署程序較少，部署的風險也較小，並且比大型單一整體式的應用程式更頻繁部署。

與可測試性一樣，隨著服務變得更小，而且為了完成商務交易，彼此之間的通訊更多，可部署性也會受到負面影響。部署的風險增加了，而且因為擔心破壞其他服務，部署一個簡單的改變變得更為困難。引用軟體架構師 Matt Stine（*https://www.mattstine.com*）在關於協作微服務上的文章（*https://oreil.ly/e9EGN*）：

> 如果你的微服務必須以特定順序被部署為完整的一套集合，請把它們放回整體式，並為自己省去一些痛苦。

這種場景導致了通常被稱為「分散式大泥球」的現象，在其中很少有（如果有的話）架構模組化的好處被實現。

可擴展性

可擴展性被定義為系統在使用者負荷逐漸增加時保持反應的能力。與可擴展性相關的是**彈性**，它被定義為系統在使用者負荷顯著高的瞬間、及不穩定峰值期間保持反應的能力。圖 3-8 說明了可擴展性和彈性之間的區別。

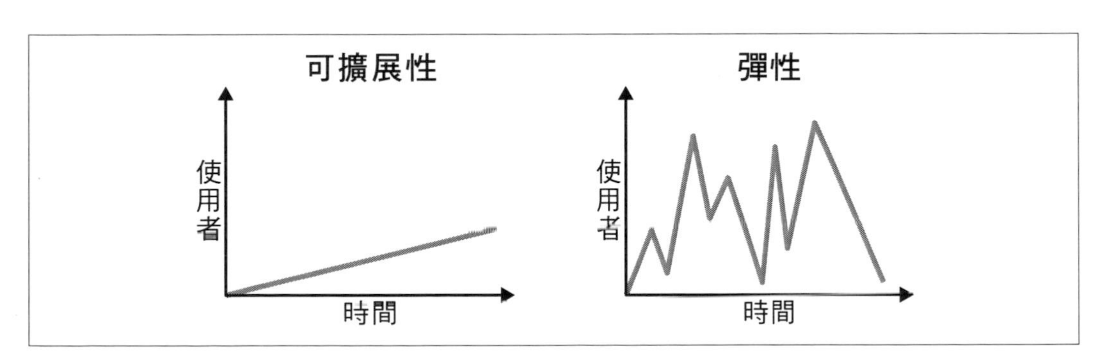

圖 3-8　可擴展性與彈性不同

雖然這兩種架構特徵都包括作為併發請求（或系統中的使用者）數量函數的反應能力，但從架構和實作的角度看，它們的處理方式是不同的。可擴展性通常發生在較長的一段時間內，作為公司正常成長的函數，而彈性則是對使用者負荷尖峰的立即反應。

可以進一步說明這區別的一個很好的例子，是音樂會票務系統。在主要的音樂會活動之間，通常併發使用者的負荷相當輕。然而，當一場流行音樂會的門票開始銷售的時候，併發使用者的負荷會顯著飆升。系統可能在幾秒鐘內從 20 個併發使用者變成 3,000 個併發使用者。為了保持反應能力，系統必須有能力處理使用者負荷的高峰，並且有能力立即啟動額外的服務來處理流量的尖峰。彈性依賴於服務的**平均啟動時間**（MTTS）非常小，這是藉由**架構上**非常小的、細粒度的服務來實現的。有了適當的架構解決方案，MTTS（以及彈性）就可以透過像是小型輕量級平台和執行期環境的設計時期技術進一步管理。

儘管可擴展性和彈性都會隨著細粒度服務而提高，但彈性較多為粒度（部署單元的大小）的函數，而可擴展性較多是模組化的函數（將應用程式分解成獨立部署單元）。考慮傳統的分層架構、基於服務的架構和微服務架構樣式，以及它們在可擴展性和彈性對應的星級，如圖 3-9 所示（這些架構樣式和它們對應星級的細節可以在我們以前的書《*Fundamentals of Software Architecture*》中找到）。注意一顆星意味著該架構樣式對該能力的支援不太好，而五顆星意味著該能力是這架構樣式的一個主要特徵，並且得到了很好的支援。

注意整體式分層架構的可擴展性和彈性率相對較低。大型整體式分層架構的擴展既困難又昂貴，因為所有應用程式的功能必須擴展到相同的程度（應用程式層級的可擴展性和差的 MTTS）。這在基於雲端的基礎架構中會變得特別昂貴。然而，在基於服務的架構中，可以看到可擴展性的改善，但不如彈性多。這是因為在基於服務架構中的領域服務是粗粒度的，通常在一個部署單元中包含整個領域（如訂單處理或倉庫管理），並且由於其規模大，所以對彈性即時需求通常有太久的平均啟動時間（MTTS），以致反應不夠快（領域層級可擴展性和持平的 MTTS）。注意在微服務中，因為每個單獨部署的服務都是小型、單一用途、細粒度的（功能層級可擴展性和優秀的 MTTS），所以可擴展性和彈性都是最大的。

就像可測試性和可部署性一樣，為了完成一個商務交易，服務之間的互相通訊更多，這對可擴展性和彈性的負面影響就更大。因為這個原因，當需要高程度的可擴展性和彈性時，保持最低服務間同步通訊是很重要的。

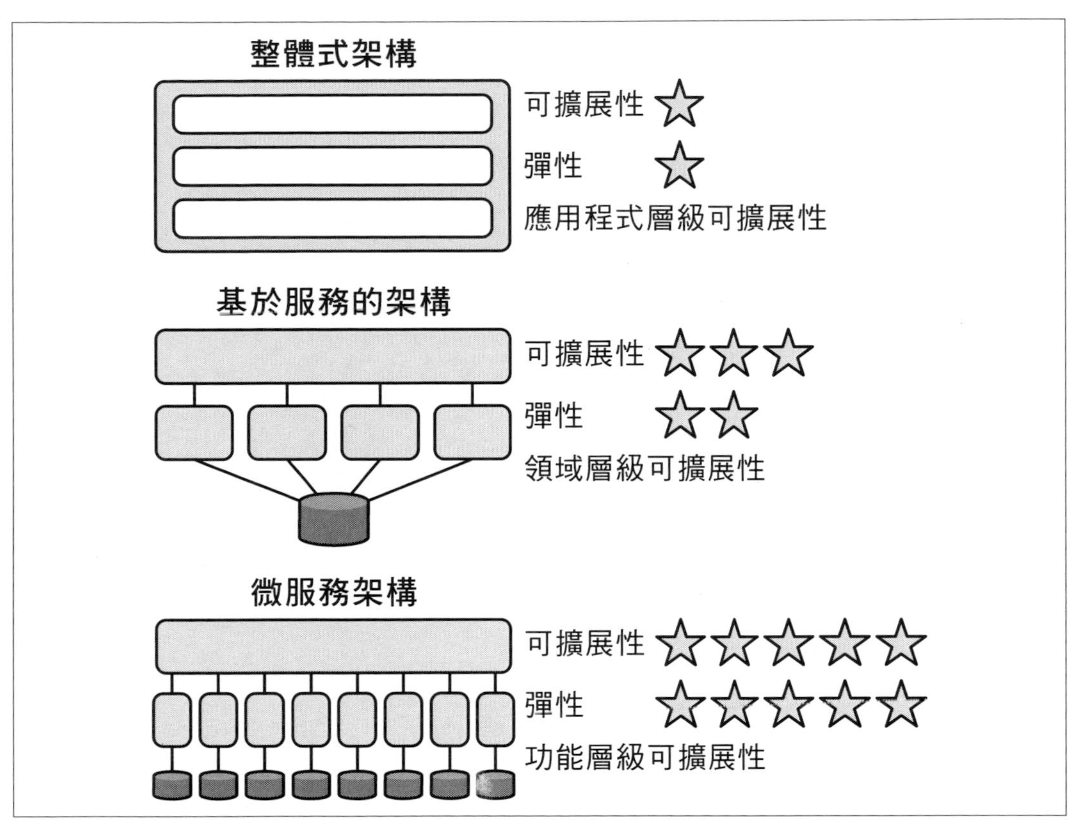

圖 3-9　透過模組化提高可擴展性和彈性

可用性 / 容錯性

像許多架構特性一樣，**容錯性**有不同的定義。在架構模組化的上下文中，我們將容錯性定義為系統的某些部分在系統其他部分發生故障時，保持反應和可用的能力。例如，如果零售應用程式的付款處理部分發生致命錯誤（如記憶體不足的情況），縱使付款處理不可用，但系統的使用者仍然能夠搜尋商品和下訂單。

所有的整體式系統都存有低程度的容錯性。雖然在整體式系統中，藉由用整個應用程式的多個實作平衡負荷，可以在一定程度上紓解容錯性，但這種技術既昂貴且無效。如果故障是由於程式設計的錯誤，那這個錯誤將存在於所有實作中，因此有可能導致所有的實作崩潰。

架構的模組化對於在系統中實現領域層級和功能層級的容錯性至關重要。透過將系統分解成多個部署單元，災難性故障被隔離到只在該部署單元，從而允許系統的其他部分能夠正常運作。然而，對這點會有一個警示：如果其他服務同步地依賴於一個發生故障的服務，那麼就無法實現容錯性。這就是服務之間的異步通訊，對於在分散式系統中維持良好容錯性必不可少的原因之一。

Sysops Squad 傳奇：建立一個商務案例

9 月 30 日，星期四，12:01

在更好地理解了架構模組化的含義以及拆開系統的對應驅動因素後，Addison 和 Austen 會面討論 Sysops Squad 的問題，並嘗試將它們與模組化驅動因素相匹配，以便建立一個堅實的商務理由，呈現給商務贊助商看。

「我們來看看我們所面臨的每一個問題，看看是否能把它們與某些模組化驅動因素相匹配，」Addison 說。「這樣，我們就能向企業證明，拆開應用程式實際上會解決我們面臨的問題。」

「好主意，」Austen 說。「讓我們從他們在會議上談到的第一個問題開始——更改。我們似乎無法在不破壞其他東西的情況下，有效地將更改施行於現有的整體式系統。而且，更改需要太長的時間，測試更改是一個真正的痛苦。」

「而且開發者不斷抱怨程式碼庫太大，很難找到將更改實行於新功能或錯誤修復的正確位置。」Addison 說。

「好吧，」Austen 說，「所以很明顯地，整體可維護性是這裡的一個關鍵問題。」

「對，」Addison 說。「因此，透過拆開應用程式，它不僅會解耦程式碼，而且會將功能隔離和劃分為單獨部署的服務，使開發者更容易施行更改。」

「可測試性是與這個問題有關的另一個關鍵特徵，但因為我們所有的自動化單元測試，所以我們早已經涵蓋了這一點，」Austen 說。

「事實上，不是這樣，」Addison 回答。「看一看這個。」

Addison 向 Austen 展示了超過 30% 的測試案例被注釋掉或過時，而且系統的一些關鍵工作流程部分也缺少測試案例。Addison 還解釋說，開發者不斷抱怨，任何更改（大或小）都必須執行整個單元測試套件，這不僅需要很長的時間，而且開發者還面臨必須修復與他們更改無關的問題。這也是即使施行最簡單的更改也要花這麼長時間的原因之一。

「可測試性有關於容易測試，但也是指測試的完整性，」Addison 說。「我們兩者都沒有。透過拆開應用程式，我們可以對應用程式所做的更改，將相關自動化單元測試組合在一起而顯著地減少測試的範圍， 並得到更好的測試完整性，因此錯誤更少。」

「可部署性也是如此，」Addison 繼續說。「因為我們有一個整體式應用程式，即使是修復一個小的錯誤，我們也必須部署整個系統。因為我們部署風險很高，所以 Parker 堅持每月進行生產發布。Parker 不明白的是，這樣做，我們在每個版本上堆積了多個更改，其中一些甚至沒有做過相互結合的測試。」

「我同意，」Austen 說，「此外，我們為每個版本做的模擬部署和程式碼凍結佔用了寶貴的時間——我們所沒有的時間。然而，我們在這裡談論的不是一個架構問題，而純粹是一個部署管道問題。」

「我不同意，」Addison 說。「這絕對也與架構有關。想一下，Austen，如果我們將系統分解成單獨部署的服務，那麼任何給定服務的更改都將只限於該服務的範圍。例如，假設說我們對單據分配過程做了另一個更改，如果這個過程是一個單獨的服務，那不只是測試範圍會減少，而且我們會顯著地減少部署風險。這意味著我們可以用更少的程序更頻繁地部署，以及顯著地減少錯誤數量。」

「我明白你的意思，」Austen 說，「雖然我同意你，但我仍然主張，在某些時候我們也必須修改我們目前的部署管道。」

Addison 和 Austen 對拆開 Sysops Squad 應用程式並轉向分散式架構將解決更改的問題感到滿意，於是轉向其他商務贊助商的關注點。

「好的，」Addison 說，「商務贊助商在會議上抱怨的另一件大事是整體客戶滿意度。系統有時候無法使用，系統似乎在一天中的某些時候會當機，我們經歷了太多的單據遺失和單據行程問題。難怪客戶開始取消他們的支援計畫。」

「等一下，」Austen 說。「我這裡有一些最新的指標，顯示使系統一直下降的不是核心的單據功能，而是客戶調查功能和報告。」

「這是個好消息，」Addison 說。「因此，透過將系統的功能拆開成單獨的服務，我們可以隔離這些故障，保持核心單據功能的運作。這本身就是一個很好的理由！」

「沒錯，」Austen 說。「因此，我們都同意透過容錯性的整體可用性將解決應用程式對客戶並不總是可用的問題，因為他們只與系統的單據部分互動。」

「但系統凍結了怎麼辦？」Addison 問。「我們如何用拆開應用程式來證明這部分的合理性？」

「碰巧我請 Sysops Squad 開發團隊的 Sydney 為我對這個問題做了一些分析，」Austen 說。「事實證明，這是兩件事的組合。首先，每當我們有超過 25 個客戶同時建立問題單時，系統就會凍結。但是，看一下這個——每當它們在白天執行操作報告時，當有客戶輸入問題單，系統也會凍結。」

「所以，」Addison 說，「看起來我們這裡有可擴展性和資料庫負荷的問題。」

「沒錯！」Austen 說。「並得到這個——透過拆開應用程式和整體式資料庫，我們可以將報告隔離到它自己的系統中，並為面向客戶的單據功能提供額外的可擴展性。」

Addison 對他們有一個很好的商務案例呈現給商務贊助商感到滿意，並確信這是拯救這條業務線的正確方法，Addison 為拆開系統的決定建立了一個架構決策記錄（ADR），並為商務贊助商建立一個對應的商務案例展示。

ADR：將 Sysops Squad 應用程式遷移到分散式架構

上下文

Sysops Squad 目前是一個整體式問題單應用程式，支援許多與問題單有關的不同業務功能，包括客戶註冊、問題單輸入和處理、操作及分析報告、帳單和付款處理以及各種管理的維護功能。目前的應用程式有許多涉及可擴展性、可用性和可維護性的問題。

決策

我們將現有的整體式 Sysops Squad 應用程式遷移到一個分散式架構。遷移到分散式架構將完成以下目標：

- 使核心單據功能對我們的外部客戶更加可用，因此提供更好的容錯性
- 為客戶成長和單據創建提供更好的可擴展性，解決我們遇到的應用程式經常凍結問題
- 分離資料庫上的報告功能和報告負荷，解決我們遇到的應用程式經常凍結的問題
- 允許團隊比目前整體式應用更快速的實作新功能和修復錯誤，因此提供了

更好的整體敏捷性

- 減少當發生更改時引入系統的錯誤數量，因此提供更好的可測試性
- 允許我們以更快的速度（每週或甚至每天）部署新功能和修復錯誤，因此提供更好的可部署性

結果

遷移工作將導致延遲引入新功能，因為架構遷移需要大部分開發者進行。

遷移工作將產生額外的費用（費用估計待定）。

發布工程師將必須管理發布和監控多個部署單元，直到現有的部署管道被修改為止。

遷移工作將需要我們把整體式資料庫拆開。

Addison 和 Austen 會見了 Sysops Squad 問題單系統的商務贊助商，並以清晰簡潔的方式呈現他們的案例。商務贊助商對展示很滿意並同意這種方法，通知 Addison 和 Austen 繼續遷移的工作。

第四章

架構分解

10 月 4 日，星期一，10:04

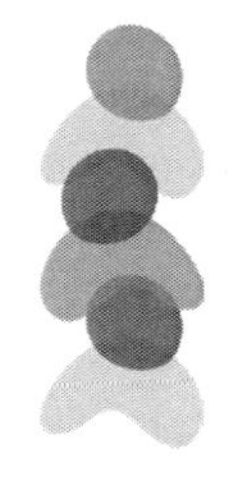

現在，Addison 和 Austen 已經獲得要轉移到分散式架構，以及拆開整體式 Sysops Squad 應用程式的許可，他們需要決定如何開始的最好方法。

「這個應用程式太大了，我甚至不知道從哪裡開始。它有大象那麼大！」Addison 驚呼。

「嗯，」Austen 說。「要怎麼吃掉一頭大象？」

「哈，我以前聽過這個笑話，Austen。當然是一次一小口的吃！」Addison 笑道。

「沒錯。因此，讓我們對 Sysops Squad 應用程式使用同樣的原則，」Austen 說。「為什麼我們不開始把它拆開，一次一小口？記得我說過報告是造成應用程式凍結的原因之一嗎？也許我們應該從那裡開始。」

「這可能是一個好的開始，」Addison 說，「但資料怎麼辦？僅僅讓報告成為一項單獨的服務並不能解決問題。我們還需要將資料分開，或甚至建立一個用資料泵為它提供資料的單獨報告資料庫。我想這一口太大了，無法從頭開始。」

「你是對的，」Austen 說。「嘿，知識庫功能呢？這相當獨立，而且可能更容易抽取。」

「這倒是真的。那調查功能呢？它也應該很容易分開，」Addison 說。「問題是，我不禁覺得我們應該用更多有條不紊的方法來解決這個問題，而不是一口一口地吃掉大象。」

「也許 Logan 可以給我們一些建議，」Austen 說。

Addison 和 Austen 與 Logan 會面，討論了他們正在考慮如何拆開應用程式的一些方法。他們向 Logan 解釋，他們想從知識庫和調查功能開始，但不確定在那之後該怎麼做。

「你建議的方法，」Logan 說，「就是所謂的大象遷移反模式。一小口一小口地吃掉大象，在開始時這似乎是一個好方法，但在大多數情況下，它導致了一種非結構化的方法，造成了一個大的分散式泥球，有些人也稱之為分散式整體。我不會推薦這種方法。」

「那麼，還有什麼其他方法？是否有我們可以用來拆開應用程式的模式？」Addison 問道。

「你需要從整體上看應用程式，並應用戰術性分叉或基於組件的分解，」Logan 說。「這是我所知道的兩種最有效的方法。」

Addison 和 Austen 看著 Logan。「但我們怎麼知道用哪一種呢？」

架構模組化描述了**為什麼要**拆開整體式應用程式，而架構分解則描述了**如何**分解。拆開大型、複雜的整體式應用程式可能是一項複雜且耗時的工程，重要的是知道開始這樣的工作是否可行以及如何進行。

基於組件的分解和戰術性分叉是拆開整體式應用程式的兩種常用方法。**基於組件的分解**是一種抽取方法，它應用各種重構模式來精煉和抽取組件（應用程式的邏輯建構區塊），以逐漸和受控的方式形成分散式架構。**戰術性分叉**方法包括製作應用程式的複製品，並削去不需要的部分以形成服務，類似於雕塑家從一塊花崗岩或大理石中創造出美麗藝術品的方式。

哪種方法最有效？當然，這個問題的答案是**它取決於**。選擇分解方法的主要因素之一是現有整體式應用程式碼的結構如何。程式碼庫中是否存在清晰的組件和組件邊界，或程式碼庫在很大程度上是一個非結構化的大泥球？

如圖 4-1 中的流程圖所示，架構分解工作的第一步是先確定程式碼庫是否可以分解。我們在下一節會詳細說明這個主題。如果程式碼庫是可分解的，下一步是確定原始程式碼在很大程度上是否為沒有明確定義組件的非結構化的混亂。如果是這種情況，那麼戰術性分叉（參閱第 68 頁的「戰術性分叉」）可能是正確的方法。然而，如果原始程式碼檔案的結構是將類似的功能結合成明確定義的（甚至是寬鬆定義的）組件，則基於組件的分解方法（參閱第 66 頁的「基於組件的分解」）就是應該要走的路。

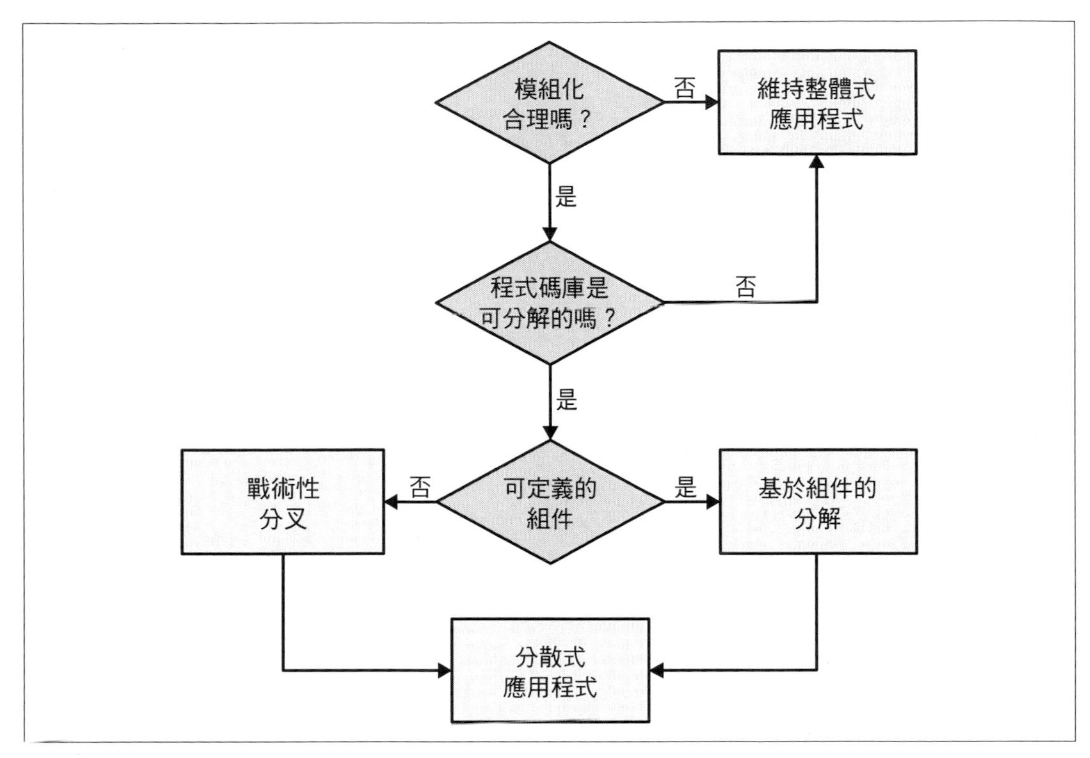

圖 4-1　選擇分解方法的決策樹

我們在本章中描述了這兩種方法，然後用一整章（第 5 章）來詳細說明每一種基於組件的分解模式。

程式碼庫是可分解的嗎？

當一個程式碼庫缺少內部結構時會發生什麼事？它還能被分解嗎？這樣的軟體有一個通俗的名字——大泥球反模式（*https://oreil.ly/7WkHf*），這是由 Brian Foote 在 1999 年的一篇同名論文（*http://www.laputan.org/mud*）中所創造的。例如，一個事件處理程序直接與資料庫呼叫連接且沒有模組化的複雜網路應用程式，可以被認為是一個大泥球架構。一般來說，架構師不會花很多時間為這些類型的系統建立模式；軟體架構關注內部結構，而這些系統缺少這種定義的特徵。

不幸的是，如果沒有仔細的管理，許多軟體系統會衰退成大泥球，留給後續的架構師（或許是被鄙視的前輩）修復。任何架構重組工作的第一步都需要架構師確定一個重組計畫，而這反過來又需要架構師了解內部結構。架構師必須回答的關鍵問題是這個程式碼庫是否可以挽救？換句話說，它是分解模式的候選者，還是另一種方法更合適？

沒有單一項的衡量可以確定一個程式碼庫是否有合理的內部結構——這評估由一個或多個架構師決定。然而，架構師確實有工具來幫助確定程式碼庫的宏觀特徵，特別是耦合指標，以幫助評估內部結構。

傳入和傳出耦合

1979 年，Edward Yourdon 和 Larry Constantine 出版了《*Structured Design: Fundamentals of a Discipline of Computer Program and Systems Design*》（Yourdon），其中定義了許多核心概念，包括傳入和傳出耦合指標。**傳入**耦合衡量的是與程式碼工件（組件、類別、函數等）的傳入連接數量。**傳出**耦合衡量的是與其他程式碼工件的**傳出**連接。

當改變系統結構時，只要注意這兩個指標的值。例如，當把一個整體式解構成分散式架構時，架構師會發現像是 `Address` 這樣的共享類別。在構建一個整體式時，開發者重用像是 `Address` 這樣的核心概念是很常見並被鼓勵的，但是當把整體式拆開時，現在架構師必須確定系統中使用這個共享資源的其他部分有多少。

幾乎每個平台都有讓架構師分析程式碼耦合特徵的工具，以幫助重組、遷移或理解程式碼庫。各種平台都存有許多工具，提供類別和 / 或組件關係的矩陣視圖，說明如圖 4-2。

在這個例子中，Eclipse 外掛程式提供了 JDepend 輸出的視覺化，其中包括每個套件的耦合分析，以及下一節強調的一些聚合指標。

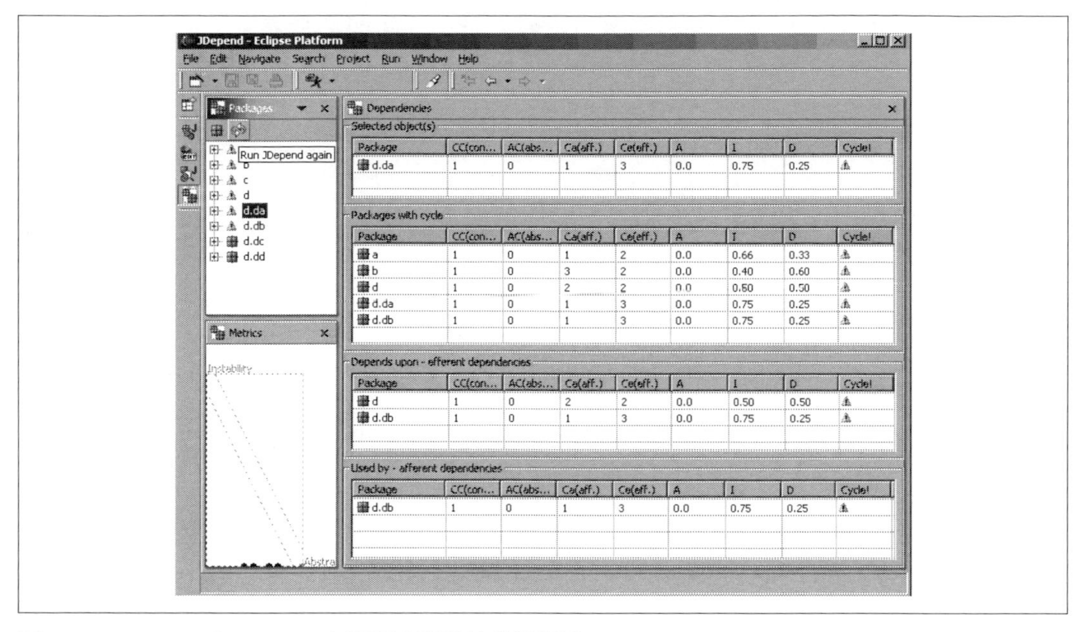

圖 4-2 JDepend 在 Eclipse 中對耦合關係的分析視圖

抽象性和不穩定性

Robert Martin 是軟體架構界的知名人士，他在 1990 年後期為一本 C++ 書籍創建了一些適用於任何物件導向語言的衍生指標。這些指標——抽象性和不穩定性——衡量一個程式碼庫內部特徵的平衡。

抽象性是抽象工件（抽象類別、介面等）對具體工件（實作類別）的比率。它代表了**抽象與實作**的衡量。抽象元素是程式碼庫的特徵，可以讓開發者更好地理解整體功能。例如，由單一 `main()` 方法和 10,000 行程式碼組成的程式碼庫，在這個指標上的分數幾乎是零，而且很難理解。

抽象性的公式顯示於方程式 4-1 中。

方程式 4-1　抽象性

$$A = \frac{\sum m^a}{\sum m^c + \sum m^a}$$

在這個方程式中，m^a 代表程式碼庫中的**抽象元素**（介面或抽象類別），m^c 代表**具體元素**。架構師透過計算抽象工件總和對具體工件總和的比率來計算抽象性。

另一個衍生指標，**不穩定性**，是傳出耦合對傳出和傳入耦合之和的比率，如方程式 4-2 所示。

方程式 4-2　不穩定性

$$I = \frac{C^e}{C^e + C^a}$$

在方程式中，C^e 代表**傳出**（或出去的）耦合，而 C^a 代表**傳入**（或進來的）耦合。

不穩定性指標決定了程式碼庫的易變性。表現出高度不穩定性的程式碼庫，因為高耦合度所以在更改時更容易出問題。考慮兩個場景，每個場景的 C^a 為 2。對於第一個場景，$C^e = 0$，產生的不穩定性分數為 0。在另一種情況下，$C^e = 3$，產生的不穩定性分數為 3/5。因此，一個組件的不穩定性衡量反映了有多少潛在的變化可能會被相關組件的改變所強迫。不穩定值接近 1 的組件是高度不穩定的，接近 0 的值則可能是穩定的或剛性的：如果模組或組件主要包含抽象元素，則它是穩定的，而如果它主要包括具體元素，則它是剛性的。然而，高穩定性的代價是缺少重用——如果每個組件都是自給自足的，則重複是可能的。

我們可以同意，I 值接近 1 的組件是高度不穩定的。但是，I 值接近 0 的組件可能是穩定的或剛性的。然而，如果它主要包含具體元素，則它是剛性的。

因此，一般來說，重要的是將 I 和 A 的值一起看，而不是單獨地看。因此，有理由考慮以下介紹的主要序列。

與主序列的距離

架構師對架構結構為數不多的整體指標之一是**與主序列的距離**，是一個基於不穩定性和抽象性的衍生指標，顯示於方程式 4-3。

方程式 4-3　與主序列的距離

$$D = |A + I - 1|$$

在方程式中，A = **抽象性**及 I = **不穩定性**。

與主序列的距離指標設想了抽象性和不穩定性之間的理想關係；這條理想化線附近的組件表現出這兩個相互競爭問題大量的混合。例如，繪出一個特定組件，可以讓開發者計算出與主序列的距離指標，說明如圖 4-3。

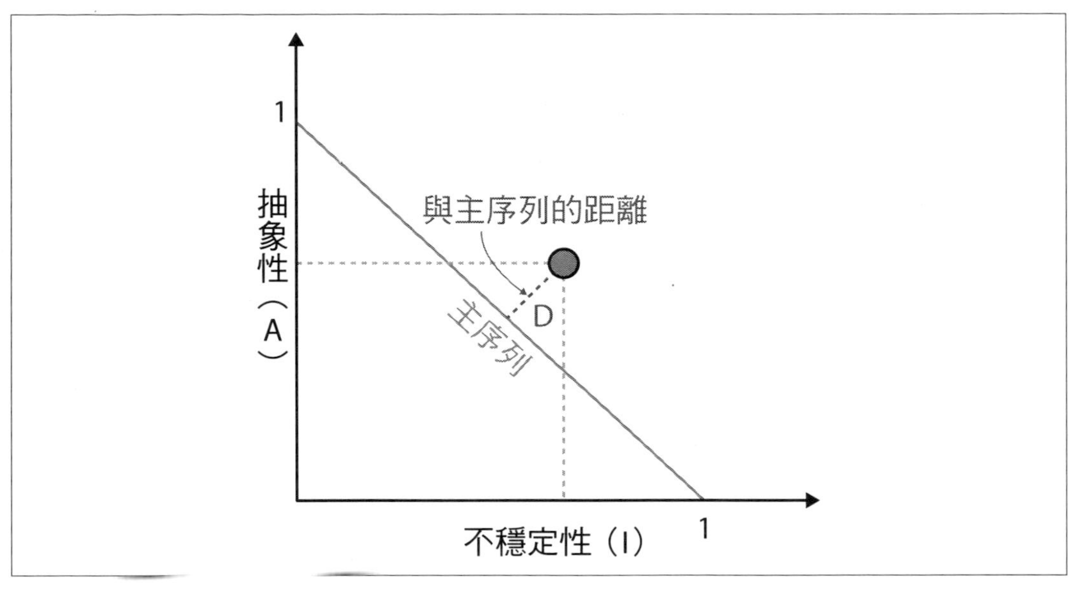

圖 4-3　一個特定組件與主序的正規化距離

開發者繪製候選組件的圖形，然後測量與理想化線的距離。離線越近，組件的平衡性就越好。落在右上角的組件會進入架構師所說的**無用區**：太抽象的程式碼變得難以使用。相反地，落入左下角的程式碼則進入了**痛苦區**：太多實作且不夠抽象的程式碼變得脆弱且難以維護，如圖 4-4 所示。

許多平台上都有提供這些測量的工具，當因為不熟悉、遷移或技術債評估而分析程式碼庫時，可以幫助架構師。

與主序列的距離指標告訴期待重組應用程式的架構師什麼？就像在建構的專案中，移動一個基礎不好的大型結構會有風險。同樣地，如果架構師希望重組一個應用程式，改善內部結構將使移動實體更加容易。

這指標也為內部結構的平衡提供了一個很好的線索。如果架構師在評估一個有許多組件落入無用區或痛苦區的程式碼庫時，那麼試圖將內部結構支撐到可以修復的程度也許不是一個好的使用時機。

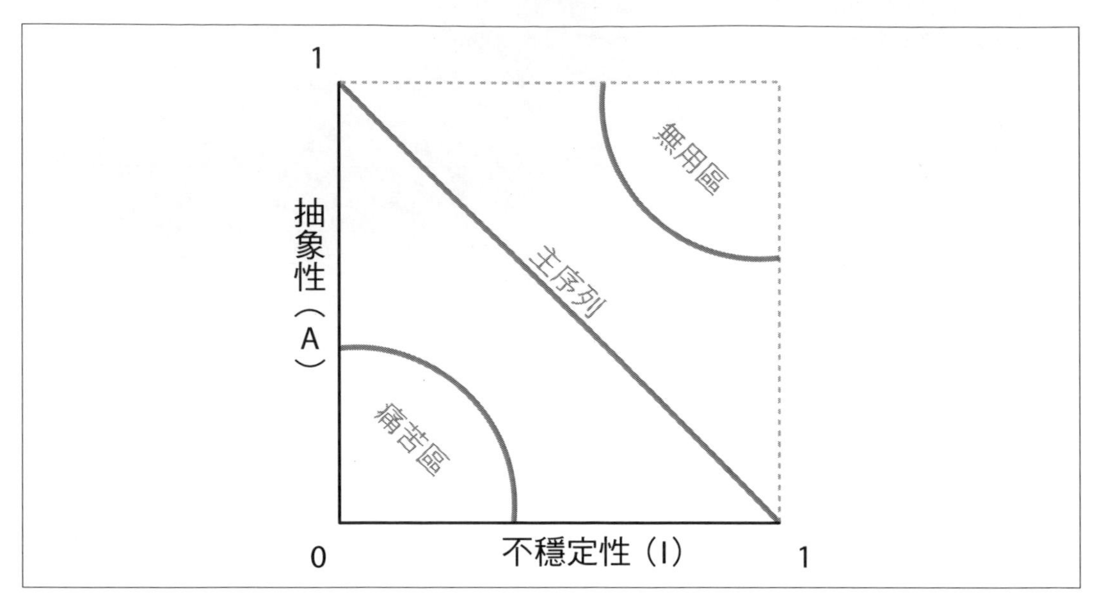

圖 4-4　無用區和痛苦區

按照圖 4-1 的流程圖，一旦架構師決定程式碼庫是可分解的，下一步就是決定採用什麼方法來分解應用程式。以下的部分描述了分解應用程式的兩種方法：**基於組件的分解**和**戰術性分叉**。

基於組件的分解

根據我們的經驗，將整體式應用程式遷移到如微服務般的高度分散式架構，所涉及的大部分困難和複雜性都來自於定義不明確的架構組件。在這裡，我們將**組件**定義為應用程式的一個建構區塊，它在系統中有明確定義的角色和責任，並有一組明確定義的操作。在大多數應用程式中的組件經由命名空間或目錄結構顯現，並透過組件檔案（或原始檔案）實作。例如，在圖 4-5 中，*penultimate/ss/ticket/assign* 目錄結構將代表一個名為 Ticket Assign 的組件，命名空間為 `penultimate.ss.ticket.assign`。

當把整體式應用程式分解成分散式架構時，要從**組件**而不是個別的類別來構建服務。

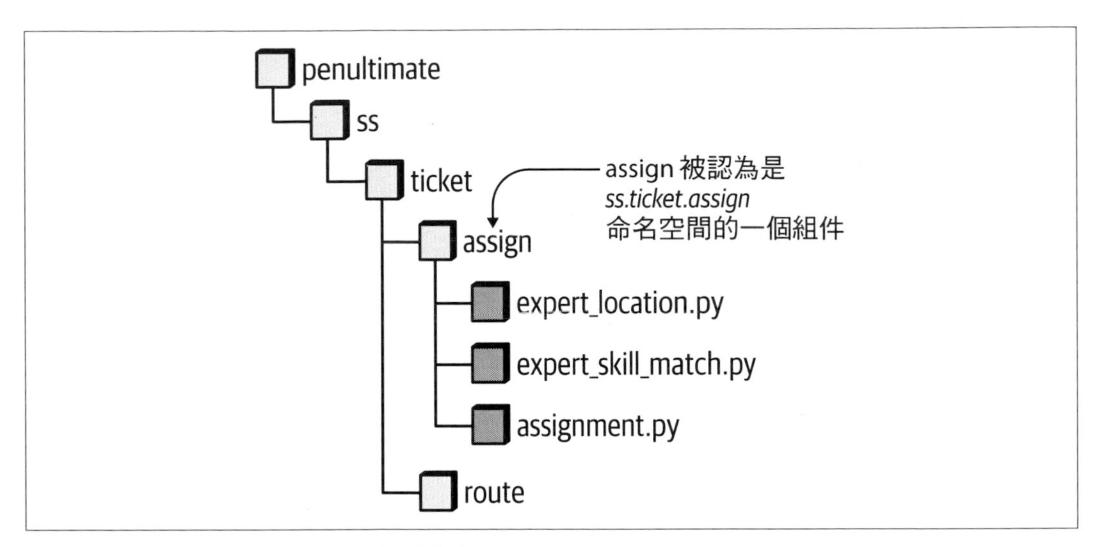

圖 4-5　程式碼庫的目錄結構變成組件的命名空間

在將整體式應用程式遷移到分散式架構（如微服務）的多年集體經歷中，我們已經開發了一組第 5 章所描述的基於組件的分解模式，它幫助為遷移整體式應用程式做好準備。這些模式涉及原始程式碼的重構，以得到一組最終可以成為服務的明確定義組件，減輕將應用程式遷移到分散式架構所需的努力。

這些基於組件的分解模式本質上能夠將整體式架構遷移到在第 2 章定義，並在《*Fundamentals of Software Architecture*》中更詳細描述的基於服務的架構。基於服務的架構是微服務架構樣式的混合體，其中應用程式被分解成**領域服務**，這些是粗粒度、單獨部署的服務，包含特定領域的所有商務邏輯。

移到基於服務的架構，適合作為最終目標或作為移到微服務的踏腳石：

- 作為一個踏腳石，它允許架構師確定哪些領域需要進一步細化為微服務，哪些可以保留為粗粒度的領域服務（這個決定將在第 7 章詳細討論）。
- 基於服務的架構不需要將資料庫分解，因此允許架構師在處理資料庫分解之前聚焦於領域和功能分區（在第 6 章中詳細討論）。
- 基於服務的架構不需要任何作業自動化或容器化。每個領域服務都可以使用與原始應用程式相同的部署工件（如 EAR 檔案、WAR 檔案、Assembly 等）部署。
- 移到基於服務的架構是**技術性的**，這意味著它通常不涉及商務利益相關者，並且不需要對 IT 部門的組織結構或測試及部署環境做任何改變。

當將整體式應用程式遷移到微服務時，考慮先移到基於服務的架構作為移到微服務的踏腳石。

但是，如果程式碼庫是非結構化的大泥球，並且不包含很多可觀察的組件怎麼辦？這就是戰術性分叉的用武之地了。

戰術性分叉

戰術性分叉模式是由 Fausto De La Torre（*https://faustodelatog.wordpress.com*）命名的，是一種重組基本上是大泥球架構的務實方法。

一般來說，當架構師考慮重組程式碼庫時，他們想到的是抽取程式片段，如圖 4-6 所示。

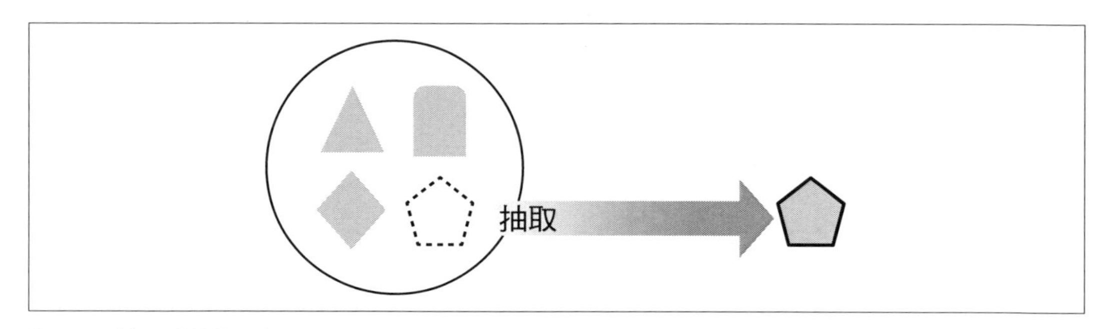

圖 4-6　抽取系統的一部分

然而，另一種思考方式是隔離系統的某一部分，包括刪除不再需要的部分，如圖 4-7 所示。

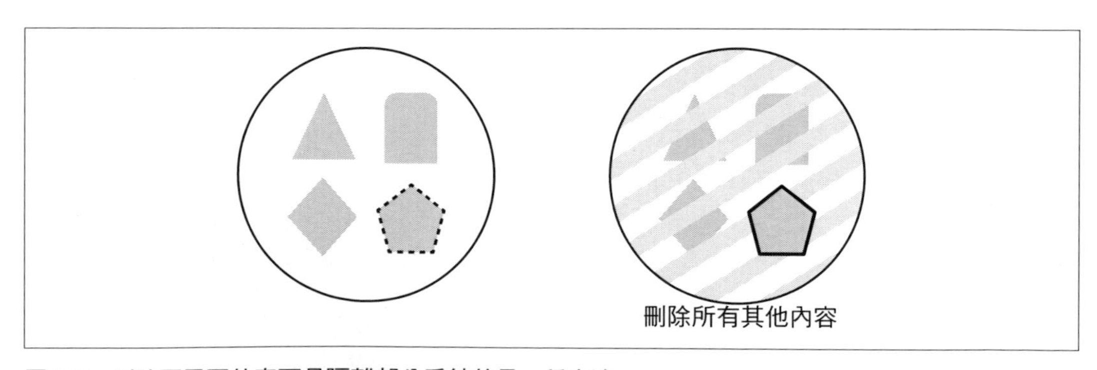

圖 4-7　刪除不需要的東西是隔離部分系統的另一種方法

在圖 4-6 中，開發者必須不斷地處理定義這個架構的大量耦合；當他們抽取程式片段時，他們發現因為相依關係所以越來越多的整體式必須出現。在圖 4-7 中，開發者刪除了不需要的程式碼，但相依關係仍然存在，避免了抽取的持續解體效果。

抽取和**刪除**之間的差別激發了戰術性分叉模式。對於這種分解方法，系統開始時是單一整體式應用程式，如圖 4-8 所示。

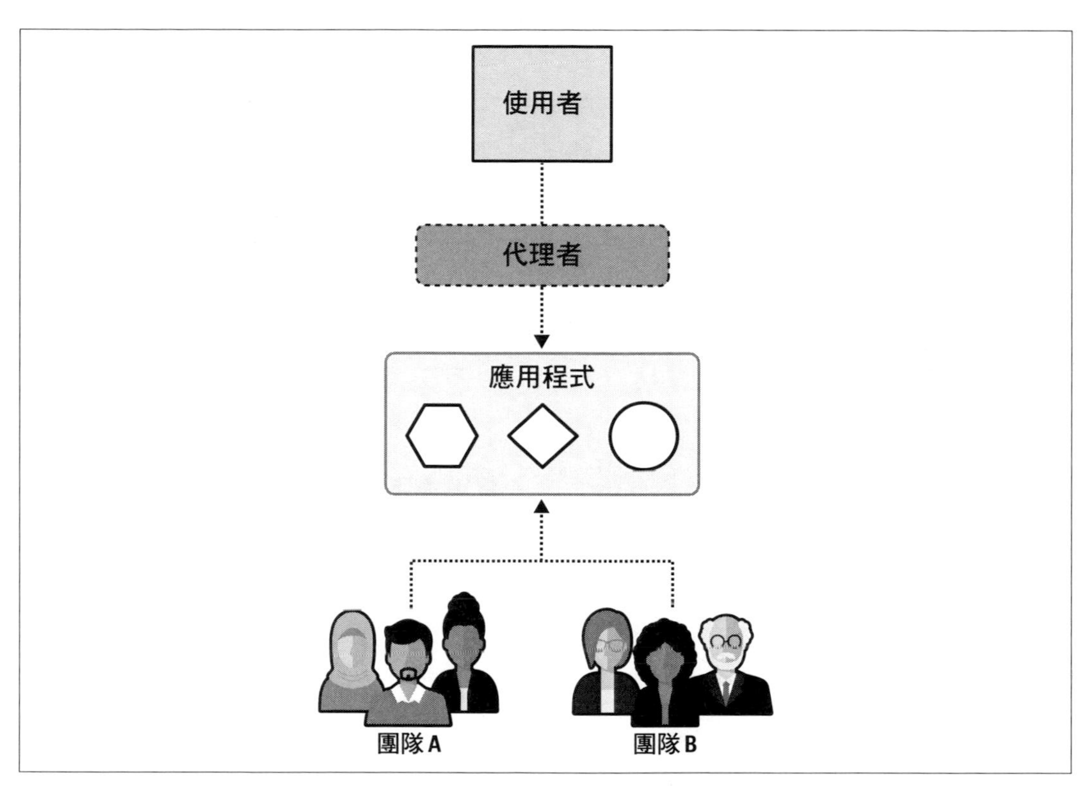

圖 4-8　在重組之前，一個整體式包括幾個部分

這個系統由幾個領域行為（圖中標識為簡單的幾何圖形）組成，沒有太多內部的組織。此外，在這個場景中，想要的目標包括兩個團隊，從現有的整體中建立兩個服務，一個是**六邊形**和**方形**領域，另一個是**圓形**領域。

戰術性分叉的第一步是克隆整個整體，並給每個團隊一份整個程式碼庫的副本，如圖 4-9 所示。

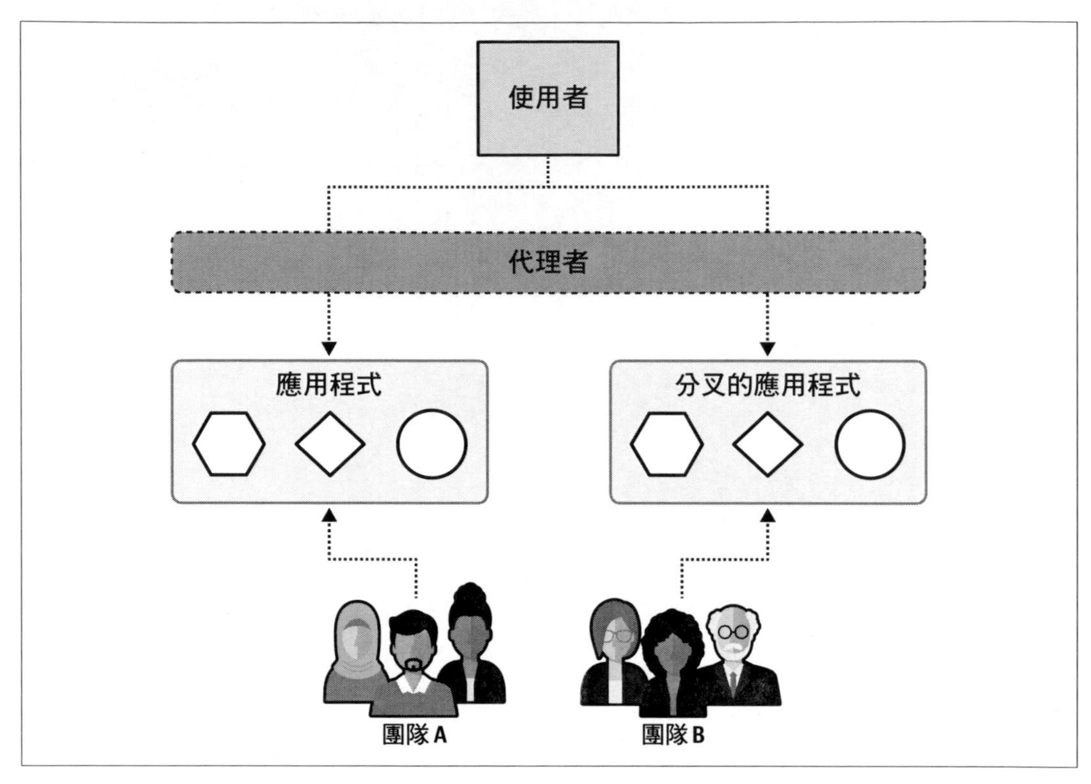

圖 4-9　第一步是克隆整體

每個團隊都會接收一份整個程式碼庫的副本，而且他們開始刪除（如前面圖 4-7 所示）他們不需要的程式碼，而不是抽取想要的程式碼。開發者經常發現在一個緊密耦合的程式碼庫中這比較容易，因為他們不需要擔心抽取高耦合度產生的大量相依關係。相反地，在刪除策略中，一旦功能被隔離，刪除任何不會破壞任何東西的程式碼。

隨著模式繼續前進，團隊開始隔離目標部分，如圖 4-10 所示。然後每個團隊繼續逐漸地刪除不需要的程式碼。

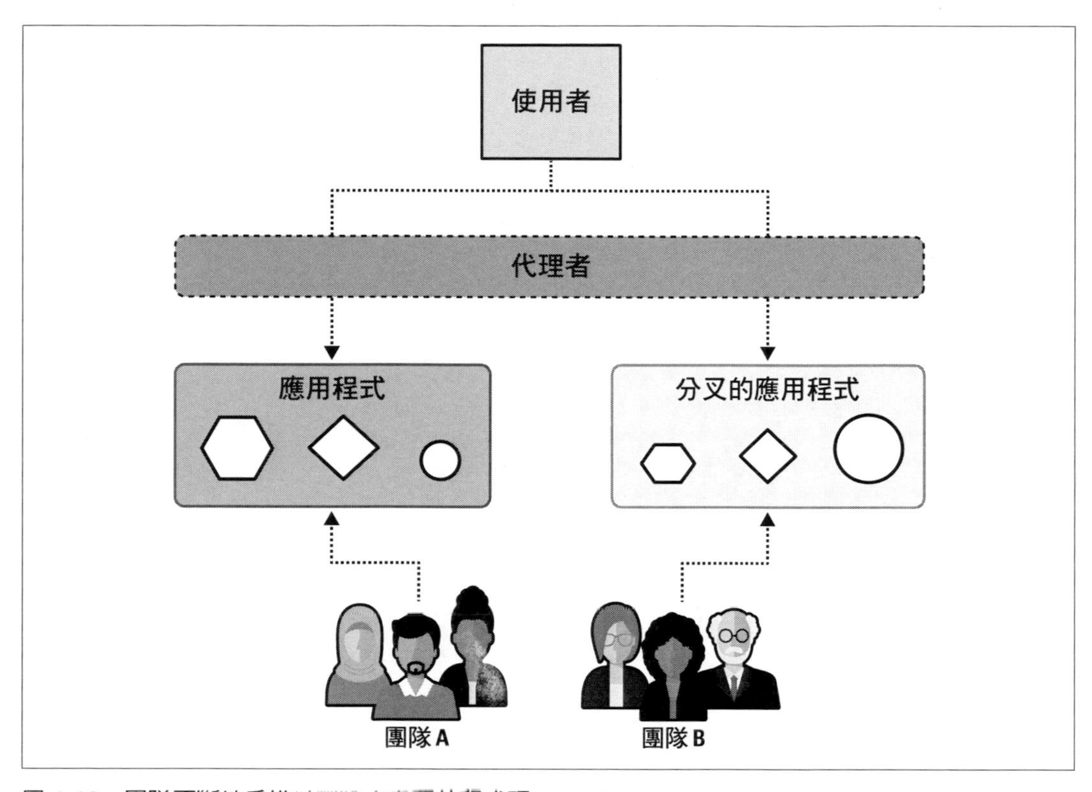

圖 4-10　團隊不斷地重構以刪除不需要的程式碼

在完成戰術性分叉模式後，團隊將原來的整體式應用程式分成兩部分，並保留每一部分行為的粗粒度結構，如圖 4-11 所示。

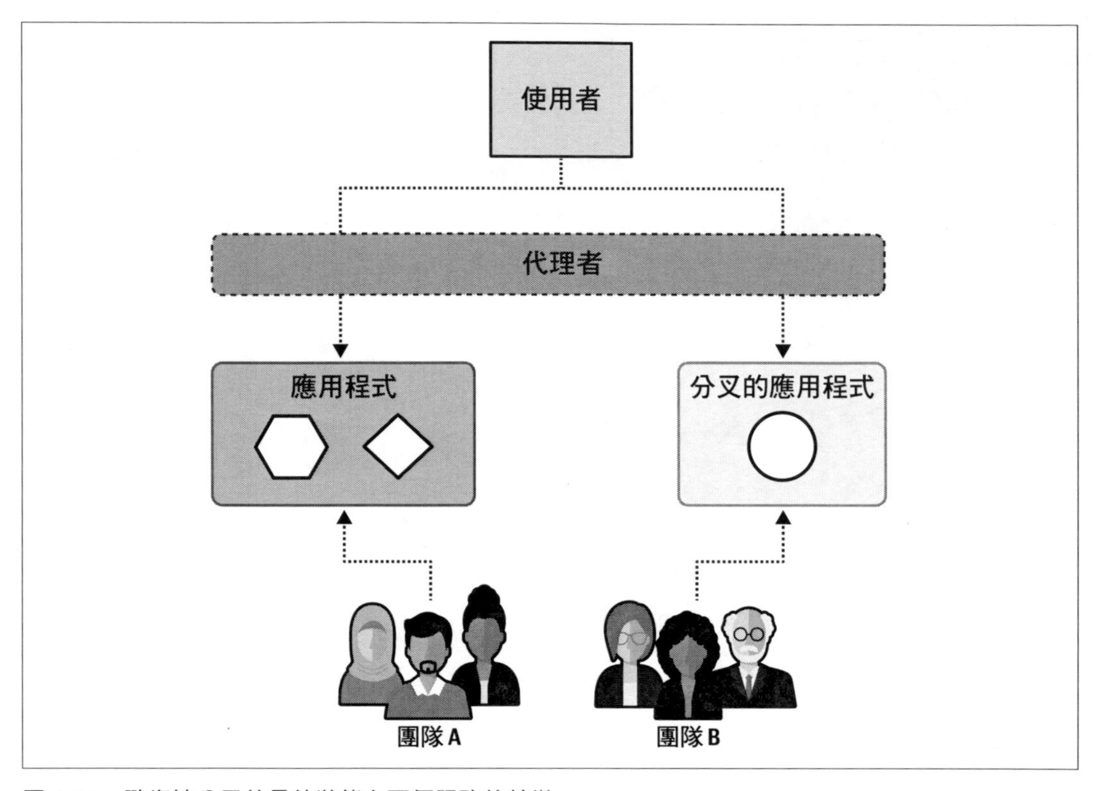

圖 4-11　戰術性分叉的最終狀態有兩個服務的特徵

現在重組完成了，留下兩個粗粒度服務的結果。

權衡

戰術性分叉是更正式分解方法的可行替代方案，最適合很少或沒有內部結構的程式碼庫。像架構中所有的實作一樣，它也有它的權衡：

優點

- 團隊可以立即開始工作，幾乎不需要預先分析。
- 開發者發現刪除程式碼比抽取程式碼更容易。由於高耦合度，從混亂的程式碼庫中抽取程式碼存有困難，而不需要的程式碼可以藉由編譯或簡單的測試來驗證。

缺點

- 由此產生的服務可能仍然包含大量從整體式遺留下的潛在程式碼。
- 除非開發者付出額外的努力，在新衍生服務內部中的程式碼不會比來自整體式的混亂程式碼更好——只是數量少了。
- 在共享程式碼和共享組件檔案的命名之間可能發生不一致性，導致難以辨識通用程式碼並保持它的一致。

這個模式的名字很貼切（所有好的模式名稱都該如此）——它為重組架構提供了一種**戰術性**而非**策略性**的方法，允許團隊快速遷移重要或關鍵的系統到下一代（儘管以一種非結構化的方式）。

Sysops Squad 傳奇：選擇分解方法

10 月 29 日，星期五，10:01

現在，Addison 和 Austen 了解了這兩種方法，他們在主會議室會面，使用抽象性和不穩定性指標分析 Sysops Squad 應用程式，以確定哪種方法最適合他們的情況：

「看看這個，」Addison 說。「大部分的程式碼都位於主序列。當然也有一些異常的，但我認為我們可以得出結論，拆開這個應用程式是可行的。所以下一步是決定使用哪種方法。」

「我真的很喜歡戰術性分叉方法，」Austen 說。「這讓我想起了著名的雕塑家，當被問及他們如何能夠在堅硬的大理石上雕刻出如此美麗的作品時，他們回答說他們只是移除了不應該存在的大理石。我覺得 Sysops Squad 的應用程式可以成為我的雕塑！」

「堅持住，Michelangelo，」Addison 說。「先是運動，現在是雕塑？你需要決定你喜歡把你的非工作時間花在什麼上。我不喜歡戰術性分叉方法的地方在於它的每個服務中所有重複程式碼和共享功能。我們的大部分問題都與可維護性、可測試性和整體可靠性有關。你能想像必須同時對一些不同的服務應用同樣的改變嗎？那將是一場惡夢！」

「但是，有多少共用功能，真的？」Austen 問。

「我不確定，」Addison 說，「但我知道有相當多的共享程式碼像是日誌紀錄和安全性等用於基礎架構，而且我知道很多資料庫呼叫是由應用程式的持久層共享。」

Austen 停頓了一下，想了一下 Addison 的論點。「也許你是對的。既然我們早已經定義了很好的組件邊界，我可以接受用較慢的基於組件的分解方法，並放棄我的雕刻生涯。但我不會放棄運動！」

Addison 和 Austen 達成了一個共識，即組件分解方法是適合 Sysops Squad 應用程式的方法。Addison 為這個決定撰寫了 ADR，概述了基於組件分解方法的權衡和理由。

ADR：遷移將使用基於組件的分解方法進行

上下文

我們將把整體式的 Sysops Squad 應用程式拆開成單獨部署的服務。為了遷移到分散式架構，我們考慮的兩種方法是戰術性分叉和基於組件的分解。

決策

我們將使用基於組件的分解方法，將現有的整體式 Sysops Squad 應用程式遷移到分散式架構。

這應用程式有明確定義的組件邊界，適合基於組件的分解方法。

這種方法減少了在每個服務中必須維護重複程式碼的機會。

使用戰術性分叉方法，我們必須預先定義服務的邊界，以知道要建立多少個分叉的應用程式。使用基於組件的分解方法，服務定義將透過組件分組自然出現。

考慮到我們目前的應用程式關於可靠性、可用性、可擴展性和工作流程等所面臨問題的性質，使用基於組件的分解方法比戰術性分叉方法提供更安全、更可控的漸進式遷移。

結果

與戰術性分叉相比，基於組件分解方法的遷移工作可能需要更長的時間。然而，我們認為之前部分中的理由超過了這種權衡。

這種方法允許團隊中的開發者協同工作，以確定共享的功能、組件的邊界和領域的邊界。戰術性分叉將需要我們為每個分叉的應用程式將團隊分成更小、獨立的團隊，並增加小團隊之間所需的協調量。

第五章

基於組件的分解模式

11 月 1 日，星期一，11:53

Addison 和 Austen 選擇使用基於組件的分解方法，但並不確定關於每個分解模式的細節。他們嘗試研究這種方法，但在網路上沒有找到太多關於它的資訊。他們再次在會議室與 Logan 見面，請教這些模式是怎麼回事，以及如何使用它們。

「嗨，Logan，」Addison 說，「我首先想說，我們都非常感謝你花了這麼多時間與我們一起啟動這個遷移過程。我知道你在自己火急的事上非常忙。」

「沒關係，」Logan 說。「我們救火隊必須團結起來。我以前也遇過你們的處境，所以我知道對這種事情沒有外界幫助是什麼感覺。此外，這是一次非常引人注目的遷移工作，你們倆第一次就把這件事做好很重要。因為不會有第二次的機會了。」

「謝謝，Logan，」Austen 說。「我大約兩小時後有一場比賽，所以我們會儘量簡短。你之前談到基於組件的分解，我們選擇了這種方法，但我們在網路上找不到很多關於它的資訊。」

「我並不意外，」Logan 說。「關於它們的文章還不多，但我知道今年晚些時候有一本詳細描述這些模式的書會出版。我是在大約四年前的一次會議上，與一位經驗豐富的軟體架構師的會話中第一次了解到這些分解模式。我對這種可以安全地從整體式架構移到像是基於服務的架構和微服務等分散式架構的迭代和有條不紊的方法留下了深刻的印象。從那時起，我就開始使用這些模式，並獲得了相當大的成功。」

「你能告訴我們這些模式是如何工作的嗎？」Addison 問。

「當然，」Logan 說。「讓我們一次一個模式的看。」

當程式碼庫有一定的結構並按命名空間（或目錄）分組時，基於組件的分解（在第 4 章中介紹）是一種可以分解整體式應用程式非常有效的技術。本章介紹了一組模式，稱為**基於組件的分解模式**，它們描述了對整體式原始程式碼的重構，以獲得最終可以成為服務的一組定義明確的組件，這些分解模式顯著地減輕了將整體式應用程式遷移到分散式架構的工作。

圖 5-1 顯示了本章所描述的基於組件的分解模式的路線圖，以及它們是如何被一起用來分解一個整體式應用程式。最初，在將整體式應用程式遷移到分散式應用程式時，這些模式會按順序的一起使用，然後在遷移過程中單獨的用於對整體式應用程式的維護。這些分解模式總結如下：

第 *78* 頁的「識別和調整組件大小的模式」

　通常是在拆開整體式應用程式時應用的第一個模式。這種模式被用來識別、管理和適當調整組件的大小。

第 *87* 頁的「收集共同領域組件模式」

　用於整合可能在整個應用程式中重複的共同商務領域邏輯，減少所產生分散式架構中可能重複的服務數量。

第 *94* 頁的「扁平化組件模式」

　用於收疊或展開領域、子領域和組件，從而確保原始程式碼檔案僅駐留在明確定義的組件內。

第 *104* 頁的「確定組件相依性模式」

　用於辨識組件的相依性，改善這些相依性，並確定從整體式架構遷移到分散式架構的可行性和總體工作程度。

第 *112* 頁的「建立組件領域模式」

　用於將組件分組到應用程式中的邏輯領域，並重構組件命名空間和 / 或目錄，以與特定領域保持一致。

第 *118* 頁的「建立領域服務模式」

　藉由將整體式應用程式內的邏輯領域轉移到單獨部署的領域服務中，用於從實體上拆開整體式架構。

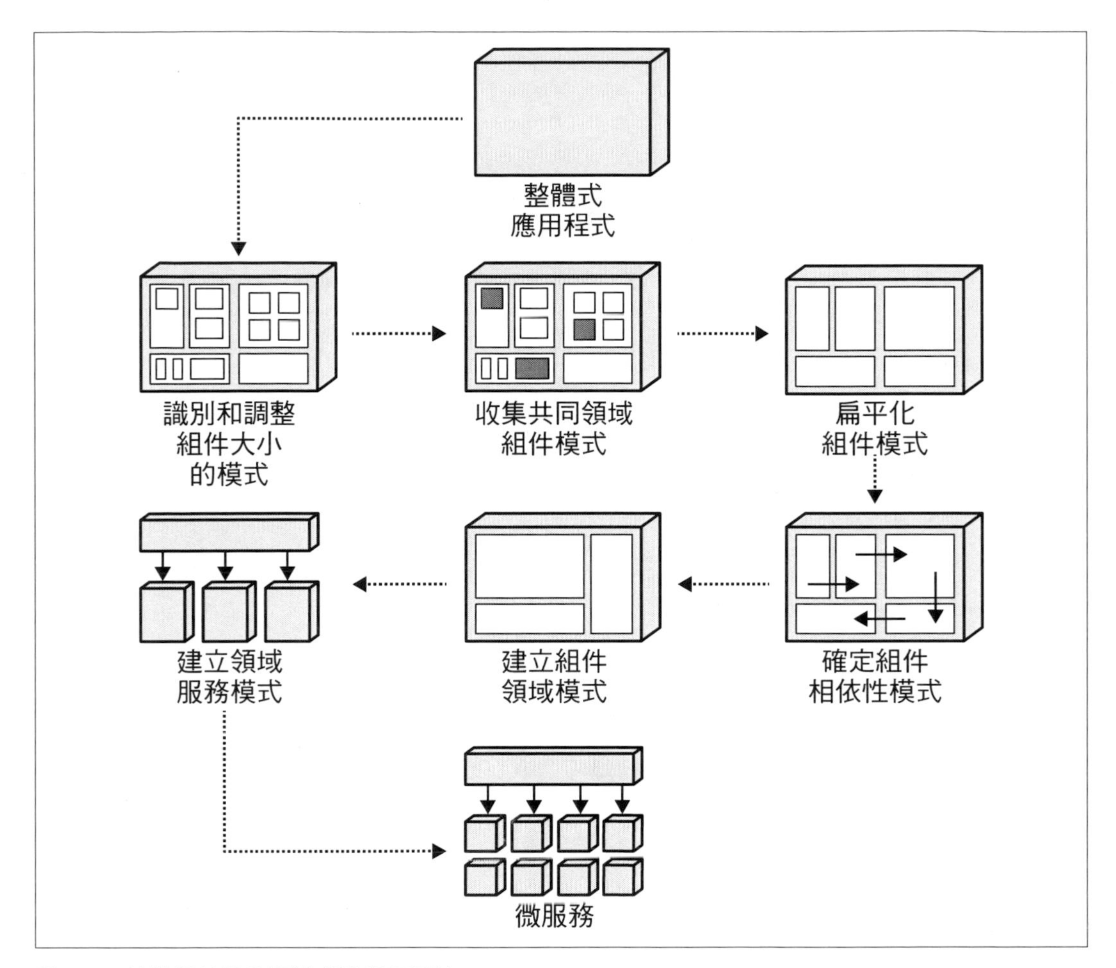

圖 5-1　基於組件的分解模式流程和用法

本章描述的每個模式都分為三個部分。第一部分，「模式描述」，描述了這模式如何工作、為什麼這模式很重要、以及應用這模式的結果是什麼。已知大多數系統在遷移期間都是移動的目標，第二部分「管理的適應度函數」描述了在應用這模式後可以使用的自動化管理，以便在持續維護期間持續分析和驗證程式碼庫的正確性。第三部分使用真實世界中的 Sysops Squad 應用程式（參閱第 14 頁「Sysops Squad 傳奇的介紹」）來說明這模式的使用，並說明應用這模式後應用程式的轉變情況。

架構故事

在本章中，我們將使用架構故事作為記錄，和描述影響了每個 Sysops Squad 傳奇應用程式結構方面程式碼重構的方式。不同於描述需要實作或改變功能的*使用者故事*，*架構故事*描述了影響應用程式整體結構，並滿足某種商務驅動因素（如增加可擴展性、更好的上市時間等）的特殊程式碼重構。例如，如果架構師認為需要拆開一個付款服務以支援更好的整體可延展性來增加額外的付款類型，則將建立一個內容如下的新架構故事：

> *作為一個架構師，我需要將付款服務解耦，以便在增加額外的付款類型時支援更好的延展性和敏捷性。*

我們將架構故事與*技術債*故事分開看。技術債故事通常會捕獲開發者在以後的迭代中需要做的事以「清理程式碼」，而架構故事則會捕獲需要快速改變以支援特定架構特徵或商務需求的事。

識別和調整組件大小的模式

任何整體式遷移的第一步是應用*識別和調整組件大小的*模式。這個模式的目的是識別和分類應用程式的架構組件（邏輯建構區塊），然後適當調整組件的大小。

模式描述

因為服務是由組件構建的，所以不僅要識別應用程式中的組件，而且適當地調整它們的大小非常重要。這種模式被用來識別太大（做得太多）或太小（做得不夠）的組件。相對於其他組件而言，太大的組件通常與其他組件的耦合度更高，更難分解成單獨的服務，並導致較低的模組化架構。

不幸的是，很難確定一個組件的大小。原始檔案的數量、類別和程式碼的總行數都不是好的衡量標準，因為每個程式師設計的類別、方法和函數都不一樣。我們發現一個對組件大小有用的指標是計算給定組件中敘述的總數（命名空間或目錄中包含的所有原始檔案的敘述總和）。*敘述*是在原始程式碼中執行的一個完整動作，通常由一個特殊的字元結束（如 Java、C、C++、C#、Go 以及 JavaScript 等語言中的分號；或在像是 F#、Python 以及 Ruby 等語言中的換行符號）。雖然不是一個完美的指標，但至少它是一個關於這組件做了多少事以及這組件有多複雜的很好指標。

在一個應用程式中有相對一致的組件大小很重要。一般而言，應用程式中的組件大小應該落於平均（或均值）組件大小的一到兩個標準差之間。此外，每個組件所代表的程式碼百分比應該在應用程式的各個組件之間平均分佈，並且不會有顯著的變化。

雖然許多靜態程式碼分析工具（*https://oreil.ly/XyIgr*）可以顯示原始檔案中敘述的數量，但其中許多並不會按**組件**累加總敘述。因為如此，架構師通常必須執行手動或自動的後處理，以按組件累加總敘述，然後計算這組件所代表的程式碼百分比。

無論使用何種工具或演算法，為這種模式收集和計算的重要資訊和指標顯示於表 5-1，並定義在後續的表格中。

表 5-1　組件清單和組件大小分析範例

組件名稱	組件命名空間	百分比	敘述	檔案
帳單支付	`ss.billing.payment`	5	4,312	23
帳單歷史	`ss.billing.history`	4	3,209	17
客戶通知	`ss.customer.notification`	2	1,433	7

組件名稱

在整個應用程式圖示和檔案中，組件的描述性名稱和識別字是一致的。組件的名稱應該足夠清晰，以盡可能地做到自我描述。例如，表 5-1 中顯示的帳單歷史組件顯然是一個包含用於管理客戶帳單歷史原始程式碼檔案的組件。如果該組件的獨特角色和職責不能立即識別，可以考慮將該組件（以及可能對應的命名空間）改為更具描述性的名稱。例如，一個名為單據管理的組件在系統中關於它的角色和職責留下太多未解的問題，應該重新命名以更好地描述它的角色。

組件命名空間

組件的實體（或邏輯）標識，代表實作該組件的原始程式碼檔案被分組和存儲的地方。這個標識通常是經由命名空間、套件結構（Java）或目錄結構表示的。當用目錄結構來表示組件時，我們通常將檔案分隔符號轉換為點（.）並建立一個對應的邏輯命名空間。例如，對在 *ss/customer/notification* 目錄結構中的原始程式碼檔案，組件的命名空間為 `ss.customer.notification`。有些語言要求命名空間與目錄結構相匹配（像是 Java 用**套件**），而其他語言（如 C# 用**命名空間**）則不強制這種約束。無論使用什麼命名空間識別字，都要確保識別字的類型在應用程式的所有組件中是一致的。

百分比

組件基於它在包含這組件的整個原始程式碼中百分比的相對大小。百分比指標有助於識別在整個應用程式中顯得太大或太小的組件。這個指標的計算方式是，將代表該組件的原始程式碼檔案中敘述的總數，除以應用程式整個程式碼庫中敘述的總數。例如，表 5-1 中 `ss.billing.payment` 組件的百分比值為 5，意味著這個組件占整個程式碼庫的 5%。

敘述

該組件中包含的所有原始程式碼檔案中的原始程式碼敘述總數的和。這個指標不僅對於決定應用程式中各組件的相對大小有用，而且對決定組件的整體複雜性也有用。例如，一個名為「客戶希望清單」看似簡單的單一用途組件可能總共有 12,000 條敘述，表示對希望清單項目的處理可能比它看起來更複雜。這個指標對於計算前面描述的百分比指標也是必要的。

檔案

組件中包含的原始程式碼檔案（如類別、介面、類型等）的總數。雖然這個指標與組件大小的關係不大，但它確實從類別結構的角度提供了關於組件的額外資訊。例如，一個有 18,409 條敘述和只有 2 個檔案的組件是重構為更小、更有上下文的類別很好的候選者。

當調整大型組件的大小時，我們建議使用功能分解的方法或領域驅動的方法來辨識大型組件中可能存在的子領域。例如，假設 Sysops Squad 應用程式有一個包含 22% 程式碼庫的故障單組件，負責故障單的建立、分配、行程和完成。在這情況下，將單一的故障單組件分成四個獨立的組件（故障單建立、故障單分配、故障單行程和故障單完成），減少每個組件所代表程式碼的百分比，因此建立一個更模組化的應用程式這可能是有道理的。如果在一個大型組件中不存在明確的子領域，則讓這個組件保持原樣。

管理的適應度函數

一旦應用了這種分解模式且組件已經被識別並正確地調整了大小，則應用某種自動化管理來識別新的組件，並確保組件在正常應用程式維護過程中不會變得太大，並產生不需要的或意想不到的相依性就很重要。如果超過了指定的約束條件，如之前討論的百分比指標或使用標準差來識別異常值，在部署期間可以觸發自動化的整體適應度函數以提醒架構師。

適應度函數可以透過自定義的程式碼，或透過使用開源或 COTS 工具作為 CI/CD 管道的一部分來實作。一些可以用來幫助管理這種分解模式的自動化適應度函數如下。

適應度函數：保持組件清單

這種自動化的整體適應度函數，通常在經由 CI/CD 管道進行部署時被觸發，有助於保持目前組件的清單。它被用來提醒架構師，開發團隊可能已經增加或刪除的組件。識別新的或刪除的組件不僅對這個模式至關重要，對其他分解模式也是一樣。範例 5-1 顯示了這個適應度函數一個可能實作的虛擬碼和演算法。

範例 *5-1*　維護組件清單的虛擬碼

```
# 獲取存在資料儲存中的先前組件命名空間
LIST prior_list = read_from_datastore()

# 遍歷目錄結構，為每個完整路徑建立命名空間
LIST current_list = identify_components(root_directory)

# 如果識別出新的或被刪除的組件，則發送提醒
LIST added_list = find_added(current_list, prior_list)
LIST removed_list = find_removed(current_list, prior_list)
IF added_list NOT EMPTY {
  add_to_datastore(added_list)
  send_alert(added_list)
}
IF removed_list NOT EMPTY {
  remove_from_datastore(removed_list)
  send_alert(removed_list)
}
```

適應度函數：任何組件都不得超過整個程式碼庫的 < 某個百分比 >

這種自動化的整體適應度函數通常在經由 CI/CD 管道部署時觸發，它可以識別出超過以組件所代表的整體原始程式碼的百分比某個閾值的組件，並在任何組件超過該閾值時提醒架構師。正如本章前面提到的，百分比的閾值將根據應用程式的大小而變化，但應該設置成能夠識別重要的異常值。例如，對一個只有 10 個組件的相對較小的應用程式，將百分比閾值設置為 30% 就可以充分識別出一個過大的組件，而對一個有 50 個組件的大型應用程式，10% 的閾值會更合適。範例 5-2 顯示了這個適應度函數一個可能實作的虛擬碼和演算法。

範例 *5-2*　基於程式碼百分比來維持組件大小的虛擬碼

```
# 遍歷目錄結構，為每個完整路徑建立命名空間
LIST component_list = identify_components(root_directory)

# 遍歷所有的原始程式碼以累加總敘述
total_statements = accumulate_statements(root_directory)

# 遍歷每個組件的原始程式碼，累加敘述
# 並計算每個組件所代表的程式碼百分比。
# 如果大於 10% 就發出提醒
FOREACH component IN component_list {
  component_statements = accumulate_statements(component)
  percent = component_statements / total_statements
  IF percent > .10 {
    send_alert(component, percent)
  }
}
```

適應度函數：任何組件不得超過與組件平均大小 < 一定數量的標準差 >

這種自動化的整體適應度函數通常在經由 CI/CD 管道部署時觸發，它可以識別出超過來自所有組件大小平均值的標準差的給定閾值的組件（基於組件中敘述的總數），並在任何組件超過該閾值時提醒架構師。

標準差是確定組件大小方面異常值的一個有用方法。標準差計算如下：

$$s = \sqrt{\frac{1}{N-1}\sum_{i=1}^{N}\left(x_i - \bar{x}\right)^2}$$

其中 N 是觀察值的數量，x_i 是觀察值，$\bar{x}$ 是觀察值的平均值。觀察值的平均值（$\bar{x}$）計算如下：

$$\bar{x} = \frac{1}{N}\sum_{i=1}^{N} x_i$$

然後，可以用標準差以及與平均值的差異決定組件大小與平均值的標準差數量。範例 5-3 顯示了這個適應度函數的虛擬碼，用與平均值的三個標準差作為閾值。

範例 *5-3*　基於標準差數量來維持組件大小的虛擬碼

```
# 遍歷目錄結構，為每個完整路徑建立命名空間
LIST component_list = identify_components(root_directory)
```

```
# 遍歷所有的原始程式碼累加總敘述和每個組件的
# 敘述數量
SET total_statements TO 0
MAP component_size_map
FOREACH component IN component_list {
  num_statements = accumulate_statements(component)
  ADD num_statements TO total_statements
  ADD component,num_statements TO component_size_map
}

# 計算標準差
SET square_diff_sum TO 0
num_components = get_num_entries(component_list)
mean = total_statements / num_components
FOREACH component,size IN component_size_map {
  diff = size - mean
  ADD square(diff) TO square_diff_sum
}
std_dev = square_root(square_diff_sum / (num_components - 1))

# 為每個組件計算與平均值的標準差數量。
# 如果大於3，則發送提醒
FOREACH component,size IN component_size_map {
  diff_from_mean = absolute_value(size - mean);
  num_std_devs = diff_from_mean / std_dev
  IF num_std_devs > 3 {
    send_alert(component, num_std_devs)
  }
}
```

Sysops Squad 傳奇：調整組件大小

11 月 2 日，星期二，09:12

在與 Logan（首席架構師）討論了關於基於組件的分解模式後，Addison 決定用識別和調整組件的大小模式來識別在 Sysops Squad 單據應用程式中的所有組件，並根據每個組件中敘述的總數來計算每個組件的大小。

Addison 收集了所有必要的組件資訊，並將這些資訊放入表 5-2 中，根據整個應用程式中敘述的總數（在本例中為 82,931 條敘述），計算每個組件的程式碼百分比。

表 5-2　Sysops Squad 應用程式的組件大小分析

組件名稱	組件命名空間	百分比	敘述	檔案
登錄	`ss.login`	2	1,865	3
帳單支付	`ss.billing.payment`	5	4,312	23
帳單歷史	`ss.billing.history`	4	3,209	17
客戶通知	`ss.customer.notification`	2	1,433	7
客戶個人資料	`ss.customer.profile`	5	4,012	16
專家個人資料	`ss.expert.profile`	6	5,099	32
KB 維護	`ss.kb.maintenance`	2	1,701	14
KB 搜尋	`ss.kb.search`	3	2,871	4
報告	`ss.reporting`	**33**	**27,765**	**162**
單據	`ss.ticket`	8	7,009	45
單據分配	`ss.ticket.assign`	9	7,845	14
單據通知	`ss.ticket.notify`	2	1,765	3
單據行程	`ss.ticket.route`	2	1,468	4
支援合約	`ss.supportcontract`	5	4,104	24
調查	`ss.survey`	3	2,204	5
調查通知	`ss.survey.notify`	2	1,299	3
調查模板	`ss.survey.templates`	2	1,672	7
使用者維護	`ss.users`	4	3,298	12

Addison注意到，表5-2中列出的大多數組件的大小都差不多，只有報告組件（**`ss.Reporting`**）例外，它占程式碼庫的 33%。由於報告組件明顯大於其他組件（如圖 5-2 所示），Addison 選擇將這個組件拆開，以減少總體的大小。

做了一些分析之後，Addison 發現報告組件包含實作三類報告的原始程式碼：

- 單據報告（單據統計報告、每天 / 週 / 月的單據報告、單據解決時間報告等）
- 專家報告（專家利用率報告、專家分配報告等）
- 財務報告（維修成本報告、專家成本報告、利潤報告等）

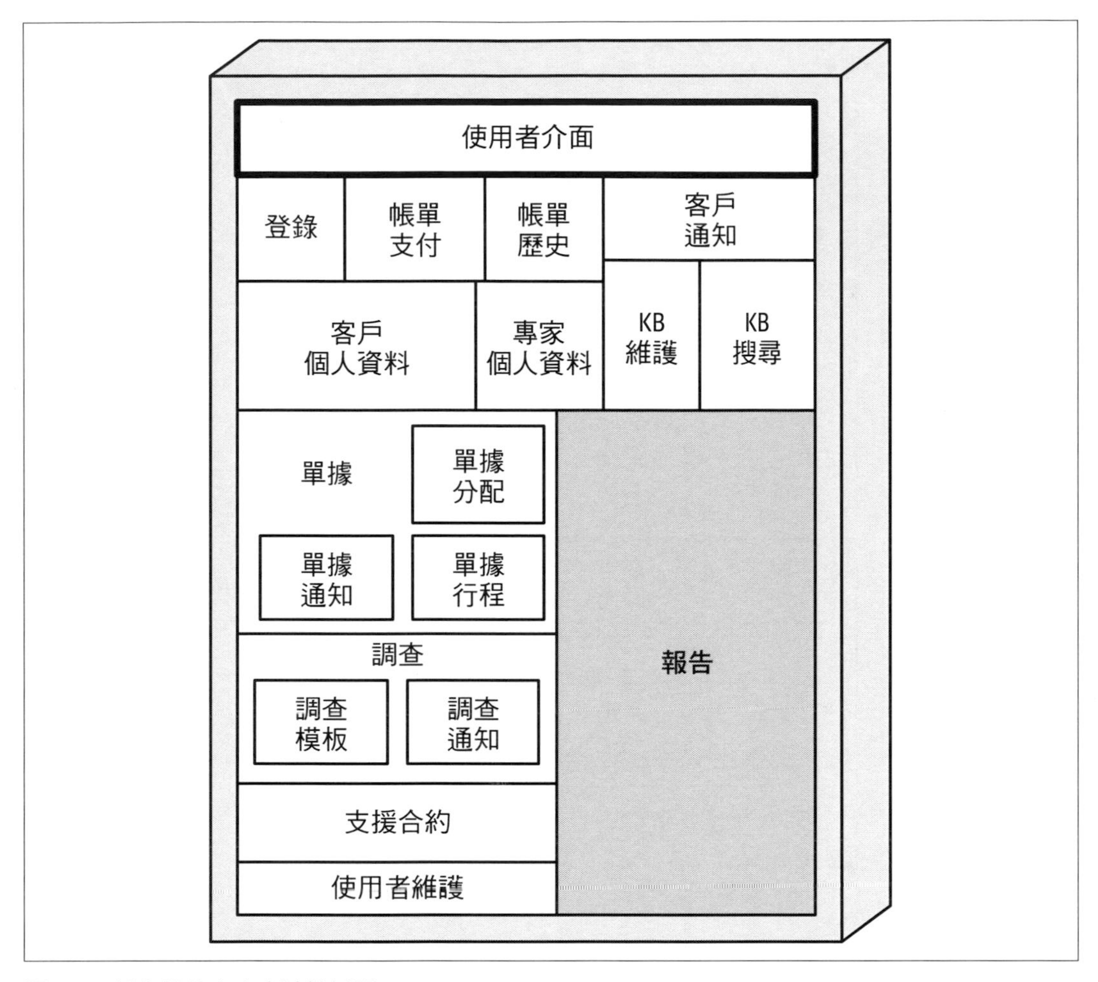

圖 5-2　報告組件太大應該被拆開

Addison 還確定了所有報告類別所使用的共用（共享）程式碼，如共用設施、計算器、共享資料查詢、報告分發和共享資料格式化程序。Addison 為這次重構建立了一個架構故事（參閱第 78 頁的「架構故事」），並向開發團隊說明。Sysops Squad 的一名開發者 Sydney 負責架構故事，他重構程式碼將單一報告組件拆開成四個獨立的組件——包含共享程式碼的報告共享組件，和其他三個組件（單據報告、專家報告和財務報告），每個組件各代表一個功能報告區域，如圖 5-3 所示。

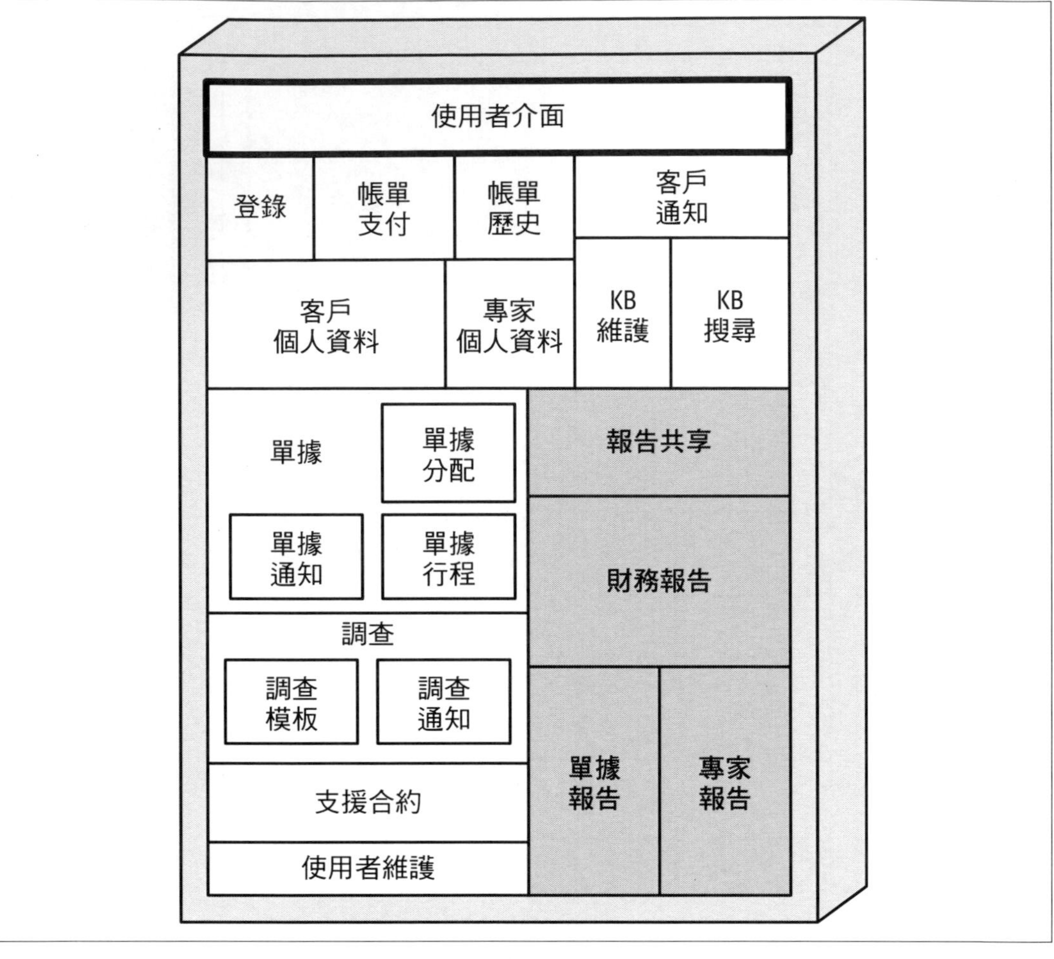

圖 5-3　大的報告組件被分成較小的報告組件

在 Sydney 提交了更改之後，Addison 重新分析了程式碼，並驗證現在所有組件的大小分佈相當均勻。Addison 在表 5-3 中記錄了應用這種分解模式的結果。

表 5-3　應用「識別和調整組件大小」模式後的組件大小

組件名稱	組件命名空間	百分比	敘述	檔案
登錄	`ss.login`	2	1,865	3
帳單支付	`ss.billing.payment`	5	4,312	23
帳單歷史	`ss.billing.history`	4	3,209	17

組件名稱	組件命名空間	百分比	敘述	檔案
客戶通知	ss.customer.notification	2	1,433	7
客戶個人資料	ss.customer.profile	5	4,012	16
專家個人資料	ss.expert.profile	6	5,099	32
KB 維護	ss.kb.maintenance	2	1,701	14
KB 搜索	ss.kb.search	3	2,871	4
報告共享	ss.reporting.shared	**7**	**5,309**	**20**
單據報告	ss.reporting.ticket	**8**	**6,955**	**58**
專家報告	ss.reporting.experts	**9**	**7,734**	**48**
財務報告	ss.reporting.financial	**9**	**7,767**	**36**
單據	ss.ticket	8	7,009	45
單據分配	ss.ticket.assign	9	7,845	14
單據通知	ss.ticket.notify	2	1,765	3
單據行程	ss.ticket.route	2	1,468	4
支援合約	ss.supportcontract	5	4,104	24
調查	ss.survey	3	2,204	5
調查通知	ss.survey.notify	2	1,299	3
調查模板	ss.survey.templates	2	1,672	7
使用者維護	ss.users	4	3,298	12

注意在前面的 Sysops Squad 傳奇中，表 5-3 或圖 5-3 中報告不再是一個組件。雖然命名空間仍然存在（`ss.reporting`），但它不再被視為是一個組件，而是一個子領域。當應用下一個收集共用領域組件分解模式時將用表 5-3 中所列重構後的組件。

收集共同領域組件模式

當從整體式架構轉移到分散式架構時，識別和整合共同領域功能以使共同服務更容易被識別和建立往往是有益的。**收集共同領域組件模式**用於識別和收集共同領域的邏輯，並將它集中到單一組件中。

模式描述

共享**領域**功能與共享**基礎架構**功能的區別在於，領域功能是應用程式商務處理邏輯的一部分（如通知、資料格式化以及資料驗證），並且只對某些過程通用，而基礎架構功能是操作性的（如日誌紀錄、指標收集以及安全），並且對所有過程通用。

整合共同領域的功能有助於在拆開整體式系統時消除重複的服務。通常在整個應用程式中重複的共同領域功能之間只有非常細微的差別，而且這些差別可以在一個單一的共同服務（或共享庫）中很容易地解決。

尋找共同領域功能主要是一個手動過程，但可以使用一些自動化來協助這項工作（參閱本頁下方的「管理適應度函數」）。暗示應用程式中存在共同領域處理的一個提示，是跨組件使用共享類別或多個組件使用的共同繼承結構。例如在一個大型程式碼庫中名為 *SMTPConnection* 的類別檔案，它被含在不同命名空間（組件）中的五個類別使用。這種情況很好地表明，常見的電子郵件通知功能遍佈在整個應用程式中，並且可能是整合的一個很好候選者。

另一種識別共同領域功能的方法是經由邏輯組件的名稱或它對應的命名空間。考慮在一個大型程式碼庫中的以下組件（以命名空間表示）：

- 單據審計（`penultimate.ss.ticket.audit`）
- 帳單審計（`penultimate.ss.billing.audit`）
- 調查審計（`penultimate.ss.survey.audit`）

注意這些組件中的每一個（單據審計、帳單審計和調查審計）都有相同的共同點——將要執行的行動和使用者請求的行動寫到審計表中。雖然上下文可能不同，但最終的結果是一樣的——在審計表中插入一列。這種共同領域的功能可以整合到一個稱為 `penultimate.ss.shared.audit` 的新組件中，從而減少重複的程式碼，在所產生的分散式架構中也有較少的服務。

並非所有的共同領域功能都必須成為共享服務。或者，共用程式碼可以被收集到一個在編譯時與程式碼綁定的**共享庫**中。使用共享服務而不是共享庫的優缺點在第 8 章將詳細討論。

管理適應度函數

因為識別共享功能並將其分類為領域功能與基礎架構功能的主觀性，自動化管理共同領域功能是相當困難的。因此，在大多數情況下，用於管理這種模式的適應度函數在某種程度上是手動的。也就是說，有一些方法可以使管理自動化，以協助手動解釋共同領域功能。下面的適應度函數可以協助找到共同領域功能。

適應度函數：在組件名稱空間的葉節點中尋找共同名稱

這個自動化的整體適應度函數可以在部署時經由 CI/CD 管道觸發，以在組件的命名空間內定位共同名稱。當在兩個或多個組件之間發現共同的結尾命名空間節點名稱時，架構師會收到提醒，並可以分析功能以確定它是否是共同的領域邏輯。為了不會連續發送相同提醒作為「誤報」，可以用一個排除檔案來存儲那些有共同結尾節點名稱但不被視為是共同領域邏輯的命名空間（比如多個以 `.calculate` 或 `.validate` 結尾的命名空間）。範例 5-4 顯示這個適應度函數的虛擬碼。

範例 5-4　尋找共同命名空間葉節點名稱的虛擬碼

```
# 遍歷目錄結構，為每個完整路徑建立命名空間
LIST component_list = identify_components(root_directory)

# 定位不存在於資料存儲的排除清單中
# 可能的重複組件節點名稱
LIST excluded_leaf_node_list = read_datastore()
LIST leaf_node_list
LIST common_component_list
FOREACH component IN component_list {
  leaf_name = get_last_node(component)
  IF leaf_name IN leaf_node_list AND
     leaf_name NOT IN excluded_leaf_node_list {
    ADD component TO common_component_list
  } ELSE {
    ADD leaf_name TO leaf_node_list
  }
}

# 如果發現任何可能的共同組件，發出提醒
IF common_component_list NOT EMPTY {
  send_alert(common_component_list)
}
```

適應度函數：尋找跨組件的共同程式碼

這種自動化的整體適應度函數可以在經由 CI/CD 管道部署時觸發，以定位使用於命名空間之間的共同類別。雖然並不總是準確的，但它確實有助於提醒架構師可能有的重複領域功能。類似之前的適應度函數，一個排除檔案被用來減少不被視為重複領域邏輯的已知共同程式碼的「誤報」數量。範例 5-5 顯示這個適應度函數的虛擬碼。

範例 *5-5* 尋找組件間共同原始檔案的虛擬碼

```
# 遍歷目錄結構，為每個完整路徑建立命名空間，並為每個組件建立一個
#原始檔案名稱的清單
LIST component_list = identify_components(root_directory)
LIST source_file_list = get_source_files(root_directory)
MAP component_source_file_map
FOREACH component IN component_list {
  LIST component_source_file_list = get_source_files(component)
  ADD component, component_source_file_list TO component_source_file_map
}

# 定位不存在於資料存儲的排除清單中用於跨組件的
# 可能共同原始檔案
LIST excluded_source_file_list = read_datastore()
LIST common_source_file_list
FOREACH source_file IN source_file_list {
  SET count TO 0
  FOREACH component,component_source_file_list IN component_source_file_map {
    IF source_file IN component_source_file_list {
      ADD 1 TO count
    }
  }
  IF count > 1 AND source_file NOT IN excluded_source_file_list {
    ADD source_file TO common_source_file_list
  }
}

# 如果有任何原始檔案被用於多個組件，則發送提醒
IF common_source_file_list NOT EMPTY {
        send_alert(common_source_file_list)
}
```

Sysops Squad 傳奇：收集共同組件

11 月 5 日，星期五，10:34

確定 Sysops Squad 應用程式中的組件及大小之後，Addison 應用收集共同領域組件模式來查看組件之間是否存有任何共同的功能。從表 5-3 的組件清單中，Addison 注意到有三個組件與通知 Sysops Squad 客戶有關，並在表 5-4 中列出這些組件。

表 5-4　有共同領域功能的 Sysops Squad 組件

組件	命名空間	責任
客戶通知	ss.customer.notification	一般通知
單據通知	ss.ticket.notify	通知專家在路上
調查通知	ss.survey.notify	發送調查郵件

雖然這些通知組件中的每一個都有通知客戶的不同上下文，但 Addison 意識到它們都有一個共同點——它們都發送資訊給客戶。圖 5-4 說明了 Sysops Squad 應用程式中的這些共同通知組件。

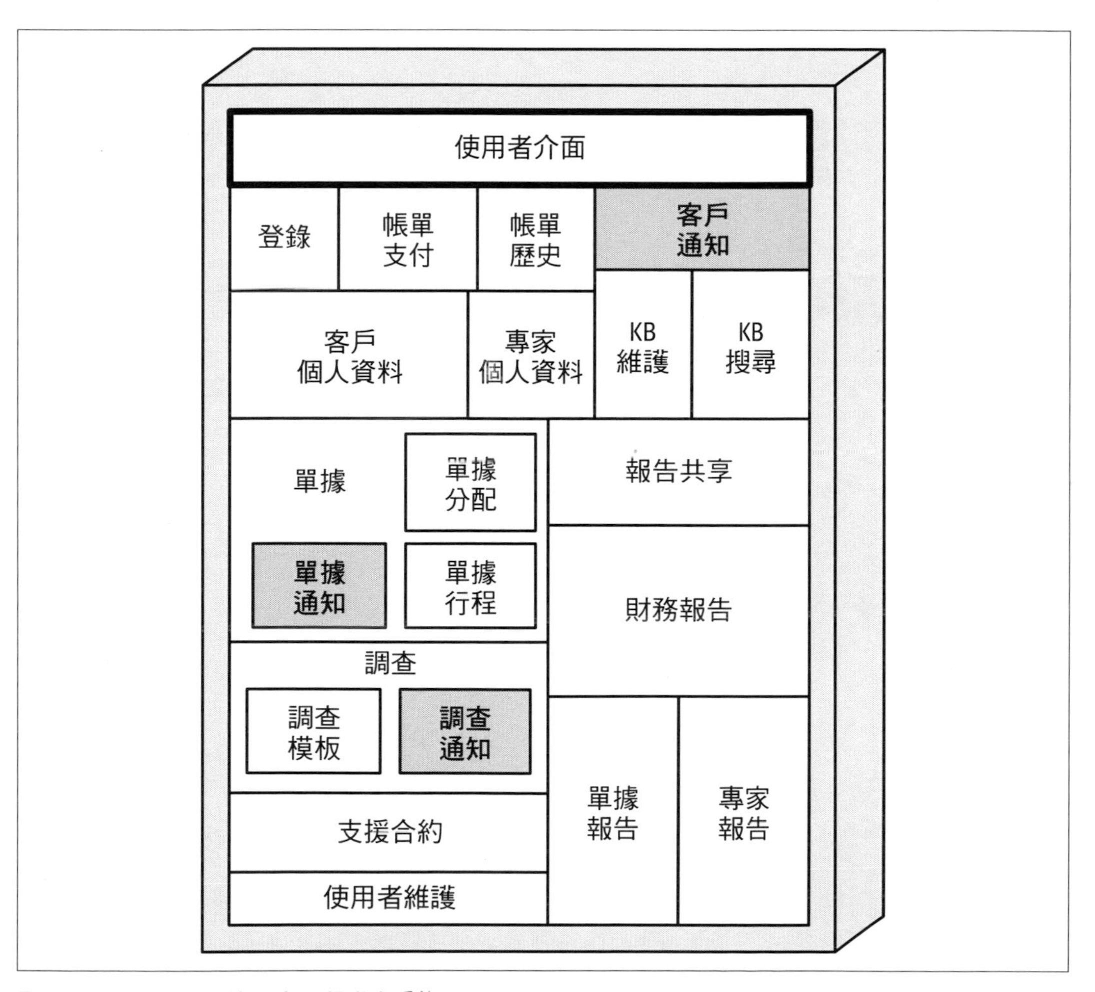

圖 5-4　通知功能在整個應用程式中重複

注意這些組件中包含的原始程式碼也非常相似，Addison 諮詢了 Austen（另一位 Sysops Squad 的架構師）。Austen 喜歡單一通知組件的想法，但擔心影響組件之間整體的耦合程度。Addison 同意這可能是一個問題，並進一步調查了這種權衡。

Addison 分析了現有 Sysops Squad 通知組件的傳入耦合程度，並得出了表 5-5 所列的耦合指標，其中「CA」代表需要該組件的其他組件數量（傳入耦合）。

表 5-5　組件整合前的 Sysops Squad 耦合分析

組件	CA	使用於
客戶通知	2	帳單支付、支援合約
單據通知	2	單據、單據行程
調查通知	1	調查

然後 Addison 發現如果客戶通知功能整合成單一組件，所產生單一組件的傳入耦合程度會增加到 5，如表 5-6 所示。

表 5-6　組件合併後的 Sysops Squad 耦合分析

組件	CA	使用於
通知	5	帳單支付、支援合約、單據、單據行程、調查

Addison 將這些發現拿給 Austen，他們討論了這個結果。他們發現，雖然新的整合組件有相當高的傳入耦合程度，但它不會影響通知客戶的整體傳入耦合程度。換句話說，三個獨立組件的總傳入耦合程度為 5，但單一整合組件也是如此。

Addison 和 Austen 都意識到在整合共同領域功能之後，分析耦合程度是多麼重要。在某些情況下，將共同領域功能結合到單一的整合組件，會增加該組件的傳入耦合程度，因此造成應用程式中對單一共享組件的依賴性太多。但是，在這種情況下，Addison 和 Austen 都對耦合分析感到滿意，並同意整合通知功能以減少程式碼和功能的重複。

Addison 撰寫了一個架構故事，將所有的通知功能結合到一個代表共同通知組件的命名空間中。分配到這架構故事的 Sydney 重構了原始程式碼，為客戶通知建立了一個單一的組件，如圖 5-5 所示。

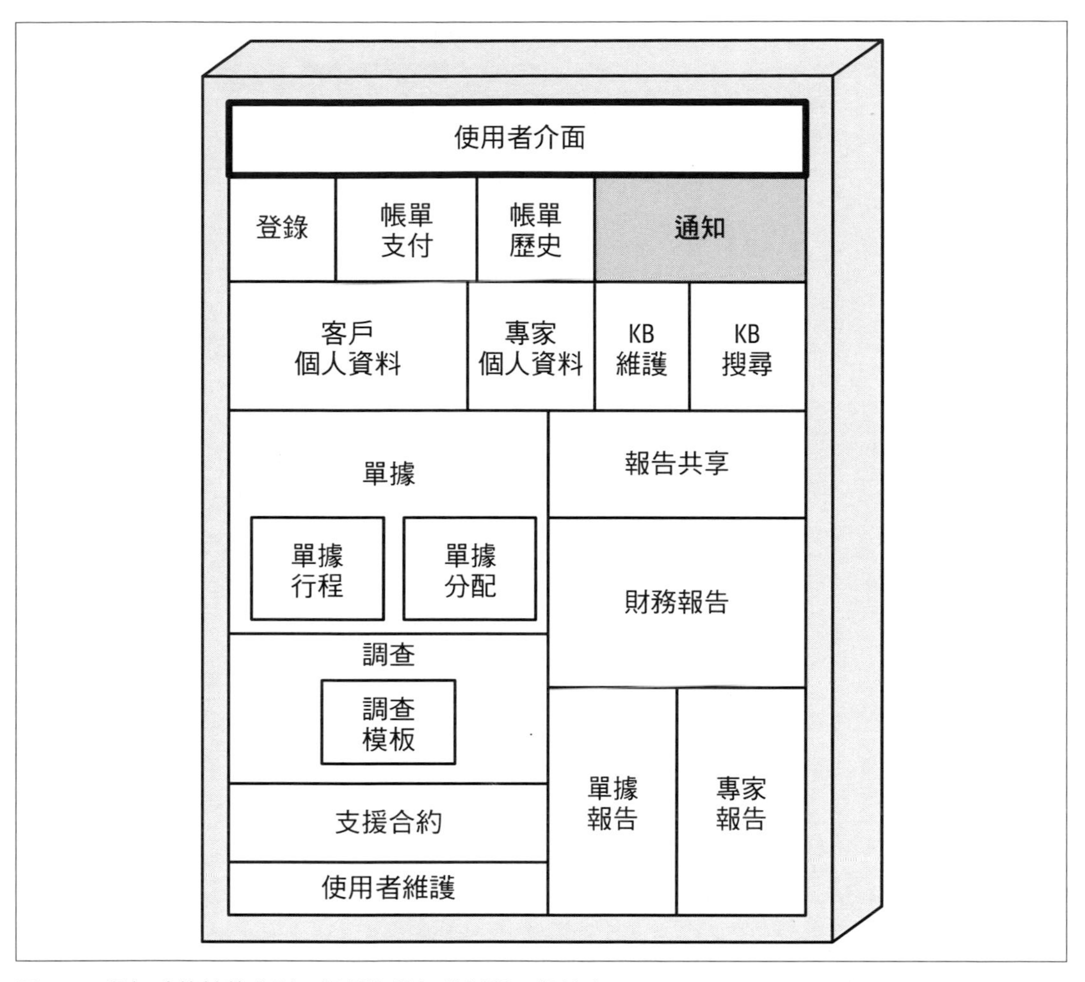

圖 5-5 通知功能被整合到一個稱為通知的新單一組件中

表 5-7 顯示了 Sydney 實作 Addison 建立的架構故事後產生的組件。注意客戶通知組件（`ss.customer.notification`）、單據通知組件（`ss.ticket.notify`）和調查通知組件（`ss.survey.notify`）被刪除，原始程式碼被移到新整合的通知組件（`ss.notification`）中。

表 5-7　應用收集共同領域組件模式後的 Sysops Squad 組件

組件	命名空間	責任
登錄	ss.login	使用者和客戶登錄
帳單支付	ss.billing.payment	客戶每月帳單
帳單歷史	ss.billing.history	支付歷史
客戶個人資料	ss.customer.profile	維護客戶個人資料
專家個人資料	ss.expert.profile	維護專家個人資料
KB 維護	ss.kb.maintenance	維護和查看知識庫
KB 搜索	ss.kb.search	搜尋知識庫
通知	ss.notification	**所有客戶通知**
報告共享	ss.reporting.shared	共用的功能
單據報告	ss.reporting.ticket	建立單據報告
專家報告	ss.reporting.experts	建立專家報告
財務報告	ss.reporting.financial	建立財務報告
單據	ss.ticket	單據建立和維護
單據分配	ss.ticket.assign	為單據指定專家
單據行程	ss.ticket.route	發送單據給專家
支援合約	ss.supportcontract	支援合約維護
調查	ss.survey	發送和接收調查
調查模板	ss.survey.templates	維護調查模板
使用者維護	ss.users	維護內部使用者

扁平化組件模式

如前所述，組件——應用程式的建構區塊——通常經由命名空間、套件結構或目錄結構來識別，並透過這些結構中所包含的類別檔案（或原始程式碼檔案）實作。然而，當組件建構在其他組件之上，而其他組件又建構在另一個組件之上時，它們開始失去它們的特性，並不再成為我們定義中的組件。**扁平化組件**模式被用來確保組件不會被建構在其他組件上，而是扁平化並表示為目錄結構或命名空間的葉節點。

模式描述

當代表一個特定組件的命名空間被擴展時（換句話說，另一個節點被添加到命名空間或目錄結構中），先前的命名空間或目錄不再代表一個組件，而是一個子領域。為了說明這一點，考慮 Sysops Squad 應用程式中的客戶調查功能，由兩個組件代表：調查（ss.survey）和調查模板（ss.survey.templates）。注意表 5-8 中包含用於管理和收集調查的五個類別檔案的 ss.survey 命名空間，如何用 ss.survey.templates 命名空間擴展，以包括代表發送給客戶的每種調查類型的七個類別。

表 5-8　包含孤立類別且應該扁平化的調查組件

組件名稱	組件命名空間	檔案
→調查	ss.Survey	5
調查模板	ss.survey.templates	7

雖然從開發者的觀點來看，為了將模板程式碼從調查處理中分開，這種結構似乎是合理的，但因為調查模板作為一個組件，會被視為調查組件的一部分，而它確實產生了一些問題。一開始可能會傾向於將調查模板視為調查的一個*子組件*，但是在嘗試從這些組件中形成服務的時候就會出現問題——這兩個組件是否應該位於名為調查的單一服務中，或者調查模板是否應該成為一個獨立於服務的調查服務？

我們透過將組件定義為命名空間或目錄結構的最後一個節點（或葉節點）來解決這個難題。根據這個定義，ss.survey.templates 是一個組件，而 ss.survey 將被視為是一個*子領域*而不是一個組件。我們進一步將像是 ss.survey 這樣的命名空間定義為*根命名空間*，因為它們是由其他命名空間節點（在本例中是 .templates）擴展的。

注意表 5-8 中 ss.survey 根命名空間如何包含了五個類別檔案。我們稱這些類別檔案為*孤立類別*，因為它們不屬於任何可定義的組件。回想一下，組件是由包含原始程式碼的葉節點命名空間識別的。由於 ss.survey 命名空間被擴展到包括 .templates，所以 ss.survey 不再被視為是一個組件，因此不應該包含任何類別檔案。

以下術語和對應的定義對於理解及應用扁平化組件分解模式很重要：

組件

在葉節點命名空間中群組的類別集合，在應用程式中執行某種特定的功能（如付款處理或客戶調查功能）。

根命名空間

已經被另一個命名空間節點擴展的命名空間節點。例如，給定命名空間 `ss.survey` 和 `ss.survey.templates`，`ss.survey` 因為被 `.templates` 擴展將被視為是一個根命名空間。根命名空間有時也被稱為子領域。

孤立類別

包含在根命名空間中的類別，因此沒有與它有關的可定義組件。

這些定義如圖 5-6 所示，其中帶 C 的方框表示該命名空間中包含的原始程式碼。這張圖（以及所有其他類似的圖）是特意從下往上繪製，以強調應用程式中丘陵的概念，以及強調命名空間相互構建的概念。

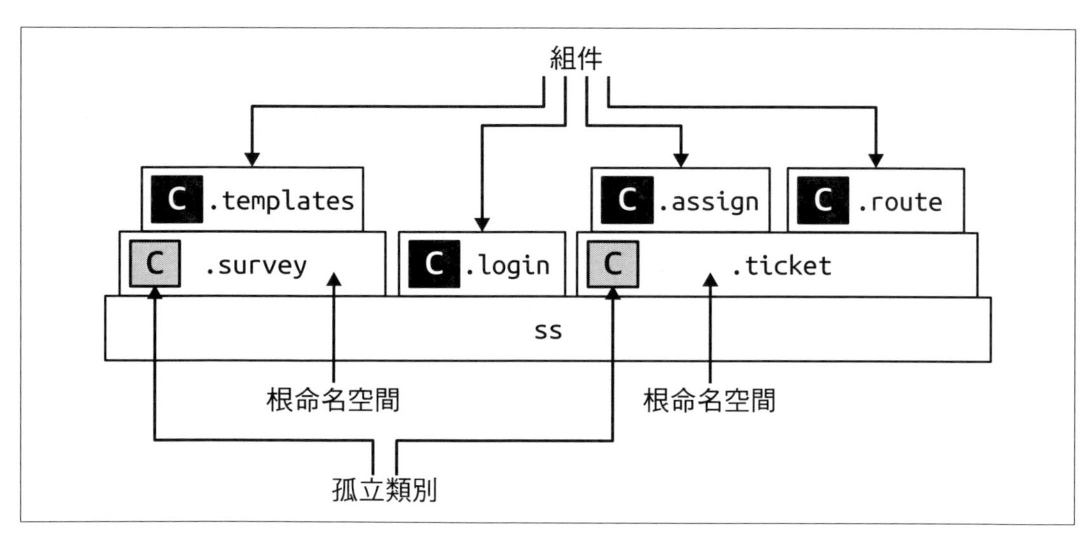

圖 5-6　組件、根命名空間及孤立類別（C 框表示原始程式碼）

注意由於 ss.survey 和 ss.ticket 都擴展到其他的命名空間節點，因此這些命名空間被視為是根命名空間，因此包含在這些根命名空間中的類別是孤立的類別（屬於沒有定義的組件）。因此，圖 5-6 中表示的組件只有 ss.survey.templates、ss.login、ss.ticket.assign、以及 ss.ticket.route。

扁平化組件分解模式用於移動孤立的類別，以建立只存在於目錄或命名空間葉節點定義明確的組件，在這個過程中建立定義明確的子領域（根命名空間）。我們將組件的**扁平化**稱為在應用程式中分解（或構建）命名空間，以移除孤立的類別。例如，扁平化圖 5-6 中 ss.survey 根命名空間並移除孤立類別的一種方法，是將 ss.survey.templates 命名空間包含的原始程式碼下移到 ss.survey 命名空間，從而使 ss.survey 成為單一組件（.survey 現在是該命名空間的葉節點）。這種扁平化的選擇說明於圖 5-7。

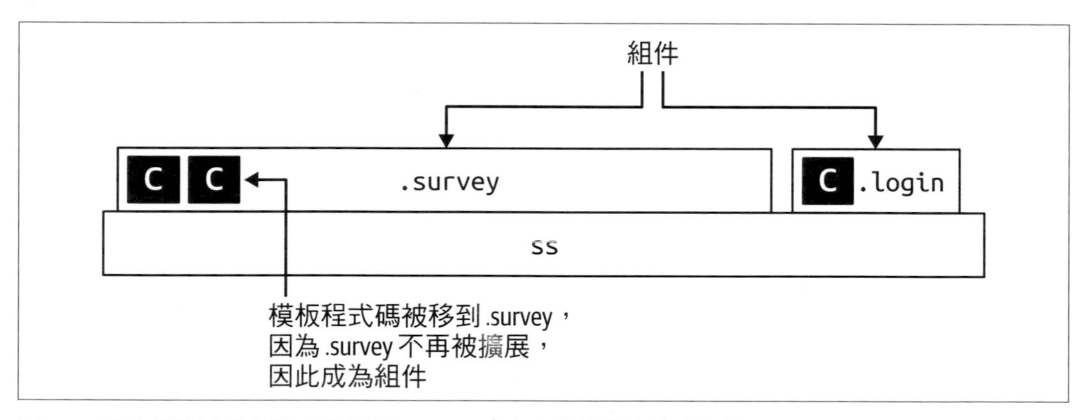

圖 5-7　藉由將調查模板程式碼移到 .survey 命名空間使調查被扁平化

或者，扁平化也可以透過取得 ss.survey 中的原始程式碼，並應用功能分解或領域驅動設計來識別根命名空間中的獨立功能區域，因此從這些功能區域中形成組件以應用扁平化。例如，假設 ss.survey 命名空間中的功能建立並發送調查表給客戶，然後處理從客戶處收到的已完成的調查表。從 ss.survey 命名空間中可以建立兩個組件：建立並發送調查表的 ss.survey.create，以及處理從客戶處收到調查表的 ss.survey.process。這種扁平化的形式說明於圖 5-8。

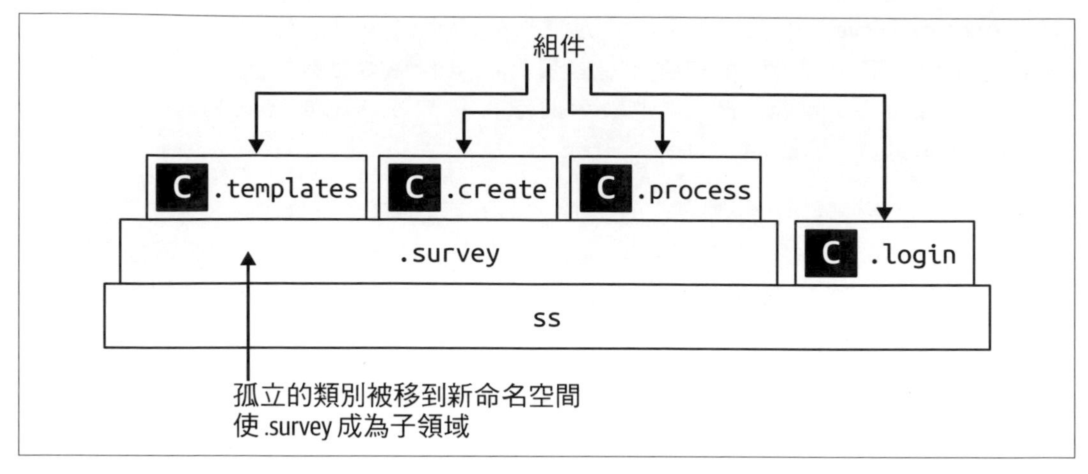

圖 5-8 藉由將孤立的類別移到新的葉節點（組件）使調查被扁平化

無論扁平化的方向如何，確保原始程式碼檔案只位於葉節點命名空間或目錄中，以便原始程式碼在特定組件中總是可以被識別。

孤立原始程式碼可能位於根命名空間中的另一種常見情況是，當程式碼被該命名空間中其他組件共享的時候。考慮圖 5-9 中的例子，其中客戶調查功能位於三個組件中（`ss.survey.templates`、`ss.survey.create` 和 `ss.survey.process`），但共同程式碼（如介面、抽象類別、共同設施）位於根命名空間 `ss.survey` 中。

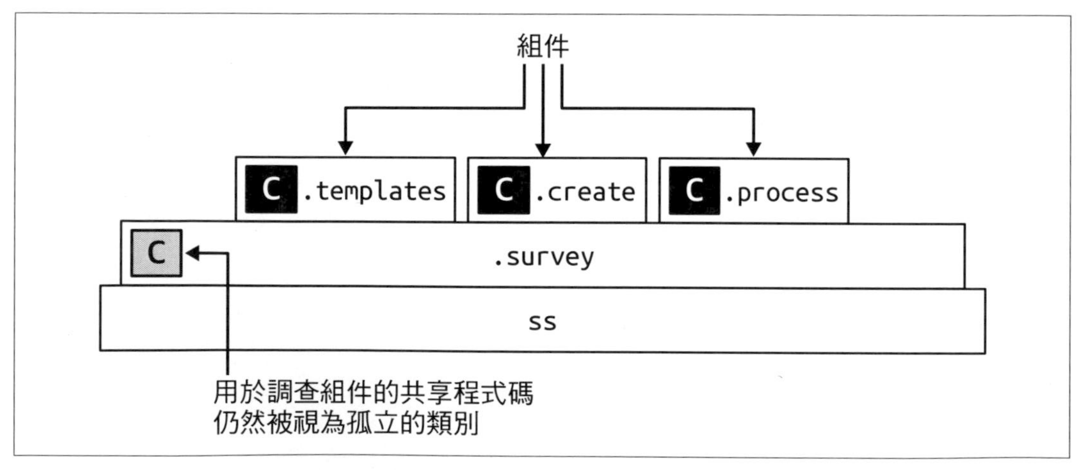

圖 5-9 survey 中的共享程式碼被視為是孤立的類別應該被移走

在 ss.survey 中的共享類別即使它們代表共享程式碼，但仍然被視為是孤立類別。應用扁平化組件模式會將這些共享的孤立類別移到稱為 ss.survey.shared 的新組件中，因此從 ss.survey 子領域中移走了所有孤立類別，如圖 5-10 所示。

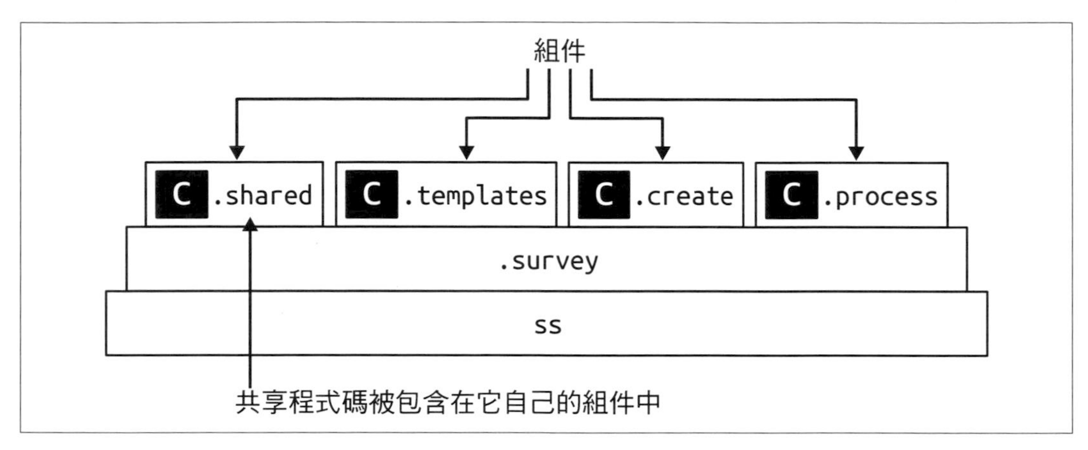

圖 5-10　共享的調查程式碼被移到它自己的組件中

當把共享程式碼移到單獨的組件（葉節點命名空間）時，我們的建議是挑選一個在該領域任何現有程式碼庫中都未使用過的名稱，像是 .sharedcode、.commoncode、或一些類似的獨特名稱。這讓架構師可以根據程式碼庫中共享組件的數量，以及應用程式中共享原始程式碼的**百分比**來產生指標。這是拆開整體式應用程式可行性的一個很好的指標。例如，如果所有命名空間中以 .sharedcode 結尾的所有敘述的總和構成整個原始程式碼的 45%，則有可能轉為分散式架構會造成太多的共享庫，並且因為共享庫的相依性，最終會變成維護的噩夢。

另一個涉及共享程式碼分析的好指標是以 .sharedcode（或任何共同的共享命名空間節點）結尾的組件**數量**。這個指標能讓架構師洞悉從拆開整體式應用程式會產生多少共享庫（JAR、DLL 等）或共享服務。

管理適應度函數

應用扁平化組件分解模式涉及相當多的主觀性。例如，應該把葉節點的程式碼整合到根命名空間，還是應該把根命名空間的程式碼移到葉節點？也就是說，以下的適應度函數可以幫助自動管理以保持組件扁平（只在葉節點中）。

適應度函數：任何原始程式碼都不應駐留在根命名空間中

這個自動化的整體適應度函數可以在經由 CI/CD 管道部署時被觸發，以定位孤立類別——位於根命名空間中的類別。在進行整體式遷移時，尤其是在遷移工作期間對整體式應用程式執行持續維護時，使用這個適應度函數有助於保持組件扁平。範例 5-6 顯示了當孤立類別在程式碼庫中任何地方出現時，提醒架構師的虛擬碼。

範例 5-6 在根命名空間中尋找程式碼的虛擬碼

```
# 遍歷目錄結構，為每個完整路徑建立命名空間
LIST component_list = identify_components(root_directory)

# 如果在組件中的非葉節點包含任何原始檔案，則發送提醒
FOREACH component IN component_list {
  LIST component_node_list = get_nodes(component)
  FOREACH node IN component_node_list {
    IF contains_code(node) AND NOT last_node(component_node_list) {
      send_alert(component)
    }
  }
}
```

Sysops Squad 傳奇：扁平化組件

11 月 10 日，星期三，11:10

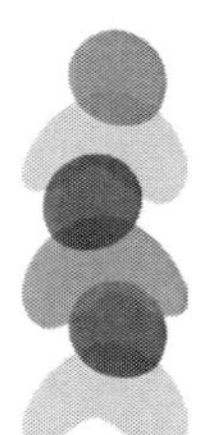

在應用了第 87 頁的「收集共同領域組件模式」之後，Addison 分析表 5-7 中的結果，並觀察到調查和單據組件中含有孤立的類別。Addison 在表 5-9 和圖 5-11 中突顯這些組件。

表 5-9 Sysops Squad 的單據和調查組件應該被扁平化

組件名稱	組件命名空間	敘述	檔案
單據	ss.ticket	**7,009**	**45**
單據分配	ss.ticket.assign	7,845	14
單據行程	ss.ticket.route	1,468	4
調查	ss.survey	**2,204**	**5**
調查模板	ss.survey.templates	1,672	7

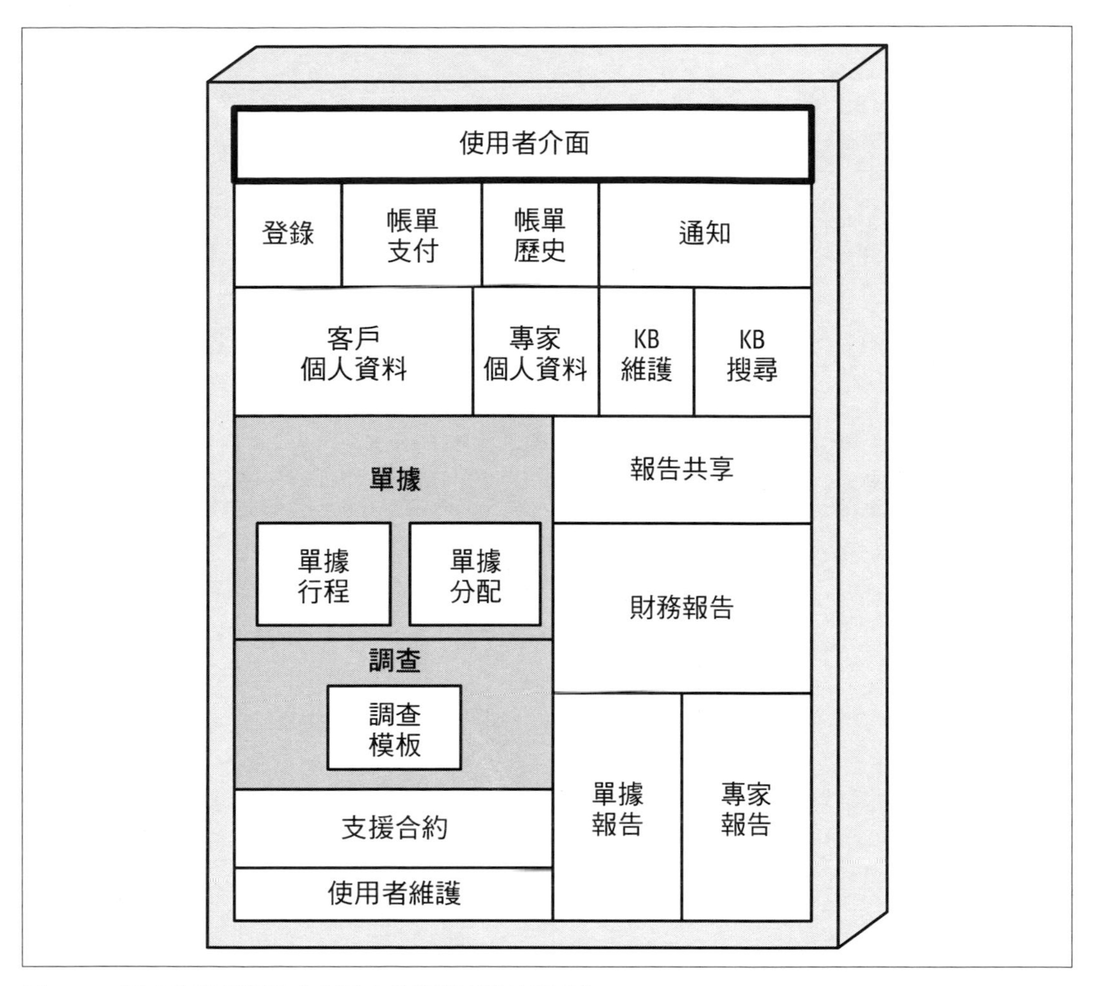

圖 5-11　調查和單據組件含有孤立的類別應該被扁平化

Addison 決定先解決單據組件。由於知道扁平化組件意味著清除非葉節點中的原始程式碼，Addison 有兩個選擇：將單據分配和單據行程組件包含的程式碼整合到 **ss.ticket** 組件，或者將 **ss.ticket** 組件中的 45 個類別拆開成獨立的組件，從而使 **ss.ticket** 成為一個子領域。Addison 與 Sydney（Sysops Squad 的開發者之一）討論了這些選擇，並根據單據分配功能的複雜性和頻繁變化，決定將這些組件拆開，並從 **ss.ticket** 根命名空間中將孤立程式碼移到其他命名空間，因此形成新的組件。

在 Sydney 的幫助下，Addison 發現 **ss.ticket** 命名空間包含的 45 個孤立類別，並實作以下單據功能：

- 單據建立和維護（建立單據、更新單據、取消單據等）
- 單據完成邏輯
- 大多數單據功能共享共同的程式碼

由於單據分配和單據行程的功能早已經在自己的組件中（分別為 **ss.ticket.assign** 和 **ss.ticket.route**），Addison 建立了一個架構故事，將 **ss.ticket** 命名空間包含的原始程式碼移到三個新的組件，如表 5-10 所示。

表 5-10　先前的 Sysops Squad 單據組件被拆成三個新的組件

組件	命名空間	責任
單據共享	ss.ticket.shared	共同程式碼和實用設施
單據維護	ss.ticket.maintenance	增加和維護單據
單據完成	ss.ticket.completion	完成單據並啟動調查
單據分配	ss.ticket.assign	為單據指定專家
單據行程	ss.ticket.route	發送單據給專家

然後 Addison 考慮調查功能。在與 Sydney 的合作中，Addison 發現調查功能很少改變，而且不太複雜。Sydney 與最初創建 **ss.survey.templates** 命名空間的 Sysops Squad 開發者 Skyler 交談，並且發現沒有令人信服的理由將調查模板分離到自己的命名空間（「在當時這似乎是個好主意」，Skyler 說）。有了這些資訊，Addison 建立了一個架構故事，將七個類別檔案從 **ss.survey.templates** 移到 **ss.survey** 命名空間，並移除 **ss.survey.template** 組件，如表 5-11 所示。

表 5-11　先前的 Sysops Squad 調查組件扁平化為單一組件

組件	命名空間	責任
調查	ss.survey	發送和接收調查

在應用扁平化組件模式（如圖 5-12 所示）之後，Addison 觀察到沒有「丘陵」（組件上的組件）或孤立類別，且所有的組件都只包含在對應命名空間的葉節點中。

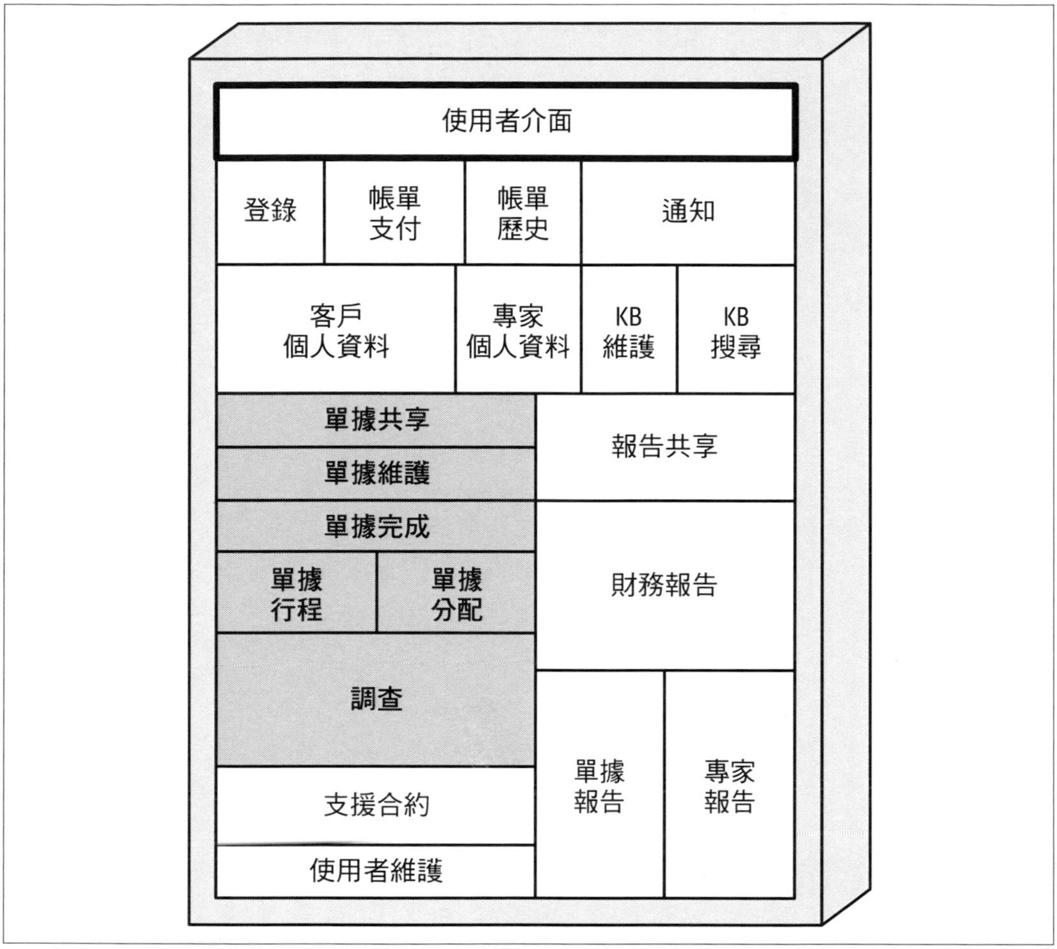

圖 5-12　調查組件被扁平化為單一組件，而單據組件被提升並扁平化，建立了一個單據子領域

Addison 記錄了到目前為止應用這些分解模式重構工作的結果，並將它們列在表 5-12。

表 5-12　應用扁平化組件模式後的 Sysops Squad 組件

組件	命名空間
登錄	`ss.login`
帳單支付	`ss.billing.payment`
帳單歷史	`ss.billing.history`
客戶個人資料	`ss.customer.profile`

組件	命名空間
專家個人資料	ss.expert.profile
KB 維護	ss.kb.maintenance
KB 搜索	ss.kb.search
通知	ss.notification
報告共享	ss.reporting.shared
單據報告	ss.reporting.ticket
專家報告	ss.reporting.experts
財務報告	ss.reporting.financial
單據共享	ss.ticket.shared
單據維護	ss.ticket.maintenance
單據完成	ss.ticket.completion
單據分配	ss.ticket.assign
單據行程	ss.ticket.route
支援合約	ss.supportcontract
調查	ss.survey
使用者維護	ss.users

確定組件相依性模式

在考慮從整體式應用程式遷移到分散式架構時，會問的三個最常見的問題如下：

1. 將現有的整體式應用程式拆開是否可行？
2. 這次遷移的總體工作程度大概多少？
3. 這是否需要重寫程式碼或重構程式碼？

幾年前，本書作者之一參與了一項將一個複雜的整體式應用程式遷移到微服務的大型遷移工作。在專案開始的第一天，首席資訊官（CIO）只想知道一件事——這次是高爾夫球、籃球，還是客機的遷移工作？本書作者對規模的比較感到好奇，但 CIO 堅持認為，鑒於這種粗粒度的規模，這個簡單問題的答案不應該那麼困難。事實證明，用*確定組件相依性*的模式可以很快並很輕鬆地回答 CIO 的問題——不幸的是，這工作是一架客機遷移，但只是一架小型 Embraer 190 的遷移，而不是一架大型 Boeing 787 夢幻客機的遷移。

模式描述

*確定組件相依性*模式的目的是分析*組件*之間的傳入和傳出相依性（耦合），以確定拆開整體式應用程式後產生的服務相依性圖可能是什麼樣子。雖然確定服務正確的粒度程度有很多因素（參閱第 7 章），但整體式應用程式中的每個組件都有可能是服務候選者（取決於目標分散式架構樣式）。出於這個原因，了解組件之間的互動和相依性是至關重要的。

重要的是，注意這個模式是關於組件的相依性，而不是組件內各個類別的相依性。當來自一個組件（命名空間）的類別與來自另一個組件（命名空間）的類別互動時，就形成了*組件相依性*。例如，假設 `ss.survey` 組件中的 `CustomerSurvey` 類別調用 `ss.notification` 組件中的 `CustomerNotification` 類別的方法來發送客戶調查，說明如範例 5-7 中的虛擬碼。

範例 5-7 顯示調查和通知組件之間相依性的虛擬碼

```
namespace ss.survey
class CustomerSurvey {
   function createSurvey {
      ...
   }

   function sendSurvey {
      ...
      ss.notification.CustomerNotification.send(customer_id, survey)
   }
}
```

注意調查和通知組件之間的相依性，是因為 `CustomerSurvey` 類別使用的 `CustomerNotification` 類別位於 `ss.survey` 命名空間以外。具體來說，調查組件對通知組件有一個傳出的相依性，且通知組件對調查組件有一個傳入的相依性。

注意在特定組件*內*的類別可能是高度耦合的許多混亂相依性，但這在應用這種模式時無關緊要——重要的只是組件*之間*的那些相依性。

有些可用的工具（*https://oreil.ly/XyIgr*）可以幫助應用這種模式和視覺化組件的相依性。此外，許多現代的 IDE 都有外掛程式，可以產生特定程式碼庫中組件或命名空間的相依性圖解。在回答本節開始時提出的三個關鍵問題時，這些視覺化的東西很有用。

例如，考慮圖 5-13 所示的相依性圖解，其中方框表示組件（不是類別），線條表示組件之間的耦合點。注意在這個圖解中組件之間只有單一的相依性，因為這些組件在功能上是彼此獨立的，使得這個應用程式成為拆開的好候選者。

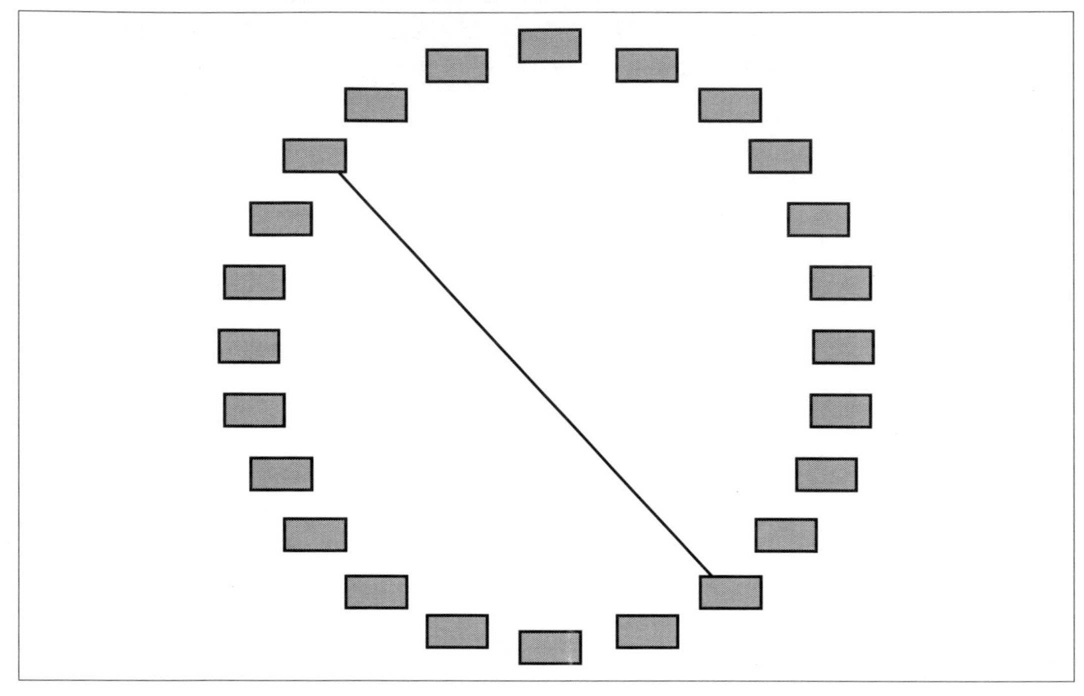

圖 5-13　一個有最小組件相依性的整體式應用程式拆開時花費較少的工作（高爾夫球規模）

具有類似圖 5-13 的相依性圖解，三個關鍵問題的答案如下：

1. 將現有的整體式應用拆開是否可行？是的
2. 這次遷移的總體工作程度大概多少？高爾夫球規模（相對簡單）
3. 這是否需要重寫程式碼或重構程式碼？重構（將現有程式碼移到單獨部署的服務中）

現在看看圖 5-14 中的相依性圖解。不幸的是，這個圖解是大多數商務應用程式中組件之間典型的相依性。特別注意這圖解左邊是如何有高程度的耦合，而右邊看起來比較容易拆開。

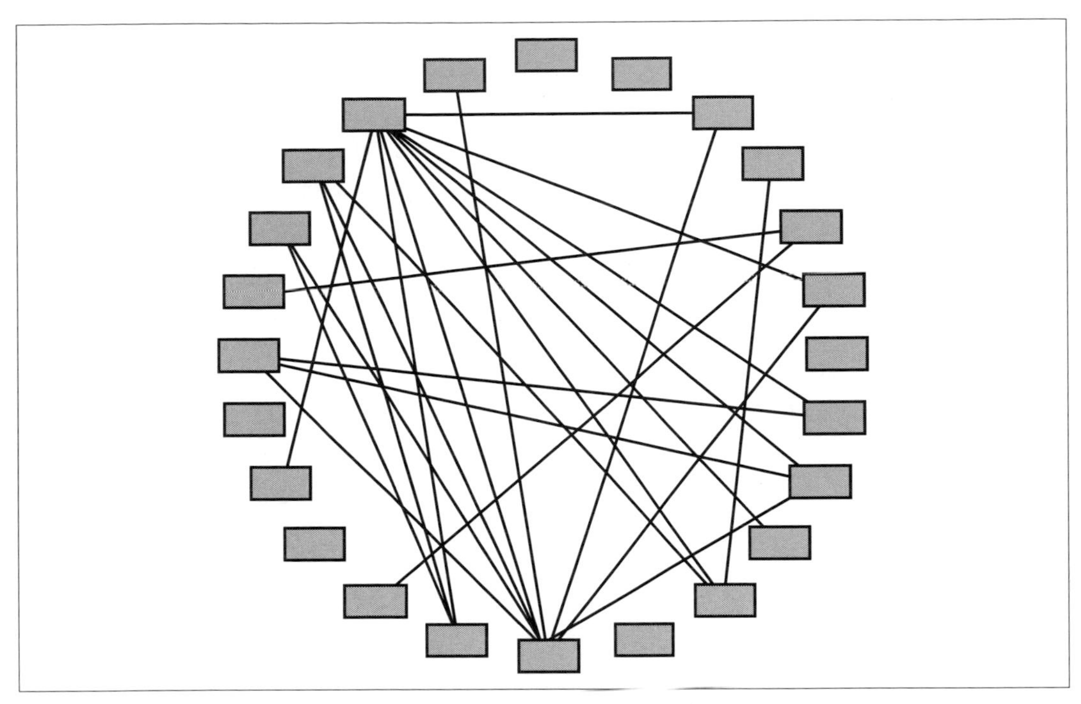

圖 5-14　一個有大量組件相依性的整體式應用程式拆開要花費較多的工作（籃球規模）

在組件之間這種緊密耦合的程度下，三個關鍵問題的答案不是很讓人鼓舞。

1. 將現有的整體式應用拆開是否可行？也許吧
2. 這次遷移的總體工作程度大概多少？籃球規模（更難）
3. 這是否需要重寫程式碼或重構程式碼？可能是現有程式碼一些重構和一些重寫的組合

最後，考慮圖 5-15 所示的相依性圖解。在這種情況下，架構師應該轉過身來，盡可能快地向相反的方向進行！

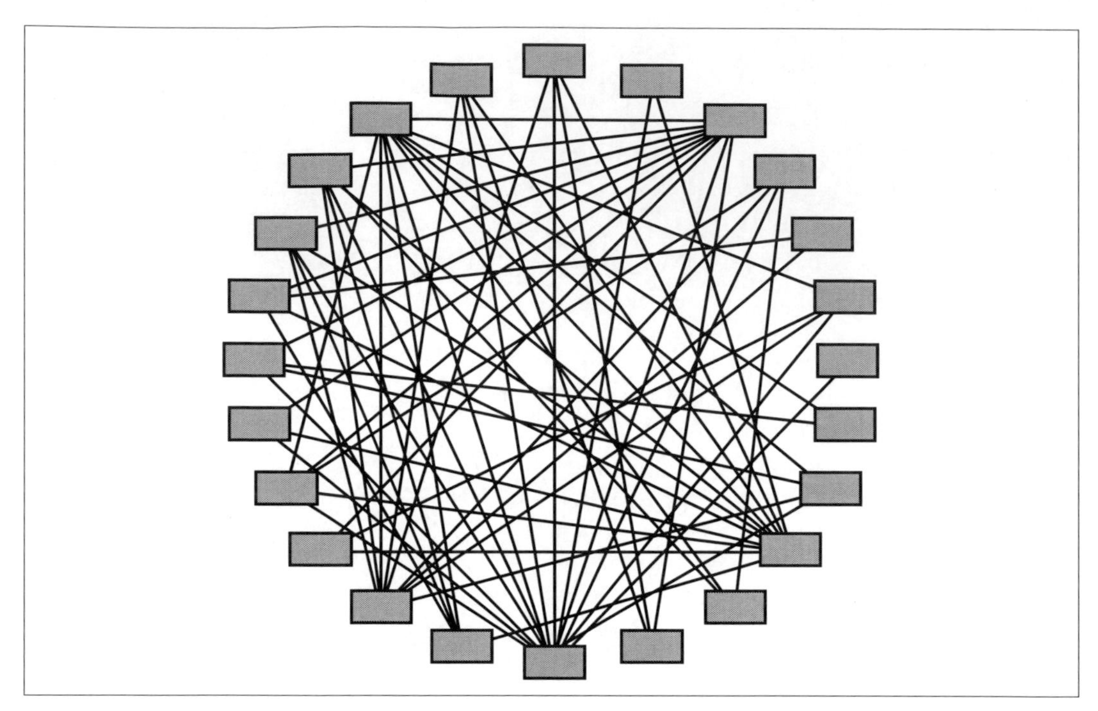

圖 5-15　一個有太多組件相依性的整體式應用程式被拆開是不可行的（客機規模）

對於有這種組件相依性矩陣的應用程式，三個關鍵問題的答案並不令人驚訝：

1. 將現有的整體式應用拆開是否可行？*不可行*
2. 這次遷移的總體工作程度大概多少？*客機規模*
3. 這是否需要重寫程式碼或重構程式碼？*完全重寫應用程式*

在拆開整體式應用程式時，我們不能不強調這些視覺化圖解的重要性。從本質上說，這些圖解形成了一個可以確定敵人（高組件耦合度）位置的*雷達*，並且描繪出如果整體式應用程式被拆開成高度分散式架構，所產生的服務依賴矩陣可能是什麼樣子。

根據我們的經驗，組件耦合是決定整體式遷移工作整體成功（和可行性）的最重要因素之一。識別和了解組件的耦合程度，不僅可以讓架構師確定遷移工作的可行性，而且在整體工作程度上還可以期待些什麼。不幸的是，我們經常看到一些團隊在沒有對整體式應用程式的樣子進行任何分析或視覺化的情況下，就直接將整體式應用程式拆成微服務。毫不奇怪地，這些團隊在拆開他們的整體式應用程式時會很痛苦。

這種模式不僅對識別應用程式中組件耦合的總體程度很有用，而且對在拆開應用程式之前確定相依性重構的機會也很有用。當分析組件之間的耦合程度時，分析傳入耦合（在大多數工具中表示為 *CA*）和傳出耦合（在大多數工具中表示為 *CE*）很重要。*CT*，或總耦合，是傳入和傳出耦合的總和。

很多時候，拆開一個組件可以減少該組件的耦合程度。例如，假設組件 A 的傳入耦合程度為 20（意味著有 20 個其他組件依賴於這組件的功能），這並不一定意味著所有 20 個其他組件都需要組件 A 的*所有*功能，也許其他組件中的 14 個只需要組件 A 中包含的一小部分功能。將組件 A 拆成兩個不同的組件（組件 A1 包含較小、耦合的功能，組件 A2 包含大部分功能），將組件 A2 的傳入耦合減少到 6，而組件 A1 的傳入耦合程度為 14。

管理適應度函數

自動管理組件相依性的兩種方法是確保沒有組件有「太多的」相依性，以及限制某些組件被耦合到其他組件。接下來描述的適應度函數是管理這些相依性類型的一些方法。

適應度函數：任何組件都不得有超過 < 某個數量 > 的總相依性

這種自動化的整體適應度函數可以經由 CI/CD 管道部署時被觸發，以確保任何給定組件的耦合程度不會超過某個閾值。這取決於架構師可以根據應用程式內的整體耦合程度和組件的數量決定最大閾值。由這個適應度函數產生的警告允許架構師與開發團隊討論任何形式的耦合增加，可能會促進拆開組件的行動以減少耦合。也可以修改這個適應度函數，以產生一個僅對傳入、僅對傳出或兩者都有的閾值限制警告（作為單獨的適應度函數）。範例 5-8 顯示如果總耦合（傳入和傳出）超過 15 的耦合程度時發送警告的虛擬碼，這對於大多數應用程式來說被視為是相對較高的。

範例 *5-8*　限制任何給定組件相依性總數的虛擬碼

```
# 遍歷目錄結構，收集組件和這些組件中
# 包含的原始程式碼檔案
LIST component_list = identify_components(root_directory)
MAP component_source_file_map
FOREACH component IN component_list {
  LIST component_source_file_list = get_source_files(component)
  ADD component, component_source_file_list TO component_source_file_map
}

# 確定每個原始檔案存有多少個引用，如果
# 總相依性數量大於 15，就發出警告
FOREACH component,component_source_file_list IN component_source_file_map {
  FOREACH source_file IN component_source_file_list {
```

```
        incoming count = used_by_other_components(source_file, component_source_file_map) {
        outgoing_count = uses_other_components(source_file) {
        total_count = incoming count + outgoing count
      }
      IF total_count > 15 {
        send_alert(component, total_count)
      }
    }
```

適應度函數：< 某些組件 > 不應該和 < 另一個組件 > 有相依性

這種自動化的整體適應度函數可以經由 CI/CD 管道部署時被觸發，以限制某些組件對其他組件的相依性。在大多數情況下，每個相依性限制都會有一個適應度函數，因此，如果有 10 個不同的組件限制，就會有 10 個不同的適應度函數，每個相關組件對應一個。範例 5-9 顯示了一個使用 ArchUnit（*https://www.archunit.org*）的例子，以確保單據維護組件（`ss.ticket.maintenance`）與專家個人資料組件（`ss.expert.profile`）沒有相依性。

範例 5-9　用於管理組件之間相依性限制的 ArchUnit 程式碼

```
public void ticket_maintenance_cannot_access_expert_profile() {
   noClasses().that()
   .resideInAPackage("..ss.ticket.maintenance..")
   .should().accessClassesThat()
   .resideInAPackage("..ss.expert.profile..")
   .check(myClasses);
}
```

Sysops Squad 傳奇：確定組件相依性

11 月 15 日，星期一，09:45

在閱讀了確定組件相依性模式後，Addison 想知道 Sysops Squad 應用程式的相依性矩陣是什麼樣子，以及將應用程式拆開是否可行。Addison 使用一個 IDE 外掛程式產生了目前 Sysops Squad 應用程式的組件相依性圖解。最初因為圖 5-16 顯示在 Sysops Squad 應用程式組件之間有很多的相依性，所以 Addison 感到有些氣餒。

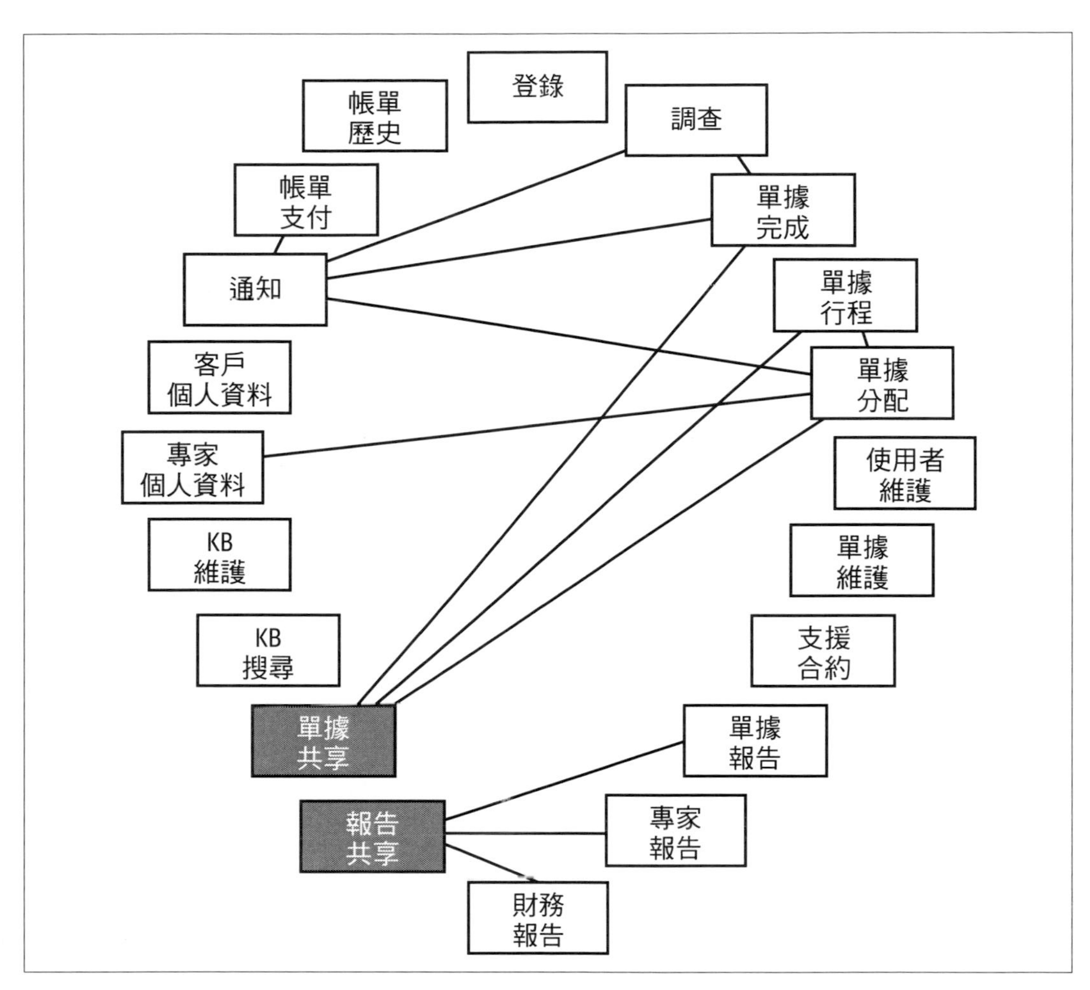

圖 5-16　Sysops Squad 應用程式中的組件相依性

但是，經過進一步分析，Addison 看到通知組件有最多相依性，鑒於它是一個共享組件，所以這並不奇怪。然而，Addison 也看到在單據和報告組件中存有很多相依性。這兩個領域都有一個特定的共享程式碼組件（介面、輔助類別、實體類別等）。意識到單據和報告的共享程式碼包含大多數基於編譯的類別引用，並且很可能實作為共享庫而不是服務，Addison 濾除了這些組件以得到應用程式核心功能之間的相依性，這說明於圖 5-17。

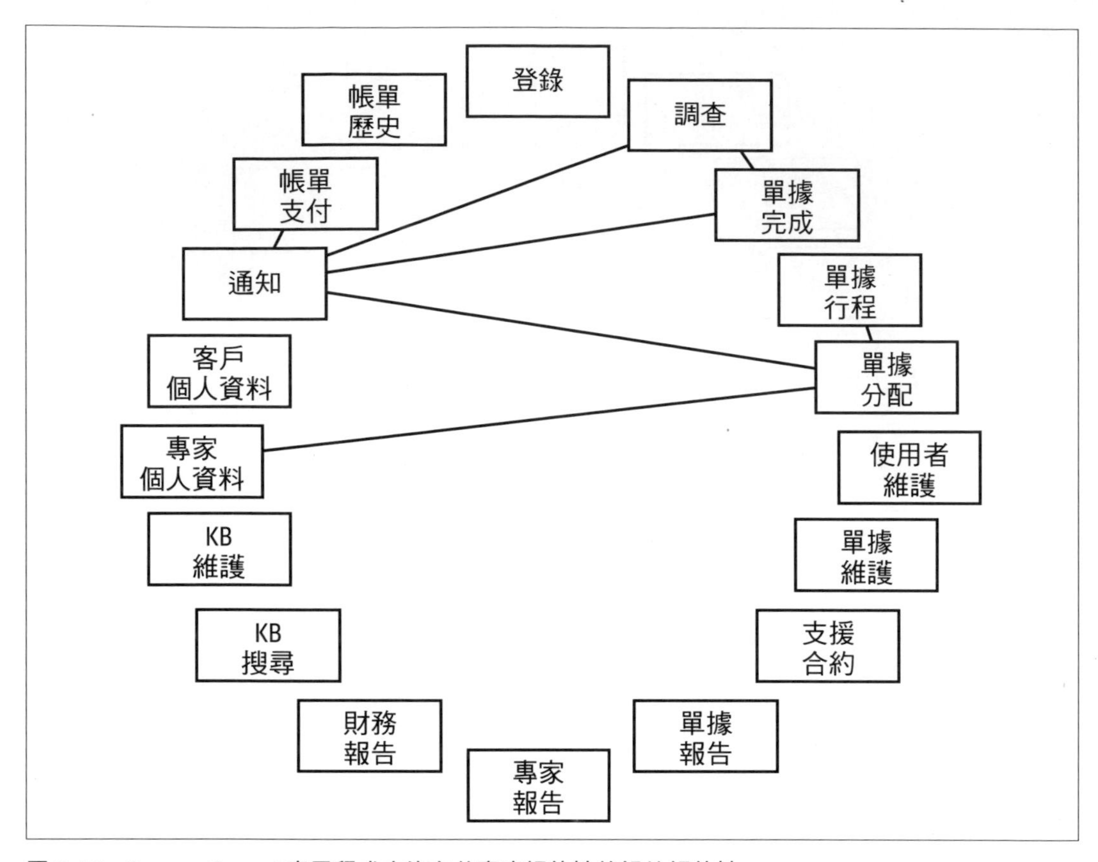

圖 5-17 Sysops Squad 應用程式中沒有共享庫相依性的組件相依性

濾除共享組件後，Addison 看到相依性相當小。Addison 向 Austen 顯示這些結果，他們都同意大多數組件是相對自給自足的，而且看起來 Sysops Squad 應用程式是拆成分散式架構的好候選者。

建立組件領域模式

雖然在整體式應用程式中確認的每個組件都可以被視為是單獨服務的可能候選者，但在大多數情況下，服務和組件之間的關係是一對多的關係——也就是說，單一服務可能包含一或多個組件。*建立組件領域模式*的目的是邏輯地將組件分組在一起，以便在拆開應用程式時可以建立更多粗粒度的領域服務。

模式描述

確定組件領域——執行某種相關功能的一群組件——是拆開任何整體式應用程式的關鍵部分。回顧在第 4 章的建議：

> 在拆開整體式應用程式時，首先考慮移到基於服務的架構，作為移往其他分散式架構的踏腳石。

建立組件領域是確定最終什麼將成為基於服務架構中領域服務的一種有效方式。

組件領域透過組件命名空間（或目錄）在應用程式中實際體現出來。由於命名空間節點本質為層次的，它們成為代表功能領域和子領域的絕佳方式。這種技術說明於圖 5-18，其中命名空間的第二個節點（`.customer`）指的是領域，第三個節點代表客戶領域下的子領域（`.billing`），葉節點（`.payment`）指的是組件。這個命名空間尾端的 `.MonthlyBilling` 指的是付款組件內包含的一個類別檔案。

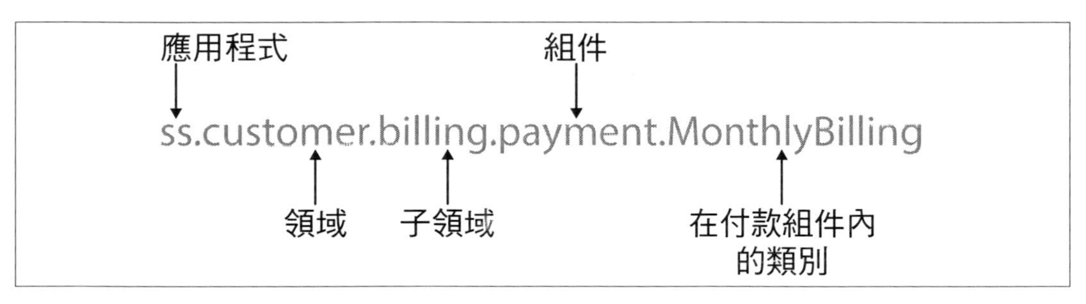

圖 5-18　組件領域是透過命名空間節點識別

由於許多舊的整體式應用程式是在廣泛使用領域驅動設計（*https://oreil.ly/AaKR2*）之前實作的，因此在許多情況下，需要重構命名空間以在結構上確認應用程式中的領域。例如，考慮表 5-13 所列構成 Sysops Squad 應用程式中客戶領域的組件。

表 5-13　重構前與客戶領域相關的組件

組件	命名空間
帳單支付	`ss.billing.payment`
帳單歷史	`ss.billing.history`
客戶個人資料	`ss.customer.profile`
支援合約	`ss.supportcontract`

注意每個組件如何與客戶功能相關，但對應的命名空間並沒有反映這種關聯。為了正確識別客戶領域（透過命名空間 `ss.customer` 體現），必須修改帳單支付、帳單歷史和支援合約組件的命名空間，以在命名空間的開頭添加 `.customer` 節點，如表 5-14 所示。

表 5-14　重構後與客戶領域相關的組件

組件	命名空間
帳單支付	`ss.customer.billing.payment`
帳單歷史	`ss.customer.billing.history`
客戶個人資料	`ss.customer.profile`
支援合約	`ss.customer.supportcontract`

注意在之前的表格中，所有與客戶有關的功能（帳單、個人資料維護和支援合約維護）現在都分組在 `.customer` 下，使每個組件與該特定領域對齊。

管理適應度函數

一旦重構之後，重要的是管理組件領域，以確保強制執行命名空間規則，並且沒有程式碼存在於組件領域或子領域的上下文之外。一旦在整體式應用程式中建立組件領域，可以用以下的自動適應度函數幫助管理組件領域。

適應度函數：在 < 根命名空間節點 > 下的所有命名空間都應限制於 < 領域的清單 >

這種自動化的整體適應度函數可以經由 CI/CD 管道部署時被觸發，以限制應用程式中包含的領域。這個適應度函數有助於防止開發團隊無意中建立額外的領域，如果有任何新的命名空間（或目錄）在核准的領域清單以外被建立，就會警告架構師。範例 5-10 顯示了一個使用 ArchUnit（*https://www.archunit.org*）確保在應用程式中只存有單據、客戶和管理領域的例子。

範例 5-10　管理應用程式中領域的 ArchUnit 程式碼

```
public void restrict_domains() {
   classes()
     .should().resideInAPackage("..ss.ticket..")
     .orShould().resideInAPackage("..ss.customer..")
     .orShould().resideInAPackage("..ss.admin..")
     .check(myClasses);
}
```

Sysops Squad 傳奇：建立組件領域

11 月 18 日，星期四，13:15

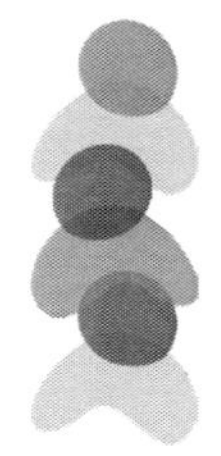

Addison 和 Austen 諮詢了 Sysops Squad 的產品負責人 Parker，他們共同確認了應用程式中的五個主要領域：含有包括單據處理、客戶調查和知識庫（KB）功能等，所有與單據相關功能的單據領域（**`ss.ticket`**）；含有所有報告功能的報告領域（**`ss.reporting`**）；包含客戶檔案、帳單和支援合約的客戶領域（**`ss.customer`**）；包含使用者和 Sysops Squad 專家維護的管理領域（**`ss.admin`**）；最後是包含其他領域所使用的登錄和通知功能的共享領域（**`ss.shared`**）。

Addison 建立了一個領域圖解（參閱圖 5-19），顯示了各個領域和每個領域內對應的組件分組，並且因為沒有遺漏了任何組件，而對這種分組感到滿意，而且每個領域內的組件之間有很好的內聚力。

Addison 在圖解和組件分組所做的練習非常重要，因為它驗證了已經確認的領域候選者，並且也證明了與商務利益相關者（如產品負責人或商務應用程式贊助商）合作的必要性。如果有組件沒有排列好，或者 Addison 留下不屬於任何地方的組件，則有必要與 Parker（產品負責人）有更多的合作。

Addison 對所有組件都很適合這些領域感到滿意，然後他查看在應用第 94 頁的「扁平化組件模式」後表 5-12 中的各種組件命名空間，並確定了需要進行的組件領域重構。

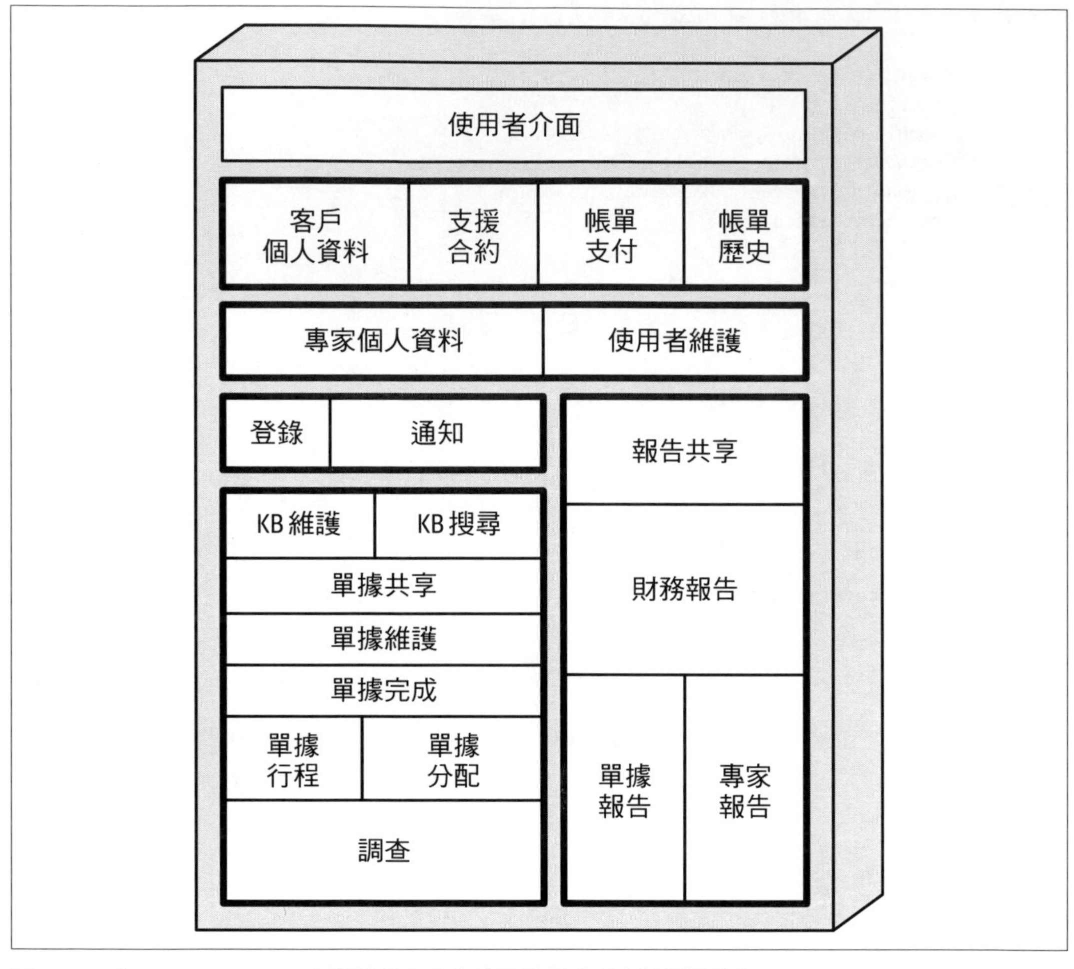

圖 5-19　在 Sysops Squad 應用程式中確定的五個領域（有較黑邊緣）

Addison 從單據領域開始，看到雖然核心單據功能是從命名空間 **ss.ticket** 開始，但是調查和知識庫組件卻不是。因此，Addison 寫了一個架構故事來重構表 5-15 中所列出的組件，以便與單據領域保持一致。

表 5-15　對單據領域 Sysops Squad 組件的重構

組件	領域	目前命名空間	目標命名空間
KB 維護	單據	ss.kb.maintenance	ss.ticket.kb.maintenance
KB 搜索	單據	ss.kb.search	ss.ticket.kb.search
單據共享	單據	ss.ticket.shared	相同（沒有改變）
單據維護	單據	ss.ticket.maintenance	相同（沒有改變）
單據完成	單據	ss.ticket.completion	相同（沒有改變）
單據分配	單據	ss.ticket.assign	相同（沒有改變）
單據行程	單據	ss.ticket.route	相同（沒有改變）
調查	單據	ss.survey	ss.ticket.survey

接下來，Addison 考慮了與客戶相關的組件，並發現需要重構帳單和調查組件以將它們包含在客戶領域，且在此過程中建立一個帳單子領域。Addison 為重構客戶領域功能寫了一個架構故事，如表 5-16 所示。

表 5-16　客戶領域的 Sysops Squad 組件重構

組件	領域	目前命名空間	目標命名空間
帳單支付	客戶	ss.billing.payment	ss.customer.billing.payment
帳單歷史	客戶	ss.billing.history	ss.customer.billing.history
客戶個人資料	客戶	ss.customer.profile	相同（沒有改變）
支援合約	客戶	ss.supportcontract	ss.customer.supportcontract

藉由應用第 78 頁的「識別和調整組件大小的模式」，Addison 發現報告領域早已經對齊，對表 5-17 中所列的報告組件不需要再做進一步的動作。

表 5-17　Sysops Squad 報告組件已經與報告領域對齊

組件	領域	目前命名空間	目標命名空間
報告共享	報告	ss.reporting.shared	相同（沒有改變）
單據報告	報告	ss.reporting.ticket	相同（沒有改變）
專家報告	報告	ss.reporting.experts	相同（沒有改變）
財務報告	報告	ss.reporting.financial	相同（沒有改變）

Addison 看到管理領域和共享領域也需要校準，並決定為這次重構工作建立一個單一的架構故事，且在表 5-18 中列出這些組件。Addison 也決定將 **ss.expert.profile** 命名空間重命名為 **ss.experts**，以避免在管理領域下出現不必要的專家子領域。

表 5-18　管理和共享領域 Sysops Squad 組件的重構

組件	領域	目前命名空間	目標命名空間
登錄	共享	ss.login	ss.shared.login
通知	共享	ss.notification	ss.shared.notification
專家個人資料	管理	ss.expert.profile	ss.admin.experts
使用者維護	管理	ss.users	ss.admin.users

完成這模式之後，Addison 意識到他們現在已經準備好從結構上拆開整體式應用程式，並藉由應用建立領域服務模式（在下一節描述）進入分散式架構的第一階段。

建立領域服務模式

一旦組件被適當地調整大小、扁平化並分組到領域中，這些領域就可以被轉移到單獨部署的**領域服務**，建立所謂的基於服務的架構（參閱附錄 A）。領域服務是粗粒度、單獨部署的軟體單元，包含一個特定領域的所有功能（如單據、客戶、報告等）。

模式描述

前面第 112 頁的「建立組件領域模式」，在一個整體式應用程式中形成了明確定義的組件領域，並透過組件命名空間（或目錄結構）來體現這些領域。這個模式採用了這些明確定義的組件領域，並將這些組件分組抽取到單獨部署的服務，稱為**領域服務**，因此建立一個基於服務的架構。

基於服務中最簡單形式的架構是由一個可以遠端存取粗粒度領域服務的使用者介面組成，所有服務都共享一個單一的整體式資料庫。儘管在基於服務的架構中有許多拓撲結構（如拆開使用者介面、拆開資料庫、添加 API 閘道等），但圖 5-20 所示的基本拓撲結構是遷移整體式應用程式的一個好起點。

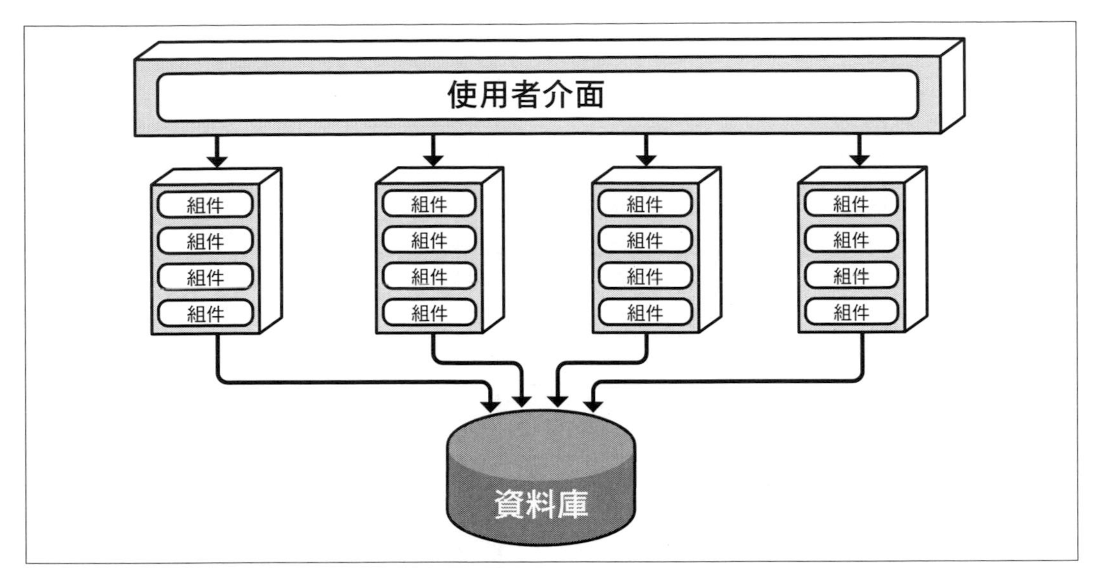

圖 5-20　基於服務架構的基本拓撲結構

除了第 66 頁「基於組件的分解」中提到的好處以外，移到基於服務的架構首先允許架構師和開發團隊更多地了解每個領域服務，以確定它是否應該被分解成微服務架構中較小的服務，或者保留為一個較大的領域服務。太多的團隊犯了開始時過於細粒度的錯誤：結果必須在不需要所有這些細粒度的微服務（如資料分解、分散式工作流程、分散式交易、操作自動化、容器化等等）下，接受微服務的所有陷阱。

圖 5-21 說明了*建立領域服務*模式如何工作。注意在第 112 頁「建立組件領域模式」中定義的報告組件領域是如何從整體式應用程式中抽取出來，形成它自己單獨部署的報告服務。

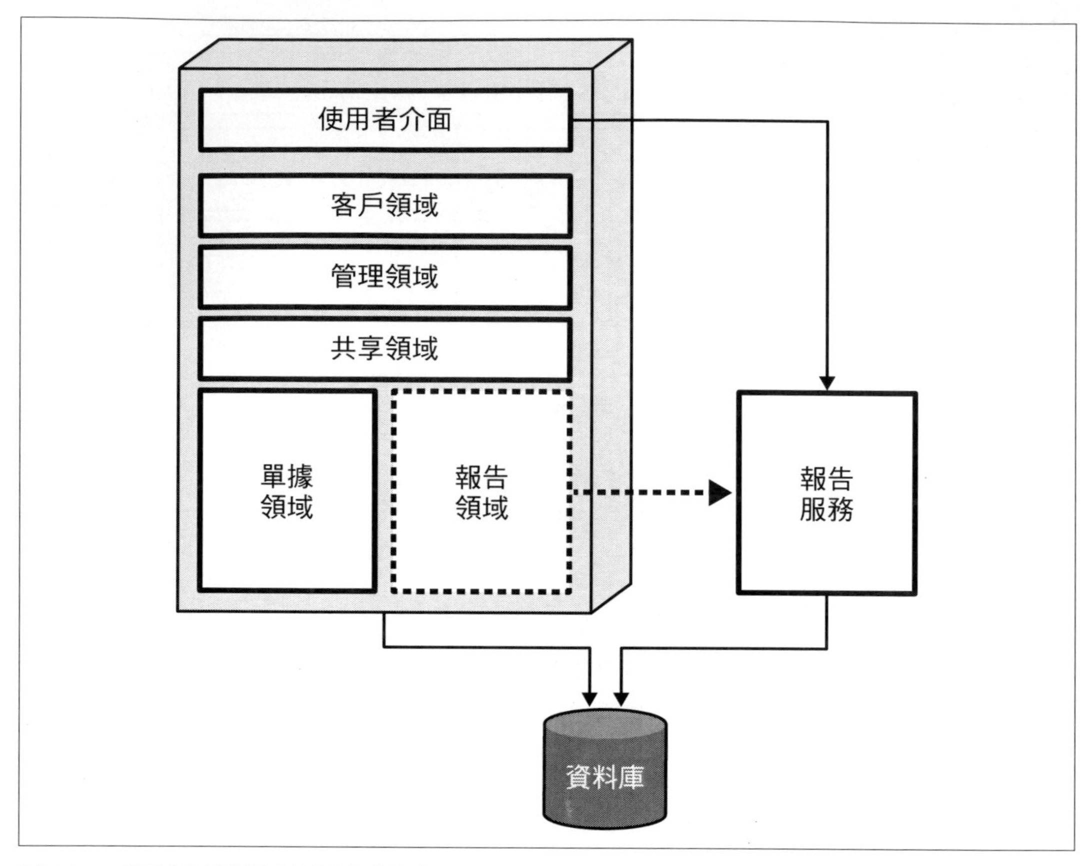

圖 5-21　組件領域被移到外部領域服務

然而有一點建議：在**所有**組件領域都被確認和重構之前，不要應用這種模式。這有助於在移動組件（及因此影響的原始程式碼）時減少對每個領域服務所需的修改量。例如，假設 Sysops Squad 應用程式中的所有單據和知識庫功能被分組並重構為一個單據領域，並從這領域中建立一個新的單據服務。現在假設客戶調查組件（透過 `ss.customer.survey` 命名空間確認）被認為是單據領域的一部分。因為單據領域已經被遷移了，現在必須修改單據服務以包含調查組件。最好是先將所有的組件對齊並重構為組件領域，然後開始將這些組件領域遷移到領域服務。

管理適應度函數

保持每個領域服務內的組件與領域對齊很重要，特別是如果領域服務將被拆成更小的微服務。這種類型的管理有助於保持領域服務避免成為它們自己的非結構化整體式服務。以下的適應度函數確保命名空間（及因此產生的組件）在領域服務中保持一致。

適應度函數：< 某領域服務 > 中的所有組件應以相同的命名空間開始

這個自動化的整體適應度函數可以經由 CI/CD 管道部署時被觸發，以確保領域服務中組件的命名空間保持一致。例如，單據領域服務中的所有組件都應該以 `ss.ticket` 開頭。範例 5-11 用 ArchUnit 來確保這約束。每個領域服務都有自己基於它特定領域對應的適應度函數。

範例 5-11　為管理單據領域服務中組件的 ArchUnit 程式碼

```
public void restrict_domain_within_ticket_service() {
   classes().should().resideInAPackage("..ss.ticket..")
   .check(myClasses);
}
```

Sysops Squad 傳奇：建立領域服務

11 月 23 日，星期二，09:04

Addison 和 Austen 與 Sysops Squad 開發團隊密切合作，制定遷移計畫以分階段從組件領域遷移到領域服務。他們意識到這項工作不僅需要將每個組件領域內的程式碼從整體式中抽取並移到一個新的專案工作區，而且現在還需要使用者介面能夠遠端存取該領域內的功能。

從先前在圖 5-19 中確定的組件領域開始工作，團隊一次一個的遷移每個組件，最終完成了一個基於服務的架構。如圖 5-22 所示。注意在前面模式中確定的每個領域區域現在如何成為單獨部署的服務。

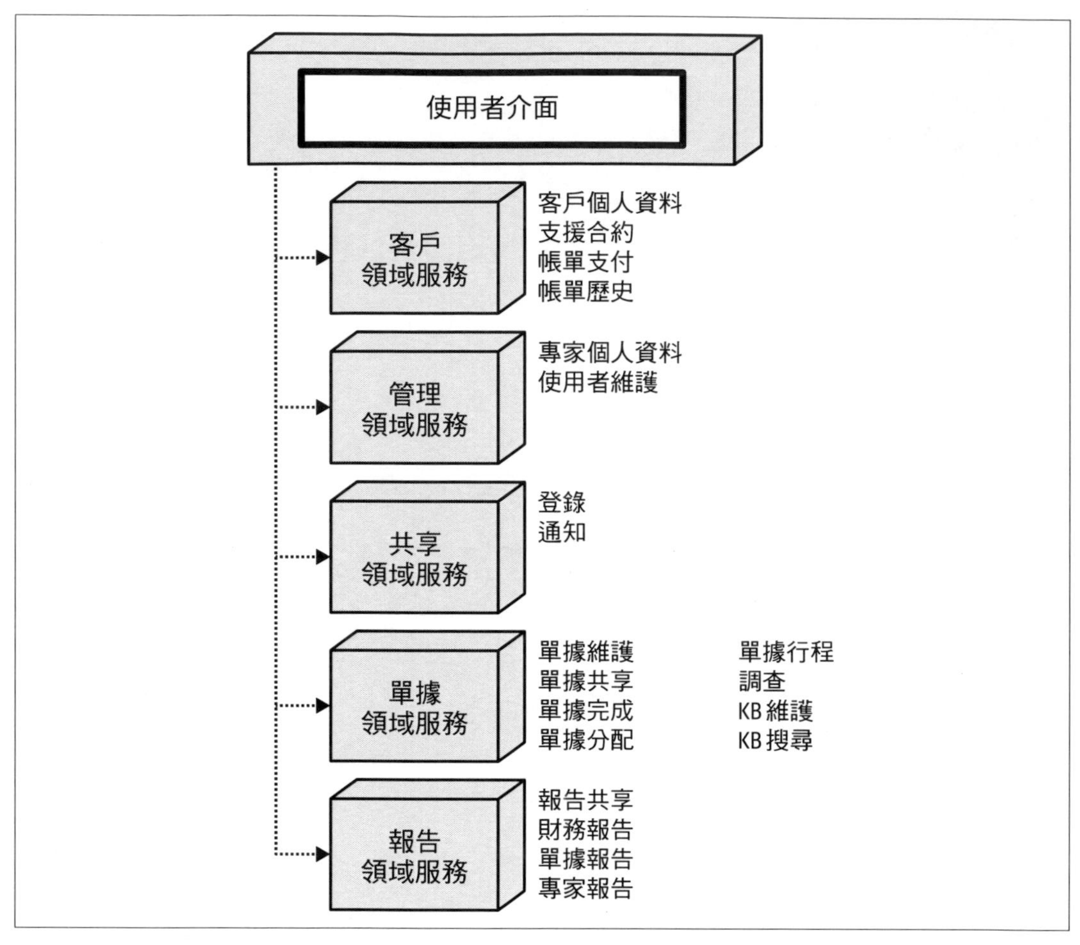

圖 5-22 在分散式的 Sysops Squad 應用程式中所造成的單獨部署領域服務

摘要

根據我們的經驗，「憑感覺」的遷移工作很少會產生積極的結果。應用這些基於組件的分解模式提供了一種結構化的、可控的、漸進的方法來拆開整體式架構。一旦應用了這些模式，團隊現在可以致力於拆開整體式資料（參閱第 6 章），並開始根據需要將領域服務拆成更細粒度的微服務（參閱第 7 章）。

第六章

拆開操作資料

10 月 7 日，星期四，08:55

現在 Sysops Squad 應用程式已經成功地拆開為單獨部署的領域服務，Addison 和 Austen 都意識到，是時候開始考慮拆開整體式 Sysops Squad 資料庫了。Addison 同意開始這項工作，而 Austen 則開始致力於加強 CI/CD 部署管道。Addison 與 Sysops Squad 資料架構師 Dana，以及支援 Penultimate Electronics 資料庫的資料庫管理員（DBA）之一的 Devon 會面。

「我想聽聽你們對於我們應該如何拆開 Sysops Squad 資料庫的意見，」Addison 說。

「等一下，」Dana 說。「誰說過關於要拆開資料庫的事？」

「Addison 和我上週達成共識，我們需要拆開 Sysops Squad 資料庫，」Devon 說。「如你所知，Sysops Squad 應用程式已經經歷了一次大修，拆開資料是大修的一部分。」

「我認為整體式資料庫就很好，」Dana 說。「我看不出有什麼理由要拆開它。除非你能說服我，否則我不會在這個問題上讓步。此外，你知道拆開那個資料庫有多困難嗎？」

「當然，它很困難，」Devon 說，「但我知道有一個五步流程，利用所謂的資料領域，可以在這個資料庫上有效地工作。這樣，我們甚至可以開始研究為應用程式的某些部分使用不同類型的資料庫，像是知識庫甚至客戶調查功能。」

「先別這麼自信，」Dana 說。「而且我們也不要忘記，我是對所有這些資料庫負責的人。」

Addison 很快地意識到事情正在失控，並迅速運用了一些關鍵的談判和協調技巧。「好吧，」Addison 說，「我們應該將你包括在我們最初的討論中，為此我道歉，我應該更了解這點。我們怎麼做才能讓你加入並幫助我們分解 Sysops Squad 的資料庫呢？」

「這很容易，」Dana 說。「說服我 Sysops Squad 的資料庫真的需要被拆開，給我一個堅實的理由。如果你能做到這一點，那麼我們就談談關於 Devon 的五步流程。否則，就保持現狀。」

拆開資料庫很難——事實上，比拆開應用程式的功能更困難。因為資料通常是公司中最重要的資產，在拆開或重組資料時，商務和應用程式中斷的風險更大。另外，資料往往與應用程式的功能高度耦合，使得在大型資料模型中確認明確定義的接縫更加困難。

就像整體式應用程式被拆成單獨部署的單元一樣，有時也想要（甚至必要）拆開整體式資料庫。一些像是微服務的架構樣式，*要求*將資料分割以形成定義明確的有界上下文（每個服務擁有自己的資料），而其他像是基於服務架構的分散式架構，則允許服務共享一個資料庫。

有趣的是，一些用於拆開應用程式功能的相同技術也可以應用在資料拆開上。例如，將組件轉換為資料領域，類別檔案轉換為資料庫資料表，類別之間的耦合點轉換為像是外鍵、檢視表、觸發器或甚至預存程序等資料庫的工件。

在本章中，我們探討了分解資料的一些驅動因素，並展示如何有效地將整體式資料拆開成單獨的資料領域、模式，甚至是以迭代和受控方式拆成單獨資料庫的技術。因為知道資料庫世界並不全是關聯式的，所以我們還討論了各種類型的資料庫（關聯式、圖形、文件、鍵值對、欄族、NewSQL 和雲端原生等），並概述了與這些資料庫類型相關的各種權衡。

資料分解驅動因素

分解整體式的資料庫可能是一項艱巨的工作，因此，了解是否（以及何時）應該分解資料庫很重要，如圖 6-1 所示。架構師可以透過了解和分析*資料分解器*（證明分解資料的驅動因素）和*資料整合器*（證明維持資料在一起的驅動因素）來證明資料分解工作的合理性。爭取這兩個驅動因素之間的平衡和分析每個驅動因素的權衡是獲得資料正確粒度的關鍵。

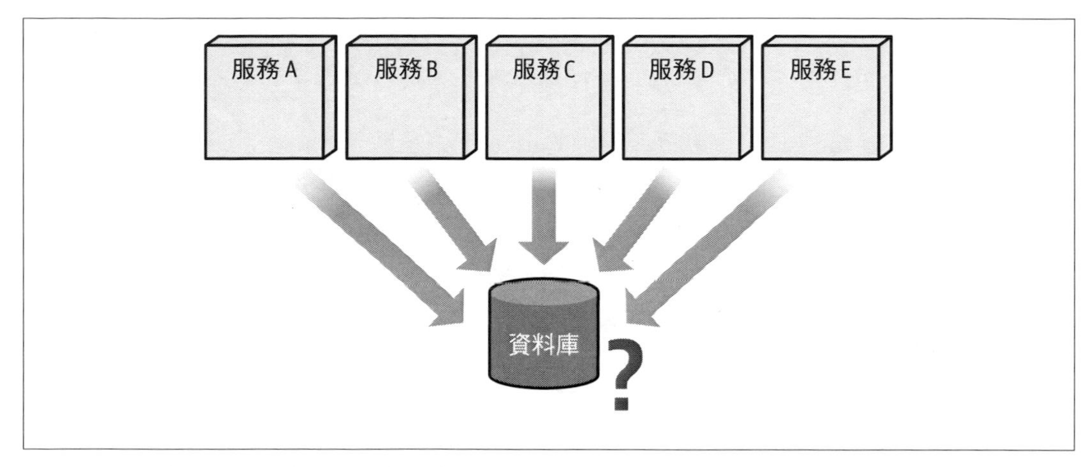

圖 6-1　在什麼情況下整體式資料庫應該被分解？

在本節中，我們將探討當考慮拆開整體式資料時，用於協助做出正確選擇的資料分解器和資料整合器。

資料分解器

資料分解驅動因素為「我什麼時候應該考慮拆開我的資料」的問題提供了答案和理由。拆開資料的六個主要分解驅動因素包括以下內容：

改變控制

　改變一個資料庫資料表會影響多少服務？

連接管理

　我的資料庫能否處理來自多個分散式服務的連接需求？

可擴展性

　資料庫的規模能否符合存取它的服務需求？

容錯性

　有多少服務會受到資料庫崩潰或維護停機的影響？

架構量子

　是單一共享資料庫強迫我進入一個不想要的單一架構量子？

資料庫類型優化

我可以藉由使用多種資料庫類型來優化我的資料嗎？

以下各節將詳細討論這些分解驅動因素中的每一個。

改變控制

主要的資料分解驅動因素之一是控制資料庫資料表模式的改變。刪除資料表或欄，改變資料表或欄的名稱，甚至改變表中欄位的類型，都會破壞存取這些資料表對應的 SQL，最後會破壞使用這些資料表對應的服務。我們稱這些類型的改變為*破壞性改變*，以與一般不影響現有的查詢或寫入的在資料庫中增加資料表或欄位相對。不出所料地，當使用關聯式資料庫時，改變控制受到的影響最大，但其他資料庫類型也會產生改變控制的問題（參閱第 152 頁的「選擇資料庫類型」）。

如圖 6-2 所示，當資料庫發生破壞性改變時，多個服務必須與資料庫改變一起被更新、測試和部署。隨著共享相同資料庫單獨部署的服務數量增加，這種協調可能很快就會變得困難和容易出錯。想像一下，為單一的破壞性資料庫改變嘗試協調 42 個單獨部署的服務！

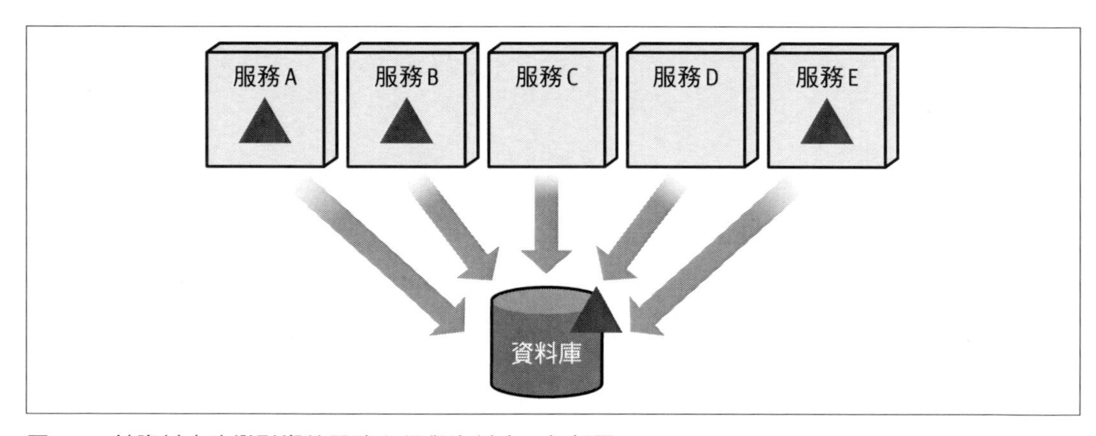

圖 6-2　被資料庫改變影響的服務必須與資料庫一起部署

為共享資料庫的改變協調多個分散式服務的改變只是故事的一半。在任何分散式架構中，改變共享資料庫的真正危險是忘記存取剛改變資料表的服務。如圖 6-3 所示，這些服務*在生產中*變得不具操作性，直到它們可以被改變、測試和重新部署為止。

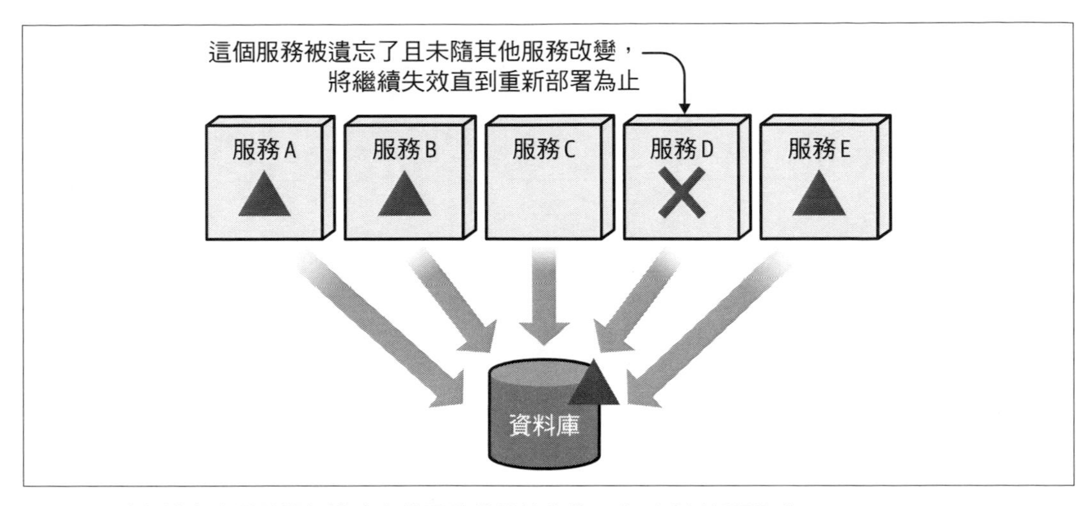

圖 6-3 受資料庫改變影響但被遺忘的服務將繼續失效，直到重新部署為止

在大多數應用程式中，被遺忘服務的危險可以透過勤奮的影響分析和積極的回歸測試得到減輕。然而，考慮一個有 400 個服務的微服務生態系統，所有都共享相同整體式的高可用叢集關聯式資料庫。想像一下，在許多領域的所有開發團隊中跑來跑去，試圖找出哪些服務使用了被改變的資料表。再想像一下，之後必須將所有這些服務和資料庫一起當成一個單元來協調、測試和部署。想到這種情況就開始變得令人頭皮發麻，通常會導致某種程度的精神錯亂。

將資料庫拆成定義明確的有界上下文（*https://oreil.ly/Q8mI7*），顯著地幫助控制破壞性資料庫的改變。有界上下文的概念來自於 Eric Evans（Addison-Wesley）所著的開創性書籍《*Domain-Driven Design*》，並描述了原始程式碼、商務邏輯、資料結構和資料都一起綁定——封裝——在一個特定的上下文中。如圖 6-4 所示，圍繞服務與它們對應資料的良好有界上下文有助於控制改變，因為改變被隔離到只在有界上下文內的那些服務。

最典型的是，有界上下文是由圍繞的服務和服務擁有的資料所形成的。「擁有」我們指的是寫入資料庫的服務（而不是對資料有唯讀的存取）。我們將在第 9 章詳細討論分散式資料所有權。

注意在圖 6-4 中，服務 C 需要存取包含在服務 D 有界上下文中資料庫 D 的一些資料。由於資料庫 D 位於不同的有界上下文，因此服務 C 不能直接存取這些資料。這不僅會違反有界上下文的規則，而且會在改變控制方面造成混亂。因此，服務 C 必須向服務 D 要求資料。有許多方法可以存取一個服務不擁有的資料，同時仍然保持有界上下文。這些技術將在第 10 章中詳細討論。

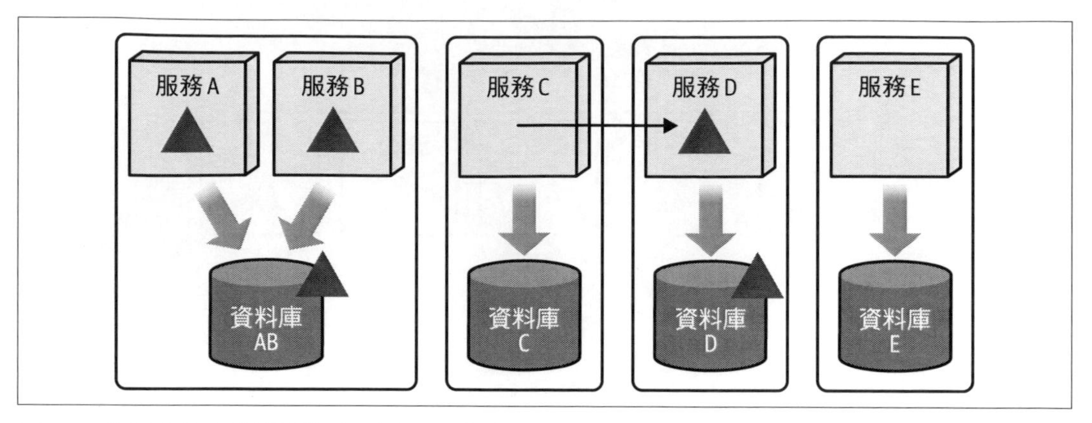

圖 6-4　資料庫的改變被隔離到只在相關有界上下文的那些服務

與服務 C 需要資料、而服務 D 在其有界上下文中擁有該資料情景有關的有界上下文的一個重要面向是**資料庫抽取**。注意在圖 6-5 中，服務 D 正在發送由服務 C 透過某種合約（例如 JSON、XML，甚至可能是一個物件）請求的資料。

有界上下文的優點是，發送給服務 C 的資料可以是與資料庫 D 模式不同的合約。這意味著，對資料庫 D 中某些資料表的破壞性改變只影響服務 D，而不一定影響發送到服務 C 資料的合約。換句話說，服務 C 是從資料庫 D 實際模式結構中抽取出來的。

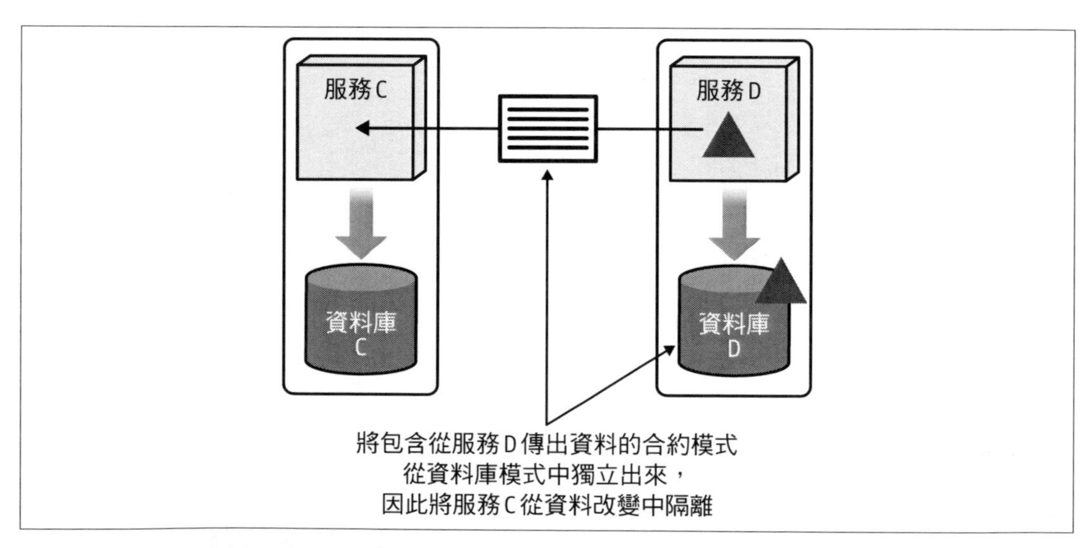

圖 6-5　來自服務呼叫的合約從底層資料庫模式中抽取出呼叫者

為了說明這種有界上下文抽取化在分散式結構中的力量，假設資料庫 D 有一個結構如下的希望清單資料表：

```
CREATE TABLE Wishlist
(
CUSTOMER_ID VARCHAR(10),
ITEM_ID VARCHAR(20),
QUANTITY INT,
EXPIRATION_DT DATE
);
```

服務 D 發送給服務 C 請求希望清單項目的對應 JSON 合約如下：

```
{
  "$schema": "http://json-schema.org/draft-04/schema#",
  "properties": {
    "cust_id": {"type": "string"},
    "item_id": {"type": "string"},
    "qty": {"type": "number"},
    "exp_dt": {"type": "number"}
  },
}
```

注意在 JSON 模式中過期資料欄（`exp_dt`）與資料庫的欄名不同，並且被指定為一個數字（一個表示紀元時間的長整數——自 1970 年 1 月 1 日午夜後的毫秒數），而在資料庫中它被表示為一個 `DATE` 欄位。因為獨立的 JSON 合約，資料庫中任何資料欄名的改變或資料欄類型的改變不再影響服務 C。

為了說明這一點，假設企業決定不再讓希望清單項目過期，這將需要改變資料庫資料表的結構：

```
ALTER TABLE Wishlist
DROP COLUMN EXPIRATION_DT;
```

必須修改服務 D 以適應這改變，因為它與資料庫位於相同的有界上下文中，但對應的合約不必同時改變。在合約最後被改變之前，服務 D 可以指定一個在未來很久的日期，或者將值設置為零表示該項目不會過期。底線是將服務 C 從有界上下文對資料庫 D 所作的破壞性改變中抽取出。

連接管理

建立一個與資料庫的連接是一個昂貴的操作。資料庫連接池通常不僅用於提高性能，而且還用於限制一個應用程式允許使用的併發連接數量。在整體式應用程式中，資料庫連接池通常由應用程式（或應用程式伺服器）擁有。然而，在分散式架構中，每個服務——或者更具體地說，每個服務實體——通常都有自己的連接池。如圖 6-6 所示，當多個服務共享相同的資料庫時，連接數很快就會達到飽和，特別是當服務或服務實體的數量增加時。

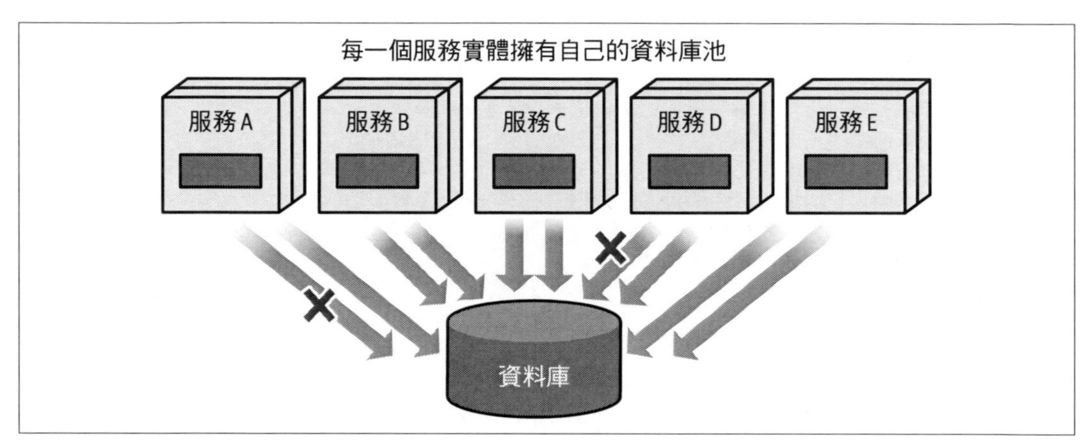

圖 6-6　資料庫連接會因多個服務實體而迅速達到飽和

在決定是否拆開資料庫時，達到（或超過）最大可用資料庫連接數是另一個需要考慮的驅動因素。頻繁的連接等待（等待連接變成可用的時間）通常是資料庫已經達到最大連接數的第一個跡象。由於連接等待也可以表現為請求超時或斷路器跳閘，如果在使用共享資料庫時經常發生這些情況，調查連接等待通常是我們建議的第一件事。

為了說明與資料庫連接和分散式架構相關的問題，考慮以下的例子：一個有 200 個資料庫連接的整體式應用程式被拆開成一個由 50 個服務組成的分散式架構，每一個服務在它連接池中有 10 個資料庫連接。

原有的整體式應用程式	200 個連接
分散式服務	50
每個服務的連接數	10
最小服務實體	2
總服務連接數	1,000

注意在同一個應用程式上下文中資料庫連接數如何從 200 個成長到 1,000 個，而服務甚至還沒有開始擴大！假設一半的服務擴大到平均每個有 5 個實體，資料庫連接數會迅速成長到 1,700 個。

如果沒有某種連接策略或管理計畫，服務將嘗試使用盡可能多的連接，經常會對很需要連接的其他服務供應不足。出於這個原因，在分散式架構中管理資料庫如何連接是很重要的。一個有效的方法是為每個服務分配一個**連接配額**，以管理跨服務的可用資料庫連接分配。連接配額指定了一個服務被允許使用或在它的連接池中可用的最大資料庫連接數。

透過指定連接配額，不允許服務建立比分配給它更多的資料庫連接。如果一個服務達到它配額中最大資料庫連接數，則它必須等待它正在使用的一個連接變成可用的。這種方法可以用兩種方法來實作：將相同的連接配額均勻地分配給每個服務，或者根據每個服務的需要分配不同的連接配額。

當首次部署服務時通常使用均勻分配的方法，因為還不知道每個服務在正常和操作尖峰期間需要多少連接。雖然簡單，但這種方法效率並不高，因為有些服務可能比其他服務需要更多的連接，而其他服務持有的一些連接則可能閒置。

雖然比較複雜，但可變分配方法對於管理共享資料庫的資料庫連接更為有效。用這種方法，每個服務根據它的功能和可擴展性需求分配不同的連接配額。這種方法的優點是，它優化了跨分散式服務中可用資料庫連接的使用，確保那些需要更多資料庫連接的服務有更多可以使用的連接。然而，缺點是它需要了解每個服務的功能性質和可擴展性需求。

我們通常建議從均勻分配的方法開始，並建立適應度函數來測量每個服務的併發連接用法。我們也建議在外部配置伺服器（或服務）中保留連接配額值，以便可以透過簡單的機器學習演算法輕鬆地手動或以編程方式調整這些值。這種技術不僅有助於減輕連接飽和的風險，而且還可以適當地平衡分散式服務之間的可用資料庫連接，以確保沒有閒置的連接被浪費。

表 6-1 顯示了一個開始使用均勻分配方法的例子，該資料庫可以支援最多 100 個併發連接。注意服務 A 最多只需要 5 個連接，服務 C 只需要 15 個連接，服務 E 只需要 14 個連接，而服務 B 和服務 D 已經達到它們最大的連接配額並且經歷了連接等待。

表 6-1 均勻分佈的連接配額分配

	服務	配額	最大使用量	等待
	A	20	5	沒有
→	B	20	20	有
	C	20	15	沒有
→	D	20	20	有
	E	20	14	沒有

由於服務 A 遠低於它的連接配額，這是開始重新分配連接給其他服務的好地方。將 5 個資料庫連接移給服務 B，將 5 個資料庫連接移給服務 D，產生如表 6-2 所示的結果。

表 6-2 不同分佈的連接配額分配

	服務	配額	最大使用量	等待
	A	10	5	沒有
→	B	25	25	有
	C	20	15	沒有
	D	25	25	沒有
	E	20	14	沒有

這比較好，但是服務 B 仍然經歷連接等待，顯示它需要的連接比它的連接配額還多。透過從服務 A 和服務 E 各取兩個連接的進一步重新調整配額，產生了更好的結果，如表 6-3 所示。

表 6-3 進一步連接配額調整的結果是沒有連接等待

服務	配額	最大使用量	等待
A	8	5	沒有
B	29	27	沒有
C	20	15	沒有
D	25	25	沒有
E	18	14	沒有

這種分析可以從收集每個服務串流指標資料的連續適應度函數推導出，也可以用來確定所使用的最大連接數與最大可用連接數有多接近，以及每個服務在它配額和使用的最大連接數方面存有多少緩衝。

可擴展性

分散式架構的許多優勢之一是可擴展性——服務處理需求量增加，同時保持一致反應時間的能力。大多數基於雲端和本地基礎架構相關產品，在確保服務、容器、HTTP 伺服器和虛擬機器的擴展以滿足需求增長方面做得很好。但是資料庫呢？

如圖 6-7 所示，服務的可擴展性會施加巨大的壓力在資料庫上，不僅是在資料庫連接方面（如前一節所討論的），而且也在吞吐量和資料庫容量方面。為了使一個分散式系統擴展，系統的所有部分都需要擴展——包括資料庫。

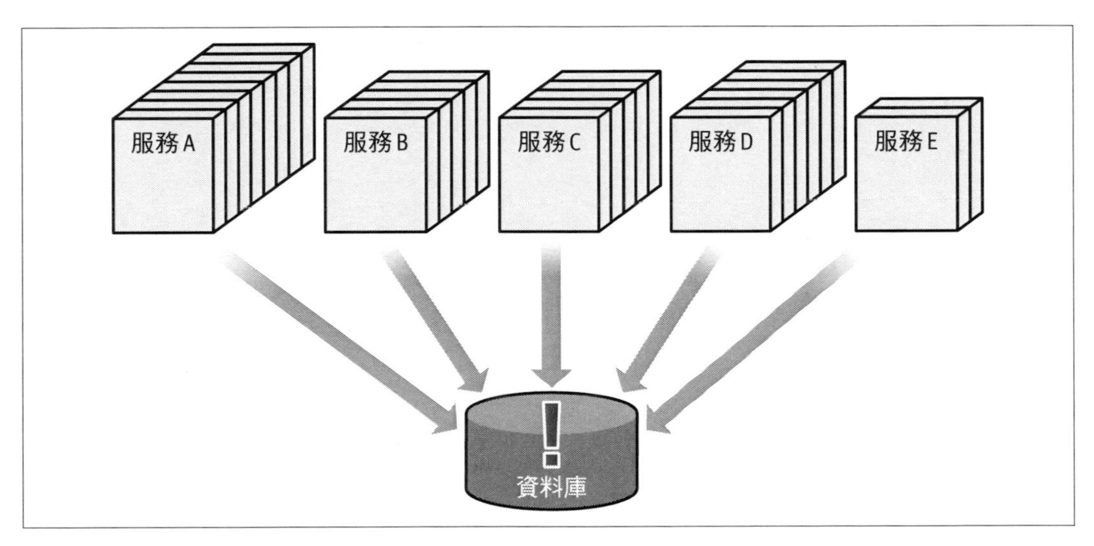

圖 6-7　當服務擴展時，資料庫也必須擴展

當考慮拆開資料庫時，可擴展性是另一個資料分解驅動因素要考慮的。資料庫連接、容量、吞吐量和性能都是決定一個共享資料庫是否符合分散式架構中多個服務需求的因素。

考慮前一節表 6-3 中精煉的可變資料庫連接配額。當服務透過增加多個實體而擴大時，情況會發生劇烈的改變，如表 6-4 所示，其中總資料庫連接數為 100。

表 6-4　當服務擴大時，使用比可用更多的連接數

服務	配額	最大使用量	實體	總使用量
A	8	5	2	10
B	29	27	3	81
C	20	15	3	45
D	25	25	2	50
E	18	14	4	56
總數	100	86	14	242

注意即使連接配額的分配可以匹配 100 個可用的資料庫連接，一旦服務開始擴大，因為使用的總連接數增加到 242 個，比資料庫可用的連接多了 142 個，因此配額將不再有效。這可能會導致連接等待，反過來這又會導致整體性能下降和請求超時。

如圖 6-8 所示，將資料拆成獨立資料領域或甚至每個服務的資料庫，會對每個資料庫需要較少的連接，因此隨著服務的擴大可以提供更好的資料庫可擴展性和性能。

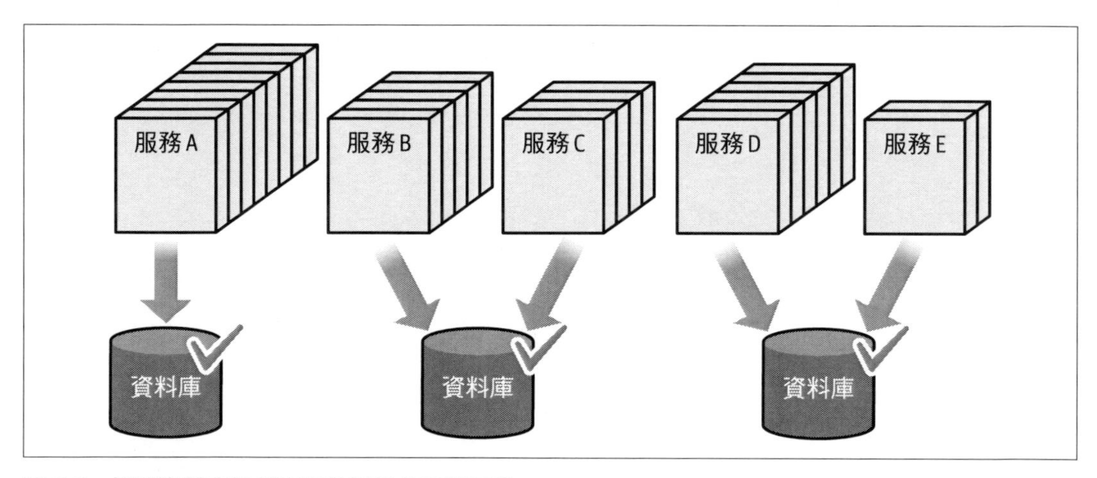

圖 6-8　拆開資料庫提供更好的資料庫可擴展性

除了資料庫連接以外，對可擴展性另一個需要考慮的因素是加在資料庫上的負荷。藉由拆開資料庫，加在每個資料庫上的負荷會較少，因此也改善了整體性能和可擴展性。

容錯性

當多個服務共享相同資料庫時，因為資料庫變成單點故障（SPOF），所以整個系統的容錯性會降低。在這裡，我們將容錯性定義為當一個服務或資料庫失效時，系統的某些部分能繼續不間斷的能力。注意在圖 6-9 中，當共享單一個資料庫的時候，整體的容錯性很低，因為如果資料庫發生故障，那所有的服務都將無法運作。

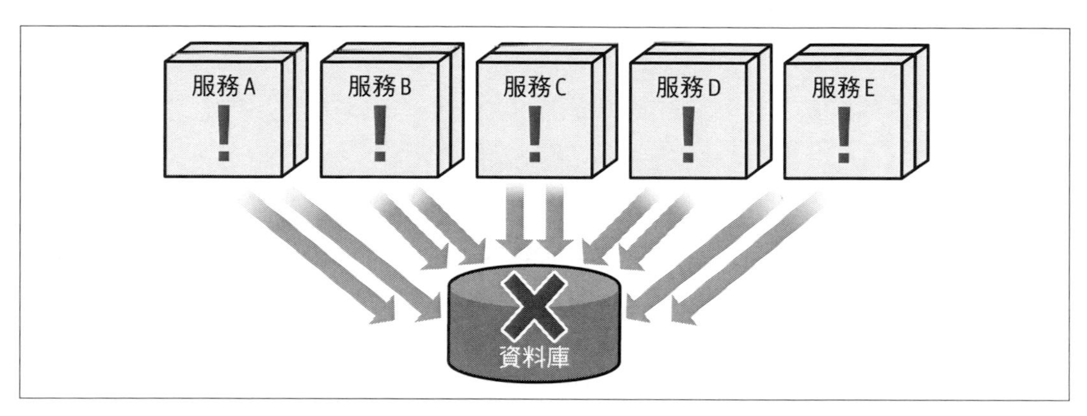

圖 6-9　如果資料庫發生故障，所有的服務變成無法操作

容錯性是考慮拆開資料的另一個驅動因素。如果系統的某些部分需要容錯性，拆開資料可以移除系統中的單點故障，如圖 6-10 所示。這確保在資料庫癱瘓的情況下，系統的某些部分仍然可以操作。

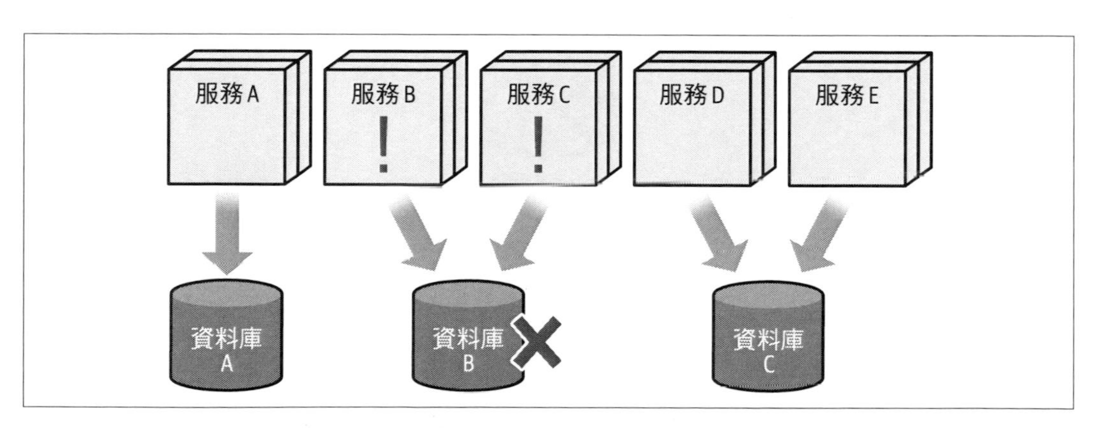

圖 6-10　拆開資料庫實現了更好的容錯性

注意因為資料現在被拆開了，如果資料庫 B 發生故障，只有服務 B 和服務 C 受到影響並變成無法操作，而其他服務則可以繼續不間斷地操作。

架構量子

回憶在第 2 章中架構量子被定義為有高功能內聚力、高靜態耦合和同步動態耦合的獨立可部署工件。架構量子在拆開資料庫方面協助提供指導，使它成為另一個資料分解的驅動因素。

考慮圖 6-11 中的服務，其中服務 A 和服務 B 需要與其他服務不同的架構特徵。注意圖中雖然服務 A 和服務 B 被分組在一起，但因為單一共享資料庫，所以它們並沒有與其他服務形成單獨的量子。因此，所有五個服務連同資料庫，形成了一個單一的架構量子。

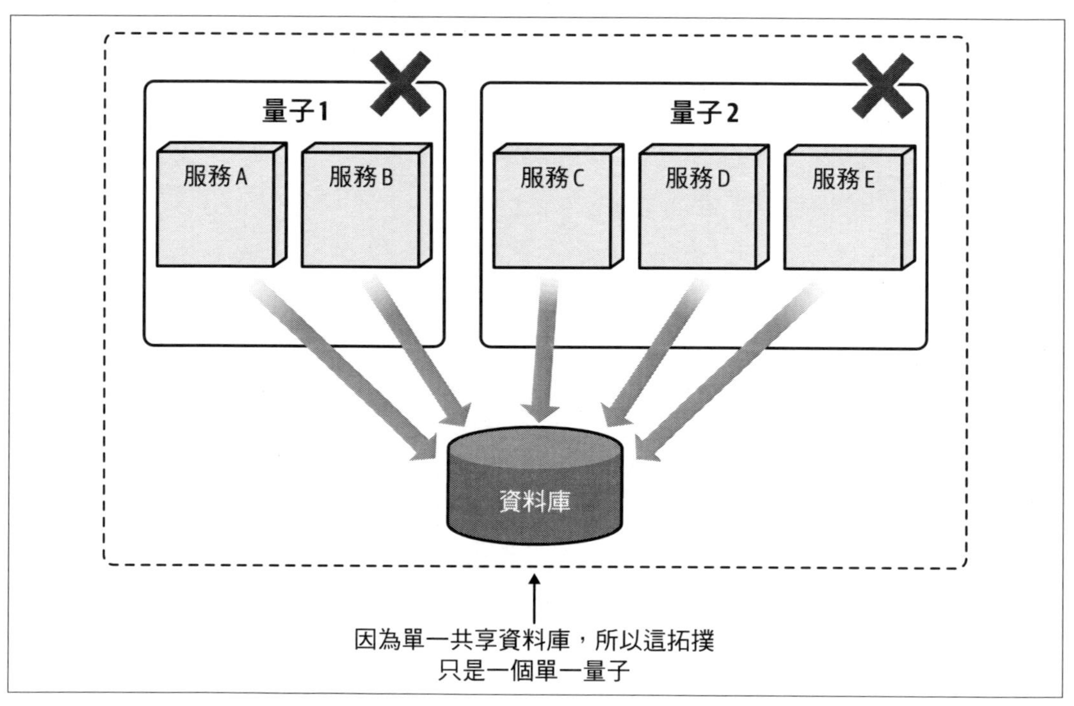

圖 6-11　資料庫是架構量子的一部分

因為資料庫包含在架構量子定義的**功能內聚力**部分，所以有必要拆開資料，以使每一個產生的部分都能在自己的量子中。注意在圖 6-12 中，由於資料庫被拆開，服務 A 和服務 B 以及連同的對應資料現在是一個獨立的量子，與服務 C、D 和 E 形成分離的量子。

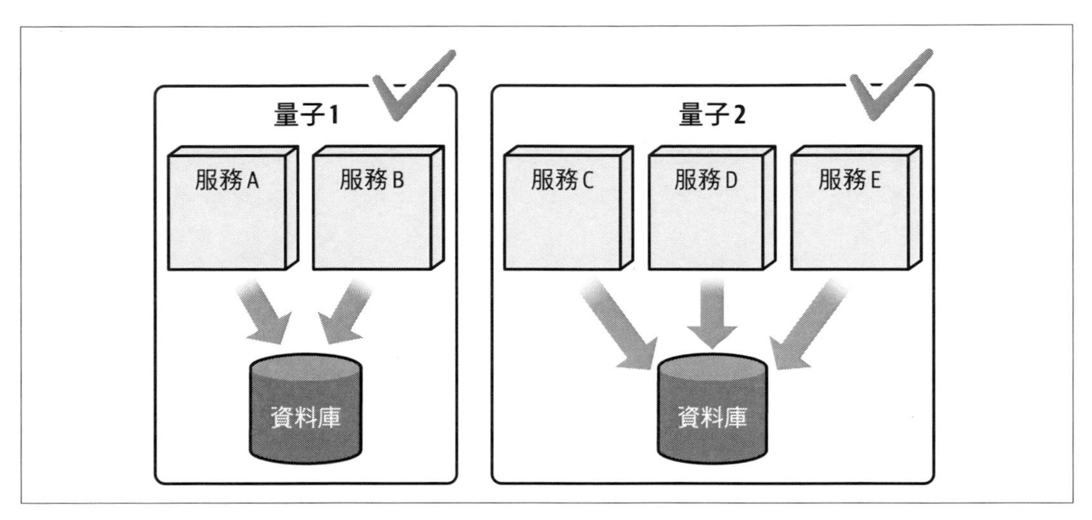

圖 6-12　拆開資料庫形成兩個架構量子

資料庫類型優化

不是所有資料都被相同對待是常見的情況。當使用整體式資料庫時，所有的資料都必須遵循該資料庫類型，因此對某些類型的資料產生潛在的次優解決方案。

拆開整體式資料允許架構師將某些資料移到一個更優化的資料庫類型。例如，假設一個整體關聯式資料庫存儲了與應用程式相關的交易資料，包括鍵值對形式的參考資料（如國家程式碼、產品程式碼、倉庫程式碼等）。因為資料的本質不是關聯式的，而是鍵值對的，這種類型的資料在關聯式資料庫中很難管理。因此，一個**鍵值對**資料庫（參閱 156 頁的「鍵值對資料庫」）將產生一個比關聯式資料庫更優化的解決方案。

資料整合器

資料整合器與上一節討論的資料分解器的作用完全相反。這些驅動因素為「何時我應該考慮將資料重新組合在一起？」這問題提供答案和理由。與資料分解器一起，資料整合器為分析何時拆開資料和何時不拆開，提供了平衡和權衡。

將資料拉回到一起的兩個主要整合驅動因素如下：

資料關係

　是否有外鍵、觸發器或檢視表在資料表之間形成密切的關係？

資料庫交易

　　為了確保資料的完整性和一致性，是否需要一個單一的交易工作單位？

這些整合驅動因素的每一項將在以下部分詳細討論。

資料關係

類似架構中的組件，資料庫資料表也可以被耦合，特別是對於關聯式資料庫，像外鍵、觸發器、檢視表和預存程序等工件將資料表束縛在一起，使資料很難分開；參閱圖 6-13。

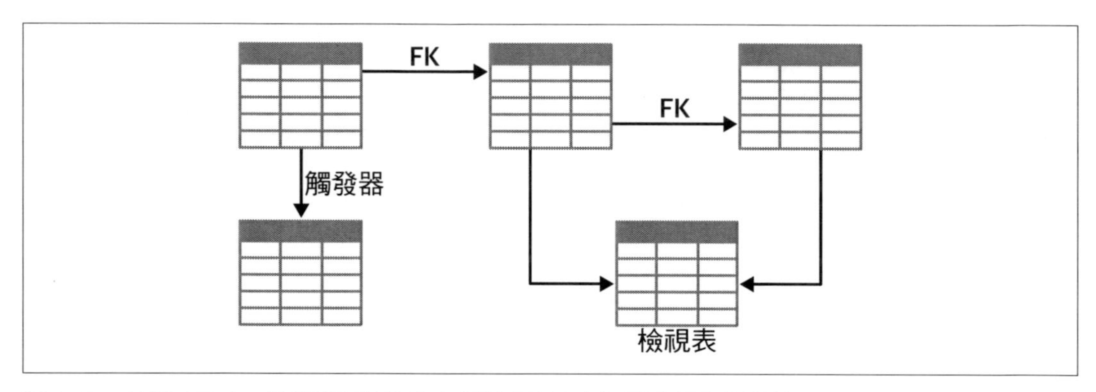

圖 6-13　外鍵（FK）、觸發器和檢視表在資料之間建立了緊密耦合的關係

想像一下，當走到你的 DBA 或資料架構師面前告訴他們，由於必須拆開資料庫，以支援微服務生態系統中緊密形成的有界上下文，所以資料庫中每一個外鍵和檢視表都需要被移除！這是一個不可能的（甚至是不可行的）場景。然而這恰恰是支援微服務中每個服務的資料庫模式所需要發生的。

這些工件在大多數關聯式資料庫中是必要的，以支援資料的一致性和完整性。除了這些實體工件以外，資料也可能是邏輯相關的，像是一個問題單資料表和它對應的問題單狀態表。然而，如圖 6-14 所示，當將資料移到另一個模式或資料庫以形成有界上下文時，這些工件必須被刪除。

注意，服務 A 中資料表之間的外鍵（FK）關係可以被保留，因為資料是在相同的有界上下文、模式或資料庫中。然而，在服務 B 和服務 C 資料表之間的外鍵（FK）必須被移除（以及服務 C 使用的檢視表），因為這些資料表與不同的資料庫或模式有關。

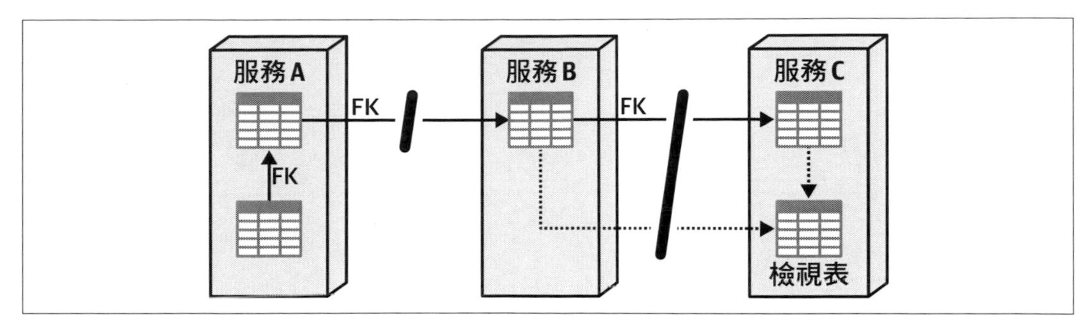

圖 6-14　當拆開資料時必須移除資料工件

資料之間的關係，無論是邏輯的或是實體的，都是資料整合驅動因素，因此在資料分解器和資料整合器之間建立了一種權衡。例如，改變控制（資料分解器）是否比保留資料表之間外鍵關係（資料整合器）更重要？容錯性（資料分解器）是否比保留資料表之間的物化檢視表（資料整合器）更重要？確認什麼更重要，有助於決定是否應該將資料拆開，以及產生的模式粒度應該是什麼。

資料庫交易

另一個資料整合器是資料庫交易，我們在第 252 頁的「分散式交易」中會詳細討論這一點。如圖 6-15 所示，當單一服務對相同資料庫或模式中單獨的資料表做了許多資料庫寫入動作時，這些更新可以在原子性、一致性、隔離性、持久性（ACID）交易中完成，並作為單一工作單元提交或退回。

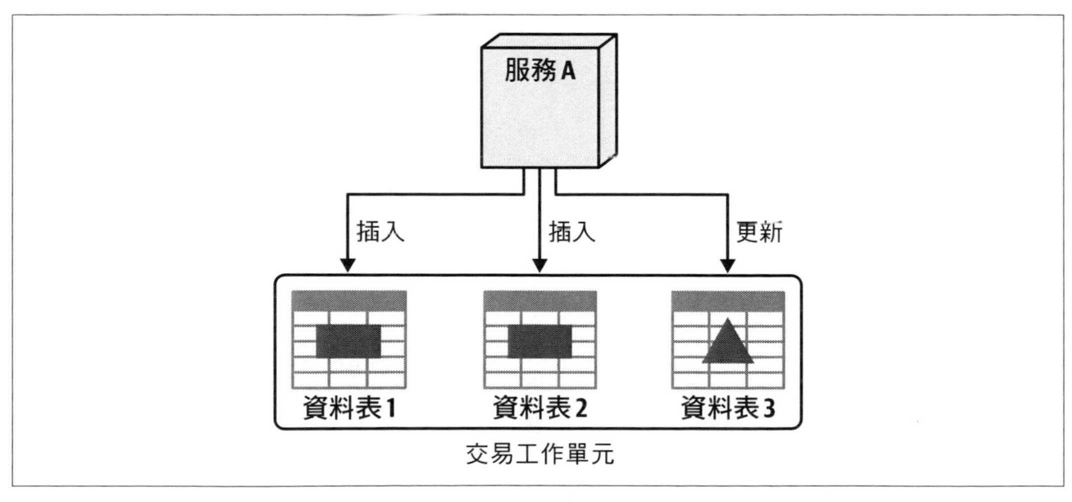

圖 6-15　當資料合在一起時，存在一個單一交易工作單元

然而，當資料被拆成獨立的模式或資料庫時，說明如圖 6-16，由於服務之間的遠端呼叫，單一交易工作單元不再存在。這意味著一個插入或更新可以在一個資料表中提交，但在其他資料表中因為錯誤條件而無法完成，造成資料一致性和完整性的問題。

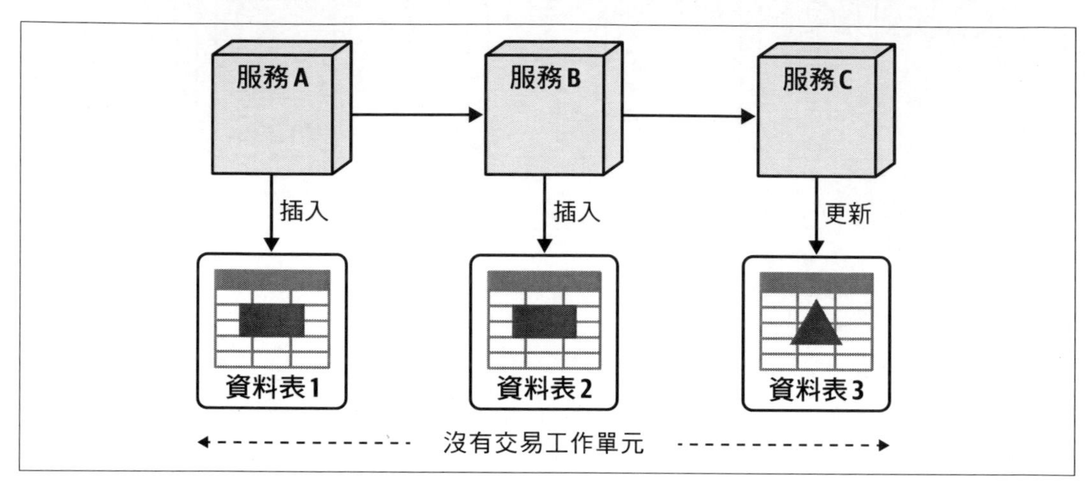

圖 6-16　當資料被拆開時，不存在單一工作單元的交易

雖然我們會在第 12 章深入探討分散式交易管理和交易傳奇的細節，但這裡要強調的重點是，資料庫交易是另一個資料整合驅動因素，當考慮拆開資料庫的時候應該要納入考慮。

Sysops Squad 傳奇：證明資料庫分解的合理性

11 月 15 日，星期一，15:55

帶著他們的理由，Addison 和 Devon 與 Dana 會面來說服她，拆開整體式 Sysops Squad 資料庫是必要的。

「嗨，Dana，」Addison 說。「我們想我們有足夠的證據來說服你，拆開 Sysops Squad 資料庫是必要的。」

「我洗耳恭聽。」Dana 說，她雙臂交叉，準備爭辯資料庫應保持原狀。

「我先說吧，」Addison 說。「注意到這些日誌如何連續顯示，每當操作報告執行時應用程式中的單據功能就會凍結？」

「是的，」Dana 說，「我承認，甚至連我都懷疑這個。這明顯是單據功能存取資料庫的方式出了問題，而不是報告。」

「實際上，」Addison 說，「它是單據和報告兩者的結合。看看這裡。」

Addison 向 Dana 展示了指標和日誌，證明了一些查詢必須包裹在執行緒中，而且當執行報告查詢時，來自單據功能的查詢會因為等待狀態而超時。Addison 還展示了系統的報告部分是如何使用平行執行緒同時查詢更複雜報告的一部分，基本上佔用了所有資料庫連接。

「好吧，從資料庫連接的角度來看，我可以看出，有一個單獨的報告資料庫將有助於這種情況。但是，這仍然不能說服我，非報告的資料應該被拆開，」Dana 說。

「說到資料庫連接，」Devon 說，「當我們開始拆開領域服務時，看看這個連接池的估算。」

Devon 向 Dana 展示了最終計畫的 Sysops Squad 分散式應用程式中估算的服務數量，包括當應用程式擴大，每個服務的預計實體數量。Devon 向 Dana 解釋說，連接池包含在每個獨立的服務實體中，不像目前遷移階段，應用程式伺服器擁有連接池。

「所以你看，Dana，」Devon 說，「根據這些預計的估算，我們將需要額外的 2000 個資料庫的連接，以提供我們需要的可擴展性來處理單據負荷，而在單一資料庫中我們根本沒有這些。」

Dana 花了些時間看這些數字。「你同意這些數字嗎，Addison？」

「我同意，」Addison 說。「在根據 HTTP 流量以及 Parker 提供的預測成長率做了大量分析之後，Devon 和我一起估出來的。」

「我必須承認，」Dana 說，「你們準備的這些東西很好。我特別喜歡你們已經考慮到不要讓服務連接到多個資料庫或模式。如你們所知，在我看來那是不可行的。」

「我們也是。但是，我們還有一個理由要和你談談，」Addison 說。「你可能知道，也可能不知道，我們已經有很多關於系統不能被客戶使用的問題。雖然拆開服務為我們提供了一定程度的容錯性，但如果整體式資料庫因為維護或伺服器崩潰而當機，所有的服務都會變得無法操作。」

「Addison 的意思是，」Devon 補充說，「藉由拆開資料庫，我們可以透過為資料建立領域孤島來提供更好的容錯性。換句話說，如果調查資料庫發生故障，單據功能仍然可用。」

「我們稱這為架構量子，」Addison 說。「換句話說，由於資料庫是系統靜態耦合的一部分，拆開它將使核心單據功能獨立，而且不會同步依賴系統的其他部分。」

「聽著，」Dana 說，「你已經說服我有很好的理由拆開 Sysops Squad 的資料庫，但請你向我解釋，你要怎麼做。你知道資料庫裡有多少個外鍵和檢視表嗎？你不可能把所有這些東西都移除。」

「我們不一定要移除所有這些工件。這就是資料領域和五步流程發揮作用的地方，」Devon 說。「來，讓我解釋一下…」

分解整體式資料

分解一個整體式資料庫很困難，需要架構師與資料庫團隊緊密合作以便安全和有效地拆開資料。拆開資料的一個特別有效的技術是利用所謂的*五步流程*。如圖 6-17 所示，這個進化和迭代的過程是利用資料領域的概念將資料有條不紊地移轉到不同的模式，且因此遷移到不同實體資料庫的工具。

在獨立伺服器上建立資料領域的五步流程

分析資料庫並建立資料領域	移動資料表，將資料表分配給資料領域	分開資料庫到資料領域的連接	將模式移到分開的資料庫伺服器	切換到獨立的資料庫伺服器

圖 6-17　分解整體式資料庫的五步流程

*資料領域*是耦合資料庫工件——資料表、檢視表、外鍵和觸發器——的集合，它們都與特定領域相關，並且在有限的功能範圍內經常一起使用。為了說明資料領域的概念，考慮表 1-2 中介紹的 Sysops Squad 資料表和表 6-5 中顯示所對應建議的資料領域分配。

表 6-5　分配給資料領域的現有 Sysops Squad 資料庫資料表

資料表	建議的資料領域
customer	客戶
customer_notification	客戶
survey	調查
question	調查
survey_administered	調查
survey_question	調查
survey_response	調查
billing	支付
contract	支付
payment_method	支付
payment	支付
sysops_user	個人資料
profile	個人資料
expert_profile	個人資料
expertise	個人資料
location	個人資料
article	知識庫
tag	知識庫
keyword	知識庫
article_tag	知識庫
article_keyword	知識庫
ticket	單據
ticket_type	單據
ticket_history	單據

表 6-5 列出 Sysops Squad 應用程式中的六個資料領域：客戶、調查、支付、個人資料、知識庫和單據。 `billing` 資料表屬於支付資料領域，`ticket` 和 `ticket_type` 資料表屬於單據資料領域等等。

從概念上考慮資料領域的一種方法是將資料庫看成一個足球，其中每個白色的六邊形代表一個單獨的資料領域。如圖 6-18 所示，足球的每個白色六邊形包含了一個與領域相關資料表的集合，以及所有耦合的工件（如外鍵、檢視表、預存程序等等）。

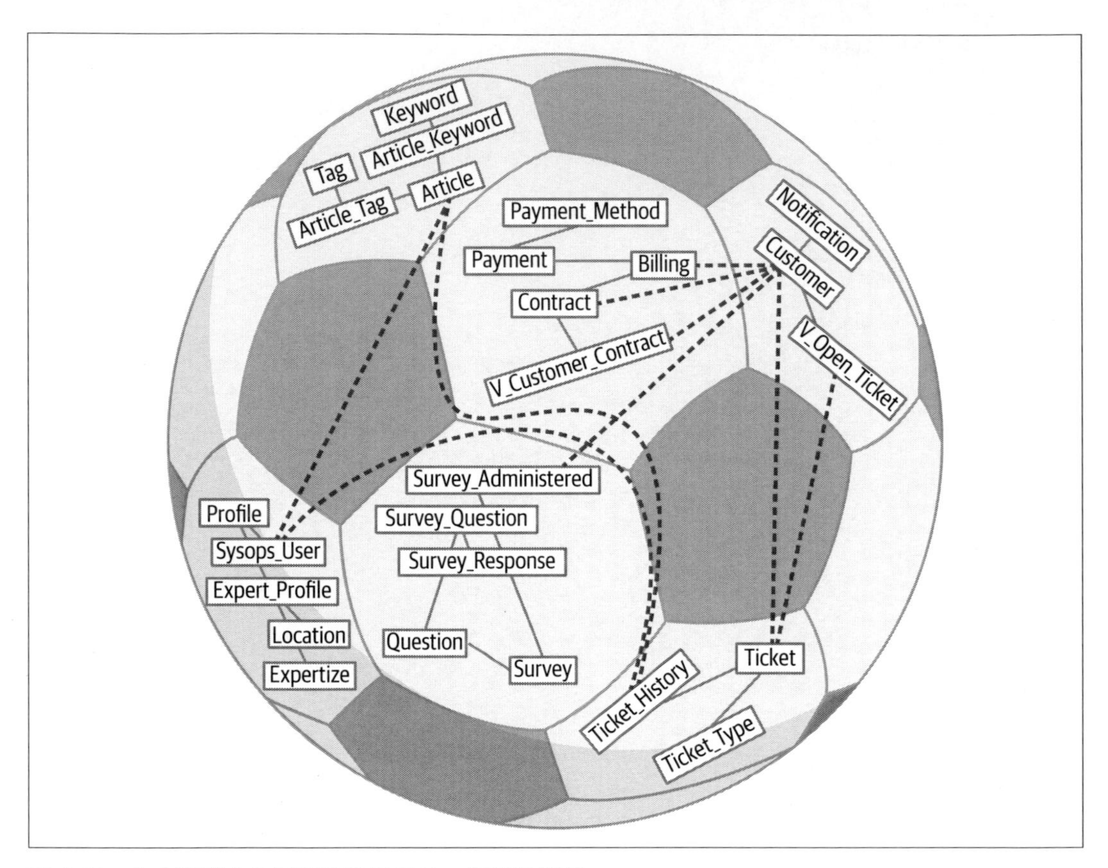

圖 6-18　在六邊形中的資料庫物件屬於一個資料領域

以這種方式將資料庫可視化，讓架構師和資料庫團隊可以清楚地看到資料領域的邊界，以及需要打破的跨領域相依性（如外鍵、檢視表、預存程序等）。注意在圖 6-18 中，每個白色的六邊形**內**，所有資料表的相依性和關係都可以被保留，但每個白色的六邊形**之間**的不行。例如，注意在圖中，實線表示與資料領域自成一體的相依性，而虛線為跨資料領域的相依性，當資料領域被抽取到獨立模式時，必須被移除。

當抽取一個資料領域時，這些跨領域的相依關係必須被移除。這意味著移除資料領域之間的外鍵約束、檢視表、觸發器、函數和預存程序。資料庫團隊可以利用 Scott Ambler 和 Pramod Sadalage 所著《*Refactoring Databases: Evolutionary Database Design*》（Addison-Wesley）一書中的重構模式，安全和迭代地移除這些資料相依性。

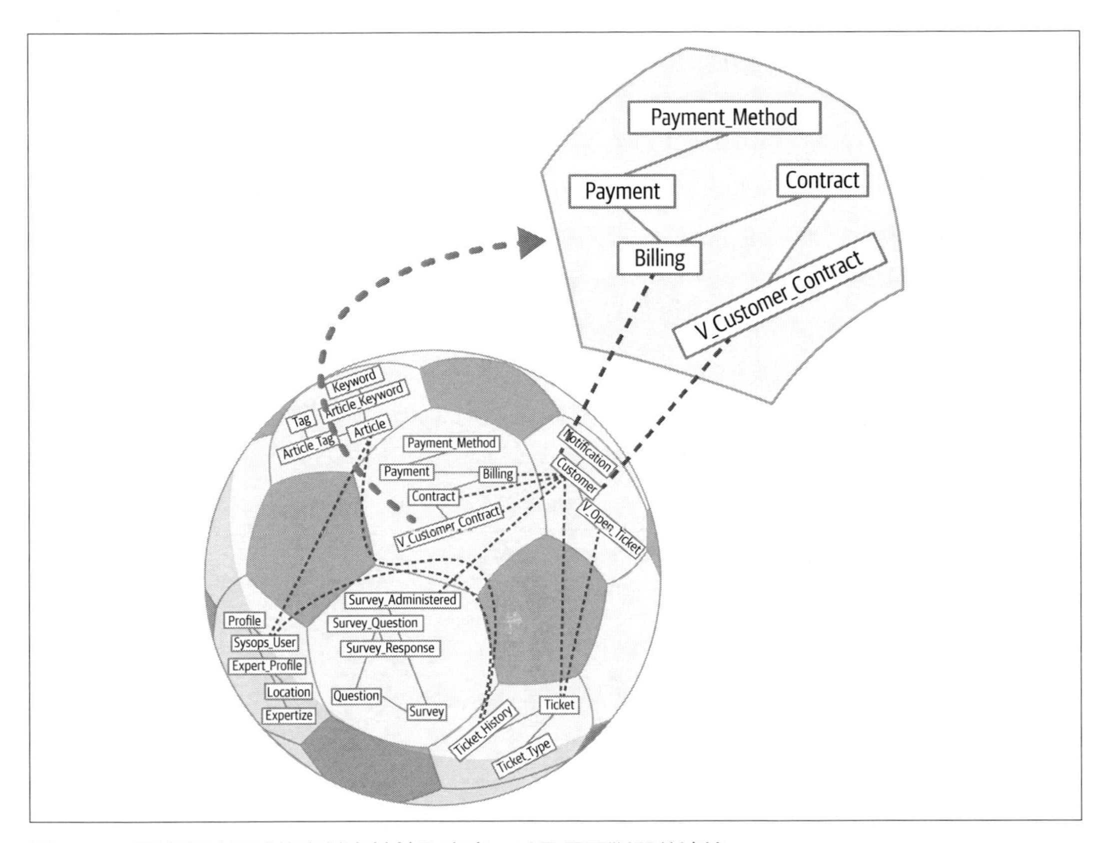

圖 6-19　屬於資料領域的資料表被抽取出來，以及需要斷開的連接

為了說明定義資料領域和移除跨領域引用的過程，參考圖 6-19 中的圖形，其中建立了表示支付的資料領域。由於 `customer` 資料表與 `v_customer_contract` 屬於不同的資料領域，`customer` 資料表必須從支付領域的檢視表中移除。在定義資料領域之前的原始檢視表 `v_customer_contract` 的定義如範例 6-1。

範例 *6-1* 為獲得有跨領域連接客戶開放單據的資料庫檢視表

```
CREATE VIEW [payment].[v_customer_contract]
  AS
SELECT
    customer.customer_id, customer.customer_name,
    contract.contract_start_date, contract.contract_duration,
    billing.billing_date, billing.billing_amount
FROM payment.contract AS contract
INNER JOIN customer.customer AS customer
    ON ( contract.customer_id = customer.customer_id )
INNER JOIN payment.billing AS billing
    ON ( contract.contract_id = billing.contract_id )
WHERE contract.auto_renewal = 0
```

注意在範例 6-2 所顯示的更新後檢視表中，在 `customer` 資料表和 `payment` 資料表之間的連接已經被移除，客戶名稱欄（`customer.customer_name`）也一樣。

範例 *6-2* 在單據領域為得到給定客戶開放單據的資料庫檢視表

```
CREATE VIEW [payment].[v_customer_contract]
  AS
SELECT
    billing.customer_id, contract.contract_start_date,
    contract.contract_duration, billing.billing_date,
    billing.billing_amount
FROM payment.contract AS contract
INNER JOIN payment.billing AS billing
    ON ( contract.contract_id = billing.contract_id )
WHERE contract.auto_renewal = 0
```

資料領域有界上下文規則的應用與個別資料表相同——一個服務不能與多個資料領域互通。因此，透過從檢視表中移除這個資料表，支付服務現在必須呼叫客戶服務以獲得它原來從檢視表中獲得的客戶名稱。

一旦架構師和資料庫團隊了解了資料領域的概念，他們就可以用這五步流程來分解整體式資料庫。這五個步驟概述在以下的部分。

第 1 步：分析資料庫並建立資料領域

如圖 6-20 所示，所有服務存取資料庫中的所有資料。這種做法描述在 Gregor Hohpe 和 Bobby Woolf 所著的書《*Enterprise Integration Patterns: Designing, Building, and Deploying Messaging Solutions*》（Addison-Wesley）中，被稱為共享資料庫（*https://oreil.ly/EFqtc*）整合樣式，在資料和存取該資料的服務之間建立了緊密的耦合。如第 124 頁「資料分解驅動因素」中所討論的，在資料庫中的這種緊密耦合使得改變管理非常困難。

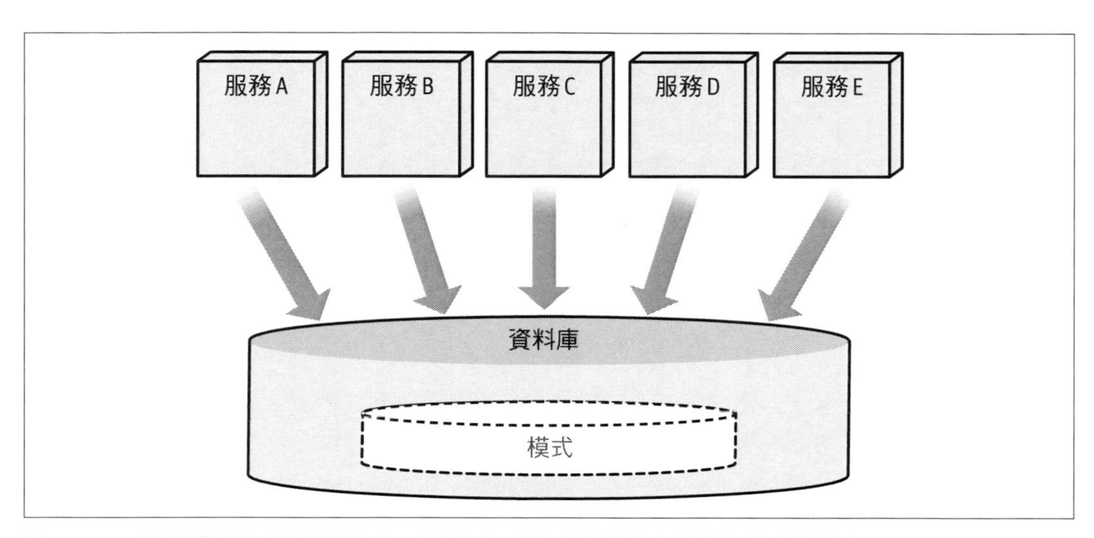

圖 6-20　多個服務使用相同資料庫，為了讀取或寫入的目的必須存取所有資料表

拆開資料庫的第一步是確認資料庫中特定領域的分組。例如，在表 6-5 中，相關的資料表被分組在一起，以幫助確認可能的資料領域。

第 2 步：將資料表分配給資料領域

下一步是沿著特定的有界上下文分組資料表，將屬於特定資料領域的資料表分配到它們自己的模式。模式是資料庫伺服器中的邏輯結構。模式包含了一些像是資料表、檢視表、函數等物件。在像是 Oracle 的某些資料庫伺服器中，模式與使用者相同，而在像是 SQL Server 的其他資料庫中，模式是資料庫物件中使用者可以存取的邏輯空間。

如圖 6-21 所示，我們已經為每個資料領域建立了模式，並將資料表移到它們所屬的模式中。

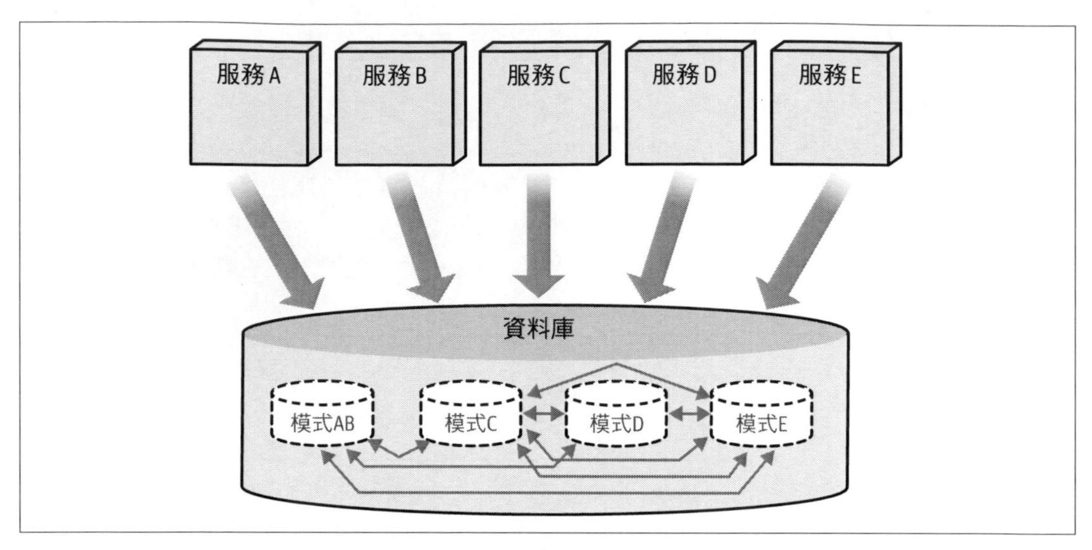

圖 6-21　服務根據它們資料領域需求使用的主要模式

當屬於不同資料領域的資料表緊密耦合並彼此關聯時，資料領域必然要被結合，建立多個服務擁有一個特定資料領域的更廣泛有界上下文。第 9 章將更詳細地討論結合資料領域的問題。

資料領域與資料庫模式

資料領域是一個架構概念，而**模式**是一個持有屬於一個特定資料領域資料庫物件的資料庫結構。雖然資料領域和模式之間的關係通常是一對一的，但資料領域可以被映射到一個或多個模式中，特別是在因為緊密耦合資料關係而結合資料領域時。我們所說的資料領域和模式是表示同一件事，並且可以互換的使用這些術語。

為了說明將資料表分配給模式，考慮 Sysops Squad 的例子，其中 `billing` 資料表必須從它原來的模式移到另一個叫做 `payment` 的資料領域模式：

```
ALTER SCHEMA payment TRANSFER sysops.billing;
```

或者，資料庫團隊可以為不屬於它們模式的資料表建立同義詞。**同義詞**是資料庫結構，類似於 *symlink*，它為可以存在於相同或不同的模式或伺服器中的另一個資料庫物件提供了一個替代的名稱。雖然同義詞的想法是為了消除跨模式查詢，但存取它們需要有讀取或寫入的權限。

為了說明這種做法，考慮以下跨領域查詢：

```
SELECT
    history.ticket_id, history.notes, agent.name
FROM ticket.ticket_history AS history
INNER JOIN profile.sysops_user AS agent
    ON ( history.assigned_to_sysops_user_id = agent.sysops_user_id )
```

接下來，在單據模式中為 profile.sysops_user 資料表建立一個同義詞：

```
CREATE SYNONYM ticketing.sysops_user
FOR profile.sysops_user;
GO
```

因此，查詢可以利用同義詞 sysops_user 而不是跨領域資料表：

```
SELECT
    history.ticket_id, history.notes, agent.name
FROM ticket.ticket_history AS history
INNER JOIN ticket.sysops_user AS agent
    ON ( history.assigned_to_sysops_user_id = agent.sysops_user_id )
```

不幸的是，以這種方式為存取跨模式的資料表建立同義詞，對應用程式開發者提供了耦合點。為了形成適當的資料領域，這些耦合點需要在以後的某個時間被打破，因此將整合點從資料庫層移到應用層。

雖然同義詞沒有真正擺脫跨模式查詢，但它們確實允許更輕鬆的相依性檢查和程式碼分析，使以後更容易分割這些。

第 3 步：分開資料庫到資料領域的連接

在這一步中，每個服務中的資料庫連接邏輯被重構，以確保服務連接到特定的模式，並對只屬於它們資料領域的資料表有讀寫的存取。如圖 6-22 所示，這種轉換是最困難的，因為所有的跨模式存取必須在服務層級解決。

注意資料庫配置已經被改變，所以所有的資料存取都是嚴格經由服務及它們連接的模式完成。在這個例子中，服務 C 與服務 D 通訊而不是與模式 D。沒有跨模式的存取；在第 147 頁「第 2 步：將資料表分配給資料領域」中建立的所有同義詞都被移除。

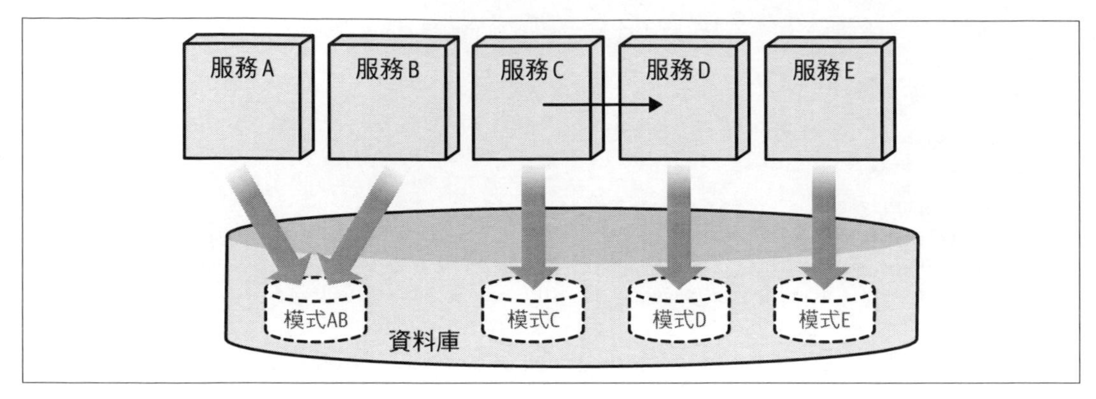

圖 6-22　將跨模式物件存取移到服務中，以離開直接的跨模式存取

當需要其他領域的資料時，不要進入它們的資料庫。相反地，用擁有這資料領域的服務來存取它。

完成這一步後，資料庫處於**每個服務的資料主權**狀態，這發生於每個服務有自己的資料。每個服務的資料主權是分散式架構的超脫狀態。像架構中的所有實踐一樣，它包括了優點和缺點：

優點

- 團隊可以改變資料庫模式而不必擔心影響其他領域的改變。
- 每個服務都可以使用最適合它使用情況的資料庫技術和資料庫類型。

缺點

- 當服務需要存取大量的資料時，會出現性能問題。
- 資料庫中不能維持參考的完整性，有可能會造成資料品質不佳。
- 存取屬於其他領域資料表的資料庫程式碼（預存程序、函數）必須移到服務層。

第 4 步：將模式移到分開的資料庫伺服器

一旦資料庫團隊建立並分離了資料領域，並擁有隔離的服務以便存取自己的資料，他們現在可以將資料領域移到分開的實體資料庫上。這通常是一個必要的步驟，因為如第 2 章所討論的，即使服務存取它們自己的模式，存取單一資料庫會建立單一的**結構量子**，這可能會對像是可擴展性、容錯性和性能等操作特徵產生負面影響。

當將模式移到分開的實體資料庫時，資料庫團隊有兩種選擇：備份和復原，或複製。這些選項概述如下：

備份和復原

對這個選項，團隊首先用資料領域備份每個模式，接者為每個資料領域設置資料庫伺服器。然後，他們復原模式，將服務連接到新資料庫伺服器中的模式，最後從原來的資料庫伺服器中移除模式。這種方法通常需要在遷移過程中停機。

複製

使用複製選項，團隊首先為每個資料領域設置資料庫伺服器。接下來，他們複製模式，將連接切換到新的資料庫伺服器，然後從原來的資料庫伺服器上移除模式。雖然這種方法避免了停機，但它確實需要更多的工作來設置複製和管理因而增加的協調。

圖 6-23 顯示了複製選項的例子，其中資料庫團隊設置了多個資料庫伺服器，使得每個資料領域都有一個資料庫伺服器。

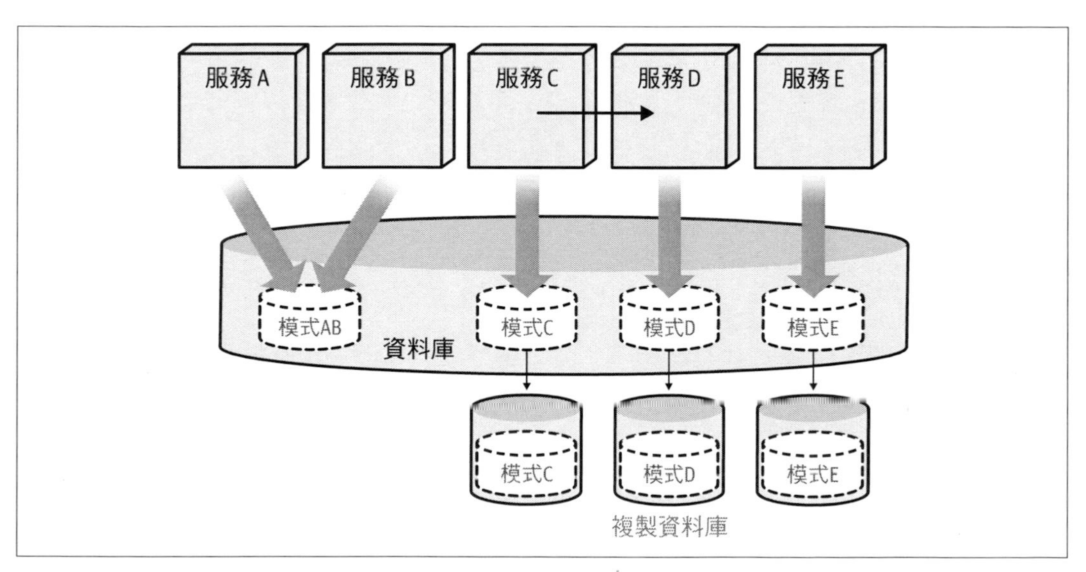

圖 6-23　將模式（資料領域）複製到它們自己的資料庫伺服器

第 5 步：切換到獨立的資料庫伺服器

一旦模式被完全複製以後，就可以切換服務連接。讓資料領域和服務作為它們自己的獨立可部署單元的最後一步，是移除對舊資料庫伺服器的連接，並從舊資料庫伺服器中移除模式。最後的狀態如圖 6-24 所示。

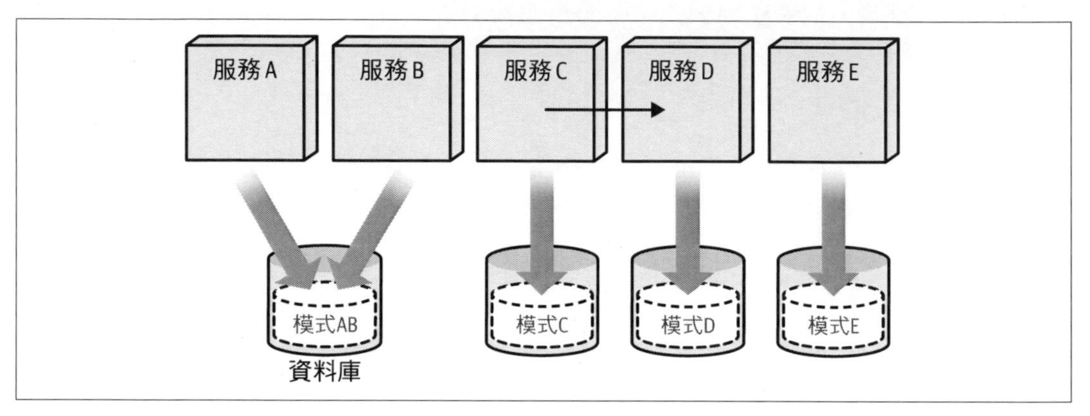

圖 6-24　每個資料領域的獨立資料庫伺服器

一旦資料庫團隊分離了資料領域，隔離了資料庫連接，且最後將資料領域移到他們自己的資料庫伺服器，就可以優化各個資料庫伺服器的可用性和可擴展性。團隊還可以分析資料以確定使用最合適的資料庫類型，並在生態系統中引入多語言資料庫使用。

選擇資料庫類型

從 2005 年左右開始，資料庫技術發生了一場革命。不幸的是，在此期間出現的產品數量產生了一個所謂的選擇悖論（*https://oreil.ly/pBjGZ*）的問題。擁有如此多的產品和選擇意味著要做更多的權衡決定。由於每個產品都為某些權衡優化，它取決於軟體和資料架構師在挑選合適的產品時都有責任考慮到這些權衡的情況，因為這與他們的問題空間有關。

在本節中，我們將介紹各種資料庫類型的星級評等，在我們的分析中會使用以下的特徵：

易於學習的曲線

這個特徵指的是新開發者、資料架構師、資料建模者、作業 DBA 及其他資料庫使用者能夠容易的學習和採用。例如，假設大多數軟體開發者都了解 SQL，而像 Gremlin（一種圖形查詢語言）就可能是一種小眾技能。星級越高，學習曲線越容易；星級越低，學習曲線就越難。

易於資料建模

這個特徵指的是資料建模者可以輕鬆地用資料模型來表示領域。較高的星級意味著資料建模與許多用例相匹配，而且一旦建模，就很容易改變和採用。

可擴展性 / 吞吐量

這個特徵指的是資料庫可以擴展以處理增加吞吐量的程度和難易程度。擴展資料庫容易嗎？資料庫可以橫向、縱向或兩者兼備地擴展？較高的星級意味著它較容易擴展並獲得更高的吞吐量。

可用性 / 分區容錯性

這個特徵是指資料庫是否支援高可用性的配置（比如 MongoDB 中的**複製集**或是 Apache Cassandra 中的**可調一致性**（*https://cassandra.apache.org*）。它是否提供處理網路分區的功能？星級越高，資料庫就支援越高可用性和 / 或更好的分區容錯性。

一致性

這個特徵是指資料庫是否支援「始終一致」的模式。資料庫是否支援 ACID 交易，還是傾向於有最終一致性模型的 BASE 交易？它是否為不同類型的寫入提供了可調一致性模型的功能？星級越高，資料庫就支援越高的一致性。

程式語言支援、產品成熟度、*SQL* 支援和社群

這個特徵是指資料庫支援哪些（和多少）程式設計語言、資料庫有多成熟、以及資料庫社群的規模。組織是否可以很容易地雇用到知道如何使用這資料庫的人？較高的星級意味著有更好的支援、產品是成熟的、以及很容易雇用到人才。

讀 / 寫優先度

這個特徵指的是資料庫讀取的優先度高於寫入，或寫入優先於讀取，或兩者優先度是否平衡。這不是一個二分法的選擇——相反地，它更像是資料庫優化方向的一個尺度。

關聯式資料庫

關聯式資料庫（也被稱為 RDBMS）三十多年來一直是資料庫的首選。它們的使用和提供的穩定性，特別是在多數商務相關的應用中，有很顯著的價值。這些資料庫因無所不在的結構化查詢語言（SQL）和它們提供的 ACID 特性而聞名。它們提供的 SQL 介面使它們成為在相同寫入模型上實作不同讀取模型的首選。關聯式資料庫的星級評等顯示在圖 6-25 中。

評等對象	RDBMS 資料庫 (Oracle、SQL 伺服器、Postgres 等)
易於學習	☆☆☆☆
易於資料建模	☆☆☆
可擴展性 / 吞吐量	☆☆
可用性 / 分區容錯性	☆
一致性	☆☆☆☆☆
程式語言支援、產品成熟度、SQL 支援和社群	☆☆☆☆
讀 / 寫優先度	讀 ▲ 寫

圖 6-25　根據各種採用特徵對關聯式資料庫的評等

易於學習的曲線

關聯式資料庫已經存在許多年。它們通常在學校中被傳授，並存有成熟的文件和教程。因此，它們比其他資料庫類型更容易學習。

易於資料建模

關聯式資料庫允許靈活的資料建模。它們允許以鍵值對、文件、圖形結構建模，並允許透過增加新的索引來改變讀取模式。有些模型確實很難實現，像是有任意深度的圖形結構。關聯式資料庫將資料組織成資料表和資料列（類似於試算表），這對大多數資料庫建模者來說很自然。

可擴展性／吞吐量

關聯式資料庫通常使用大型機器進行縱向擴展。然而，帶有複製和自動切換的設置很複雜，需要更高的協調和設置。

可用性／分區容錯性

關聯式資料庫更傾向於一致性而不是可用性和分區容錯性，這將在第 244 頁的「資料表分割技術」中討論。

一致性

關聯式資料庫因為支援 ACID 特性，所以多年來一直處於主導地位。ACID 特性處理併發系統中的許多問題，並允許開發應用程式時，不必關心併發的低層次細節以及資料庫如何處理它們。

程式語言支援、產品成熟度、*SQL* 支援和社群

由於關聯式資料庫已經存在了很多年，它們可以應用眾所周知的設計、實作和操作模式，因此使它們很容易在架構中被採用、開發和整合。許多關聯式資料庫缺乏對反應串流 API 和類似新概念的支援；較新的架構概念在完善的關聯式資料庫中需要較長的時間實作。許多程式語言介面可以與關聯式資料庫一起工作，而且使用者社群很大（雖然分散在所有供應商之間）。

讀／寫優先度

在關聯式資料庫中，資料模型的設計方式可以使讀取或寫入變得更有效率。同一個資料庫可以處理不同類型的工作負荷，允許平衡的讀寫優先度。例如，並不是所有的用例都需要 ACID 屬性，特別是在大資料和流量的場景下，或者當想要像是調查管理般真正靈活的模式時，在這些情況下，其他資料庫類型可能是更好的選擇。

MySQL（*https://www.mysql.com*）、Oracle（*https://www.oracle.com*）、Microsoft SQL Server（*https://oreil.ly/LP7jK*）和 PostgreSQL（*https://www.postgresql.org*）是最普遍的關聯式資料庫，可以獨立安裝執行，或可以在主要雲端提供者平台上作為**資料庫即服務**。

> **聚合導向**
>
> **聚合導向**是指對相關且有複雜資料結構的資料進行操作的偏好。聚合是源自 Erik Evans 所著的《*Domain-Driven Design:Tackling Complexity in the Heart of Software*》一書中的術語。想一下 Sysops Squad 中的 `ticket` 或 `customer` 以及它所有相依的資料表——它們都是聚合的。像架構中的所有實踐一樣，聚合導向有優點和缺點：
>
> 優點
>
> - 因為整個聚合可以被複製到不同的伺服器上，因此使在伺服器叢集的資料容易分配。
> - 因為它減少了資料庫中的連接，因此改善讀取和寫入的性能。
> - 減少應用模型和存儲模型之間的阻抗不匹配。
>
> 缺點
>
> - 很難得到適合的聚合，改變聚合界限也很難。
> - 分析跨聚合的資料很困難。

鍵值對資料庫

鍵值對資料庫類似於雜湊表（*https://oreil.ly/2FOQy*）的資料結構，類似 RDBMS 中以 `ID` 欄為鍵，以 `blob` 欄為值的資料表，因此可以存儲任何類型的資料。鍵值對資料庫是被稱為 NoSQL 資料庫家族的一部分。在《*NoSQL Distilled: A Brief Guide to the Emerging World of Polyglot Persistence*》一書中，Pramod Sadalage（本書作者之一）和 Martin Fowler 描述了 NoSQL 資料庫的興起，以及使用這些類型資料庫的動機、用途和權衡，是這種資料庫類型進一步資訊的很好參考。

在 NoSQL 資料庫中，鍵值對資料庫是最容易理解的。一個應用程式使用者端可以插入一個鍵和一個值、獲取一個已知鍵的值、或者刪除一個已知鍵和它的值。一個鍵值對資料庫不知道值的部分是什麼，也不關心裡面是什麼，這意味著資料庫可以用鍵查詢，而不是其他東西。

不像關聯式資料庫，鍵值對資料庫應該根據需求挑選。有像 Amazon DynamoDB 或 Riak KV 這樣持久性鍵值對資料庫，也有像 MemcacheDB 的非持久性資料庫，以及像 Redis 可以配置為持久性或非持久性的資料庫。不支援其他像是 `joins`、`where` 和 `order by` 等關聯式資料庫結構，而支援 `get`、`put` 和 `delete` 等操作。鍵值對資料庫的評等顯示在圖 6-26。

評等對象	鍵值對資料庫 (Redis、DynamoDB、Riak 等)
易於學習	☆☆☆
易於資料建模	☆
可擴展性 / 吞吐量	☆☆☆☆
可用性 / 分區容錯性	☆☆☆☆
一致性	☆☆
程式語言支援、產品成熟度、SQL 支援和社群	☆☆☆
讀 / 寫優先度	讀 ▲ 寫

圖 6-26　根據各種採用特徵對鍵值對資料庫的評等

易於學習的曲線

鍵值對資料庫很容易理解。由於它們用了第 156 頁的「聚合導向」，所以正確設計聚合很重要，因為聚合的任何改變都意味著要重寫所有的資料。從關聯式資料庫移到任何 NoSQL 資料庫都需要訓練，並且要忘掉熟悉的做法。例如，一個開發者不能簡單地查詢「給我所有的鍵」。

易於資料建模

由於鍵值對資料庫是聚合導向的，它們可以使用像是陣列、映射或任何其他類型包括大斑點資料的記憶體結構。資料只能藉由鍵或 ID 查詢，這意味著使用者端應該能夠存取資料庫以外的鍵。鍵的好例子包括 `session_id`、`user_id` 和 `order_id`。

可擴展性／吞吐量

由於鍵值對資料庫是依鍵或 ID 索引，因為沒有 `joins` 或 `order by` 操作，所以鍵的查找非常快。值被獲取並回傳給使用者端，這使得擴展更容易和吞吐量更高。

可用性／分區容錯性

由於有許多類型的鍵值對資料庫，並且每種都有不同的屬性，即使相同的資料庫也可以將安裝或每次讀取配置為以不同的方式進行。例如在 Riak 中，使用者可以用像是 `all`、`one`、`quorum` 和 `default` 等 *quorum* 屬性。當我們使用 *one* 仲裁時，查詢可以在任何一個節點回應時回傳 `success`。當用 `all` 仲裁時，所有節點都必須回應查詢才會回傳 `success`。每個查詢可以調整分區容錯性和可用性。因此，假設所有的鍵值對存儲都相同是錯誤的。

一致性

在每次寫入操作期間，我們可以應用類似於在讀取操作中應用仲裁的配置；這些配置提供了所謂的**可調一致性**。藉由權衡延遲可以實現更高的一致性。對於更高一致性的寫入，所有的節點都必須做出反應，這降低了分區容錯性。使用**多數仲裁**被認為是一個很好的權衡。

程式語言支援、產品成熟度、*SQL* 支援和社群

鍵值對資料庫有很好的程式語言支援，許多開源資料庫都有活躍的社群來幫助學習和理解它們。由於大多數資料庫都有 *HTTP REST API*，因此它們更容易與之交互。

讀／寫優先度

由於鍵值對資料庫是聚合導向的，經由鍵或 ID 存取資料是傾向讀取優先。鍵值對資料庫可用於會話存儲，也可用於快取使用者屬性和偏好。

> **資料庫中的分片**
>
> 分區的概念在關聯式資料庫中是眾所周知的：資料表的資料根據同一資料庫伺服器上的模式分成一些集合。**分片**與分區類似，但資料位於不同的伺服器或節點上。節點透過協作來確定資料存在哪裡，或根據分片的鍵確定資料應該存儲在哪裡。*shard* 這個字意味著資料庫中資料的水平分區（*https://oreil.ly/34AOj*）。

文件資料庫

像 JSON 或 XML 這樣的文件是文件資料庫的基礎。文件是人類可讀的、自我描述的、分層的樹狀結構。文件資料庫是另一種類型的 NoSQL 資料庫，它的評等顯示在圖 6-27。這些資料庫了解資料的結構，並可以索引文件的多個屬性，讓查詢有更好的靈活性。

評等對象	文件資料庫 (MongoDB、CouchDB、Marklogic 等)
易於學習	☆☆☆
易於資料建模	☆☆☆
可擴展性 / 吞吐量	☆☆
可用性 / 分區容錯性	☆☆☆
一致性	☆☆
程式語言支援、產品成熟度、SQL 支援和社群	☆☆☆
讀 / 寫優先度	讀 ▲ 寫

圖 6-27 根據各種採用特徵對文件資料庫的評等

易於學習的曲線

文件資料庫就像鍵值對資料庫，其中的值是人類可讀的。這使得學習資料庫更加容易。企業習慣於處理文件，如 XML 和 JSON 是在不同的上下文，像是 API 負載和 JavaScript 前台。

易於資料建模

就像鍵值對資料庫一樣，資料建模涉及像是訂單、單據和其他領域物件的建模聚合體。當涉及到聚合設計時，文件資料庫是寬鬆的，因為聚合的部分是可查詢並可以被索引。

可擴展性 / 吞吐量

文件資料庫是聚合導向的且易於擴展。複雜的索引會降低可擴展性，而增加資料規模會導致需要分區或分片。一旦引入分片，它會增加複雜性，並且也會強迫選擇分片的鍵。

可用性/分區容錯性

像鍵值對資料庫一樣，文件資料庫可以配置更高的可用性。當有分片集合的複製叢集時，設置會變得複雜。雲端供應者正嘗試使這些設置更加可用。

一致性

一些文件資料庫已經開始支援集合內的 ACID 交易，但這在某些邊緣情況下可能無法發揮作用。就像鍵值對資料庫一樣，文件資料庫提供了使用仲裁機制來調整讀取和寫入操作的能力。

程式語言支援、產品成熟度、SQL 支援和社群

文件資料庫是最受歡迎的 NoSQL 資料庫，擁有活躍的使用者社群、大量線上學習教程以及許多程式語言驅動，讓它更容易被採用。

讀/寫優先度

文件資料庫是聚合導向並有次級索引可以查詢，所以這些資料庫偏向於讀取優先。

無模式資料庫

NoSQL 資料庫的一個共同主題是資料和模式屬性名稱的重複。沒有兩個條目在模式或屬性名稱方面必須相同。這引入了有趣的變更控制動態並提供了靈活性。資料庫的無模式性質很強大，但重要的是要了解，即使是隱含的或在其他地方定義的，但資料總是有一個模式。應用程式需要處理由資料庫回傳的多個版本的模式。聲稱 NoSQL 資料庫完全無模式是一種誤導。

欄族資料庫

欄族資料庫，也被稱為*寬欄資料庫*或*大表資料庫*，有不同欄數的列，每一欄是一個*名-值對*。在縱欄資料庫中，`name` 被稱為*欄-鍵*，`value` 被稱為*欄-值*，而 `row` 的主鍵被稱為*列鍵*。欄族資料庫是另一種類型的 NoSQL 資料庫，它將被同時存取的相關資料分組，它的評等顯示在圖 6-28。

評等對象	欄族資料庫 (Cassandra、Scylla、Druid 等)
易於學習	☆☆
易於資料建模	☆
可擴展性 / 吞吐量	☆☆☆☆
可用性 / 分區容錯性	☆☆☆☆
一致性	☆
程式語言支援、產品成熟度、SQL 支援和社群	☆☆
讀 / 寫優先度	讀 ▲ 寫 (偏向寫)

圖 6-28　根據各種採用特徵對欄族資料庫的評等

易於學習的曲線

欄族資料庫很難理解。由於名 - 值對的集合屬於一列，每一列可以有不同的名 - 值對。一些名 - 值對可以有一個欄的映射，被稱為*超級欄*。了解如何使用這些需要訓練和時間。

易於資料建模

使用欄族資料庫進行資料建模需要一些時間來適應。資料需要排列在具有單列識別字的名 - 值對組中，並設計這個列鍵需要多次迭代。一些像是 Apache Cassandra 的欄族資料庫，引入了類似 SQL 的查詢語言，稱為 Cassandra 查詢語言（CQL），使資料建模更易於存取。

可擴展性 / 吞吐量

所有欄族資料庫都是高度可擴展的，適合需要高寫入或讀取吞吐量的使用情況。欄族資料庫在讀取和寫入操作方面可以橫向擴展。

可用性 / 分區容錯性

欄族資料庫自然地在叢集中運行，當叢集的一些節點故障，它對客戶是透明的。預設的複製係數是 3，這意味著至少複製了三份資料，改善了可用性和分區容錯性。與鍵值對和文件資料庫類似，欄族資料庫可以根據仲裁需求調整寫入和讀取。

一致性

欄族資料庫，類似其他 NoSQL 資料庫，遵循可調一致性的概念。這意味著，根據需要，每個操作可以決定需要多少一致性。例如，在可以容忍一些資料損失的 `high write` 場景中，可以使用 `ANY` 的寫入一致性程度，這意味著至少有一個節點接受了寫入，而 `ALL` 的一致性程度意味著所有節點都必須接受寫入並回應成功。類似的一致性程度也可以應用於讀取操作。這是一種權衡——較高的一致性程度會降低可用性和分區容錯性。

程式語言支援、產品成熟度、*SQL* 支援和社群

像是 Cassandra 和 Scylla 的欄族資料庫擁有活躍的社群，並且類似 SQL 介面的開發使這些資料庫的採用更容易。

讀 / 寫優先度

欄族資料庫使用 *SST 表*、*提交日誌*和*備忘錄*的概念，且因為當資料出現時名 - 值對被填入，它們可以比關聯式資料庫更好地處理稀疏的資料。它們是高寫入量場景的理想選擇。

所有 NoSQL 資料庫都被設計為理解聚合導向。擁有聚合體可以改善讀寫性能，而且當資料庫作為一個叢集執行時，允許有更高的可用性和分區容錯性。CAP 定理的概念涵蓋在第 244 頁「資料表分割技術」中有更多的說明。

圖形資料庫

與關聯是基於引用而隱含的關聯式資料庫不同，圖形資料庫使用節點來存儲實體和它們的屬性。這些節點用邊相連，也被稱為*關係*，是明確的物件。節點由關係組織，並允許藉由沿著特定邊遍歷來分析連接的資料。

圖 6-29　在圖形資料庫中，邊的方向在查詢時具有意義

圖形資料庫中的邊具有方向意義。在圖 6-29 中，一條類型為 TICKET_CREATED 的邊將 ID 為 4235143 的單據節點與 ID 為 Neal 的客戶節點相連。我們可以從單據節點經由 TICKET_CREATED 傳出邊，或者客戶節點經由 TICKET_CREATED 傳入邊穿越。當方向混在一起，查詢圖形就變得非常困難。圖形資料庫的評等如圖 6-29 所示。

評等對象	圖形資料庫 (Neo4J、Infinite Graph、Tigergraph 等)
易於學習	☆
易於資料建模	☆☆
可擴展性 / 吞吐量	☆☆☆
可用性 / 分區容錯性	☆☆☆
一致性	☆☆☆
程式語言支援、產品成熟度、SQL 支援和社群	☆☆
讀 / 寫優先度	讀 ▲ 寫

圖 6-30　根據各種採用特徵對圖形資料庫的評等

易於學習的曲線

圖形資料庫有一個陡峭的學習曲線。了解如何使用節點、關係、關係類型和屬性需要時間。

易於資料建模

理解如何對領域建模並將它們轉換為節點和關係很難。在開始時，傾向於為關係添加屬性。當建模知識提高，節點和關係的使用量增加，並將某些關係屬性轉換為具有額外關係類型的節點，這將改善圖形的遍歷。

可擴展性 / 吞吐量

複製節點提高了讀取的擴展性，且吞吐量可以針對讀取的負荷調整。因為很難分割或分片圖形，所以寫入的吞吐量受制於所選圖形資料庫的類型。遍歷關係非常快，因為索引和存儲是持久性的，而不是在查詢時才計算。

可用性 / 分區容錯性

某些具有高分區容錯性和可用性的圖形資料庫是分散式的。圖形資料庫叢集可以使用節點，當目前的領導者不可用時，這些節點可以被提升為領導者。

一致性

許多圖形資料庫支援 ACID 交易。一些像是 Neo4j（*https://neo4j.com*）的圖形資料庫支援交易，因此資料總是一致的。

程式語言支援、產品成熟度、*SQL* 支援和社群

圖形資料庫在社群中有很多的支援。許多像是 Dijkstra 演算法（*https://oreil.ly/TFr1D*）或**節點相似性**的演算法，都已經在資料庫中實作了，減少了從頭撰寫它們的需要。被稱為 Gremlin 的語言框架在許多不同的資料庫中工作，有助於容易使用。Neo4J（*https://neo4j.com*）支援稱為 Cypher 的查詢語言，讓開發者能夠輕鬆地查詢資料庫。

讀 / 寫優先度

在圖形資料庫中，資料存儲被優化為關係遍歷，而不是關聯式資料庫，在關聯式資料庫中，我們必須查詢關係，並在查詢時衍生出關係。圖形資料庫更適合於重讀取的場景。

圖形資料庫允許同一節點有各種類型的關係。在 Sysops Squad 的例子中，一個樣本圖形可能看起來如下：`knowledge_base` 是由 `sysops_user` 使用者所 `created_by`，且 `knowledge_base` 被 `sysops_user` 所 `used_by`。因此，`creative_by` 和 `used_by` 的關係是連接不同關係類型的相同節點。

改變關係類型

改變關係類型是一個昂貴的操作，因為每個關係類型都必須重建。當這種情況發生時，由邊連接的兩個節點都必須被拜訪，以建立新的邊，並且移除舊的邊。因此，必須仔細思考邊的類型或關係類型。

NewSQL 資料庫

Matthew Aslett 首次使用 *NewSQL* 一詞來定義新的資料庫，目的在提供 NoSQL 資料庫的可擴展性，同時支援類似 ACID 等關聯式資料庫的特性。NewSQL 資料庫使用不同類型的存儲機制並且都支援 SQL。

NewSQL 資料庫的評等顯示在圖 6-31，它藉由提供自動資料分區或分片，以在關聯式資料庫的基礎上進行改進，允許橫向擴展和提高可用性，同時允許開發者用已知的 SQL 和 ACID 範例來簡單的轉換。

評等對象	New SQL 資料庫 (VoltDB、NuoDB、ClustrixDB 等)
易於學習	☆☆☆
易於資料建模	☆☆☆
可擴展性 / 吞吐量	☆☆☆
可用性 / 分區容錯性	☆☆☆
一致性	☆☆
程式語言支援、產品成熟度、SQL 支援和社群	☆☆
讀 / 寫優先度	讀 ▲ 寫

圖 6-31　根據各種採用特徵對 NewSQL 資料庫的評等

易於學習的曲線

由於 NewSQL 資料庫就像關聯式資料庫（有 SQL 介面、增加了橫向擴展的特色、兼容 ACID），學習曲線容易得多。其中一些僅作為「資料庫即服務」（DBaaS）提供，但這可能會使學習它們困難一些。

易於資料建模

由於 NewSQL 資料庫就像關聯式資料庫，資料建模對很多人較為熟悉也更容易上手。額外的變化是分片設計，允許將分片資料放置在地理上的不同位置。

可擴展性／吞吐量

NewSQL 資料庫被設計為支援分散式系統的橫向擴展，允許多個活動節點，不像關聯式資料庫只有一個活動領導者，而其餘的節點都是跟隨者。多個活動節點讓 NewSQL 資料庫有高的可擴展性，並有更好的吞吐量。

可用性／分區容錯性

由於多活動節點的設計，在更大的分區容錯性下，可用性的好處確實可以很高。CockroachDB 是一個可以在磁片、機器和資料中心故障中生存下來的流行的 NewSQL 資料庫。

一致性

NewSQL 資料庫支援強一致性 ACID 交易。資料始終是一致的，這讓關聯式資料庫使用者可以輕鬆轉換到 NewSQL 資料庫。

程式語言支援、產品成熟度、*SQL* 支援和社群

有許多開源的 NewSQL 資料庫，所以學習它們很容易。一些資料庫還支援與現有關聯式資料庫的線上相容協定，這讓它們可以在沒有任何相容性問題下取代關聯式資料庫。

讀／寫優先度

NewSQL 資料庫的使用就像關聯式資料庫，增加了索引和地理分佈的好處，可以提高讀取或寫入的性能。

雲端原生資料庫

隨著雲端使用的增加，像是 Snowflake（*https://snowflake.com*）、Amazon Redshift（*https://aws.amazon.com/redshift*））、Datomic（*https://datomic.com*）和 Azure CosmosDB（*https://oreil.ly/Tvkx3*）等雲端資料庫已經普及。這些資料庫減少操作的負擔，提供了成本的透明度，並且因為不需要前期投資，因此是一種簡單的實驗方式。雲端原生資料庫的評等顯示於圖 6-32。

評等對象	雲端原生資料庫 (Snowflake、Amazon Redshift 等)
易於學習	☆☆
易於資料建模	☆☆
可擴展性 / 吞吐量	☆☆☆☆
可用性 / 分區容錯性	☆☆☆
一致性	☆☆☆
程式語言支援、產品成熟度、SQL 支援和社群	☆☆
讀 / 寫優先度	讀 ▲ 寫

圖 6-32　根據各種採用特徵對雲端原生資料庫的評等

易於學習的曲線

一些像是 AWS Redshift 的雲端資料庫就像關聯式資料庫，因此很容易理解。像 Snowflake 這樣的資料庫，有一個 SQL 介面，但有不同的存儲和計算機制，需要一些訓練。Datomic 在模型方面完全不同，並使用 `immutable` 的原子事實。因此，學習曲線隨每個資料庫產品而變。

易於資料建模

Datomic 沒有資料表的概念，也不需要提前定義屬性。定義單個屬性的性質是必要的，且實體可以有任何屬性。Snowflake 和 Redshift 更常用於資料倉庫類型的工作負荷。了解資料庫所提供的建模類型是選擇使用資料庫至關重要的問題。

可擴展性 / 吞吐量

由於所有這些資料庫都是雲端的，因為資源可以按價格自動分配，所以擴展它們相對簡單。在這些決定中，權衡通常與價格有關。

可用性／分區容錯性

當使用生產拓撲部署時，這類資料庫（如 Datomic）具有高可用性。它們沒有單點故障，並有大量的快取記憶體支援。例如，Snowflake 在跨區域和帳戶之間複製它的資料庫。這類的其他資料庫用配置的各種選項支援更高的可用性。例如，Redshift 在單一可用的區域執行，且需要在多個叢集中執行以支援更高的可用性。

一致性

Datomic 用儲存引擎將區塊儲存在區塊存儲中而支援 ACID 交易。其他像是 Snowflake 和 Redshift 等資料庫，則支援 ACID 交易。

程式語言支援、產品成熟度、SQL 支援和社群

這些資料庫中許多是新的，要找到有經驗的協助可能很困難。試驗這些資料庫需要雲端帳戶，這可能造成另一個障礙。雖然雲端原生資料庫減少了作業 DBA 的操作工作負荷，但它們對開發者有較高的學習曲線。Datomic 在它所有的例子中都使用 Clojure（*https://clojure.org*），預存程序也是用 Clojure 撰寫的，所以不懂 Clojure 可能是使用的障礙。

讀／寫優先度

這些資料庫可用於重度讀取或重度寫入的負荷。Snowflake 和 Redshift 更適合資料倉庫類型的工作負荷，使它們朝向讀取優先，而 Datomic 可以透過像是 EAVT（實體、屬性、值，然後是交易）優先的不同索引支援這兩種類型的負荷。

時間序列資料庫

我們已看到物聯網、微服務、自動駕駛汽車和可觀察性的使用增加，鑒於這種趨勢，所有的這些都推動了時間序列分析驚人的成長。這種趨勢催生了為存儲在時間視窗中收集的資料點序列而優化的資料庫，讓使用者能夠跟蹤任何持續時間的變化。這類型資料庫的評等顯示在圖 6-33。

評等對象	時間序列資料庫 (InfluxDB、TimescaleDB 等)
易於學習	☆
易於資料建模	☆☆
可擴展性 / 吞吐量	☆☆☆☆
可用性 / 分區容錯性	☆☆
一致性	☆☆☆
程式語言支援、產品成熟度、SQL 支援和社群	☆☆
讀 / 寫優先度	讀 ▲ 寫

圖 6-33　根據各種採用特徵對時間序列資料庫的評等

易於學習的曲線

理解時間序列資料通常很容易——每個資料點都附加了一個時間戳記，而且資料幾乎總是被插入且從不更新或刪除。理解只追加的操作需要從其他資料庫的使用學到一些東西，其中資料的錯誤可以透過更新來更正。InfluxDB、Kx 和 TimeScale 是一些流行的時間序列資料庫。

易於資料建模

時間序列資料庫的基本概念是分析資料隨時間的變化。例如，在 Sysops Squad 的例子中，對單據物件所做的更改可以存儲在時間序列資料庫中，其中標記了更改的 `timestamp` 和 `ticket_id`。在一個標籤中添加了多條資訊被認為是不好的做法。例如，`ticket_status=Open`、`ticket_id=374737` 就比 `ticket_info=Open.374737` 好。

可擴展性 / 吞吐量

Timescale 是基於 PostgreSQL 並允許標準的擴展和吞吐量改進模式。藉由使用管理元資料的元節點和存儲實際資料的資料節點，在叢集模式下執行 InfluxDB，可以提供擴展性和吞吐量改進。

可用性／分區容錯性

一些像是 InfluxDB 的資料庫，有更好的可用性和分區容錯選項，具有元節點和資料節點的配置以及複製因素。

一致性

使用關聯式資料庫作為它們存儲引擎的時間序列資料庫為一致性而獲得 ACID 屬性，而其他資料庫可以用 `any`、`one` 或 `quorum` 的 `consistency-level` 調整一致性。較高的一致性程度配置通常會產生較高的**一致性**和較低的**可用性**，所以這是一個需要考慮的權衡。

程式語言支援、產品成熟度、*SQL* 支援和社群

時間序列資料庫最近變得很流行，有很多資源可以學習。其中一些像是 InfluxDB 的資料庫，提供了一種類似 SQL 的查詢語言，稱為 InfluxQL。

讀／寫優先度

時間序列資料庫僅用於添加並且往往更適合重讀取的工作負荷。

當使用時間序列資料庫時，資料庫會自動為每個資料建立一個附加的時間戳記，且資料包含了資訊的標籤或屬性。資料是根據特定時間視窗之間的一些事實進行查詢。因此，時間序列資料庫不是通用的資料庫。

總結本節討論的所有資料庫類型，表 6-6 顯示了資料庫類型的一些流行的資料庫產品。

表 6-6　資料庫類型和資料庫類型中的產品摘要

資料庫類型	產品
關聯式	PostgreSQL、Oracle、Microsoft SQL
鍵值對	Riak KV、Amazon DynamoDB、Redis
文件	MongoDB、Couchbase、AWS DocumentDB
欄族	Cassandra、Scylla、Amazon SimpleDB
圖形	Neo4j、Infinite Graph、Tiger Graph
NewSQL	VoltDB、ClustrixDB、SimpleStore（aka MemSQL）
雲端原生	Snowflake、Datomic、Redshift
時間序列	InfluxDB、kdb+、Amazon Timestream

Sysops Squad 傳奇：多語言資料庫

12 月 16 日，星期四，16:05

現在，團隊已經從整體式 Sysops Squad 資料庫中形成資料領域，Devon 注意到對從傳統的關聯式資料庫遷移到使用 JSON 的文件資料庫，調查資料領域將是一個很好的候選者。然而，資料架構負責人 Dana 不同意，並且希望保持資料表為關聯式。

「我根本不同意，」Dana 說。「調查表在過去一直作為關聯式資料表工作，所以我認為沒有理由改變。」

「實際上，」Skyler 說，「如果你在系統最初開發的時候就與我們討論過這個問題，你就會了解，從使用者介面的角度來看，對於像客戶調查這樣的事情，確實很難處理關聯式資料，所以我不同意。它可能對你有好處，但從使用者介面開發的角度來看，為調查內容處理相關的資料是一個主要的痛點。」

「看，所以你會在這裡，」Devon 說。「這就是為什麼我們需要將它改成一個文件資料庫。」

「你似乎忘記了，作為這家公司的資料架構師，我是對所有這些不同資料庫負有最終責任的人。你不能只是開始在系統中添加不同的資料庫類型，」Dana 說。

「但這將是一個更好的解決方案，」Devon 說。

「對不起，但我不會只為了讓 Skyler 能更容易地維護使用者介面而在資料庫團隊中造成破壞。事情並非如此。」

「等等，」Skyler 說，「我們不是都同意，目前整體式 Sysops Squad 應用程式的部分問題是開發團隊與資料庫團隊的合作不夠緊密？」

「是的，」Dana 說。

「好吧，」Skyler 說，「我們就這麼做吧。讓我們一起努力解決這個問題。」

「好，」Dana 說，「但我需要你和 Devon 提供將另一種類型的資料庫引入組合中的充分理由。」

「你說的對，」Devon 說。「我們將立即開始工作。」

Devon 和 Skyler 知道對於客戶調查資料，文件資料庫將是一個更好的解決方案，但他們不確定如何建立正確的理由讓 Dana 同意遷移資料。Skyler 建議他們與 Addison 見面，以獲得一些幫助，因為他們都認為這在某種程度上是一個架構問題。Addison 同意提供協助，並安排了與 Parker（Sysops Squad 產品負責人）的一次會議，以驗證是否有任何商務理由將客戶調查表遷移到文件資料庫。

「謝謝你和我們見面，Parker，」Addison 說。「正如我之前對你提到的，我們正在考慮改變客戶調查資料存儲的方式，並有幾個問題想請教你。」

「嗯，」Parker 說，「這是我同意這次會議的原因之一。你看，系統的客戶調查部分一直是營銷部門以及我的一個主要痛點。」

「哦？」Skyler 問。「你是什麼意思？」

「即使將最小的變更請求，應用到客戶調查需要花多久時間？」Parker 問。

「好吧，」Devon 說，「從資料庫方面來看，還不太糟糕。我的意思是，這只是為新問題添加一個新的欄位或改變答案類型的問題。」

「等一下，」Skyler 說。「對不起，但對我來說，即使你增加了一個額外的問題，這也是一個重大的改變。你不知道查詢所有這些關係資料並在使用者介面上呈現客戶調查有多難。所以，我的答案是，*非常長的時間*。」

「聽著，」Parker 說。「當即使是最簡單的改變也要花上幾天的時間完成，我們商務方面的人也會感到非常沮喪。這簡直是不能接受的。」

「我想在這裡我可以提供協助，」Addison 說。「所以 Parker，你是說客戶調查經常改變，而且花了太多時間進行修改？」

「正確，」Parker 說。「營銷部門不僅希望客戶調查有更好的靈活性，而且希望 IT 部門能有更好的反應。很多時候，他們不提出更改請求，因為他們知道這只會以沮喪和他們沒有計畫的額外費用而告終止。」

「如果我告訴你，缺乏靈活性和對變更請求的反應能力與用於存儲客戶調查的技術有很大關係，而且藉由改變我們存儲資料的方式，我們可以顯著地改善靈活性以及對變更請求的反應時間呢？」Addison 問。

「那我將是地球上最幸福的人，營銷部門也一樣。」Parker 說。

「Devon 和 Skyler，我想我們有我們的商務理由了，」Addison 說。

隨著商務理由的確立，Devon、Skyler 和 Addison 說服了 Dana 使用文件資料庫。現在，團隊必須弄清楚客戶調查資料的最佳結構。現有關聯式資料庫的資料表如圖 6-34 所示。每個客戶調查由兩個主要資料表組成——調查表和問題表，兩個表之間是一對多的關係。

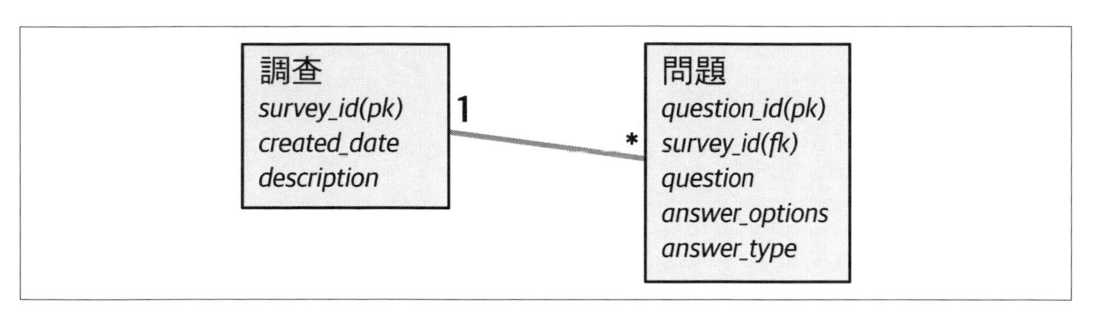

圖 6-34　在 sysops 調查資料領域中的資料表和關係

每個資料表所含資料的例子顯示於圖 6-35，其中問題表包含問題、回答選項和回答的資料類型。

調查

survey_id	created_date	description
19998	May 20 2022	Expert performance survey.
19999	May 20 2022	Service satisfaction survey.

問題

question_id	survey_id	question	answer_options	answer_type
50000	19999	Did the..	{Yes,No}	Boolean
50001	19999	Rate..	{1,2,3,4,5}	Option

圖 6-35　調查資料領域中調查和問題資料表內的關係資料

「所以，在文件資料庫中為調查問題建模，基本上我們有兩種選擇，」Devon 說。「單一的聚合文件或是被分割的。」

「我們怎麼知道該用哪一種？」Skyler 問道，他很高興開發團隊現在終於與資料庫團隊合作，達成了一致的解決方案。

「我知道，」Addison 說，「讓我們對這兩種都建模，這樣我們就可以直觀地看到每種方法的權衡。」

Devon 向團隊展示了使用單一聚合選項，如圖 6-36 所示，對應的原始程式碼列示於範例 6-3，調查資料和所有相關的問題資料都被存儲為一個文件。因此，整個客戶調查可以藉由用單一的 **get** 操作從資料庫中獲得，使得 Skyler 和開發團隊的其他人可以很容易地處理這些資料。

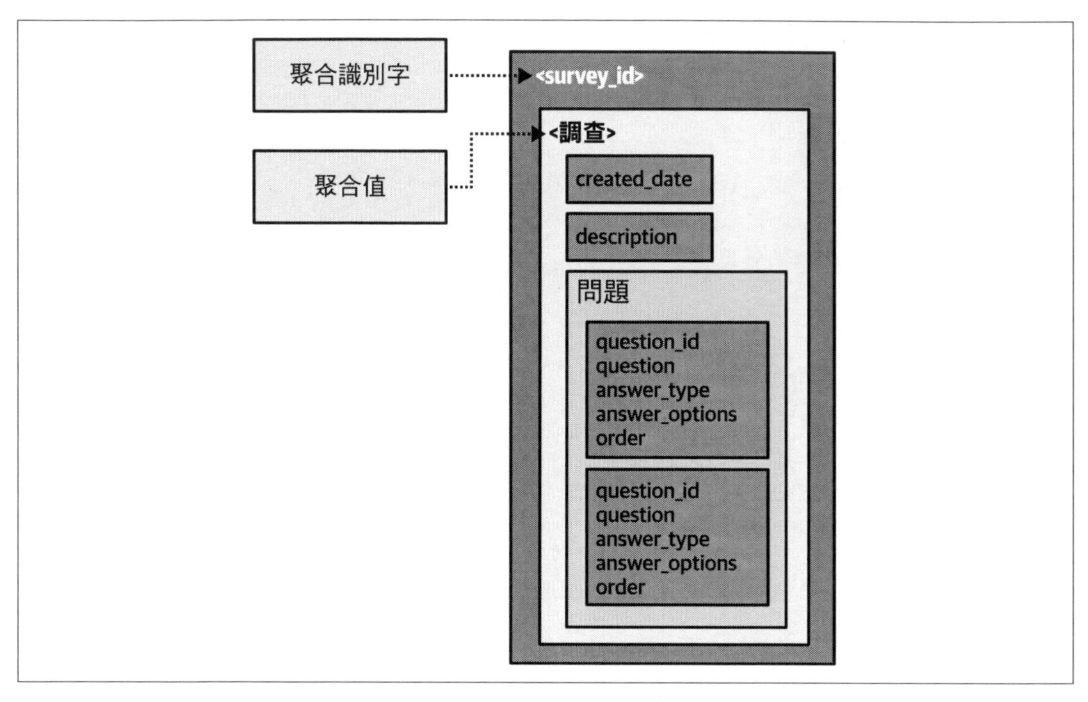

圖 6-36　有單一聚合體的調查模型

範例 *6-3*　嵌入子文件的單一聚合設計 *JSON* 文件

```
# 有嵌入問題的調查聚合
{
    "survey_id": "19999",
    "created_date": "Dec 28 2021",
    "description": "Survey to gauge customer...",
    "questions": [
        {
            "question_id": "50001",
            "question": "Rate the expert",
            "answer_type": "Option",
```

```
            "answer_options": "1,2,3,4,5",
            "order": "2"
        },
        {
            "question_id": "50000",
            "question": "Did the expert fix the problem?",
            "answer_type": "Boolean",
            "answer_options": "Yes,No",
            "order": "1"
        }
    ]
}
```

「我真的很喜歡這種方法，」Skyler 說。「基本上，我不必擔心自己在使用者介面上關於聚合的事情，這意味著我可以簡單地在網頁上呈現我檢索到的文件。」

「是的，」Devon 說，「但它在資料庫方面將需要額外的工作，因為問題將在每個調查文件中被複製。你知道，整個重複使用的論點。來，讓我為你展示另一種方法。」

Skyler 解釋說，考慮聚合的另一種方式是將調查和問題模型分割，這樣問題就可以用單獨的方式操作，如圖 6-37 所示，對應的原始程式碼列示於範例 6-4。這將允許在多個調查中使用相同的問題，但會比單一聚合更難呈現和檢索。

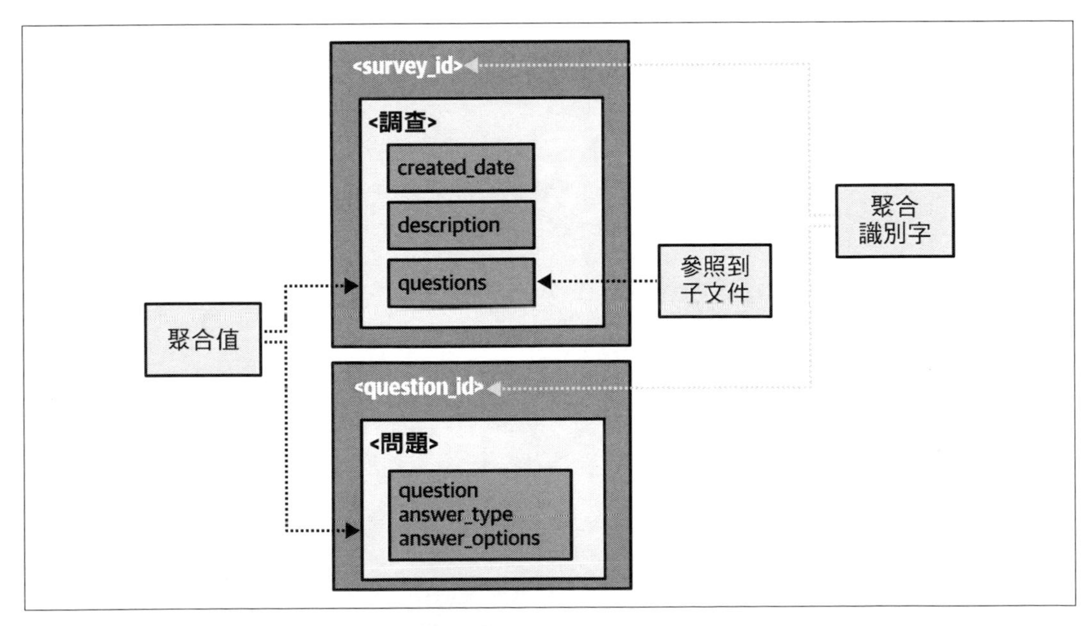

圖 6-37　具有多個帶有參照的聚合體調查模型

範例 *6-4* 聚合體分割的 *JSON* 文件和顯示參照到子文件的父文件

```
# 有參照到問題的調查聚合
{
    "survey_id": "19999",
    "created_date": "Dec 28",
    "description": "Survey to gauge customer...",
    "questions": [
        {"question_id": "50001", "order": "2"},
        {"question_id": "50000", "order": "1"}
    ]
}
# 問題聚合
{
    "question_id": "50001",
    "question": "Rate the expert",
    "answer_type": "Option",
    "answer_options": "1,2,3,4,5"
}
{
    "question_id": "50000",
    "question": "Did the expert fix the problem?",
    "answer_type": "Boolean",
    "answer_options": "Yes,No"
}
```

因為大部分的複雜性和改變問題都在使用者介面上，Skyler 比較喜歡單一聚合模式。Devon 喜歡多重聚合，以避免在每項調查中重複問題資料。但是，Addison 指出只有五種調查類型（每個產品類別一種），而且大多數改變都涉及增加或刪除問題。團隊討論了權衡，並且都同意他們願意用一些重複的問題資料來換取使用者介面的改變和呈現的便利。由於這個決定的難度和改變了資料的結構性質，Addison 建立了一個 ADR 來記錄這個決定的理由。

ADR：使用文件資料庫進行客戶調查

上下文

在客戶完成工作後，客戶會收到一份調查表，該調查表呈現在網頁上供客戶填寫和提交。根據固定或安裝的電子產品類型，客戶會收到五種調查類型中的一種。調查表目前存儲在關聯式資料庫中，但團隊想將調查表遷移到使用 JSON 的文件資料庫。

決策

我們將為客戶調查使用一個文件資料庫。

營銷部門需要更大的靈活性和即時性來更改客戶調查。移到文件資料庫不僅可以提供更好的靈活性，而且還可以更即時地維護客戶調查所需要的更改。

使用文件資料庫將簡化客戶調查的使用者介面，並且更好地促進對調查的更改。

結果

由於我們將使用單一聚合體，當一個共同的調查問題被更新、添加或刪除時，需要更改多個文件。

在資料從關聯式資料庫遷移到文件資料庫的期間，將需要關閉調查功能。

第七章

服務粒度

10 月 14 日，星期四，13:33

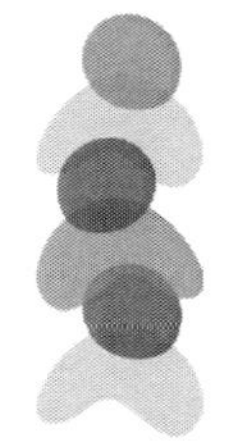

隨著遷移工作的進行，Addison 和 Austen 都開始對所有涉及拆開先前確定領域服務的決定感到力不從心。開發團隊也有自己的意見，這使得服務粒度的決策更加困難。

「我仍然不確定該如何處理核心單據功能，」Addison 說。「我無法決定單據的建立、完成、專家分配和專家行程是否該是一個、兩個、三個、或甚至四個服務。Taylen 堅持要讓每件事都是細粒度的，但我不確定這是正確的方法。」

「我也不能，」Austen 說。「而且我也有自己的問題，試圖弄清楚客戶註冊、個人資料管理和帳單功能是否應該被分開。而且最重要的是，我今晚還有一場比賽。」

「你總是有一場比賽要去，」Addison 說。「說到客戶功能，你有沒有弄清楚客戶登錄功能是否要成為一項獨立的服務？」

「還沒有，」Austen 說，「我仍然在為這努力。Skyler 說它應該被獨立，但除了說它是獨立的功能之外，沒有給我任何理由。」

「這是很難的事情，」Addison 說。「你認為 Logan 能對此有所了解嗎？」

「好主意，」Austen 說，「這種憑感覺的分析真的會拖垮事情。」

Addison 和 Austen 邀請 Sysops Squad 技術負責人 Taylen 參加與 Logan 的會議，以便他們所有人都能在他們所面對的服務粒度問題上意見一致。

「我告訴你，」Taylen 說，「我們需要把領域服務分解成更小的服務。對微服務來說，它們太粗粒度了。據我所知，微意味著小。畢竟我們是移向微服務。Addison 和 Austen 的建議根本不適合微服務模式。」

「應用程式不是每一部分都必須是微服務，」Logan 說。「這是微服務架構樣式的最大隱患之一。」

「如果是這種情況，那麼你如何確定哪些服務應該和不應該被拆開？」Taylen 問。

「讓我問你一件事，Taylen，」Logan 說。「想把所有服務都做得這麼小的原因是什麼？」

「單一責任原則，」Taylen 回答。「查一下，這就是微服務的基礎。」

「我知道單一責任原則是什麼，」Logan 說。「而且我也知道它是多麼主觀。以我們的客戶通知服務為例子。我們可以透過 SMS、電子郵件通知我們的客戶，我們甚至可以郵寄信件。所以，告訴我們大家，這是一項服務還是三項服務？」

「三項。」Taylen 立即回答。「每種通知方式都是自己的事情，這就是微服務的意義所在。」

「一項，」Addison 回答。「通知本身顯然地是單一責任。」

「我不確定，」Austen 回答。「我可以從兩個方向看到。我們是不是應該拋硬幣？」

「這正是我們需要幫助的原因，」Addison 歎了口氣。

「獲得正確服務粒度的關鍵，」Logan 說，「是消除意見和直覺，並使用粒度分解器和整合器客觀地分析權衡，為是否分解服務形成堅實的理由。」

「什麼是粒度分解器和整合器？」Austen 問。

「讓我展示給你看，」Logan 說。

架構師和開發者經常混淆**模組化**和**粒度**這兩個術語，在某些情況下甚至將它們視為同一件事。考慮以下這些術語中每一個的字典定義：

模組化

用標準化的單位或維度構建，以實現使用的靈活性和多樣性。

粒度

由或似乎由形成較大單位的眾多粒子中的一個組成。

難怪這些術語之間存在如此多的混淆！儘管這兩個術語在字典中的定義相似，但我們還是要把它們區分出來，因為它們在軟體架構的上下文內意味著不同的事情。在我們的用法中，**模組化**關注的是將系統分解成獨立的部分（參閱第 3 章），而**粒度**則是處理這些獨立部分的**大小**。有趣的是，分散式系統中大多數問題和挑戰通常與模組化無關，而是與粒度有關。

確定正確粒度的程度——服務的大小——是架構師和開發團隊持續努力的軟體架構中許多困難部分之一。粒度不是由服務中的類別或程式碼行數定義，而是由服務所做的事定義的——這就是為什麼獲得服務正確粒度如此困難。

架構師可以利用指標來監測和衡量服務的各面向，以確定適當的服務粒度程度。一個用於客觀衡量服務規模的指標是計算服務中的敘述數量。每個開發者都有不同的編碼風格和技術，這就是為什麼類別的數量和程式碼行數不是用來衡量粒度的好指標。另一方面，敘述的數量至少允許架構師或開發團隊客觀地衡量服務在做**什麼**。回顧第 4 章，**敘述**是在原始程式碼中執行的一個完整動作，通常由一個特殊字元結束（像是 Java、C、C++、C#、Go、JavaScript 等語言中的分號；或像是 F#、Python 和 Ruby 等語言中的換行符號）。

另一個確定服務粒度的指標是測量和追蹤一個被服務所暴露的**公開**介面或操作數量。的確，雖然這兩個指標仍有一些主觀性和可變性，但這是到目前為止我們能想出最接近客觀衡量和評估服務粒度的東西。

服務粒度兩種對立的力是粒度分解器和粒度整合器。這些對立的力說明於圖 7-1。**粒度分解器**解決的問題是：「什麼時候我應該考慮把服務分解成更小的部分？」，而**粒度整合器**解決的問題是：「什麼時候我應該考慮把服務重新組合在一起？」許多開發團隊常犯的一個錯誤是過分專注於粒度分解器，而忽略了粒度整合器。服務達到適當粒度程度的祕訣是在這兩種對立的力量之間取得平衡。

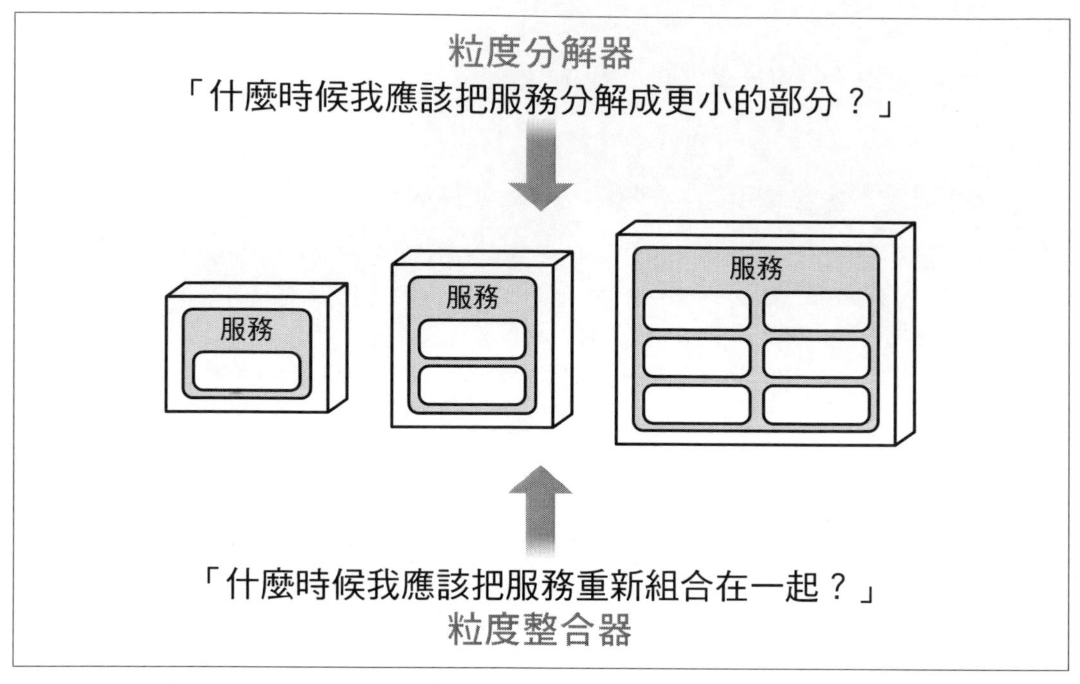

圖 7-1　服務粒度取決於分解器和整合器的平衡

粒度分解器

粒度分解器為什麼時候將服務分解成較小塊提供指導和理由。雖然分解服務的理由可能只涉及單一的驅動因素，但在大多數情況下，理由將基於多個驅動因素。粒度分解的六個主要驅動因素如下：

服務範圍和功能

　該服務是否做了太多不相關的事情？

程式碼易變性

　變化是否能隔離到只有服務的部分？

可擴展性和吞吐量

　服務的某些部分是否需要不同的規模？

容錯性

　是否存在導致服務中關鍵功能失效的錯誤？

安全性

　服務的某些部分是否比其他部分需要更高的安全性程度？

可延展性

　服務是否總是在擴大以增加新的上下文？

以下各節將詳細介紹這些粒度分解驅動因素中的每一個。

服務範圍和功能

服務範圍和功能是將單一服務分解成較小服務的第一個也是最常見的驅動因素，特別是在微服務方面。在分析服務範圍和功能時，有兩個維度需要考慮。第一個維度是**內聚力**：特定服務的操作相互關聯的程度和方式。第二個維度是組件的整體**大小**，通常以構成這服務的類別中的敘述總數、進入這服務的公開入口點的數量或兩者一起來衡量。

考慮一個典型的通知服務，它做三件事：透過 SMS（短訊息服務（*https://oreil.ly/caVCG*）、電子郵件或郵寄給客戶的印刷信件通知客戶。儘管把這服務分成三個獨立的單一目的服務（一個用於 SMS、一個用於電子郵件、一個用於郵政信件）是非常誘人的，如圖 7-2 所示，但只憑這一點並不足以證明把這服務分開是合理的，因為它已經有相對強大的內聚力——所有這些功能都與一件事有關，即通知客戶。因為「單一目的」是留給個人的意見和解釋，所以很難知道是否要拆分這個服務。

現在考慮管理客戶個人資料資訊、客戶偏好以及客戶在網站上發表評論的單一服務。不像之前通知服務的例子，這個服務的內聚力相對較弱，因為這三種功能涉及到較廣泛的範圍——客戶。這個服務可能做得太多了，因此可能應該被分成三個獨立的服務，如圖 7-3 所示。

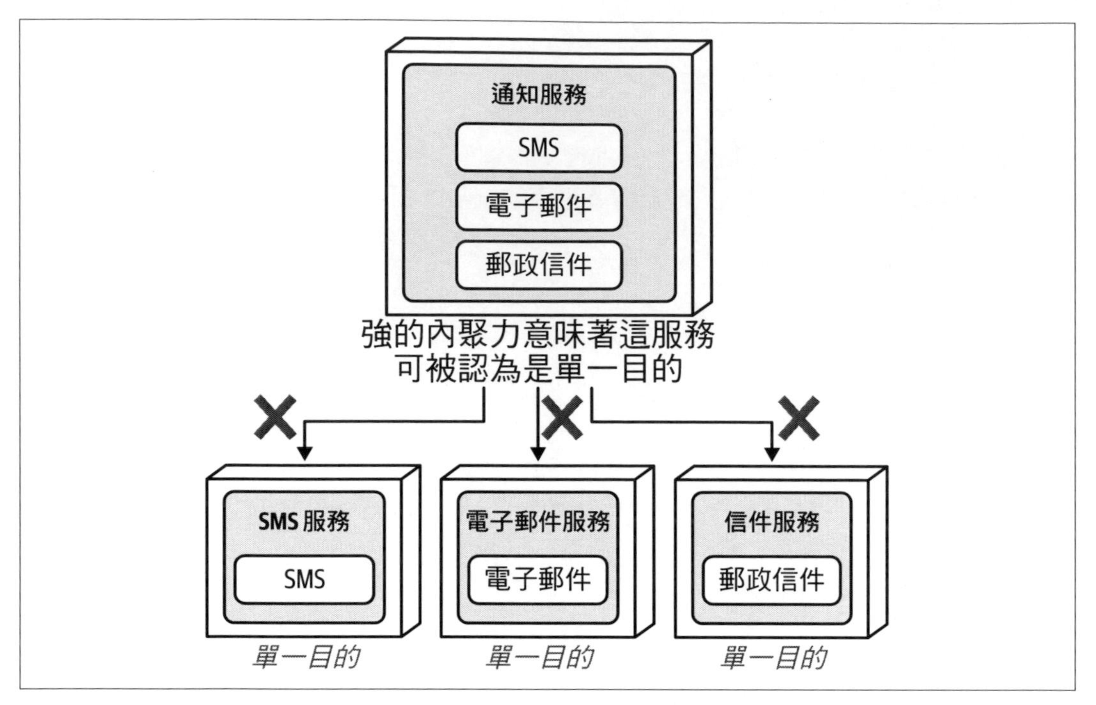

圖 7-2　一個有相對較強內聚力的服務不是一個僅根據功能來分解的好候選者

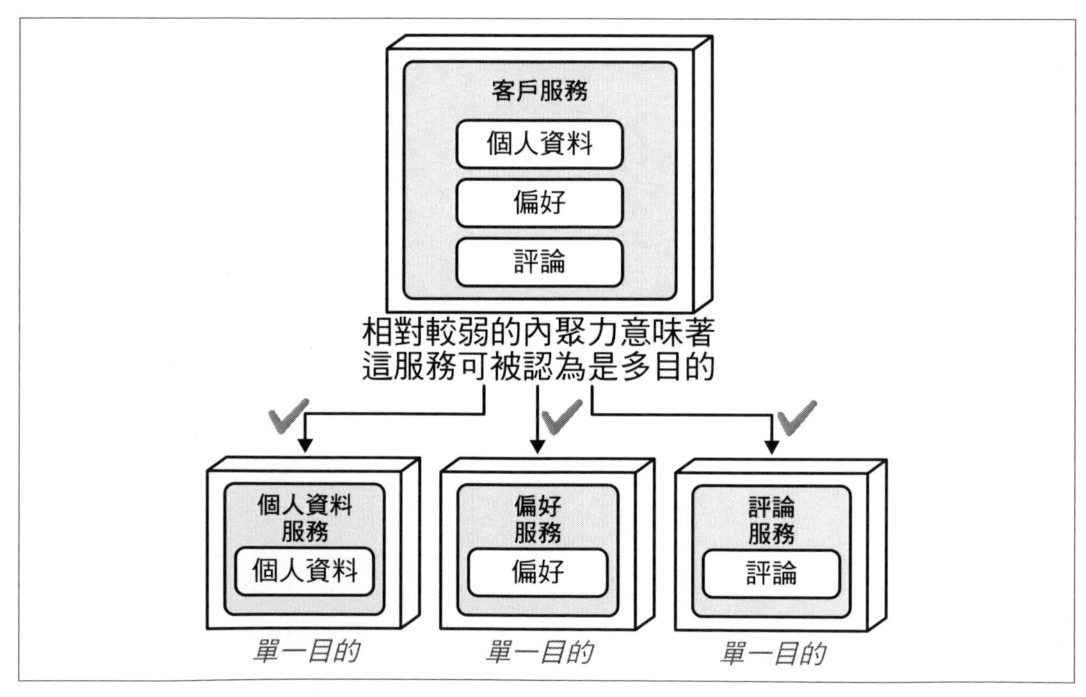

圖 7-3　一個有相對較弱內聚力的服務是分解的好候選者

這種粒度分解器與 Robert C. Martin 所創造的 SOLID 原則（*https://oreil.ly/r64Yw*）中一部分的單一責任原則（*https://oreil.ly/JZpcT*）有關，這原則指出：「每個類別都應該對該程式功能的單一部分負責，它應該封裝起來。所有模組、類別或函數的服務都應與該責任嚴格保持一致。」雖然單一責任原則最初是用在類別上下文內，但後來它已經擴展到包括組件和服務了。

在微服務架構樣式中，**微服務**被定義為一個單一目的、單獨部署的軟體單元，可以很好地**做一件事**。難怪開發者都想把服務做得越小越好，而不考慮為什麼要這樣做！與什麼是和什麼不是單一責任相關的主觀性是大多數開發者在服務粒度方面遇到麻煩的地方。雖然有一些指標（如 LCOM（*https://oreil.ly/qOtdg*））來衡量內聚力，但當涉及到服務時，它還是非常主觀的——通知客戶是單一件事，或是經由電子郵件通知是單一件事？出於這個原因，至關重要的是了解其他的粒度分解器以確定適當的粒度程度。

程式碼易變性

程式碼易變性——原始程式碼改變的速度——是將服務分解成更小服務的另一個好的驅動因素，這也被稱為**基於易變性的分解**。客觀地測量服務中程式碼改變的頻率（透過任何原始程式碼版本控制系統中的標準設施可以輕鬆完成），有時可以為拆分服務提供很好的理由。再考慮一下上一節中通知服務的例子。單獨的服務範圍（內聚力）不足以證明拆分服務的合理性。然而，藉由應用改變指標，揭示了關於這服務的相關資訊：

- SMS 通知功能的變化率：每六個月（平均）。
- 電子郵件通知功能的變化率：每六個月（平均）。
- 郵政信件通知功能的變化率：每週（平均）。

注意郵政信件的功能每週變化（平均），而 SMS 和電子郵件的功能很少變化。作為一個單一服務，對郵政信件程式碼的任何改變都需要開發者測試及重新部署整個服務，包括 SMS 和電子郵件功能。根據部署環境，這也可能意味著在部署郵政信件的變化時，SMS 和電子郵件的功能將無法使用。因此，作為單一的服務，會增加測試範圍而且部署風險高。然而，如圖 7-4 所示，透過將這服務分成兩個獨立的服務（電子通知和郵政信件通知），頻繁的變化現在被隔離到一個較小的服務中。這反過來又意味著測試範圍顯著地減少，部署風險也較低，而且在部署郵政信件變化的期間，SMS 和電子郵件功能不會被中斷。

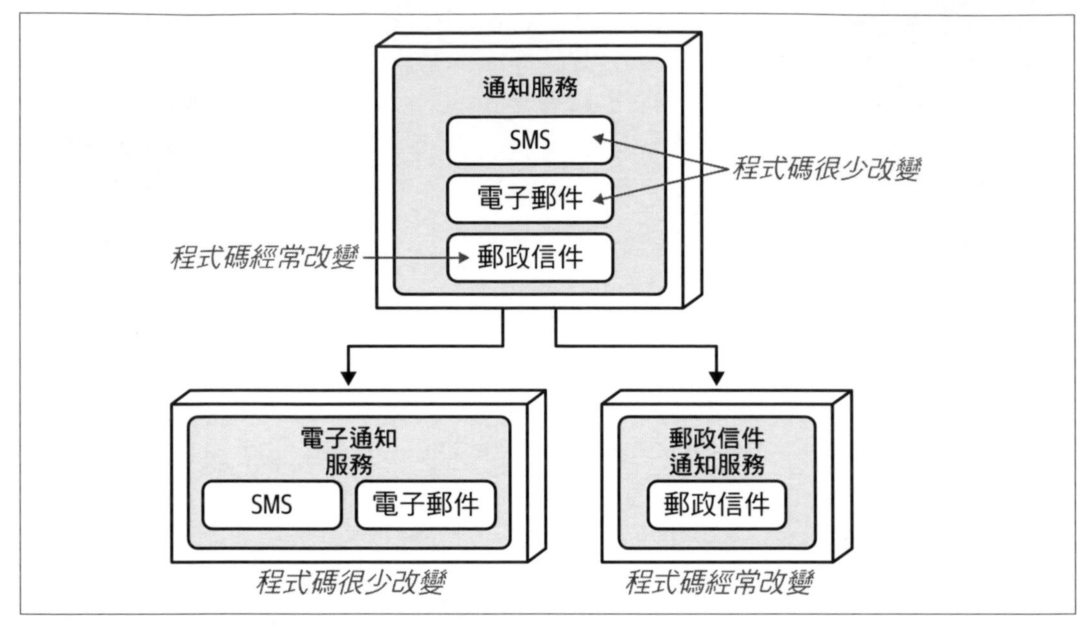

圖 7-4　服務中高程式碼變化的區域是分解的好候選者

可擴展性和吞吐量

將服務分解成獨立較小服務的另一個驅動因素是**可擴展性和吞吐量**。一個服務不同功能的可擴展性需求可以被客觀地測量，以判斷服務是否應該被拆分。再考慮一下通知服務的例子，其中一個單一服務透過 SMS、電子郵件和印刷郵政信件通知客戶。測量這單一服務的可擴展性需求，可以透露出以下的資訊：

- SMS 通知：220,000/分鐘
- 電子郵件通知：500/分鐘
- 郵政信件通知：1/分鐘

注意發送 SMS 通知和郵寄信件通知之間的極端差異。作為一個單一服務，電子郵件和郵政信件的功能必須不必要地擴展以滿足 SMS 通知需求，這影響了成本以及平均啟動時間（MTTS）方面的彈性。如圖 7-5 所示，將通知服務拆成三個獨立的服務（SMS、電子郵件和郵政信件），讓這些服務的每一個單獨擴展以滿足它們不同的吞吐量需求。

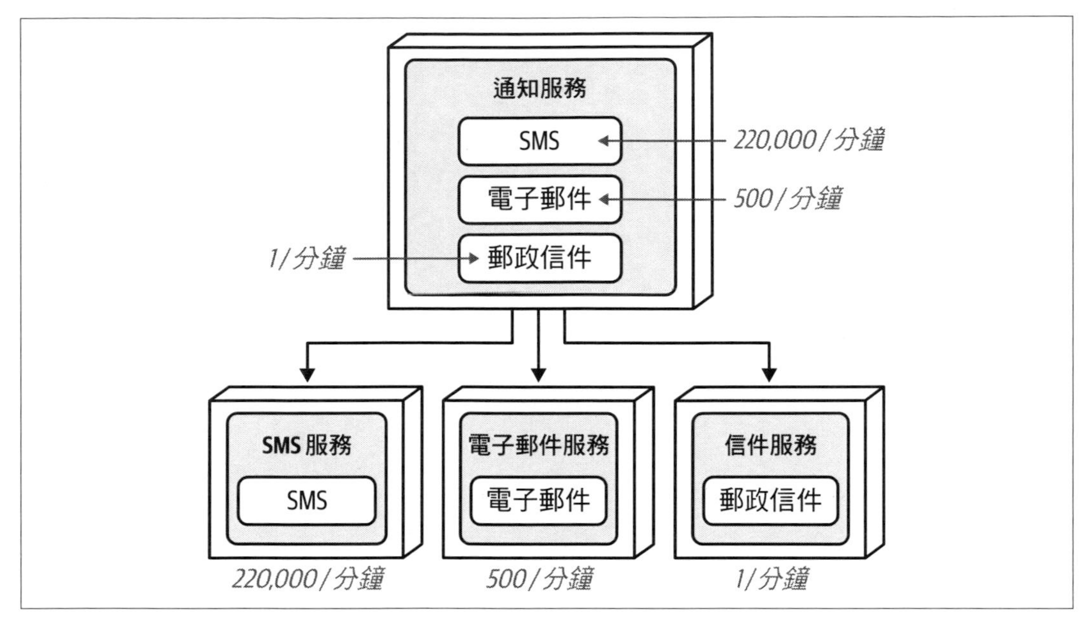

圖 7-5 不同的可擴展性和吞吐量需求是一個很好的分解驅動因素

容錯性

容錯性描述了一個應用程式或功能，即使發生了致命的事故（如記憶體不足的情況），在特定領域內仍能繼續運行的能力。容錯性是粒度分解的另一個好的驅動因素。

考慮一下同樣的綜合通知服務例子，它透過 SMS、電子郵件和郵政信件通知客戶（圖 7-6）。如果電子郵件功能持續出現記憶體不足的問題以及致命的事故，整個服務將會癱瘓，包括 SMS 和郵政信件的處理。

將這個單一的綜合通知服務拆分成三個獨立的服務，為客戶通知領域提供了一定程度的容錯性。現在，電子郵件服務功能上的致命錯誤不會影響 SMS 或郵政信件。

注意在這個例子中，儘管電子郵件功能是關於頻繁事故唯一的問題（其他兩個非常穩定），通知服務也被分成三個獨立的服務（SMS、電子郵件和郵政信件）。既然電子郵件功能是唯一的問題，為什麼不把 SMS 和郵政信件的功能結合成一個服務呢？

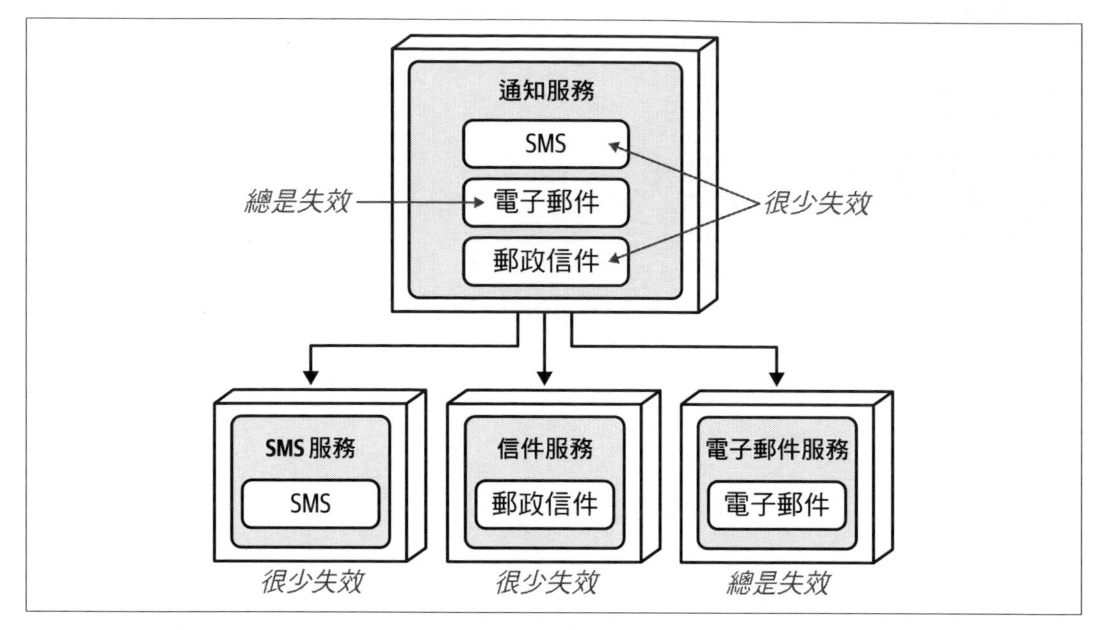

圖 7-6　容錯性和服務可用性是好的分解驅動因素

考慮上一節程式碼易變性的例子。在郵政信件不斷變化的情況下，而另外兩個（SMS 和電子郵件）則不會。把這個服務分成兩個服務是有意義的，因為郵政信件是偏離的功能，但是電子郵件和 SMS 是**相關的**——它們都是以**電子方式**通知客戶。現在考慮容錯性的例子。除了對客戶的通知方式以外，SMS 通知和郵政信件通知還有什麼共同點？這種結合服務適當的自我描述性名稱會是什麼？

將電子郵件功能移到單獨的服務會破壞整個**領域內聚力**，因為 SMS 和郵政信件功能之間產生的內聚力很弱。考慮可能的服務名稱是什麼：電子郵件服務和…其他通知服務？電子郵件服務和…SMS- 信件通知服務？電子郵件服務和…非電子郵件服務？這個命名問題又與服務範圍和功能粒度分解器有關——如果一個服務因為做了很多事而難以命名，則可以考慮將服務拆開。以下的分解有助於將這重點形象化：

- 通知服務→電子郵件服務、其他通知服務（不好的名稱）。
- 通知服務→電子郵件服務、非電子郵件服務（不好的名稱）。
- 通知服務→電子郵件服務、SMS- 信件服務（不好的名稱）。
- 通知服務→電子郵件服務、SMS 服務、信件服務（好名稱）。

在這個例子中，只有最後的分解是有意義的，特別是當考慮到增加另一種社群媒體通知——那要放在哪裡？每當拆分一個服務，不管分解驅動因素如何，總是應該檢查是否可以用「剩餘」的功能形成強大的內聚力。

安全性

保護敏感性資料時，一個常見的陷阱是只考慮到該資料的存儲。例如，從非 PCI（付款卡行業（*https://oreil.ly/Z5QRV*））資料保護 PCI 資料可以透過位於不同安全區域的獨立模式或資料庫解決。然而，這種做法有時缺少保護該資料是**如何**存取的。

考慮圖 7-7 中的例子，描述了一個包含兩個主要功能的客戶個人資料服務：用於添加、改變或刪除基本個人資料資訊（姓名、地址等）的客戶個人資料維護；以及用於添加、刪除和更新信用卡資訊的客戶信用卡維護。

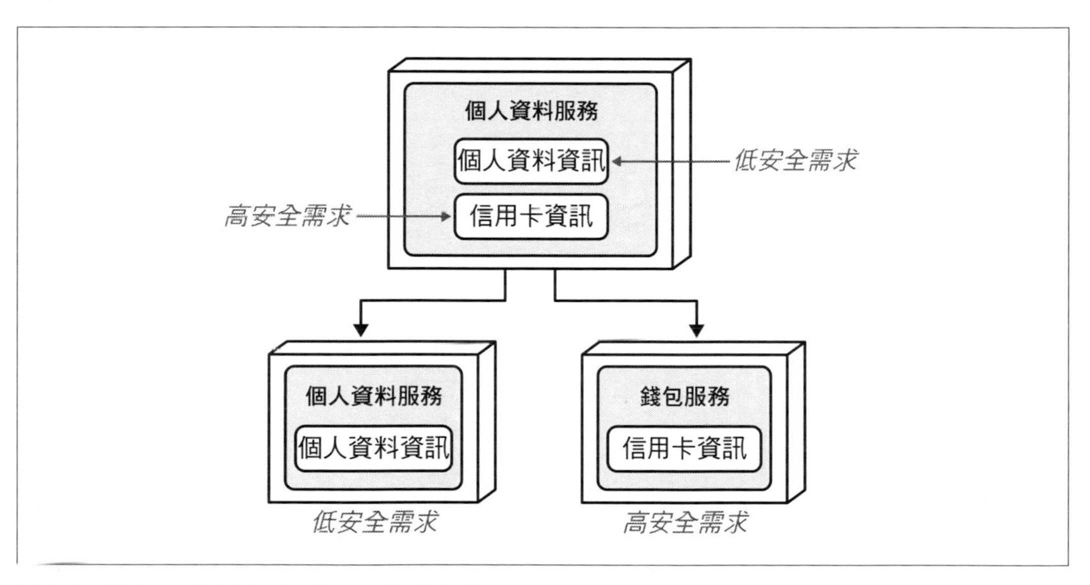

圖 7-7　安全和資料存取是好的分解驅動因素

雖然信用卡資料可能受到保護，但因為信用卡功能與基本的客戶個人資料功能結合在一起，所以對這資料的**存取**存有風險。儘管進入整合的客戶個人資料服務的 API 入口點可能不同，但仍存有風險，即有進入服務檢索客戶姓名的人也可能會存取信用卡功能的風險。藉由將這服務分成兩個獨立的服務，對用於維護信用卡資訊**功能**的存取可以更安全，因為這個信用卡操作將只進入單一目的的服務。

可延展性

粒度分解的另一個主要驅動因素是**可延展性**——隨著服務上下文的成長而增加額外功能的能力。考慮一個透過包括信用卡、禮品卡和 PayPal 交易等多種支付方式管理付款和退款的支付服務。假設該公司想開始支援其他管理的支付方式，如獎勵積點、來自回傳的商店信用；以及其他第三方支付服務，如 ApplePay、SamsungPay 等，延展支付服務以增加這些額外的支付方式容易嗎？

這些額外的支付方式當然可以被添加到單一的綜合支付服務中。但是，每次添加新的支付方式，整個支付服務都需要測試（包括其他支付類型），而且不必要地將所有其他支付方式的功能重新部署到生產中。因此，在單一的綜合支付服務下，測試的範圍增加且部署的風險也較高，使得增加額外的支付類型更加困難。

現在考慮將現有的綜合服務分解成三個獨立的服務（信用卡處理、禮品卡處理和 PayPal 交易處理），如圖 7-8 所示。

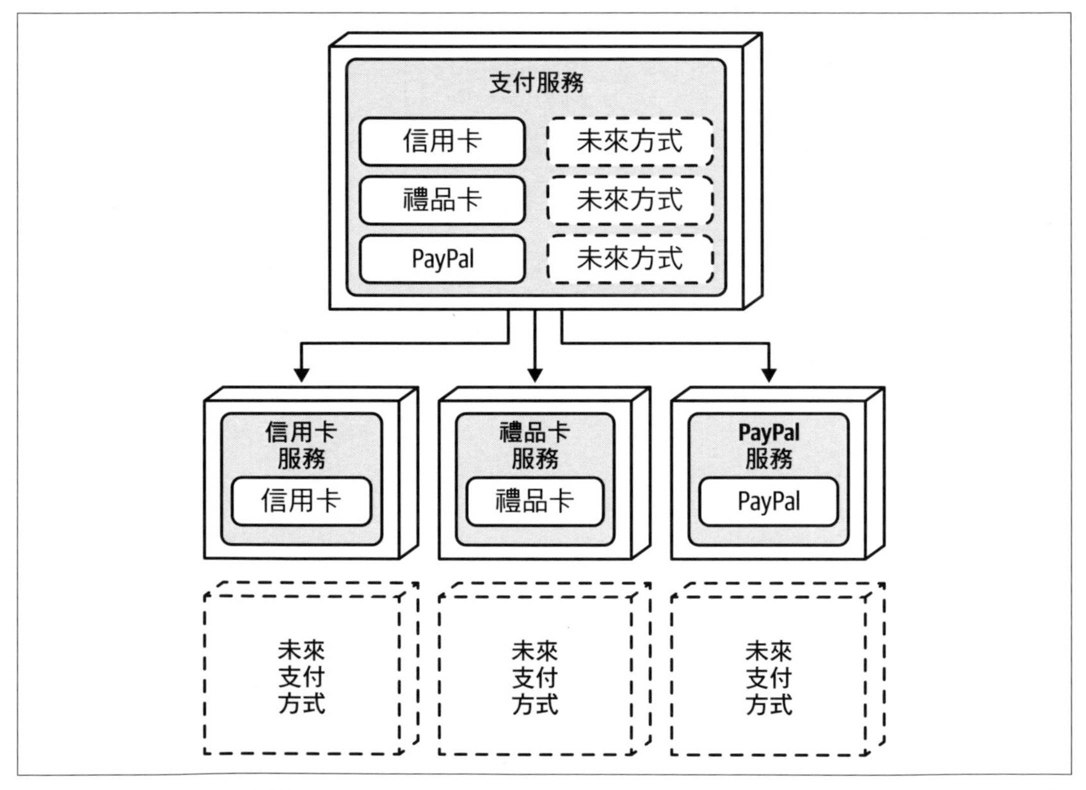

圖 7-8　有計畫的可延展性是一個好的分解驅動因素

現在單一的支付服務依支付方式分解成獨立的服務，增加另一種支付方式（如獎勵積點）只是開發、測試和部署與其他服務分離的單一服務問題。因此，開發的更快，測試範圍縮小，且部署風險更低。

我們的建議是，只有在提前知道額外的綜合上下文功能是計畫的、想要的或正常領域的一部分時，才應用這個驅動因素。例如，對於通知的方式是否會不斷地延展而超過基本的通知方式（SMS、電子郵件或信件）是值得懷疑的。然而，對於支付處理，未來很可能會增加額外的支付類型，因此應該保證為每種支付類型提供單獨的服務。由於經常很難「猜測」上下文功能是否（以及何時）可能延展（如額外的支付方式），我們的建議是等到可以建立一個模式或確認有持續的延展性時，再將這個驅動因素作為確認粒度分解的主要方式。

粒度整合器

粒度分解器為何時將服務分解成較小部分提供了指導和理由，而粒度整合器則以相反的方式工作——它們為將服務重新組合在一起（或一開始就不分解服務）提供指導和理由。分析分解驅動因素和整合驅動因素之間的權衡，是得到正確服務粒度的祕訣。粒度整合的四個主要驅動因素如下：

資料庫交易

　獨立服務之間是否需要 ACID 交易？

工作流程和編排

　服務需要相互交流嗎？

共享程式碼

　服務之間是否需要共享程式碼？

資料關係

　雖然服務可以被分開，但它使用的資料是否也可以被分開？

以下部分將詳細介紹這些粒度整合驅動因素的每一個細節。

資料庫交易

大多數使用關聯式資料庫的整體式系統和粗粒度領域服務都依賴於單一工作單元的資料庫交易來維護資料的完整性和一致性；ACID（資料庫）交易的細節以及它們與 BASE

（分散式）交易的區別，請參閱第 263 頁的「分散式交易」。要了解資料庫交易如何影響服務粒度，考慮如圖 7-9 所示的情況，其中客戶功能已經拆開成維護客戶個人資料資訊的客戶個人資料服務，以及維護密碼和其他與安全相關資訊和功能的密碼服務。

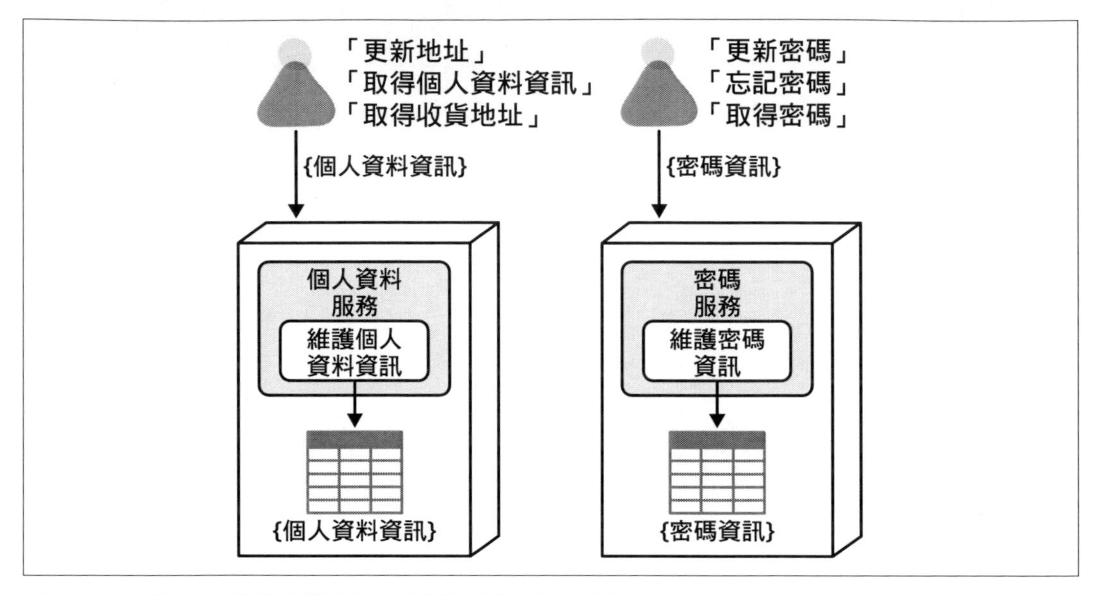

圖 7-9　有原子操作的獨立服務具有較好的安全存取控制

注意到有兩個獨立的服務，因為存取是在服務層次而不是在請求層次，所以為密碼資訊的安全存取控制提供了一個好的程度。對像是改變密碼、重設密碼和為登錄而存取客戶密碼等操作的存取，都可以被限制在一個單一的服務中（因此存取可以被限制在該單一服務中）。但是，雖然這可能是一個好的分解驅動因素，但請考慮一下註冊新客戶的操作，說明如圖 7-10。

當註冊一個新客戶時，個人資料和加密的密碼資訊都從使用者介面螢幕傳入個人資料服務。個人資料服務將個人資料資訊插入它對應的資料庫資料表，並提交該工作，然後將加密的密碼資訊傳給密碼服務，密碼服務又將密碼資訊插入它對應的資料庫資料表，並提交它自己的工作。

雖然將服務分離為密碼資訊提供了更好的安全存取控制，但權衡代價是在像是註冊新客戶或從系統中取消訂閱（刪除）客戶等動作中沒有 ACID 交易。如果在這些操作期間密碼服務失效，資料會處於不一致狀態，導致了要反轉原來的個人資料插入或採取其他複雜錯誤處理（也容易出錯）的改正行動（分散式交易內最終一致性和錯誤處理的細節，請參閱第 310 頁的「交易傳奇模式」）。因此，如果從商務觀點需要有一個單一工作單元的 ACID 交易，那麼這些服務應該合併為單一服務，如圖 7-11 所示。

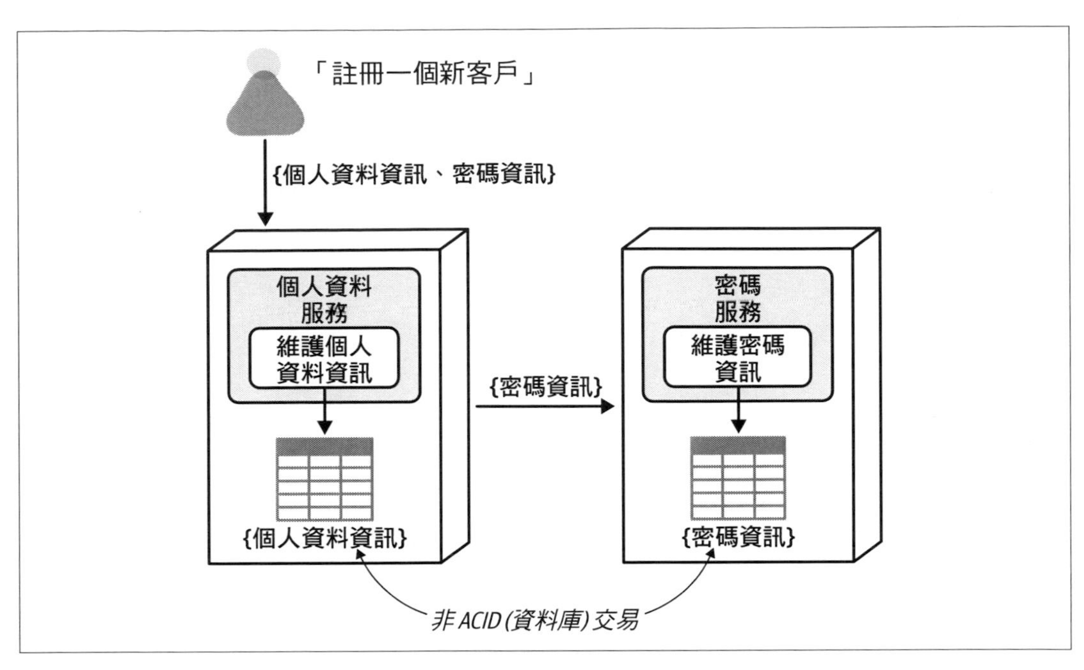

圖 7-10　有合併操作的獨立服務不支援資料庫（ACID）交易

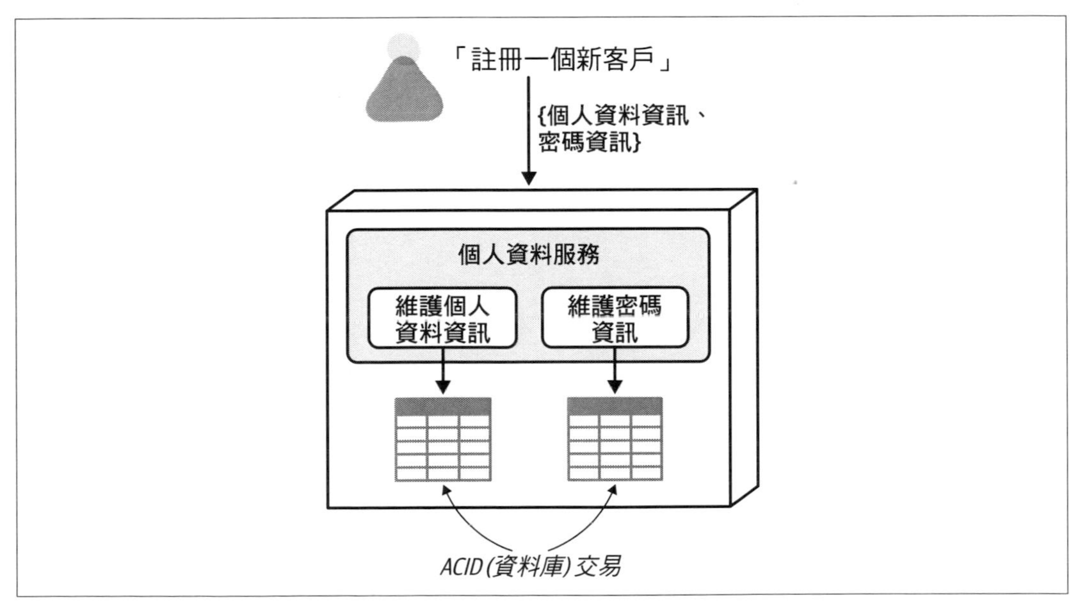

圖 7-11　單一服務支援資料庫（ACID）交易

工作流程和編排

另一個常見的粒度整合器是**工作流程和編排**——服務之間的交流（有時也被稱為**服務間通訊**或**東西方**通訊）。服務之間的通訊相當普遍，而且在許多情況下，在像微服務這樣的高度分散式架構中是必要的。然而，當服務移向基於上一節所描述的分解因素的更細粒度時，服務通訊會增加到開始發生負面影響的點上。

整體容錯性的問題是太多的服務間同步通訊的第一個影響。考慮圖 7-12，其中服務 A 與服務 B 和 C 通訊、服務 B 與服務 C 通訊、服務 D 與服務 E 通訊、最後服務 E 與服務 C 通訊。在這種情況下，如果服務 C 失效，因為與服務 C 的交叉相依性，所有其他服務也變成無法操作，這就造成了整體容錯性、可用性和可靠性的問題。

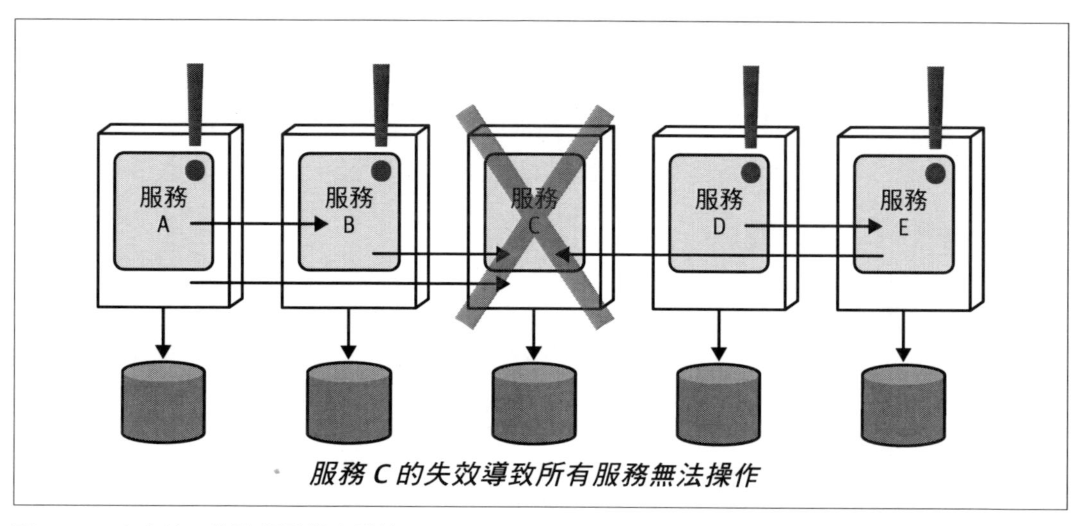

圖 7-12　太多的工作流程影響容錯性

有趣的是，容錯性是上一節中粒度分解的驅動因素之一——然而，當這些服務需要相互交流時，從容錯性的角度來看，並沒有真正獲得什麼。在分解服務時，一定要檢查功能是否是緊密耦合和相互依賴。如果是的話，則從商務請求的觀點，整體的容錯性將無法實現，最好是考慮將這些服務保持在一起。

整體性能和反應能力是粒度整合（將服務重新組合在一起）的另一個驅動因素。考慮圖 7-13 中的情景：一個大型客戶服務被分割成五個獨立的服務（服務 A 到 E）。雖然這些服務中的每一個都有自己內聚的原子請求集合，但在使用編排時，將所有客戶資訊從單一 API 請求集中檢索到單一使用者介面螢幕上，涉及了五個獨立的跳躍（參閱第 11 章，使用協作解決這個問題的替代方案）。假設每個請求在網路和安全上延遲 300 毫秒，這個單一請求僅在延遲上就產生額外的 1500 毫秒。將所有這些服務整合到單一的服務中可以移除延遲，因此提高整體性能和反應能力。

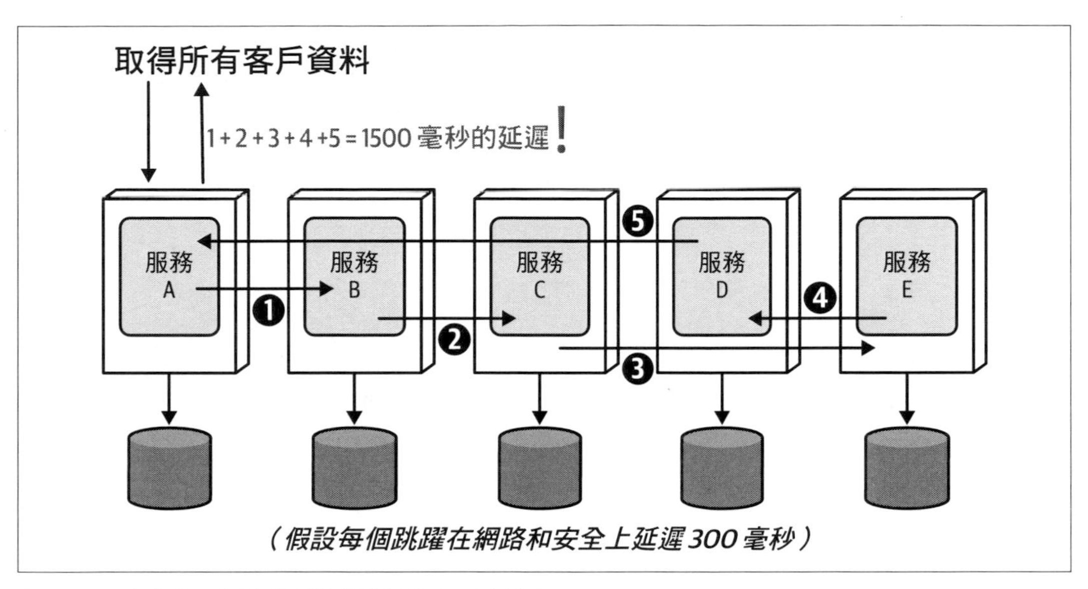

圖 7-13 太多的工作流程影響整體性能和反應能力

就整體性能而言，如果這些服務需要相互通訊，則這種整合驅動因素的權衡是，要平衡拆開服務的需要與對應的性能損失。一個好的經驗法則是考慮需要多個服務相互通訊的請求數量，也要考慮那些需要服務間通訊的請求重要性。例如，如果 30% 的請求需要服務間的工作流程來完成，而 70% 的請求是純原子的（只用於一個服務，不需要任何額外的通訊），那麼保持服務分離可能是可以的。但是，如果百分比相反，則考慮把它們重新放回一起。當然，這是假設整體性能很重要。在後端功能的情況下，有更多的迴旋餘地，其中最終使用者不必等待請求完成。

另一個性能的考慮是關於需要工作流程請求的重要性。考慮前面的例子，其中 30% 的請求需要服務之間的工作流程來完成這請求，而 70% 是純原子的。如果需要極快回應時間的關鍵請求是這 30% 的一部分，即使 70% 的請求是純原子的，則將服務放回一起也可能是明智的。

整體可靠性和資料完整性也會受到服務通訊增加的影響。考慮圖 7-14 的例子：客戶資訊被分成五個獨立的客戶服務。在這種情況下，添加一個新客戶到系統涉及協調所有五個客戶服務。然而，如前一節所解釋的，這些服務中的每一個都有自己的資料庫交易。注意在圖 7-14 中，服務 A、B 和 C 都提交了部分客戶資料，但服務 D 失敗了。

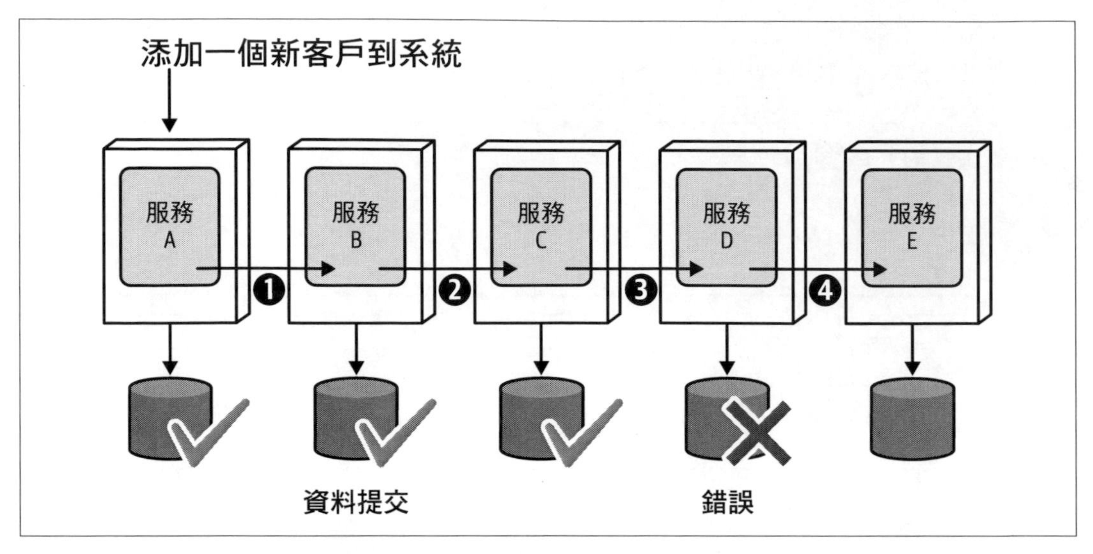

圖 7-14　太多的工作流程會影響可靠性和資料完整性

這就產生了資料一致性和資料完整性的問題，因為部分客戶資料已經被提交，並且可能已經透過從另一個過程中檢索該資訊，或甚至從這些服務中的一個廣播基於這資料的行動而發出訊息。在這兩種情況下，該資料都必須透過補償交易回滾，或用一個特定的狀態標記，以知道交易在哪裡停止，以便重新啟動它。這是一種非常混亂的情況，我們會在第 310 頁的「交易傳奇模式」中詳細描述它。如果資料完整性和資料一致性對一個操作很重要或很關鍵，考慮將這些服務重新組合回一起可能是明智的。

共享程式碼

共享原始程式碼是軟體開發中常見的（而且必要的）做法。像日誌紀錄、安全性、實用工具、格式化器、轉換器、提取器等功能都是共享程式碼的好例子。但是，在處理分散式架構中的共享程式碼時，事情會變得複雜，有時會影響到服務粒度。

共享程式碼通常包含在共享程式碼庫中，像是 Java 生態中的 JAR 檔案、Ruby 環境中的 GEM、或 .NET 環境中的 DLL，而且通常會在編譯時綁定到服務。雖然我們在第 8 章中會深入探討程式碼重用模式，在這裡我們只說明共享程式碼有時會如何影響服務的粒度，並能成為粒度整合器（將服務重新組合起來）。

考慮圖 7-15 中顯示的五個服務集合。雖然可能有一個很好的分解器驅動因素來分解這些服務，但它們都共享領域功能的一個共同程式碼庫（相對於共同的實用工具或基礎架構功能）。如果共享程式碼庫發生變化，最終將必須更改使用這共享程式碼庫的對應服務。我們說最終是因為版本控制有時可以用於共享程式碼庫，以提供敏捷性和向後相容性（參閱第 8 章）。因此，所有這些獨立部署的服務都必須被改變、測試、以及一起部署。在這些情況下，將這五個服務合併為一個服務可能是明智的，以避免多次部署，以及由於使用不同版本的程式碼庫而使服務功能不同步。

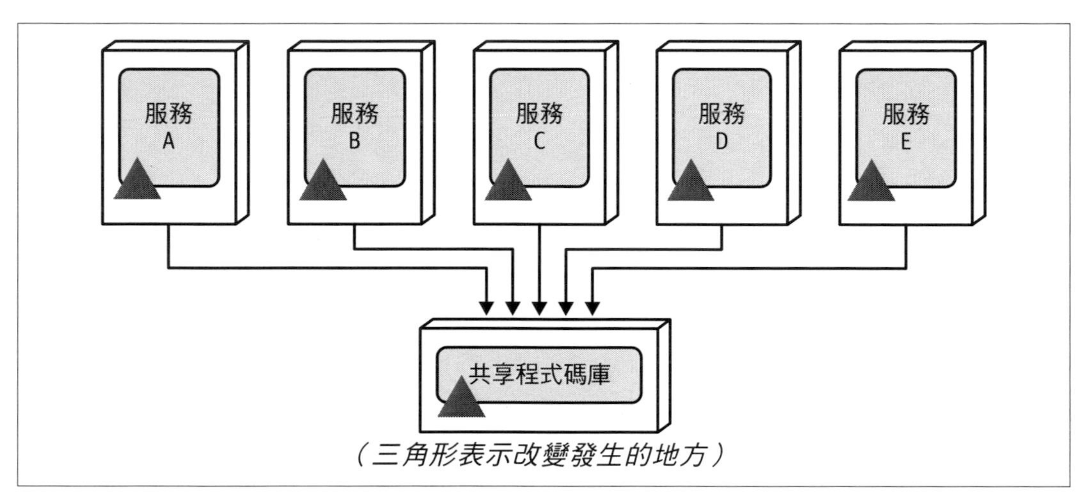

圖 7-15　共享程式碼的改變需要對所有服務協調改變

並非所有共享程式碼的使用都會驅動粒度的整合。例如，與基礎架構相關的交叉功能，像是所有服務都使用的日誌記錄、審計、認證、授權和監控，就不是將服務重新組合在一起或甚至移回整體式架構的好驅動因素。考慮將共享程式碼作為粒度整合器的一些指導原則如下：

特定的共享領域功能

共享領域功能是包含商務邏輯的共享程式碼（相對於基礎架構相關的交叉功能）。我們的建議是，如果共享領域程式碼的百分比相對較高的話，可以考慮將這個因素作為一個可能的粒度整合器；例如，假設一組與客戶相關功能（個人資料維護、偏好維護、以及添加或移除評論）的共用（共享）程式碼佔集體程式碼庫的 40% 以上。將集體功能分解成獨立的服務，意味著幾乎一半的原始程式碼都在僅被這三個服務使用的共享程式碼庫中。在這個例子中，考慮將集體與客戶相關的功能與共享程式碼一起維持在一個整合的服務中，可能是明智的（特別是如果共享程式碼經常變化，如接下來要討論的）。

共享程式碼頻繁改變

無論共享程式碼庫的大小，對共享功能的頻繁改變需要對使用這共享領域功能的服務經常的協調改變。雖然版本控制有時可以用來幫助減輕協調改變，但最終使用這共享功能的服務還是需要採用最新的版本。如果共享程式碼經常改變，考慮整合使用這共享程式碼的服務，以減輕多個部署單元複雜改變的協調可能是明智的。

無法版本化的缺陷

雖然版本控制可以幫助減輕協調改變，並允許向後相容和敏捷性（對改變快速反應的能力），但有時某些商務功能必須同時應用於所有服務（例如缺陷或商務規則改變）。如果這種情況經常發生，可能是時候考慮把服務重新組合回一起以簡化改變。

資料關係

粒度分解器和整合器之間平衡的另一個權衡是，單一合併服務使用的資料與獨立服務使用的資料之間的關係。這個整合器驅動因素假設分解服務所產生的資料不是共享的，而是在每個服務內形成緊密的有界上下文，以促進變更控制並支援整體可用性和可靠性。

考慮圖 7-16 中的例子：單一的合併服務有三個功能（A、B 和 C）和對應的資料表關係。指向資料表的實線表示對資料表的寫入（因此是資料所有權），而指向遠離資料表的虛線表示對資料表的唯讀存取。在功能和資料表之間執行的映射操作，結果顯示於表 7-1，其中*所有者*意味著寫入（和對應的讀取），*存取*意味著對不屬於該功能資料表的唯讀存取。

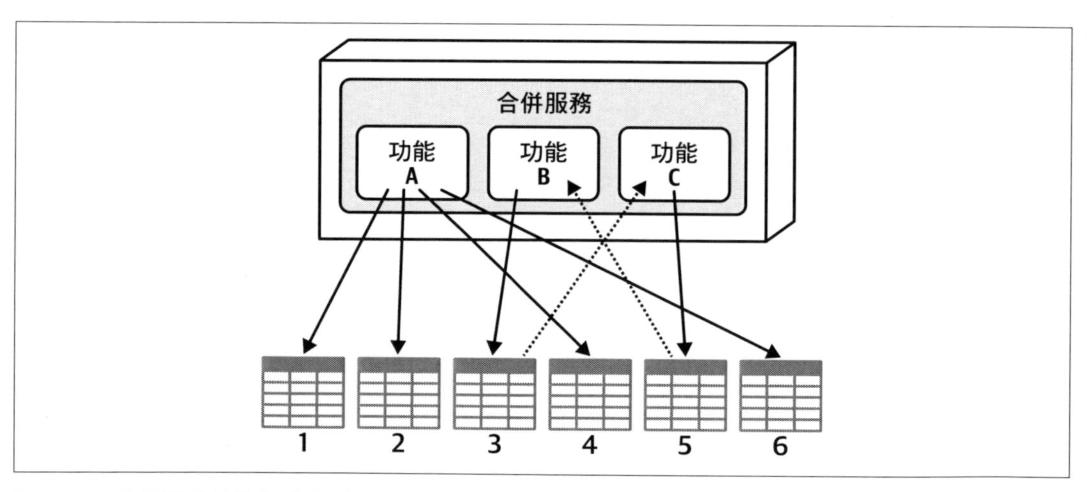

圖 7-16　合併服務的資料庫資料表關係

表 7-1　功能到表的映射

功能	表 1	表 2	表 3	表 4	表 5	表 6
A	所有者	所有者		所有者		所有者
B			所有者		存取	
C			存取		所有者	

假設基於上一節中概述的一些分解驅動因素，該服務被分解成三個獨立的服務（合併服務中的每個功能一個）；參閱圖 7-17。然而，將單一合併服務分解成三個獨立的服務，現在需要將對應的資料表在有界上下文中與每個服務關聯起來。

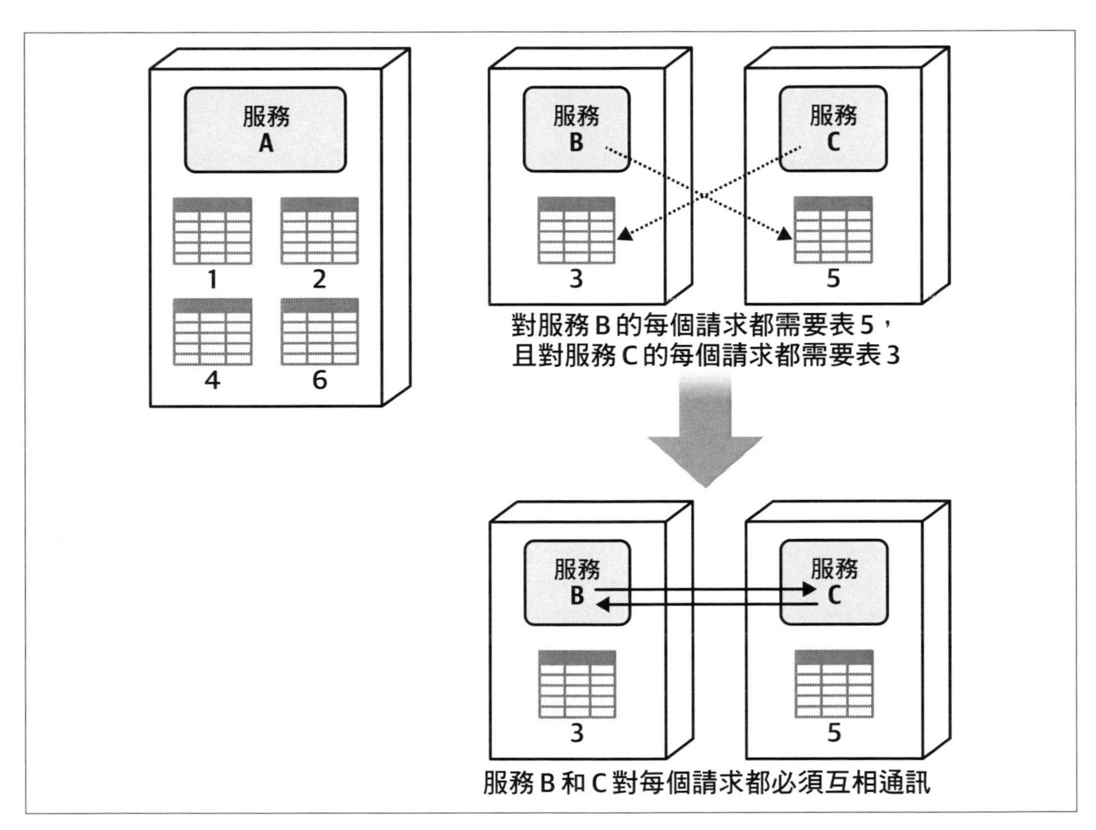

圖 7-17　資料庫資料表關係影響服務粒度

注意在圖 7-17 的頂部，服務 A 擁有表 1、2、4 和 6，作為其有界上下文的一部分；服務 B 擁有表 3；而服務 C 擁有表 5。然而，注意圖中服務 B 的每個操作都需要存取表 5

的資料（由服務 C 擁有），而服務 C 中的每個操作都需要存取表 3 的資料（由服務 B 擁有）。因為有界的上下文，服務 B 不能簡單地伸出手去直接查詢表 5，服務 C 也不能直接查詢表 3。

為了更好地理解有界上下文以及為什麼服務 C 不能簡單地存取表 3，假設服務 B（擁有表 3）決定修改它的商務規則，要求從表 3 中刪除一列。這樣做會破壞服務 C 和使用表 3 的任何其他服務。這就是為什麼有界上下文概念在像是微服務等高度分散式架構中如此重要。為了解決這個問題，服務 B 必須向服務 C 要求它的資料，而服務 C 必須向服務 B 要求它的資料，因此導致這些服務之間的來回通訊，如圖 7-17 的底部所示。

基於服務 B 和 C 之間資料的相依性，將這些服務合併到單一服務中是明智的，以避免了與這些服務之間的服務間通訊相關的延遲、容錯性和可擴展性問題，證明資料表之間的關係可以影響服務粒度。我們將這個粒度整合驅動因素留到最後，因為它是粒度整合驅動因素中權衡最少的一個。雖然偶爾從整體式系統遷移需要重構資料的組織方式，但在大多數情況下，為了拆開服務而重組資料庫資料表實體關係是不可行的。我們將在第 6 章中深入探討關於分解資料的細節。

找到正確的平衡

找到服務粒度的正確程度很難。獲得正確粒度的祕訣是了解粒度分解器（何時拆開服務）和粒度整合器（何時將它們再組合回一起），並分析兩者之間對應的權衡。如前面場景所說明的，這要求架構師不僅要確認權衡，而且要與商務利益相關者密切合作，分析這些權衡，並得到服務粒度適當的解決方案。

表 7-2 和 7-3 總結了分解器和整合器的驅動因素。

表 7-2　分解器驅動因素（分解一個服務）

分解器驅動因素	應用驅動因素的原因
服務範圍	具有緊密內聚力的單一目的服務
程式碼易變性	敏捷性（減少測試範圍和部署風險）
可擴展性	較低成本，較快反應
容錯性	更好的整體正常運行時間
安全存取	對某些功能更好的安全存取控制
可延展性	敏捷性（易於添加新功能）

表 7-3 整合器驅動因素（將服務再組合回一起）

整合器驅動因素	應用驅動因素的原因
資料庫交易	資料完整性和一致性
工作流程	容錯性、性能和可靠性
共享程式碼	可維護性
資料關係	資料完整性和正確性

架構師可以使用這些表格中的驅動因素來形成權衡陳述，然後可以透過與產品所有者或商務贊助者合作來討論及解決。

範例 *1*：

架構師：「我們想把我們的服務拆開，以隔離頻繁的程式碼改變，但這樣做，我們將不能維護資料庫交易。根據我們商務的需要，哪個更重要——更好的整體敏捷性（可維護性、可測試性和可部署性），這將轉成更快的上市時間，還是更強的資料完整性和一致性？」

專案贊助者：「根據我們商務的需要，我寧願犧牲一點減緩上市時間以獲得更好的資料完整性和一致性，所以現在讓我們把它留作一個單一的服務。」

範例 *2*：

架構師：「我們需要保持服務在一起，以支援兩個操作之間的資料庫交易，確保資料的一致性，但這意味著合併後單一服務中的敏感功能將不很安全。根據我們商務的需要，哪個更重要——更好的資料一致性還是更好的安全性？」

專案贊助者：「我們的 CIO 在安全和保護敏感性資料方面經歷了一些嚴峻情況，這在他們心目中佔據最重要的位置，幾乎是每次討論的一部分。在這種情況下，確保敏感性資料的安全更重要，所以讓我們把服務分開，並制定出我們如何能減輕資料一致性的一些問題。」

範例 *3*：

架構師：「我們需要拆開我們的支付服務，以為增加新的支付方式提供更好的可延展性，但這意味著我們將增加工作流程，這對一個訂單使用多種支付類型時（這經常發生），會影響反應能力。根據我們商務的需要，哪一個更重要——在支付處理中有更好的可延展性，因此有更好的敏捷性和整體上市時間，還是更好的支付反應能力？」

專案贊助者：「鑒於我看到我們在未來幾年內只增加了兩種，甚至三種支付類型，我寧願讓我們專注在整體反應能力，因為在發出訂單 ID 之前，客戶必須等待支付處理完成。」

Sysops Squad 傳奇：單據分配粒度

10 月 25 日，週一，11:08

一旦客戶建立了故障單並被系統接受，就必須根據 Sysops Squad 專家的技能集合、位置和可用性分配給他們。故障單分配包括兩個主要部分——確定哪位顧問應被分配工作的故障單分配組件，以及定位 Sysops Squad 專家、將故障單轉發給專家的行動裝置（透過自定義的 Sysops Squad 行動應用程式），並經由 SMS 短信通知專家有新的故障單被分配的故障單行程組件。

Sysops Squad 開發團隊在決定這兩個組件（分配和行程）是應該作為一個單一的整合服務還是兩個獨立的服務來實作時遇到了困難，如圖 7-18 所示。開發團隊諮詢了 Addison（Sysops Squad 的架構師之一），以幫助決定應該採用哪種選項。

「所以你看，」Taylen 說，「單據分配演算法非常複雜，因此應該與單據行程的功能隔離。這樣，當這些演算法改變時，我就不必擔心所有行程的功能。」

「是的，但那些分配演算法有多少次改變？」Addison 問。「而且我們預計未來會有多少次改變？」

「我每個月至少對這些演算法進行兩到三次修改。我讀過關於易變性的分解，這種情況完全適合它。」Taylen 說。

「但如果我們將分配和行程功能分成兩個服務，它們之間就需要持續的通訊，」Skyler 說。「此外，分配和行程實際上是一種功能，而不是兩種。」

「不，」Taylen 說，「它們是兩種獨立的功能。」

「等一下，」Addison 說。「我明白 Skyler 的意思了。想一想，一旦找到在特定時間內有空的專家，單據就會立即發給這位專家。如果沒有專家有空，單據就會回到佇列中，並等到找到有空的專家為止。」

「是的，就是這樣，」Taylen 說。

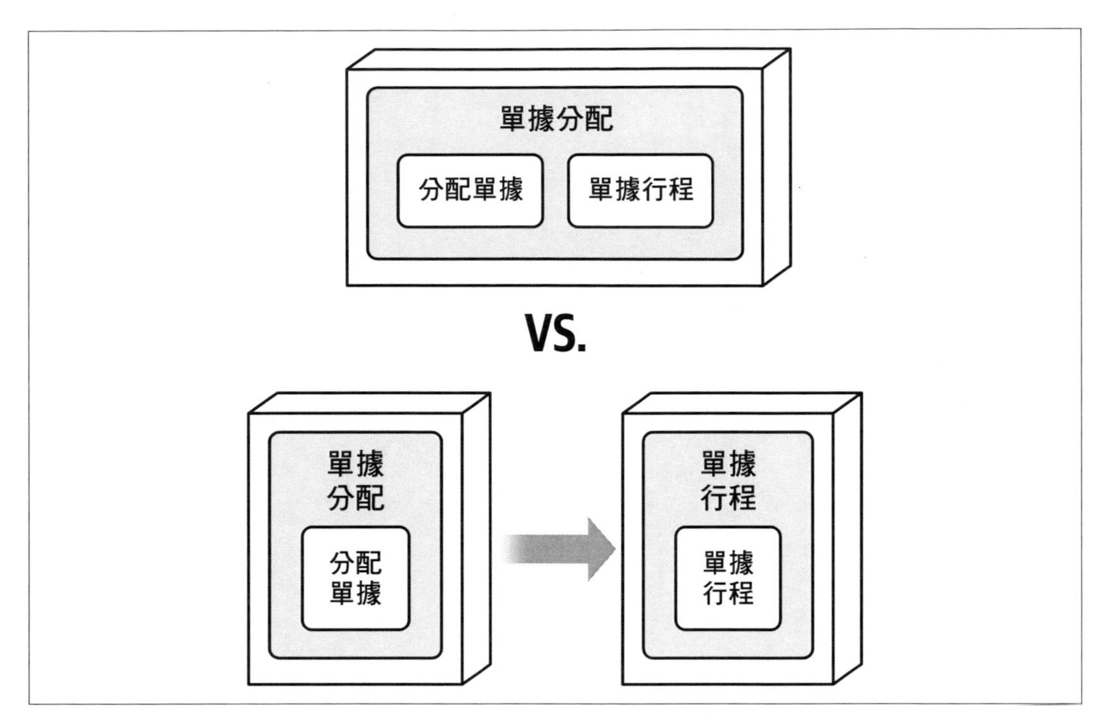

圖 7-18　單據分配和行程的選項

「看，」Skyler 說，「不將單據行程轉給專家，你就不能分配單據。所以這兩個功能是一體的。」

「不，不，不，」Taylen 說。「你不明白。如果在一定的時間內看到有專家可用，那麼就會指派這位專家。期間、行程只是一個傳輸問題。」

「如果單據行程不能傳給專家，那目前的功能會發生什麼？」Addison 問。

「選擇另一位專家，」Taylen 說。

「好吧，想一下，Taylen，」Addison 說。「如果分配和行程是兩個獨立的服務，那麼行程服務就必須與分配服務進行通訊，讓它知道無法找到專家並挑選另一位。這是兩個服務之間的大量協調工作。」

「是的，但它們仍然是兩個獨立的功能，而不是像 Skyler 所建議的一個，」Taylen 說。

「我有一個想法，」Addison 說。「我們是否都同意，分配和行程是兩個獨立的活動，但彼此緊密的同步？意思是說，一個功能沒有另一個就不能存在？」

「是的，」Taylen 和 Skyler 回答。

「在這情況下，」Addison 說，「讓我們分析一下權衡。哪一個更重要——是為了變更控制的目的而隔離分配功能，還是為了更好的性能、錯誤處理和工作流程控制而將分配和行程結合成單一服務？」

「嗯，」Taylen 說，「當你這樣說的時候，顯然地是單一服務。但我仍然想隔離分配程式碼。」

「好的，」Addison 說，「在這情況下，我們如何在單個服務中建立三個不同的架構組件？我們可以在程式碼獨立的命名空間中界定分配、行程和共享程式碼。這有幫助嗎？」

「是的，」Taylen 說，「那行得通。好吧，你們贏了。那我們就採用單一服務吧。」

「Taylen，」Addison 說，「這和贏無關，是關於為了得到最合適解決方案的分析權衡；就這樣。」

在每個人都同意分配和行程是單一的服務下，Addison 為這個決定撰寫了以下的架構決策記錄（ADR）。

ADR：單據分配和行程的合併服務

上下文

一旦建立了單據並被系統接受，就必須將它分配給專家，然後將行程傳到該專家的行動裝置。這可以經由一個單一的合併單據分配服務或獨立的單據分配和單據行程服務完成。

決策

我們將為單據分配和行程功能建立一個單一的合併單據分配服務。

單據一旦被分配，就會立即將行程轉給 Sysops Squad 的專家，所以這兩個操作是緊密束縛在一起而相互依賴。

這兩個功能的規模必須相同，所以在服務之間沒有吞吐量的差異，功能之間也不需要背壓（*https://oreil.ly/Vhjmv*）。

由於這兩個功能完全相互依賴，容錯性不是將這些功能分開的驅動因素。

使這些功能成為獨立的服務，將需要它們之間的工作流程，導致性能、容錯性和可能的可靠性問題。

結果

對分配演算法的改變（定期發生）和對行程機制的改變（不經常改變），將需要對這兩種功能進行測試和部署，導致增加測試範圍和部署風險。

Sysops Squad 傳奇：客戶註冊粒度

1 月 14 日，星期五，13:15

客戶必須在系統中註冊，以獲得對 Sysops Squad 支援計畫的存取。在註冊過程中，客戶必須提供個人資料資訊（姓名、地址、企業名稱如果有的話等）、信用卡資訊（按月計費）、密碼和安全問題資訊，以及他們希望在 Sysops Squad 支援計畫下涵蓋的已購買產品清單。

開發團隊的一些成員堅持認為這應該是一個包含所有客戶資訊的單一整合的客戶服務，但團隊的其他成員卻不同意，並且認為對這些功能的每一項都應該是一個獨立的服務（個人資料服務、信用卡服務、密碼服務和支援的產品服務）。Skyler 之前已經有 PCI 和 PII 資料方面的經驗，認為信用卡和密碼資訊應該與其餘拆開成獨立的服務，因此只有兩個服務（一個包含個人資料和產品資訊的個人資料服務，和包含信用卡和密碼資訊的獨立客戶安全服務）。這三個選項說明於圖 7-19。

由於 Addison 忙於核心單據功能，開發團隊請求 Austen 幫助解決這個粒度問題。預計這將不是一個容易的決定，特別是因為它涉及到安全性，Austen 安排與 Parker（產品所有者）和 Penultimate Electronics 安全專家 Sam 的會議討論這些選項。

「好的，我們能為你做什麼？」Parker 問道。

「嗯，」Austen 說，「我們正在糾結為註冊客戶和維護客戶相關資訊要建立多少個服務，你看，我們在這裡處理的資料主要有四塊：個人資料資訊、信用卡資訊、密碼資訊和購買的產品資訊。」

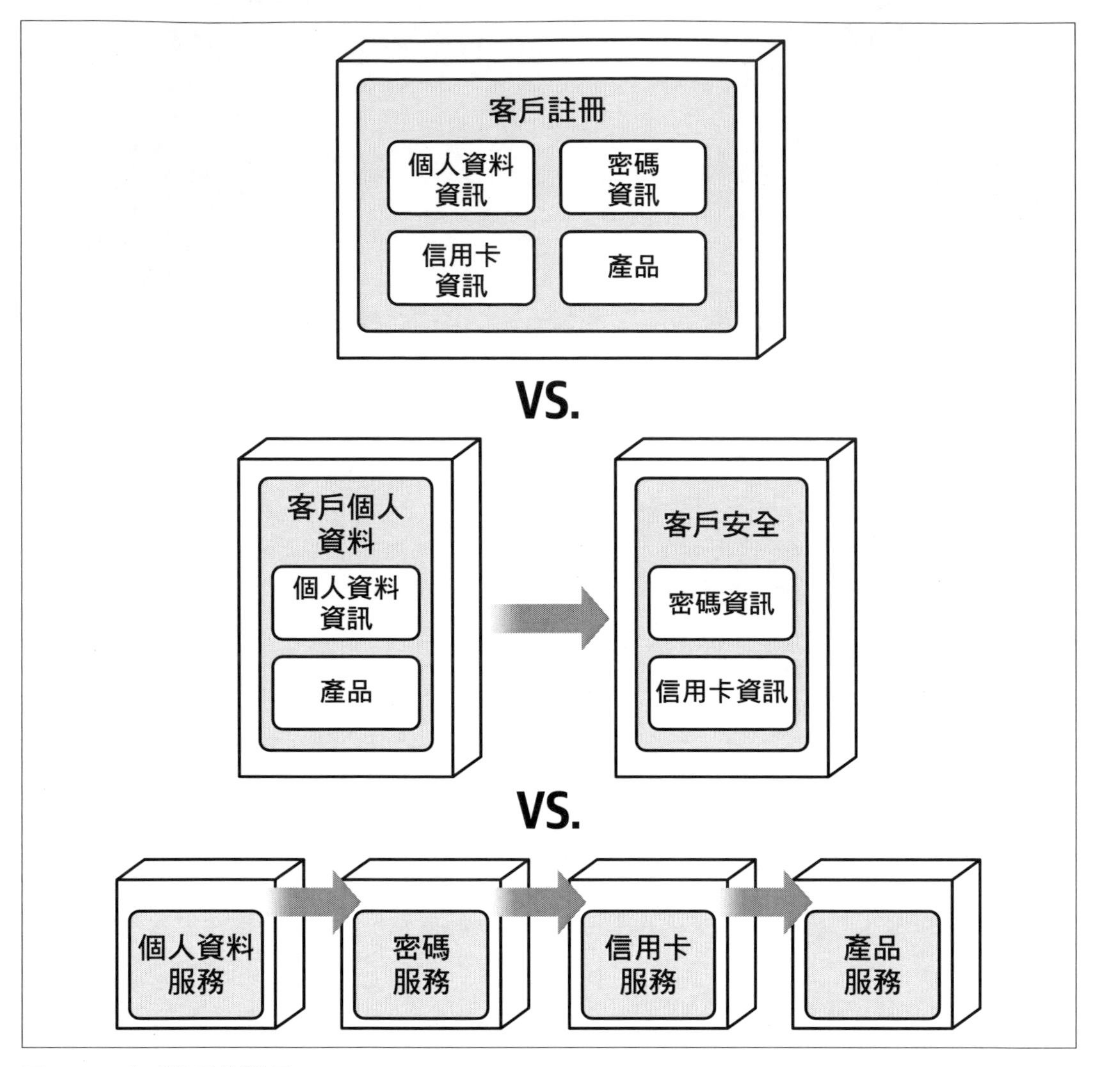

圖 7-19　客戶註冊的選項

「哇，現在等一下，」Sam 打斷了他的話。「你知道，信用卡和密碼資訊必須是安全的，對嗎？」

「我們當然知道它必須是安全的，」Austen 說。「我們正在努力解決的事實是，後端只有一個單一的客戶註冊 API，所以如果我們有獨立的服務，在註冊客戶時它們都必須協調在一起，這將需要一個分散式交易。」

「你這話是什麼意思？」Parker 問。

「嗯，」Austen 說，「我們就不能把所有的資料同步在一起作為一個工作的原子單元。」

「這不是一個選項，」Parker 說。「所有的客戶資訊要麼儲存在資料庫中，要麼不儲存。讓我換個說法。我們絕對不能有我們有一個客戶的記錄卻沒有對應的信用卡或密碼記錄的情況。*永遠不能*。」

「好的，但如何確保信用卡和密碼資訊的安全呢？」Sam 問。「在我看來，擁有獨立的服務將對這類敏感資訊的存取有更好的安全控制。」

「我想我可能有一個想法。」Austen 說。「信用卡資訊在資料庫中被標記了，對嗎？」

「標記化和加密，」Sam 說。

「很好。密碼資訊呢？」Austen 問。

「一樣，」Sam 說。

「好的，」Austen 說，「所以在我看來，我們在這裡真正需要關注的是控制對密碼和信用卡資訊的存取，要和其他與客戶有關的請求分開——你知道，像是獲取和更新個人資料資訊等等。」

「我想我明白你的問題是怎麼來的，」Parker 說。「你在告訴我，如果你把所有這些功能分成獨立的服務，你可以更好地保護對敏感資料的存取，但你不能保證我全有或全無的要求。我說的對嗎？」

「完全正確。這就是權衡，」Austen 說。

「等一下，」Sam 說。「你是否用 Tortoise 安全庫來保護 API 的呼叫？」

「是的，我們不僅在 API 層使用這些安全庫，而且也在每個服務中使用，控制經由服務網的存取。所以，本質上它是一種雙重檢查，」Austen 說。

「嗯，」Sam 說。「好的，只要你使用 Tortoise 安全框架，對單一服務我也可以接受。」

「我也是，倘若我們仍然可以有全有或全無的客戶登記過程，」Parker 說。

「那麼我想我們都同意，全有或全無的客戶註冊是一個絕對的要求，並且我們將使用 Tortoise 保持多級安全存取，」Austen 說。

「同意，」Parker 說。

「同意，」Sam 說。

Parker 注意到 Austen 是如何透過促進對話而不是控制對話來處理會議的。作為一名架構師，確認、理解和協商權衡是重要的一課。Parker 也更加理解了設計與架構之間的區別，即可以經由*設計*（使用具有特殊加密的自定義庫）而不是*架構*（將功能分解為獨立的部署單元）控制安全性。

根據與 Parker 和 Sam 的談話，Austen 做出與客戶有關的功能將經由一個單一合併領域服務管理（而不是獨立部署的服務）的決定，並為這個決定撰寫以下的 ADR。

ADR：與客戶有關功能的合併服務

上下文

客戶必須在系統中註冊，以獲得對 Sysops Squad 支援計畫的存取。在註冊過程中，客戶必須提供個人資料資訊、信用卡資訊、密碼資訊和購買的產品。這可以經由單一合併的客戶服務、針對這些功能中每一個的獨立服務、或針對敏感和非敏感性資料的獨立服務來完成。

決策

我們將為個人資料、信用卡、密碼和產品支援建立一個單一的合併客戶服務。

客戶註冊和取消訂閱功能*需要*單一的原子工作單元。單一的服務將支援 ACID 交易以滿足這個要求，而拆開的服務則不會。

在 API 層和服務網格中使用 Tortoise 安全庫將減輕對敏感資訊安全存取的風險。

結果

我們將需要 Tortoise 安全庫以確保在 API 閘道器和服務網格兩者的安全存取。

因為它是一個單一的服務，對個人資料資訊、信用卡、密碼或購買的產品等原始程式碼的改變將增加測試範圍以及增加部署風險。

結合的功能（個人資料、信用卡、密碼和購買的產品）必須作為一個單元進行擴展。

在與產品負責人和安全專家會議上討論的權衡是，*交易性與安全性*。將客戶功能分解成獨立的服務，提供了更好的安全存取，但不支援客戶註冊或退訂所需的「全有或全無」資料庫交易。然而，透過使用自定義 Tortoise 安全庫，可以舒緩安全問題。

Part II

將事物重新組合起來

試圖分割一個有內聚力的模組，只會導致增加耦合度，並降低可讀性。

—Larry Constantine

一旦一個系統被拆開，架構師們常常發現有必要將它再重新拼接起來，使它作為一個有內聚力的單元工作。如 Larry Constantine 在前面引文中如此雄辯地推斷，這並不像聽起來那麼容易，在拆開事物的時候會涉及到很多的權衡。

在本書的第二部分，我們將討論克服與分散式架構相關的一些困難挑戰的各種技術，包括管理服務通訊、合約、分散式工作流程、分散式交易、資料所有權、資料存取以及分析資料。

第一部分是關於結構；第二部分是關於通訊。一旦架構師理解了結構和導致它的決策，就是該考慮結構部分如何相互作用的時候了。

第八章

重複使用模式

2 月 2 日，星期三，15:15

當開發團隊成員從事拆開領域服務時，他們開始在關於所有共享程式碼和共享功能該做些什麼上遇到了分歧。Taylen 對 Skyler 在關於共享程式碼所作的事感到懊惱，他走到 Skyler 的辦公桌前。

「你到底在做什麼？」Taylen 問。

「我在將所有的共享程式碼移到新的工作區，這樣我們就可以從它建立一個共享 DLL，」Skyler 回答。

「一個單一的共享 DLL ？」

「這就是我的計畫，」Skyler 說。「無論如何，大多數服務都需要這些東西，所以我打算建立一個所有服務都能使用的單一 DLL。」

「這是我聽過最糟糕的想法，」Taylen 說。「每個人都知道你應該在一個分散式架構中有多個共享庫！」

「在我看來不是，」Skyler 說。「在我看來，管理單一的共享庫 DLL 比管理幾十個共享庫要容易得多。」

「鑒於我是這個應用程式的技術負責人，我要你把這個功能分成獨立的共享庫。」

「好吧，好吧，我想我可以把所有的授權移到它自己的獨立 DLL 中，如果這能讓你高興的話。」Skyler 說。

「什麼？」Taylen 說。「授權碼必須是一個共享服務，你知道—— 不是在一個共享庫裡。」

「不，」Skyler 說。「那授權碼應該在一個共享的 DLL 中。」

「你們那邊在吵什麼？」Addison 問。

「Taylen 要將授權功能放在一個共享服務內。那太瘋狂了。我認為它應該放在共同的共享 DLL 中，」Skyler 說。

「不可能，」Taylen 說。「它必須在它自己獨立的共享服務中。」

「而且，」Skyler 說，「Taylen 堅持要讓共享功能有多個共享庫，而不是單一的共享庫。」

「告訴你們吧，」Addison 說。「讓我們看看共享庫粒度的權衡，也看看共享庫和共享服務之間的權衡，看看我們是否能以更合理、更周到的方式解決這些問題。」

程式碼重複使用是軟體開發的正常部分。像是格式化器、計算器、驗證器和審計等常見的商務領域功能，通常在多個組件中共享，像是安全性、日誌和指標收集等常見的基礎架構功能也是如此。在大多數整體式架構中，很少考慮程式碼重複使用——只是簡單地導入或自動注入共享類別檔案。然而，在分散式架構中，如圖 8-1 所示，事情會變得有點複雜，因為出現了關於如何處理共享功能的問題。

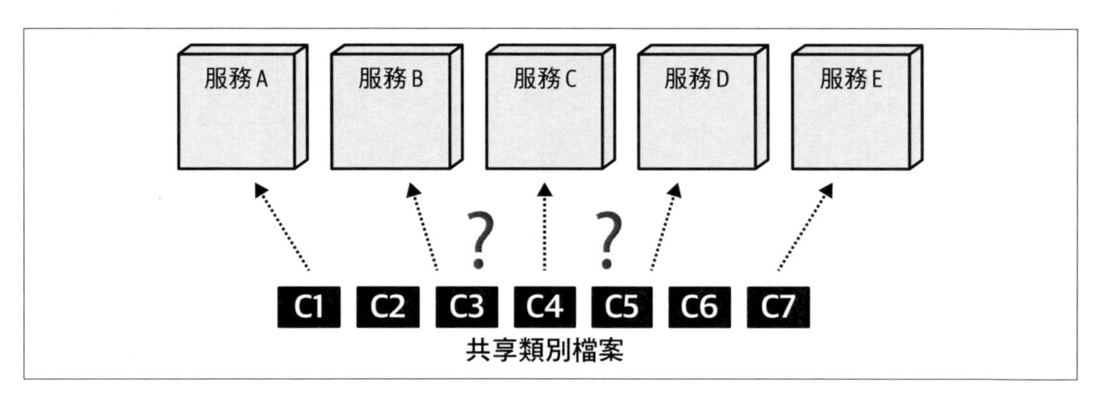

圖 8-1　程式碼重複使用是分散式架構的困難部分

在像是微服務和無伺服器環境等高度分散式架構中，架構師們經常吹噓像是「重複使用就是濫用！」和「什麼都不共享！」的說法，試圖減少這些類型架構中的共享程式碼數量。這些環境中的架構師甚至被發現藉由使用一個稱為 WET（每次都寫，或一切都寫兩遍）的對立縮寫，對著名的 DRY 原則（*https://oreil.ly/dTVrX*）（不要重複自己）提出了反對意見。

雖然開發者該試著限制分散式架構中程式碼重複使用的數量，但這是軟體開發中的一個事實，必須解決，尤其是在分散式架構中。在本章，我們將介紹在分散式架構中管理程式碼重複使用的一些技術，包括複製程式碼、共享庫、共享服務以及服務網中的側邊車。對這些選項中的每一項，我們也討論了每種方法的優點、缺點和權衡。

程式碼複製

在程式碼複製中，共享程式碼被複製到每個服務（或更具體地說，每個服務原始程式碼庫），如圖 8-2 所示，從而完全避免了程式碼共享。雖然聽起來可能很瘋狂，但這種技術在微服務的早期變得很流行，當時對**有界上下文**概念產生了很多困惑和誤解，因此推動建立一個「無共享架構」。在理論上，程式碼複製在當時似乎是一種減少程式碼共享的好方法，但在實踐中它很快就崩潰了。

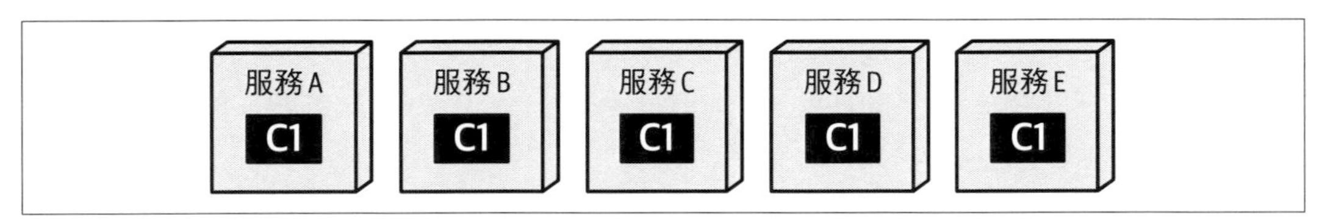

圖 8-2　用複製，共享功能被複製到每個服務

雖然今天程式碼複製用得不多，但它仍然是解決跨多個分散式服務的程式碼重複使用的有效技術。使用這種技術應該非常謹慎，原因很明顯，如果在程式碼中發現錯誤或是需要對程式碼進行重要修改，那麼更新含複製程式碼的所有服務將非常困難和耗時。

然而，有時這種技術可以證明是有用的，特別是對於大多數（或所有）服務需要的高度靜態一次性程式碼。例如，考慮範例 8-1 中的 Java 程式碼和範例 8-2 中對應的 C# 程式碼，這些程式碼確定服務中代表服務入口點的類別（通常是服務中符合 REST 規範的 API 類別，稱為 RESTful API）。

範例 8-1　定義服務入口點注釋的原始程式碼 (Java)

```
@Retention(RetentionPolicy.RUNTIME)
@Target(ElementType.TYPE)
public @interface ServiceEntrypoint {}

/* 用法：
@ServiceEntrypoint
public class PaymentServiceAPI {
   ...
```

```
}
*/
```

範例 *8-2* 定義服務入口點屬性的原始程式碼 *(C#)*

```
[AttributeUsage(AttributeTargets.Class)]
class ServiceEntrypoint : Attribute {}

/* 用法：
[ServiceEntrypoint]
class PaymentServiceAPI {
   ...
}
*/
```

注意範例 8-1 中的原始程式碼實際上不包含任何功能。注釋只是一個標記（或標籤），用於識別代表服務入口點的特定類別。然而，這個簡單的注釋對於放置關於特定服務的其他元資料注釋非常有用，包括服務類型、領域、有界上下文等；關於這些元資料自定義注釋的描述，請參考 Kevlin Henney 和 Trisha Gee（O'Reilly）所著的《*97 Things Every Java Programmer Should Know*》第 89 章。

這種原始程式碼是複製很好的候選者，因為它是靜態的，而且不包含任何錯誤（並且將來很可能也不會）。如果這是一個獨特的一次性類別，可能值得把它複製到每個服務程式碼存儲庫，而不是為它建立一個共享庫。也就是說，我們一般鼓勵在選擇程式碼複製技術之前，先研究本章介紹的其他程式碼共享技術。

雖然複製技術保留了有界上下文，但是如果程式碼確實需要更改，它的確會使應用更改變得很困難。表 8-1 列出了與這技術相關的各種權衡。

權衡

表 8-1　程式碼複製技術的權衡

優勢	劣勢
保留了有界上下文	難以應用程式碼更改
沒有程式碼共享	跨服務的程式碼不一致
	沒有跨服務的版本控制能力

何時使用

當開發者有簡單的靜態程式碼（如注釋、屬性、簡單的共用工具等），這些要麼是一次性的類別，要麼是不太可能因為缺陷或功能改變而改變的程式碼，複製技術是一個很好的方法。然而，如前所述，我們鼓勵在接受程式碼複製技術之前，探索其他的程式碼重複使用選項。

當從整體式架構遷移到分散式架構時，我們也發現，複製技術有時可以對常見的靜態實用類別有作用。例如，藉由將 C# 的 `Utility.cs` 類別複製到所有服務，每個服務現在可以移除（或增強）`Utility.cs` 類別，以適應它特定的需求，因此消除了不必要的程式碼，並允許實用類別為每個特定上下文發展（類似於第 3 章中描述的戰術性分叉技術）。同樣地，這種技術的風險是，因為每個服務的程式碼都是重複的，所以缺陷或改變很難傳播到所有服務。

共享庫

共享程式碼最常見的技術之一是使用共享庫。共享庫是一個包含被多個服務使用的原始程式碼，通常在編譯時綁定到服務上的外部工件（如 JAR 檔案、DLL 等）（參閱圖 8-3）。儘管共享庫技術看起來簡單明瞭，但它有它的複雜性和權衡，其中最重要的是共享庫的粒度和版本控制。

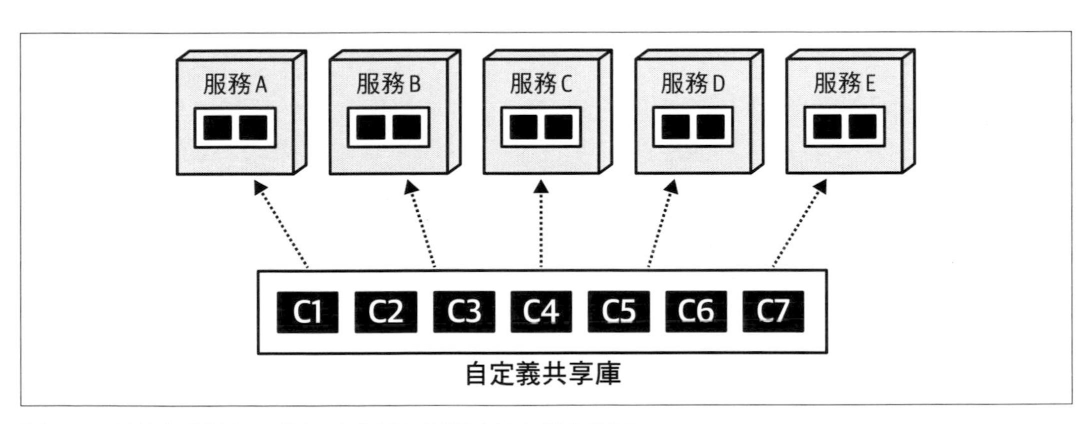

圖 8-3　用共享庫技術，共同程式碼在編譯時被合併和共享

相依性管理和變更控制

類似於服務粒度（在第 7 章中討論），對共享庫的粒度也有相關的權衡。與共享庫形成權衡的兩種對立力量是相依性管理和變更控制。

考慮圖 8-4 所示的粗粒度共享庫。注意雖然相依性管理相對簡單（每個服務使用單一的共享庫），但變更控制卻不是。如果粗粒度共享庫中的任何一個類別檔案發生了改變，**每個**服務，不管它是否關心這個改變，最終都會因為共享庫版本的棄用而必須採用這個變化。這迫使所有使用這個共享庫的服務進行不必要的重新測試和重新部署，因此顯著地增加了共享庫變更的整體測試範圍。

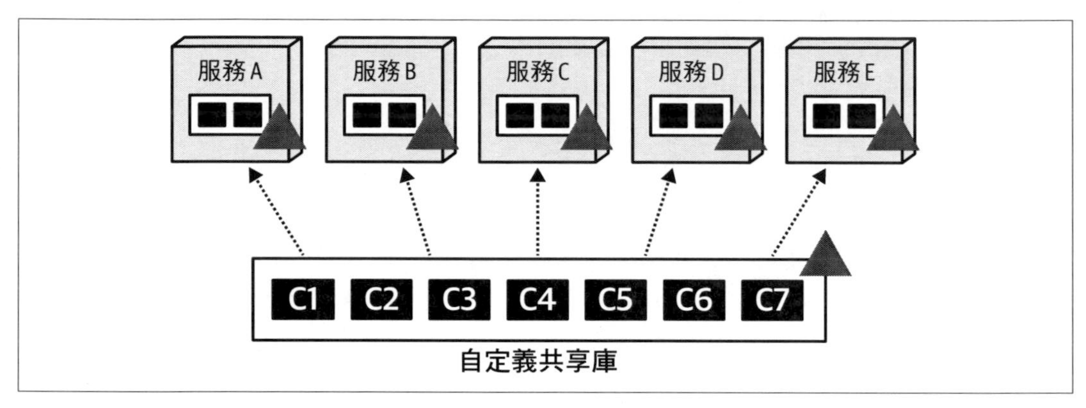

圖 8-4　對粗粒度共享庫的變更影響到多個服務，但保持較低的相依性

將共享程式碼分解成較小基於功能的共享庫（如安全性、格式化器、注釋、計算器等），對變更控制和整體可維護性更有利，但不幸的是在相依性管理方面卻容易造成混亂。如圖 8-5 所示，共享類別 C7 的變更只影響到服務 D 和服務 E，但管理共享庫和服務之間的相依性矩陣很快就會開始看起來像一個大的分散式泥球（或某些人所說的**分散式整體**）。

在只有少數服務的情況下，共享庫粒度的選擇可能並不重要，但隨著服務數量的增加，與變更控制和相依性管理相關的問題也會增加。想一下一個有 200 個服務和 40 個共享庫的系統——它很快就會變得太過複雜和不可維護。

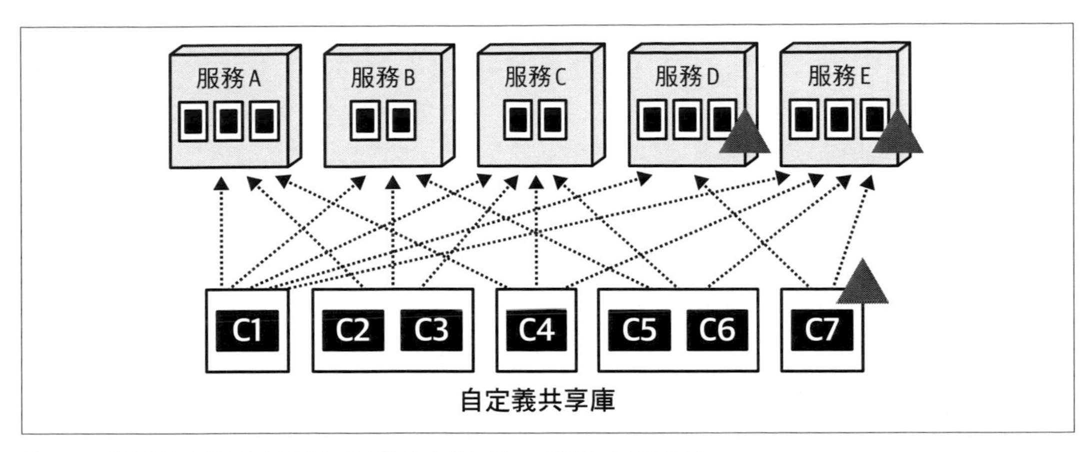

圖 8-5　對細粒度共享庫的變更影響較少的服務，但增加了相依性

鑒於變更控制和相依性管理的這些權衡，我們的建議是一般要避免大的、粗粒度的共享庫，並盡可能地爭取更小的、功能分區的庫，因此有利於變更控制而不是相依性管理。例如，將像是格式化器和安全性（認證和授權）相對靜態的功能，分割到它們自己的共享庫，可以隔離這些靜態程式碼，因而減少其他共享功能的測試範圍和不必要的版本棄用部署。

版本控制策略

我們關於共享庫版本控制的一般建議是，**總是使用版本控制**！對共享庫版本控制不僅可以提供向後相容性，還可以有高程度的敏捷性——對變更快速反應的能力。

為了說明這一點，考慮一個被 10 個服務使用，含有共用欄位驗證規則稱為 *Validation.jar* 的共享庫。假設這些服務中的一個需要立即變更其中一個驗證規則，藉由對 *Validation.jar* 檔案的版本控制，需要變更的服務可以立即納入新的 *Validation.jar* 版本並立即部署到生產，而不會對其他 9 個服務有任何影響。沒有版本控制，當進行共享庫變更時，所有 10 個服務都必須測試和重新部署，因此增加了共享庫變更的時間和協調量（因此敏捷性降低）。

雖然前面的建議似乎很明顯，但在版本控制中存有權衡和隱藏的複雜性。事實上，版本控制可能非常複雜，以致於本書作者經常認為版本控制是分散式運算的第九大謬誤（*https://oreil.ly/a9ADS*）：「版本控制很簡單」。

共享庫版本控制主要的複雜性之一是傳達版本變更。在有多個團隊的高度分散式架構中，通常很難將版本變更傳達到一個共享庫。其他團隊要如何知道 *Validation.jar* 只增加到 1.5 版本？這些變更是什麼？哪些服務受到影響？哪些團隊受到影響？即使有大量管理共享庫、版本和變更文件的工具（如 JFrog Artifactory（*https://jfrog.com/artifactory*）），版本變更還是必須在正確的時間協調並傳達給正確的人。

另一個複雜性是舊版本共享庫的棄用——移除那些在某個日期後不再支援的版本。棄用策略的範圍從**自定義**（針對個別共享庫）一直到**全域**（針對所有共享庫）。而且，毫不奇怪地，這兩種方法都涉及到權衡。

為每個共享庫指定一個自定義的棄用策略通常是理想的方式，因為庫的變化率不同。例如，如果 *Security.jar* 共享庫不常改變，只維護兩到三個版本是一個合理的策略。但是，如果 *Calculators.jar* 共享庫每週都有改變，只維護兩到三個版本意味著使用這共享庫的所有服務將以月為基礎（甚至是以週）納入一個新的版本——導致大量不必要的頻繁重新測試和重新部署。因此，由於改變的頻率，維護 10 個版本的 *Calculators.jar* 將是一個更合理的策略。然而，這種方式的權衡是必須有人維護和追蹤**每個共享庫**的棄用情況。這有時可能是一項艱巨的任務，絕對不適合膽小的人。

因為各種共享庫之間的改變是可變的，所以全域棄用策略雖然比較簡單，但卻是一個效率較低的方式。全域棄用策略規定，**所有**的共享庫無論變化速率如何，都不支援超過一定數量的舊版本（例如四個）。雖然這很容易維護和管理，但它會造成顯著的**折騰**——不斷地重新測試和重新部署服務——只是為了維持與一個經常變化的共享庫最新版本相容。這可能會使團隊發瘋，並顯著地降低團隊的整體速度和生產力。

無論使用何種棄用策略，共享程式碼的嚴重缺陷或破壞性改變都會使任何一種棄用策略失效，導致**所有**服務立刻（或在很短的時間內）採用共享庫的最新版本。這是我們建議保持共享庫為適當的細粒度，並避免包含系統中所有共享功能的粗粒度 *SharedStuff.jar* 類別庫的另一個原因。

關於版本控制的最後一個建議是：在指定服務需要哪個版本的庫時，避免使用 LATEST 版本。根據我們的經驗，使用 LATEST 版本的服務在快速修復或緊急熱部署到生產中時會遇到一些問題，因為 LATEST 版本中的某些東西可能與服務不相容，因此對團隊將服務發布到生產中，會造成額外的開發和測試工作。

雖然共享庫技術允許對更改做版本控制（因此為共享程式碼更改提供了好的敏捷性），但相依性管理可能是困難和混亂的。表 8-2 列出了與這種技術相關的各種權衡。

權衡

表 8-2 共享庫技術的權衡

優勢	劣勢
版本改變的能力	相依性可能難以管理
共享程式碼是基於編譯的，減少了執行期錯誤	異質程式碼庫中的程式碼複製
對共享的程式碼更改有好的敏捷性	版本棄用可能是困難的
	版本通訊可能是困難的

何時使用

對於共享程式碼改變較少或中等的同質環境，共享庫技術是一個好方法。版本的能力（雖然有時很複雜）允許在進行共享程式碼更改時有好的敏捷性。因為共享庫通常在編譯時綁定到服務上，所以像是性能、可擴展性和容錯性等操作特性不會被影響，而且因為版本控制，改變共用程式碼而破壞其他服務的風險較低。

共享服務

為了共享功能而使用共享庫的主要替代方法是用共享服務。說明於圖 8-6 的**共享服務技術**，藉由將共享功能安置在一個獨立部署的服務中，避免了重複使用。

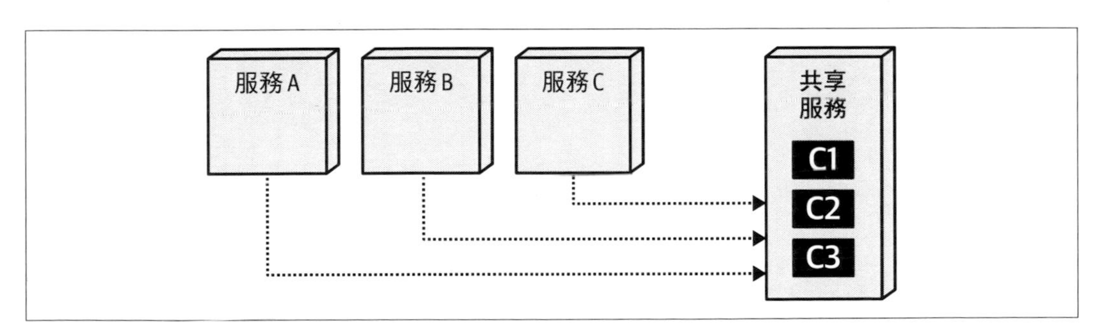

圖 8-6 使用共享服務技術，共同的功能在執行期經由獨立的服務成為可用

關於共享服務技術的一個區分因素是，共享程式碼必須採用**組合**的形式，而不是**繼承**。雖然從原始程式碼設計的角度來看，關於使用組合而不是繼承有很多爭論（參考 Thoughtworks 的文章「Composition vs. Inheritance: How to Choose」（*https://oreil.ly/LMmZH*），以及 Martin Fowler 的文章「Designed Inheritance」（*https://oreil.ly/bW8CH*）），在選擇程式碼重複使用技術，特別是用共享服務技術時，**架構地**組合與繼承很重要。

在過去，共享服務是解決分散式架構中共享功能的常用方法，對共享功能的改變不再需要重新部署服務；相反地，由於改變被隔離到一個單獨的服務中，因此不需要重新部署需要共享功能的其他服務，就可以部署它們。然而，就像軟體架構中的一切，許多權衡與使用共享服務有關，包括了變更風險、性能、可擴展性和容錯性。

變更風險

用共享服務技術改變共享功能原本就是一把雙刃劍。如圖 8-7 的說明，改變共享功能是修改包含在一個單獨服務（像是折扣計算器）中共享程式碼的簡單事情，重新部署這服務，瞧，不必重新測試和重新部署需要這共享功能的任何其他服務，現在所有的服務都可以使用這些改變了。

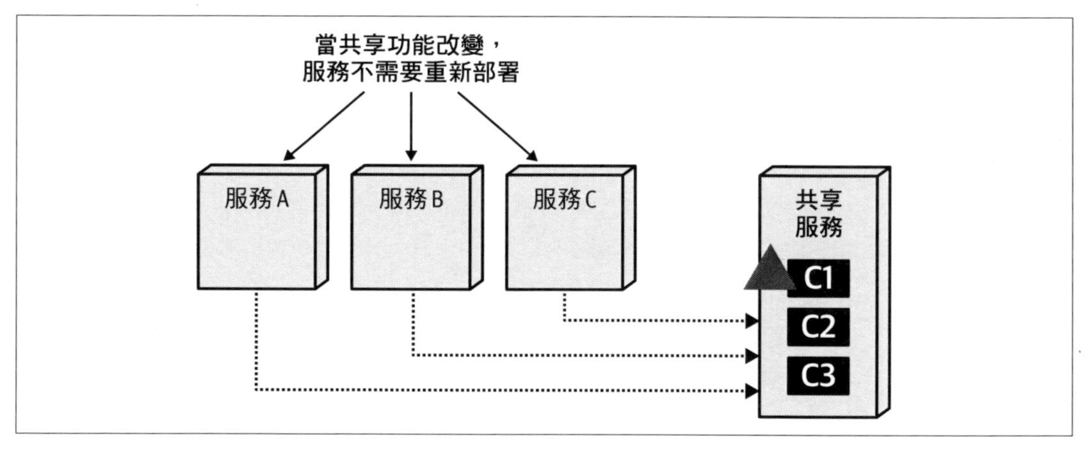

圖 8-7　共享功能的改變被隔離到只在共享服務中

如果生活這麼簡單就好了！當然，問題是對共享服務的改變是**執行期**的改變，而不是共享庫技術的**基於編譯**的改變。因此，共享服務中的「簡單」改變可能會有效地關閉整個系統，如圖 8-8 所示。

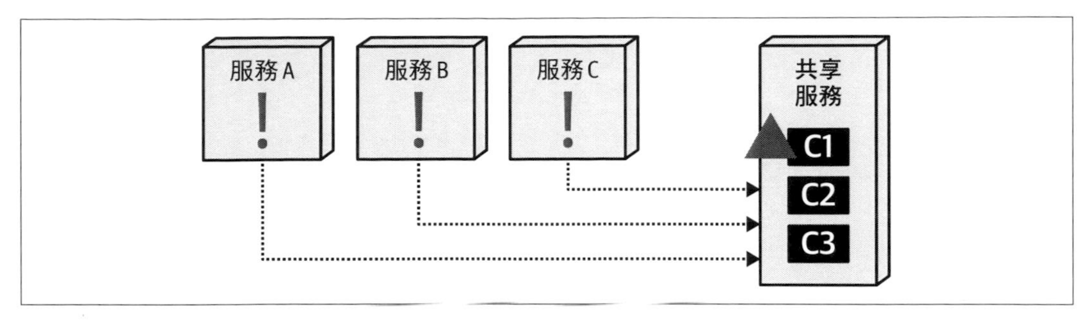

圖 8-8　對一個共享服務的改變可以在執行期破壞其他的服務

這必然會將版本控制的話題帶到前沿。在共享庫技術中，版本控制是經由編譯時的綁定來管理，顯著地降低與共享庫改變相關的風險。然而，一個版本的簡單共享服務如何改變？

當然，直接的反應是使用 API 端點版本控制——換句話說，建立一個包含每個共享服務改變的新端點，如範例 8-3 所示。

範例 8-3　有共享服務端點版本控制的折扣日曆

```
app/1.0/discountcalc?orderid=123
app/1.1/discountcalc?orderid=123
app/1.2/discountcalc?orderid=123
app/1.3/discountcalc?orderid=123
最新改變 -> app/1.4/discountcalc?orderid=123
```

使用這種方法，每次共享服務改變時，團隊都會建立一個包含新版本 URI 的新 API 端點。不難看出這種做法帶來的問題；首先，存取折扣計算器服務的服務（或每個服務的對應配置）必須改變以指向正確的版本。其次，團隊應該在什麼時候建立一個新的 API 端點？關於一個簡單錯誤訊息的改變呢？關於一個新的計算呢？在這一點上，版本控制開始變得非常主觀，並且使用共享服務的服務仍然必須改變以指向正確的端點。

API 端點版本控制的另一個問題是，它假設對共享服務的所有存取都是經由 RESTful API 呼叫，透過閘道或透過點對點通訊進行的。但是，在某些情況下，經由服務間通訊對共享服務的存取通常是經由其他類型的協定進行，像是訊息傳遞和 gRPC（*https://grpc.io*）（除了 RESTful API 呼叫以外）。這讓變更的版本控制更加複雜，也使得在多個協定之間協調版本變得困難。

最重要的是，在共享服務技術中，對共享服務的改變本質上通常是執行期的，因此比共享庫帶來更大的風險。雖然版本控制可以幫助減少這種風險，但它的應用和管理比共享庫複雜得多。

性能

因為需要共享功能的服務必須對共享服務進行服務間呼叫，由於網路的延遲（和安全性延遲，假設共享服務的端點是安全的），性能會受到影響。在存取共享程式碼時，共享庫技術並不存有圖 8-9 所示的這種權衡。

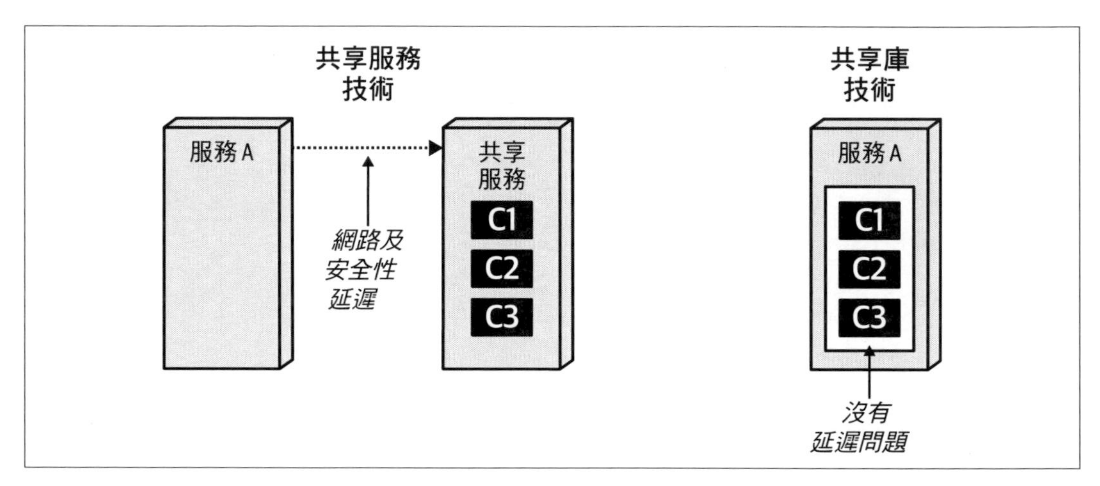

圖 8-9　共享服務引入了網路和安全性延遲

使用 gRPC 可以藉由顯著地減少網路延遲來幫助緩解一些性能問題，也可以使用像是訊息傳遞的非同步協定。使用訊息傳遞，需要共享功能的服務可以經由請求佇列而發出請求，執行其他工作，而且一旦需要，可以經由用相關 ID 的單獨回覆佇列檢索結果（關於訊息傳遞技術的更多資訊，請參考 Mark Richards 等人所著的《*Java Message Service, Second Edition*》（O'Reilly））。

可擴展性

共享服務技術的另一個缺點是，共享服務必須隨使用共享服務的服務擴展而擴展。這有時候對管理會是個混亂，特別是當多個服務同時存取同一個共享服務時。然而，如圖 8-10 所示，因為共享功能在編譯時被包含在服務中，所以共享庫技術沒有這個問題。

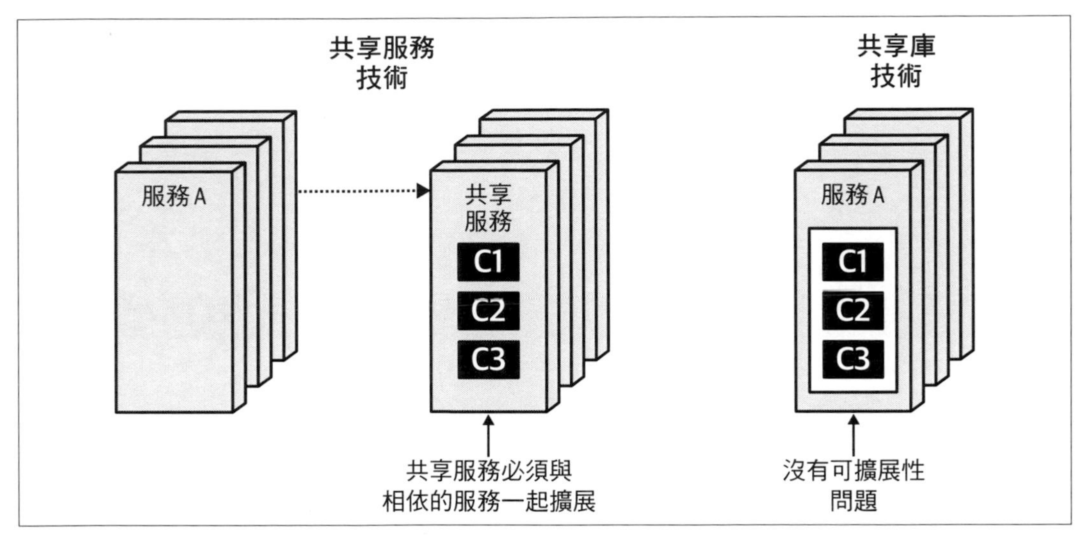

圖 8-10　當相依的服務擴展時共享服務也必須擴展

容錯性

雖然容錯性問題通常可以經由一個服務的多個實例來舒緩，但儘管如此，當使用共享服務技術時，這仍然是一個需要考慮的權衡。如圖 8-11 所示，如果共享服務變成不可用的，則需要共享功能的服務將呈現無法操作，直到共享服務可用為止。因為共享功能在編譯時就包含在服務中，且因此可以經由標準方法或函式呼叫存取，所以共享庫技術沒有這個問題。

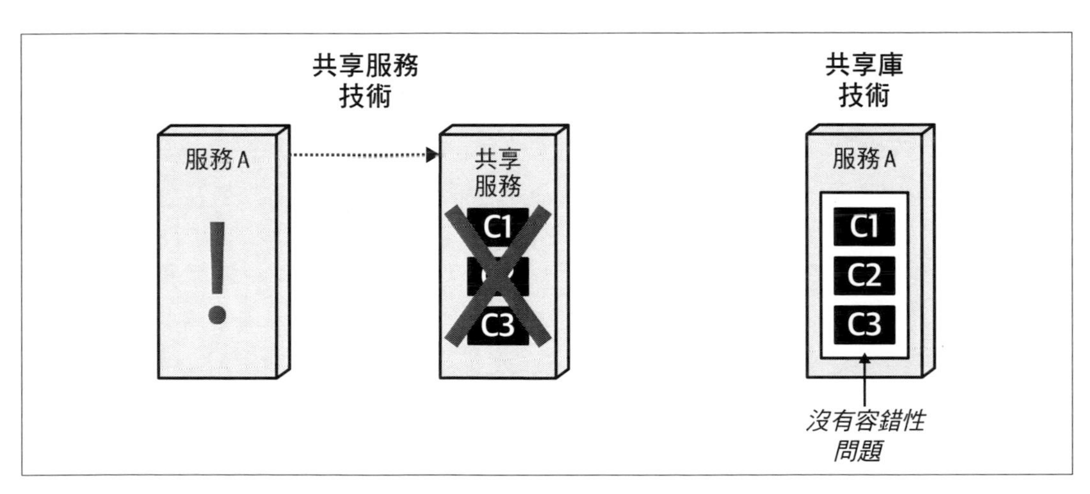

圖 8-11　共享服務引入容錯性問題

雖然共享服務技術保留了有界上下文，並且有利於經常改變的共享程式碼，但像是性能、可擴展性和可用性等操作特性會受到影響。表 8-3 列出了與這種技術相關的各種權衡。

權衡

表 8-3　共享服務技術的權衡

優勢	劣勢
有利於高程式碼易變性	版本改變可能很困難
在異質程式碼庫中沒有程式碼複製	由於延遲，性能受到影響
保留了有界上下文	由於服務相依性而導致的容錯性和可用性問題
沒有靜態程式碼共享	由於服務相依性而導致的可擴展性和吞吐量問題
	由於執行期改變而增加風險

何時使用

共享服務技術適用於高度多語言環境（那些有多種異質性語言和平台的環境），也適用於共享功能傾向於經常改變的情況。雖然共享服務的改變傾向在總體上比共享庫技術要更敏捷，但要注意執行期的副作用和需要共享功能服務的風險。

側邊車和服務網格

對於架構師提出的任何問題，也許最常見的回應是「這要看情況！」，分散式架構中沒有議題能比操作耦合更好的說明這種模糊性。

微服務架構的設計目標之一是高度解耦，這通常顯現在「複製優於耦合」的建議。例如，假設兩個 Sysops Squad 服務需要傳遞客戶資訊，但領域驅動設計有界上下文堅持實作細節對服務保持私有。因此，一個常見的解決方案是允許每個服務有自己像是 `Customer` 實體的內部表示，以像是 JSON 中名 - 值對寬鬆耦合方式傳遞這資訊。注意這允許每個服務隨意改變它的內部表示，包括技術堆疊，而不會破壞整合。架構師通常不喜歡複製程式碼，因為它會導致同步問題、語義漂移和其他一大堆問題，但有時存在比複製問題更糟糕的力量，而微服務中的耦合通常就適合這個條件。因此，在微服務架構中，對於「我們應該複製還是耦合某些能力？」這個問題的答案可能是*複製*，而在另一種像是基於服務架構的架構樣式中，正確的答案可能是*耦合*。這要看情況！

在設計微服務時，架構師已經接受了實作複製的現實以保持解耦。但是，關於那些*受益於高耦合能力*的類型呢？例如，考慮常見的操作能力，像是監控、日誌、認證和授權、斷路器，以及每個服務應該有的一大堆其他操作能力。但是允許每個團隊管理這些相依性通常會陷入混亂。例如，考慮像 Penultimate Electronics 這樣的公司，試圖在共同的監控解決方案上標準化，以使各種服務更容易操作。然而，如果每個團隊負責為他們的服務實作監控，運營團隊要如何能確定他們做到了呢？還有，關於像是統一升級的問題怎麼辦？如果監控工具需要在整個組織內升級，團隊如何協調？

過去幾年在微服務生態系統中出現的通用解決方案，是藉由使用側邊車模式以一種優雅的方式解決這個問題。這種模式是基於由 Alistair Cockburn 所定義更早的架構模式，被稱為*六邊形架構*，如圖 8-12 所示。

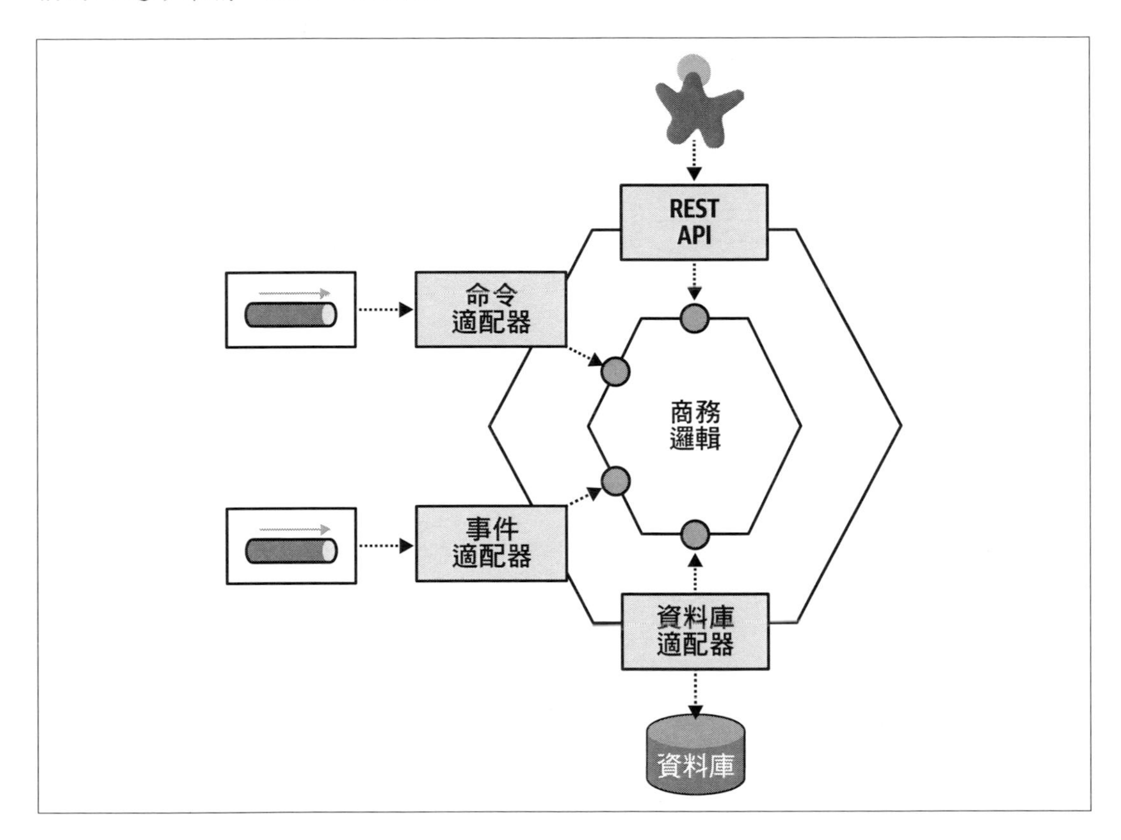

圖 8-12　六邊形模式將領域邏輯與技術耦合分離

在這種六邊形模式中，我們現在所稱的領域邏輯位於六邊形的中心，它被生態系統其他部分的埠和適配器所包圍（事實上，這種模式也被稱為*埠和適配器模式*）。雖然比微服務早了若干年，這種模式相似於現代微服務，但有一個明顯的區別：資料的保真度。六邊形架構將資料庫視為另一個可以插入的適配器，但 DDD 的見解之一建議，資料模式和交易性應該在內部——類似微服務。

側邊車模式利用與六邊形架構相同的概念，即它將領域邏輯與技術（基礎架構）邏輯解耦。例如，考慮如圖 8-13 所示的兩個微服務。

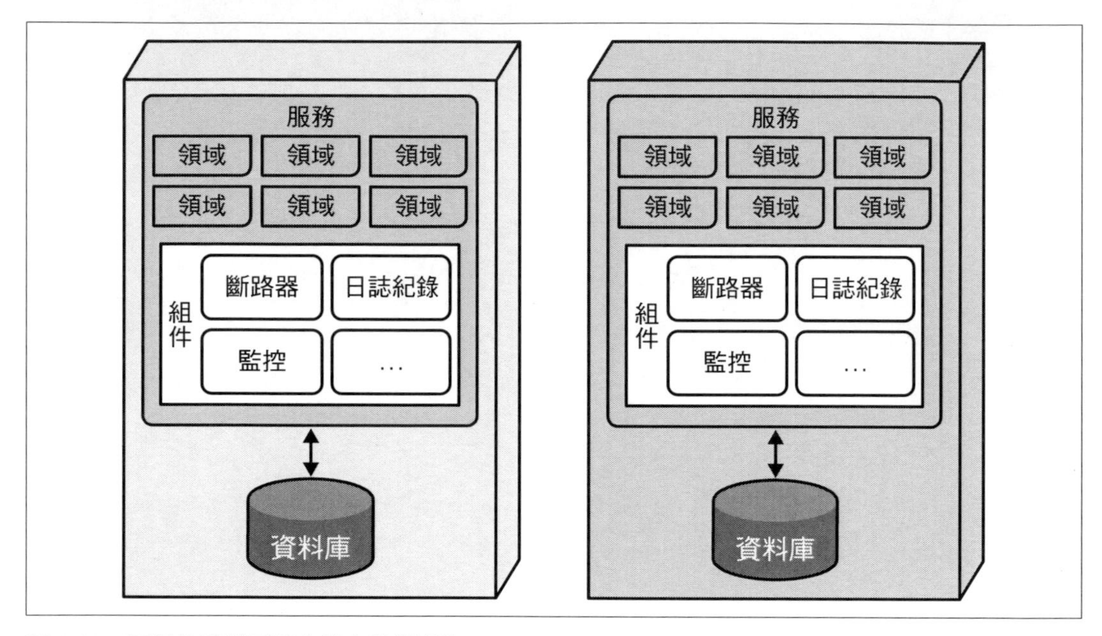

圖 8-13　兩個共用相同操作能力的微服務

在這裡，每個服務都包括操作關注點（服務底部較大的組件）和領域關注點之間的分割，如圖中服務頂部標有「領域」的方框。如果架構師在操作能力上想要一致性，那麼可分離的部分就會進入一個側邊車組件，這隱喻地以連接到摩托車上的側邊車命名（*https://oreil.ly/EcBuk*），它的實作要麼是跨團隊的共同責任，要麼由集中的基礎架構群組管理。如果架構師可以假設每個服務都包含側邊車，那麼它會形成一個跨服務的一致性操作介面，通常經由服務平面連接，如圖 8-14 所示。

如果架構師和操作可以安全地假設每個服務都包含側邊車組件（由適應度函數管理），那麼它就形成了一個服務網格，說明如圖 8-15。每個服務右邊的盒子都相互連接，形成一個「網格」。

有了網格結構讓架構師和 DevOps 建立儀錶盤，控制像是規模以及其他一大堆能力的操作特性。

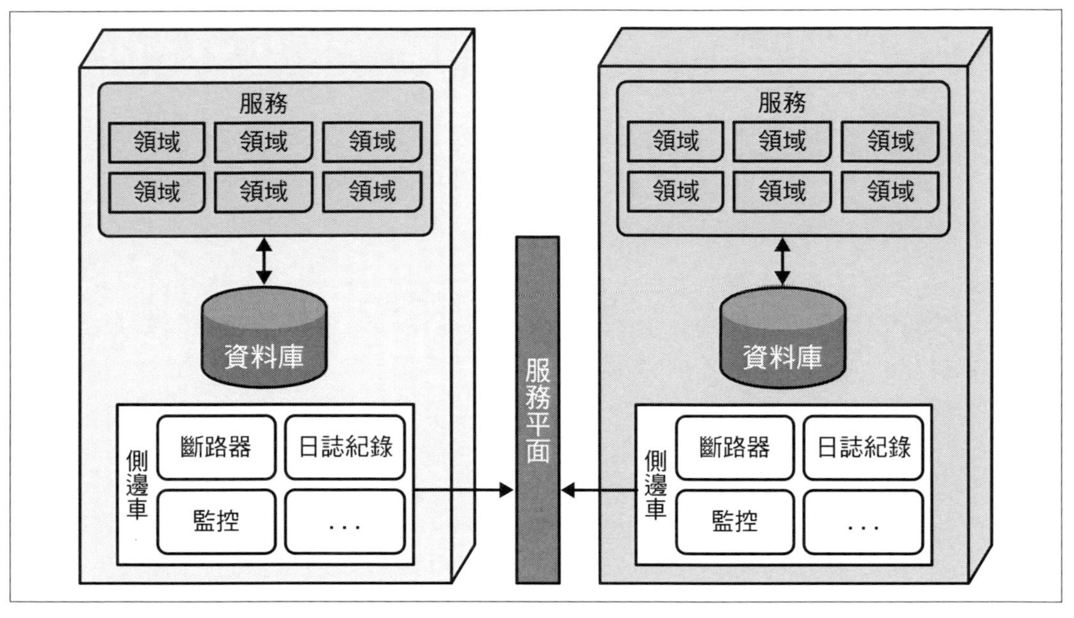

圖 8-14　當每個微服務包括一個共同組件時，為了一致的控制，架構師可以在它們之間建立連結

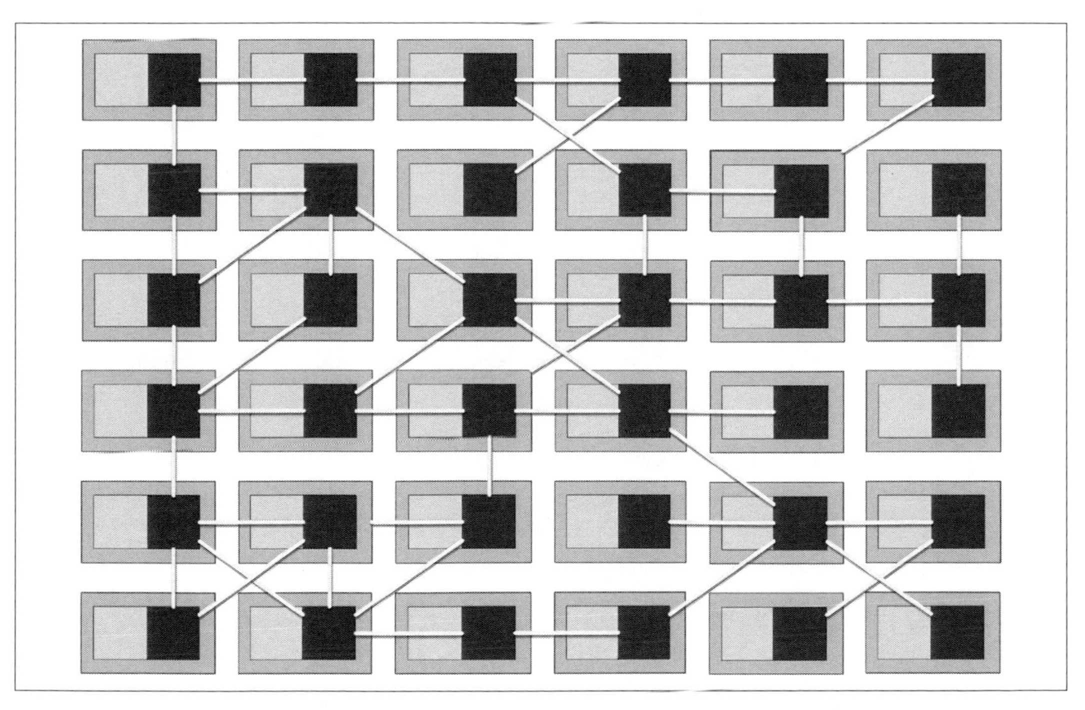

圖 8-15　服務網格是服務之間的一個操作鏈接

側邊車模式允許像企業架構師這樣的管理群組對過多的多語言環境進行合理的約束：微服務的優勢之一是依賴於整合而不是共同平台，允許團隊在逐個服務的基礎上選擇正確的複雜性和能力程度。然而，隨著平台數量的擴大，統一的管理變得更加困難。因此，團隊經常使用服務網格的一致性作為驅動因素，以支援基礎架構和跨多個異質平台的其他交叉關注。例如，若沒有服務網格，如果企業架構師想要統一圍繞一個共同的監控解決方案，則團隊必須為每個支援這解決方案的平台建立一個側邊車。

側邊車模式不僅代表了一種將操作能力與領域解耦的方式——它是一種**正交重複使用**的模式，用以解決特定類型的耦合（參閱下方的「正交耦合」）。通常，架構解決方案需要一些類型的耦合，比如我們目前的領域與操作耦合的例子。正交重複使用模式，提供了一種重複使用某些與架構中的一個或多個接縫相反面向的方法。例如，微服務架構是圍繞領域組織的，但操作耦合需要跨越這些領域。側邊車允許架構師將這些關注點隔離在一個交叉但一致貫穿架構的層中。

正交耦合

在數學中，如果兩條線以直角相交，那麼它們就是**正交的**，這也意味著獨立性。在軟體架構中，架構的兩個部分可能是**正交耦合的**：兩個不同目的但仍然必須相交才能形成完整的解決方案。本章中明顯的例子是一個像是監控的操作問題，它是必要的，但獨立於領域行為，例如目錄結帳。認識正交耦合讓架構師找到使關注點之間糾纏最少的交叉點。

雖然側邊車模式提供了一個很好的抽象概念，但它像其他所有的架構方法一樣也有一些權衡，如表 8-4 所示。

權衡

表 8-4　側邊車模式 / 服務網格技術的權衡

優勢	劣勢
提供一致的方法來建立隔離的耦合	每個平台必須實作一個側邊車
允許一致的基礎架構協調	側邊車組件可能會變大 / 複雜
每個團隊的、集中的、或組合的所有權	

何時使用

側邊車模式和服務網格提供了一種乾淨的方式，可以在分散式架構中傳播某種交叉關注點，而且不只是可以用於操作耦合（參閱第 14 章）。它提供了一種與來自《Gang of Four *Design Patterns*》（Addison-Wesley）書中「Decorator Design Pattern」（*https://oreil.ly/4hYmI*）相當的架構——它允許架構師在獨立於正常連接的分散式架構中「裝飾」行為。

Sysops Squad 傳奇：共用基礎架構邏輯

2 月 10 日，星期四，10:34

Sydney 在一個有霧的早晨瞥見了 Taylen 的辦公室。「嗨，你在使用共用訊息調度庫嗎？」

Taylen 回答，「是的，我們正試圖在這方面整合，以獲得一些訊息解析上的一致性。」

Sydney 說，「好吧，但現在我們得到了雙重的日誌訊息——看起來是庫寫到了日誌，但我們的服務也寫到了日誌。是不是應該如此？」

「不，」Taylen 回答。「我們絕對不想要重複的日誌條目。那只會讓一切混亂。關於這點我們應該問問 Addison。」

因此，Sydney 和 Taylen 登門造訪 Addison。「嗨，你現在有空嗎？」

Addison 回答，「對你們總是有的——怎麼了？」

Sydney 說，「我們一直在將一堆重複的程式碼整合到共享庫中，而且效果很好，我們在確認那些很少改變的部分做得越來越好。但是，現在我們遇到了一個讓我們來這裡的問題——誰應該寫日誌訊息？庫、服務，還是其他什麼？還有，我們如何才能做到一致？」

Addison 說，「我們遇見了操作的共享行為，日誌只是其中之一。關於什麼監控、服務發現、斷路器，甚至像是幾個團隊正在共享的 `JSONtoXML` 庫的一些實用功能呢？我們需要一個更好的方法來處理這個以防發生問題。這就是為什麼我們要在側邊車組件中實作具有這種共同行為的服務網格。」

Sydney 說，「我讀過關於側邊車和服務網格的資料——它是一種在一堆微服務之間共享東西的方式，對嗎？」

Addison 說：「有點吧，但不是所有類型的**東西**。服務網格和側邊車的目的是為了鞏固操作耦合，而不是領域耦合。例如，就像我們的情況一樣，我們希望在所有服務中日誌和監控是一致的，但不希望每個團隊都必須擔心這個。如果我們把日誌程式碼整合到每個服務實作的共用側邊車中，我們就能強迫一致性。」

Taylen 問，「誰擁有共享庫？所有團隊的共享責任？」

Addison 回答，「我們考慮過這個，但我們現在有足夠的團隊；我們已經建立了一個共享的基礎架構團隊，來管理和維護側邊車組件。他們已經建立了部署管道，一旦側邊車被用一組適應度函數綁定到服務中，就會自動地測試它。」

Sydney 說，「所以，如果我們需要在各個服務之間共享庫，只要請他們把它放入側邊車就可以了？」

Addison 說，「要小心——側邊車不是意味著可以用於任何事情，它只能用於操作耦合。」

「我不確定有什麼區別，」Taylen 說。

「操作耦合包括我們一直在討論的事情——日誌、監控、服務發現、認證和授權等等。基本上，它涵蓋了基礎架構中還沒有領域責任的所有管道部分。但是，你不應該把像是 `Address` 或 `Customer` 類別的領域共享組件，放在側邊車內。」

Sydney 問，「但是為什麼呢？如果我在兩個服務中需要相同的類別定義怎麼辦？把它放在側邊車裡不就可以讓兩者都使用嗎？」

Addison 回答，「是的，但現在你正在以我們在微服務中試圖避免的方式增加耦合性。在大多數架構中，這服務的單一實作將在需要它的團隊間共享。然而，在微服務中，這建立了一個耦合點，以一種不好的方式將一些服務捆綁在一起——如果一個團隊改變了共享程式碼，那每個團隊都必須與這改變協調。然而，架構師可以決定將共享庫放到側邊車——畢竟這是一種技術能力。這兩個答案都不是絕對的正確，使得這是架構師的決定並且值得權衡分析。例如，如果 `Address` 類別改變了，而且兩個服務都依賴它，它們就都必須改變——耦合的定義。我們用合約來處理這些問題。另一個問題涉及規模：我們不希望側邊車成為架構中最大的部分。例如，考慮我們之前討論的 **`JSONtoXML`** 庫。有多少團隊使用它？」

Taylen 說，「嗯，任何必須與主機系統整合的團隊——大概 5 個，什麼，16 或 17 個團隊？」

Addison 說，「正確。好了，把 **JSONtoXML** 放到側邊車有什麼權衡？」

Sydney 回答，「嗯，這意味著每個團隊自動擁有這個庫，而且不必經由相依性將它接入。」

「那壞的一面呢？」Addison 問。

「嗯，將它加到側邊車會使側邊車變大，但不是很大——它是一個小的庫。」Sydney 說。

「這是共享實用程序程式碼的關鍵權衡——有多少團隊需要它，相對它又給每項服務，特別是那些不需要它的服務，增加了多少開銷。」

「而且如果少於二分之一的團隊使用它，它就可能不值得這開銷，」Sydney 說。

「對！所以，現在，我們將把它留在側邊車以外，而且也許將來再重新評估，」Addison 說。

ADR：為操作耦合使用側邊車

上下文

我們微服務架構中的每項服務都需要共同而且一致的操作行為；將這責任留給每個團隊會造成不一致和協調的問題。

決策

我們將用一個側邊車組件與一個服務網格結合，以鞏固共享操作耦合。

共享基礎架構團隊將擁有並維護服務團隊的側邊車；服務團隊作為他們的客戶。側邊車將提供以下服務：

- 監控
- 日誌紀錄
- 服務發現
- 認證
- 授權

結果

團隊不應該將領域類別加到側邊車，這將助長不適當的耦合。如果有足夠多的團隊需要，團隊會與共享基礎架構團隊合作，將共享的、可操作的庫放入側邊車。

程式碼重複使用：它什麼時候能增加價值？

許多架構師在遇到某些情況時不能正確地評估權衡，這不一定是缺陷——許多權衡只有在事後才變得明顯。

*重複使用*是最被濫用的抽象概念之一，因為組織中普遍的觀點是，*重複使用*代表了團隊應該爭取的值得稱讚的目標。然而，如果不能評估與重複使用相關的所有權衡，可能會在架構中導致嚴重問題。

過度重複使用的危險是許多架構師從 20 世紀初的協作驅動、服務導向架構趨勢中學到的教訓之一，當時許多組織的主要目標之一是最大化重複使用。

考慮一下圖 8-16 所示的一家保險公司的情況。

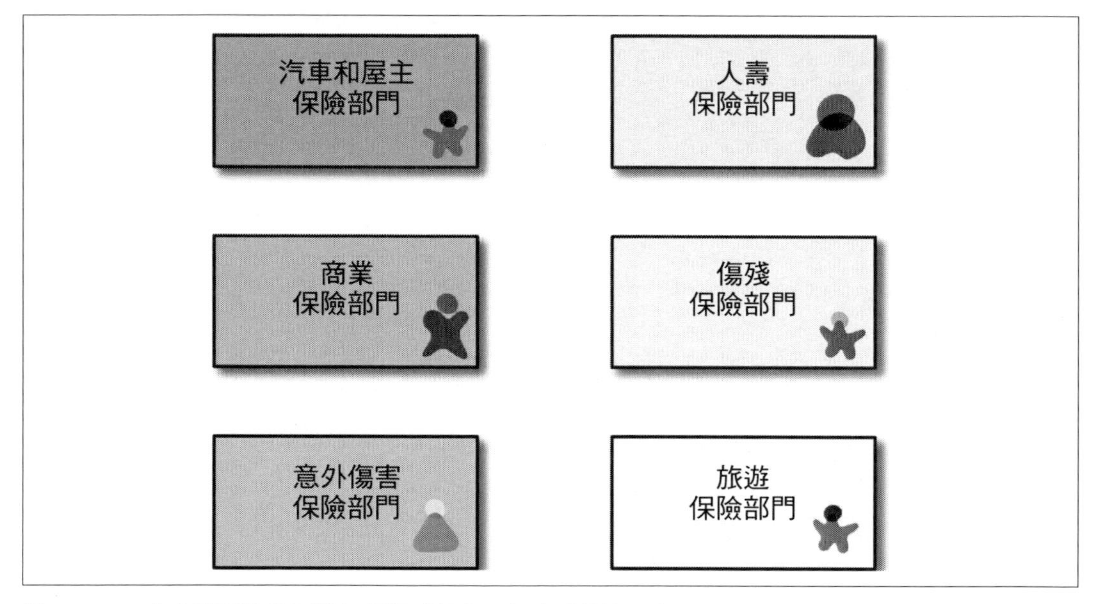

圖 8-16　一家大型保險公司的每個領域都有一個客戶的檢視表

公司的每個部門都有它所關心客戶的某些面向。幾年前，架構師被指示要注意這種類型的共同性；一旦發現，目標是將客戶的檢視表組織整合到單一的服務，如圖 8-17 所示。

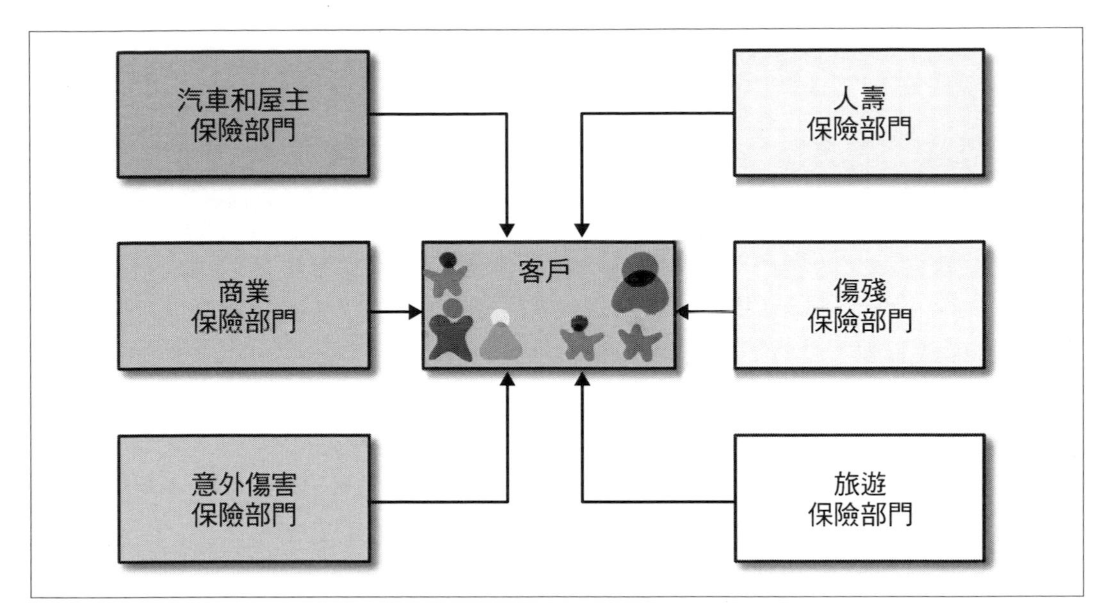

圖 8-17　統一在一個集中的客戶服務

雖然圖 8-17 中的圖像看起來合乎邏輯，但由於兩個原因使它成為架構的災難。首先，如果關於像「客戶」這樣的關鍵實體的所有機構資訊都必須位於一個地方，那麼這個實體必須複雜到足以處理任何領域和場景，使它難以用於簡單的事情。

其次，它會在架構中產生**脆弱性**。如果每個需要客戶資訊的領域都必須從一個地方獲得資訊，當這個地方發生改變時，一切都會中斷。例如，在我們的例子中，當 `CustomerService` 需要代表其中一個領域增加新的能力時，會發生什麼？這種改變可能會影響到其他所有的領域，需要協調和測試以確保這改變沒有「波及」到整個架構。

架構師沒有意識到的是，重複使用有兩個重要的面向；他們答對了第一個：抽象化。架構師和開發者發現重複使用的候選方式是經由抽象化。然而，第二個考慮因素決定了效用和價值：**變化率**。

觀察到一些重複使用會導致脆弱性，這引出了一個問題，即這種重複使用與我們明顯受益的類型有什麼不同。考慮每個人都能成功重複使用的事情：作業系統、開源框架和庫等等。這些與專案團隊建立的資產有什麼區別？答案是**緩慢的變化率**。我們從像是作業系統和外部框架的技術耦合中受益，因為它們有易於理解的變化率和更新節奏；內部領域能力或快速改變的技術框架是糟糕的耦合目標。

重複使用是經由抽象衍生出來的，但以緩慢的變化率來操作。

透過平台重複使用

很多媒體都在頌揚組織內平台的優點，幾乎達到了語義擴散的地步（*https://oreil.ly/oYla7*）。然而，大多數人都同意，平台是組織內重複使用的新目標，這意味著對每一個可區分的領域能力，組織都會建立一個有明確定義的 API 平台來隱藏實作細節。

緩慢的變化率推動了這種推理。如我們將在第 13 章中討論的，一個 API 可以被設計成與呼叫者相當寬鬆的耦合，允許在不破壞 API 下對實作細節積極的內部改變率。當然，這並不能保護組織免受它必須在領域之間傳遞資訊語義的改變，但是透過仔細設計封裝和合約，架構師可以限制整合架構中的破壞性改變和脆弱性的數量。

Sysops Squad 傳奇：共享領域功能

2 月 8 日，星期二，12:50

在得到 Addison 的同意後，開發團隊決定將核心單據功能拆成三個獨立的服務：一個面向客戶的單據建立服務、一個單據分配服務、以及一個單據完成服務。但是，這三個服務使用共同的資料庫邏輯（查詢和更新），並在單據資料領域中共享一組資料庫資料表。

Taylen 想要建立一個包含共同資料庫邏輯的共享資料服務，從而形成一個資料庫抽象層，如圖 8-18 所示。

Skyler 討厭這想法，而且他想要用每個服務都包括構建和部署一部分的一個單一共享庫（DLL），如圖 8-19 所示。

兩個開發者與 Addison 會面以解決這個障礙。

「那麼，Addison，你有什麼看法？共享資料庫邏輯應該在共享資料服務中還是在共享庫中？」Taylen 問。

「這和看法無關，」Addison 說。「這與分析權衡有關，是為核心共享單據資料庫功能得到最合適的解決方案。讓我們做一個基於假設的方法，假設最合適的解決方案是使用共享資料服務。」

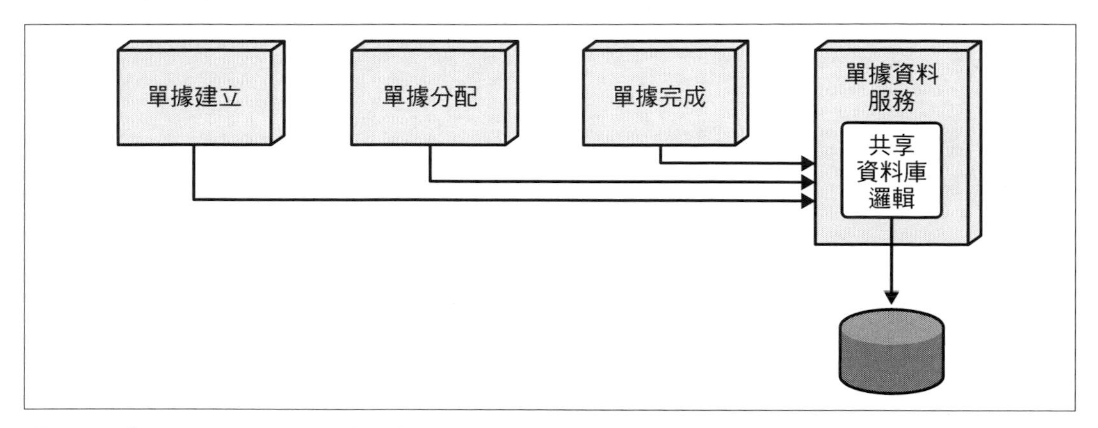

圖 8-18　為 Sysops Squad 單據服務的共同資料庫邏輯，而使用共享單據資料服務的選項

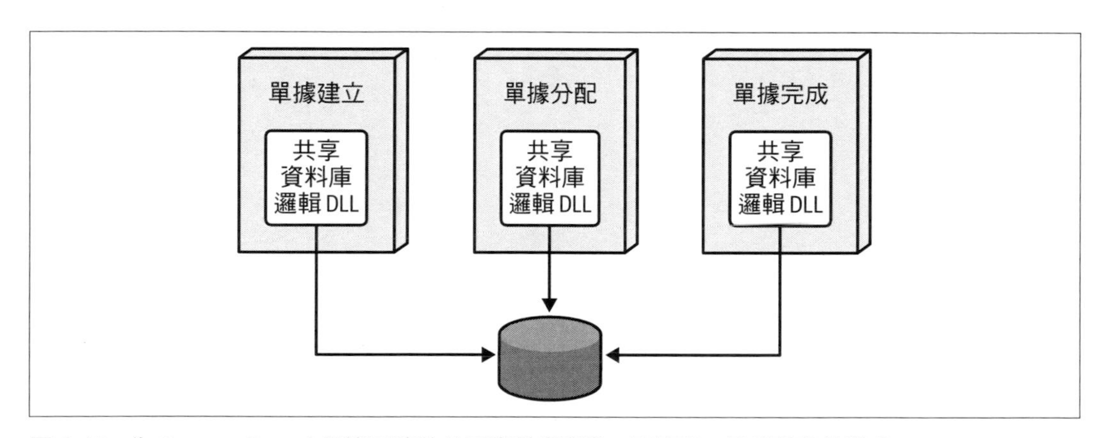

圖 8-19　為 Sysops Squad 單據服務的共同資料庫邏輯，而使用一個共享庫的選項

「等一下，」Skyler 說。「對於這個問題，這根本不是一個好的架構解決方案。」

「為什麼？」Addison 問，促使 Skyler 開始思考權衡。

「首先，」Skyler 說，「所有三個服務都需要為每一次資料庫查詢或更新向共享資料服務進行服務間呼叫。如果我們這樣做，我們將嚴重影響到性能。此外，如果共享資料服務發生故障，所有這三個服務都將無法操作。」

「所以呢？」Taylen 說。「這都是後端功能，誰在乎呢？後端功能不需要那麼快，而且服務如果失敗，也會相當快地出現。」

「實際上，」Addison 説，「它並不全是後端功能。別忘了，單據建立服務是面向客戶的，而且它將和後端單據功能使用相同的共享資料服務。」

「是的，但大部分功能仍然是後端，」Taylen 説，比之前少了一點信心。

「到目前為止，」Addison 説，「看起來使用共享資料服務的權衡是單據服務的性能和容錯性。」

「我們也不要忘記，對共享資料服務做的任何改變都是執行期的改變。換句話説，」Skyler 説，「如果我們做出改變並部署共享資料服務，我們可能會破壞一些東西。」

「這就是我們要測試的原因，」Taylen 説。

「是的，但如果你想減少風險，你就必須為共享資料服務的每一個改變測試所有的單據服務，這會顯著地增加測試時間。使用共享 DLL，我們可以對共享庫版本控制，以提供向後相容性，」Skyler 説。

「好的，我們將增加改變的風險並增加對權衡的測試工作，」Addison 説。「另外，我們不要忘記，從可擴展性的角度來看，我們會有額外的協調。每次我們建立更多的單據建立服務實例時，我們都必須確保我們也建立更多的共享資料服務實例。」

「讓我們不要老是把焦點放在負面上。」Taylen 説。「使用共享資料服務的好處如何？」

「好吧，」Addison 説，「讓我們談談使用共享資料服務的好處。」

「當然是資料抽取，」Taylen 説。「服務將不必擔心任何資料庫邏輯。它們必須做的就是對共享資料服務進行遠程服務呼叫。」

「還有其他好處嗎？」Addison 問。

「嗯，」Taylen 説，「我本來想説集中的連接池，但無論如何我們都需要多個實例來支援客戶單據建立服務。這將有所幫助，但它不是主要的遊戲規則改變者，因為只有三個服務，每個服務的實例都不多。但是，用共享資料服務，改變控制就會容易得多。我們將不必為資料庫邏輯改變重新部署任何單據服務。」

「讓我們看一看存儲庫中的那些共享類別檔案，看看歷史上這些程式碼到底有多少改變，」Addison 説。

Addison、Taylen 和 Skyler 都查看了共享資料邏輯類別檔案的存儲庫歷史。

「嗯…」Taylen 說，「我認為那段程式碼的改變比存儲庫中顯示的要多得多。好吧，所以我猜想對共享資料庫邏輯來說，改變畢竟是相當少的。」

透過討論權衡的對話，Taylen 開始意識到，共享服務的負面似乎超過了正面，而且將共享資料庫邏輯放到共享服務中並沒有真正令人信服的理由。Taylen 同意將共享資料庫邏輯放到共享 DLL，且 Addison 為這個架構決定寫了一份 ADR。

ADR：對共同單據資料庫邏輯使用共享庫

上下文

單據功能被分成三個服務：單據建立、單據分配和單據完成。所有三個服務都使用共同的程式碼來處理大部分的資料庫查詢和更新敘述。這兩個選項是使用共享庫或建立共享資料服務。

決策

我們對共同單據資料庫邏輯將使用共享庫。

使用共享庫將提高面向客戶的單據建立服務以及單據分配服務的性能、可擴展性和容錯性。

我們發現，共同資料庫邏輯程式碼改變不大，因此是相當穩定的程式碼。此外，對於共同資料庫邏輯，改變的風險較小，因為服務需要測試和重新部署。如果需要改變，我們將在適當的情況下應用版本控制；這樣，當共同資料庫邏輯改變時，就不需要重新部署所有的服務。

使用共享庫可以減少服務耦合，並且消除額外的服務相依性、HTTP 流量和整體頻寬。

結果

改變共享 DLL 中的共同資料庫邏輯將需要測試和部署單據服務，因此降低了單據功能的共同資料庫邏輯的整體敏捷性。

服務實例將需要管理自己的資料庫連接池。

第九章

資料所有權和分散式交易

12 月 10 日，星期五，09:12

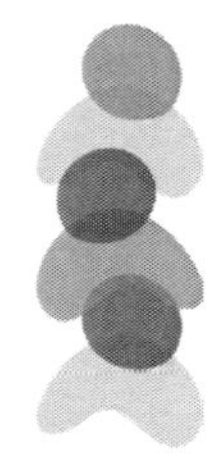

當資料庫團隊致力於分解整體式 Sysops Squad 資料庫時，Sysops Squad 開發團隊和 Sysops Squad 架構師 Addison 一起，開始致力於在服務和資料之間形成有界上下文，將資料表所有權分配給過程中的服務。

「你為什麼要把專家個人資料表加到單據分配服務的有界上下文中？」Addison 問。

「因為，」Sydney 說，「單據分配依賴於該表的分配演算法。它必須不斷地查詢該表以獲得專家的位置和技能資訊。」

「但它只對專家表進行查詢，」Addison 說。「使用者維護服務包含了執行資料庫更新以維護該資訊的功能。因此，在我看來，專家個人資料表應該由使用者維護服務擁有，並放在那個有界上下文中。」

「我不同意，」Sydney 說。「我們根本就不能讓分配服務為它所需要的每一個查詢，遠程呼叫使用者維護服務。這根本行不通。」

「在這種情況下，當專家獲得一項新的技能或改變他們服務地點時，你如何看到資料表產生的更新？當我們聘用一個新專家的時候呢？」Addison 問。「那將如何運作？」

「很簡單，」Sydney 說。「使用者維護服務仍然可以存取專家表，它所需要做的只是連接到不同的資料庫。這有什麼大不了的？」

「你不記得 Dana 之前說過的嗎？多個服務連接到同一個資料庫模式是可以的，但一個服務連接到多個資料庫或模式就不行。Dana 說那不行，而且不允許發生這種情況，」Addison 說。

「哦，對了，我忘了這個規則。那麼我們該怎麼做呢？」Sydney 問道。「我們有一個需要偶爾更新的服務，以及在一個完全不同領域的全然不同服務頻繁地讀取資料表。」

「我不知道正確的答案是什麼，」Addison 說。「顯然，這將需要資料庫團隊和我們之間進行更多的合作來解決這些問題。讓我看看 Dana 是否能就此提供任何建議。」

一旦資料被拆開，就必須把它縫合在一起以使系統工作。這意味著要弄清楚哪些服務擁有哪些資料，如何管理分散式交易，以及服務如何存取它們需要的（但不再擁有的）資料。在這一章，我們會探討將分散式資料再重新組合起來的所有權和交易的面向。

分配資料所有權

在分散式架構中拆分資料後，架構師必須確定哪些服務擁有什麼資料。不幸的是，將資料所有權分配給一個服務並不像聽起來那麼容易，而且這點已經成為軟體架構的另一個困難部分。

分配資料表所有權的一般經驗法則指出，對一個資料表執行寫入操作的服務擁有這個資料表。雖然這個一般的經驗法則在單一所有權（只有一個服務曾經寫入一個資料表）很有效，但是當團隊有聯合所有權（多個服務對同一個資料表進行寫入操作），或者更糟糕的是有共同所有權（大多數或所有的服務都寫入這個資料表）時，就會變得很混亂。

資料所有權的一般經驗法則是，對一個資料表執行寫入操作的服務是該資料表的所有者。然而，聯合所有權使這個簡單的規則變得複雜！

為了說明資料所有權的一些複雜性，考慮圖 9-1 所顯示三個服務的例子：一個管理所有客戶希望清單的希望清單服務，一個維護產品目錄的目錄服務，以及一個維護產品目錄中所有產品庫存和補貨功能的庫存服務。

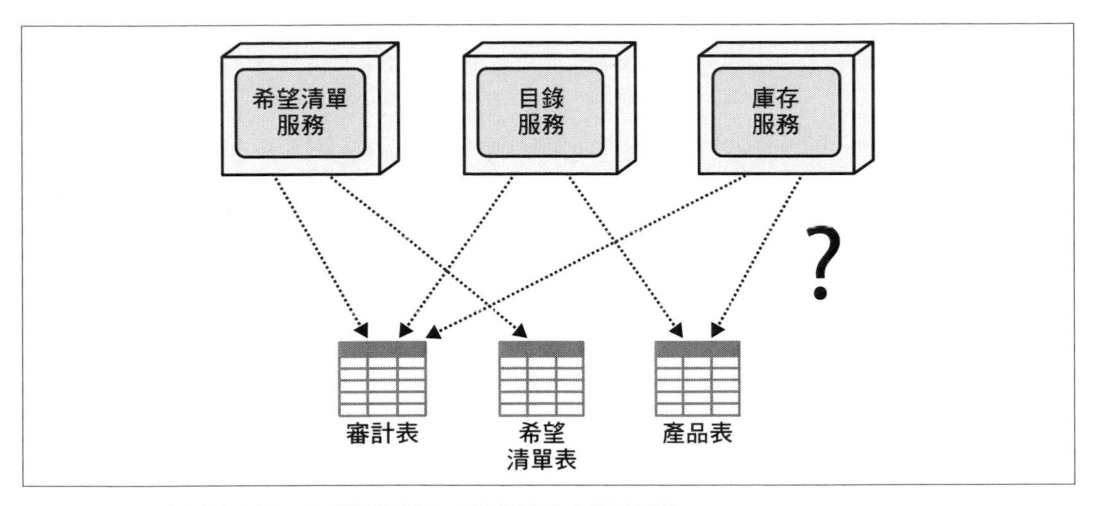

圖 9-1　一旦資料被分解，必須將資料表分配給擁有它們的服務

為了使事情更複雜化，注意希望清單服務同時寫入審計表和希望清單表，目錄服務寫入審計表和產品表，庫存服務寫入審計表和產品表。突然間，這個簡單真實世界的例子使分配資料所有權成為一項複雜和混亂的任務。

在這一章，我們透過討論當將資料所有權分配給服務時遇到的三種情況（單一所有權、共同所有權和聯合所有權），來解開這種複雜性，並以圖 9-1 作為共同參考點，探索解決這些情況的技術。

單一所有權的情況

當只有一個服務寫入一個資料表的時候，就會出現*單一資料表所有權*。這是最直接的資料所有權情況，而且也是相對容易解決的。回頭參考圖 9-1，注意希望清單表只有一個服務對它寫入——即希望清單服務。

在這種情況下，很明顯希望清單服務應該是希望清單表的所有者（不管需要唯讀存取希望清單表的其他服務），參閱圖 9-2。注意在這圖的右邊，希望清單表成為希望清單服務有界上下文的一部分。這種圖表技術是表明資料表所有權，以及服務和對應資料之間形成的有界上下文的一種表有效方式。

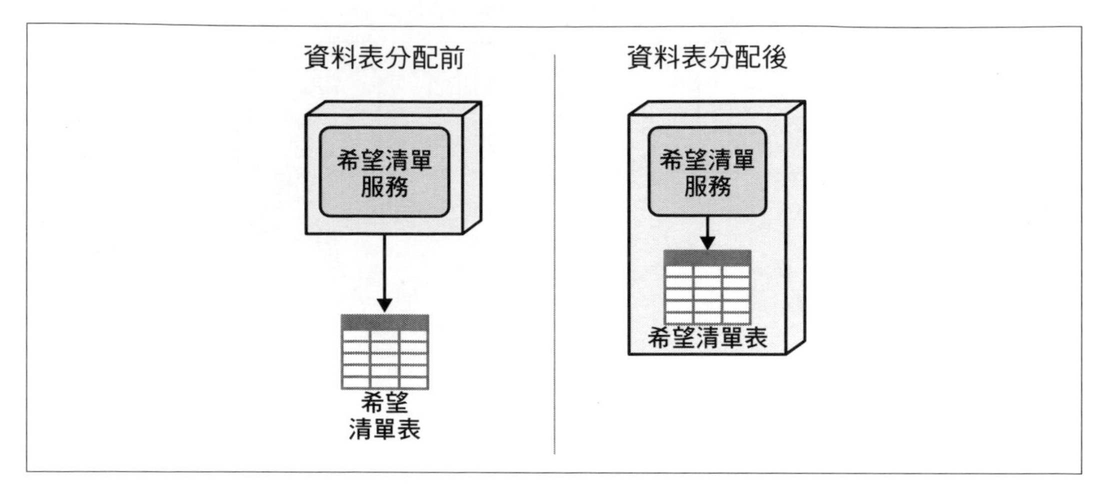

圖 9-2　在單一所有權的情況下，寫入資料表的服務成為資料表的所有者

因為這種情況很簡單，我們建議首先解決單一資料表所有權關係，清除競爭場地，以便更好地應付更複雜情況的出現：共同所有權和聯合所有權。

共同所有權的情況

當大多數（或所有）服務需要寫入同一個資料表時，就會發生*共同資料表所有權*。例如，圖 9-1 顯示所有的服務（希望清單、目錄和庫存）都需要寫入審計表以記錄使用者執行的動作。因為所有的服務都需要寫入這個資料表，所以很難確定誰應該真正擁有審計表。雖然這個簡單的例子只包含三個服務，但想像一個可能有數百（或甚至數千）個服務必須寫入同一個審計表的更真實例子。

簡單地把審計表放到所有服務都使用的共享資料庫或共享模式中的解決方案，不幸地會重新引入第 6 章開頭所描述的包括改變控制、連接啟動、可擴展性和容錯性等所有資料共享問題。因此，需要另一種解決方案來解決共同資料所有權的問題。

解決共同資料表所有權的普遍技術是指定一個專用單一服務作為這資料的主要（和唯一）所有者，這意味著只有一個服務負責將資料寫入資料表。其他需要執行寫入操作的服務將發送資訊給專用服務，然後由它在資料表上執行實際的寫入操作。

如果發送資料的服務不需要資訊或確認，服務可以使用持久性的佇列進行異步的射後不理訊息傳遞。或者，如果需要基於寫入操作將資訊回傳給呼叫者（像是回傳確認編號或資料庫金鑰），則服務可以使用一些像是 REST、gRPC、或請求 - 回覆訊息（偽同步）來進行同步呼叫。

回到審計表的例子，注意在圖 9-3 中，架構師建立了一個新的審計服務，並將審計表的所有權分配給它，這意味著它是在這資料表中執行讀取或寫入操作的唯一服務。在這個例子中，因為不需要回傳資訊，架構師使用了帶有持久性佇列的射後不理訊息傳遞，這樣希望清單服務、目錄服務和庫存服務就不需要等待審計記錄被寫入資料表。讓佇列持久性（意味著訊息由代理者存儲在磁碟），可以在服務或代理者失效的情況下，提供有保障的交付，並有助於確保沒有訊息遺失。

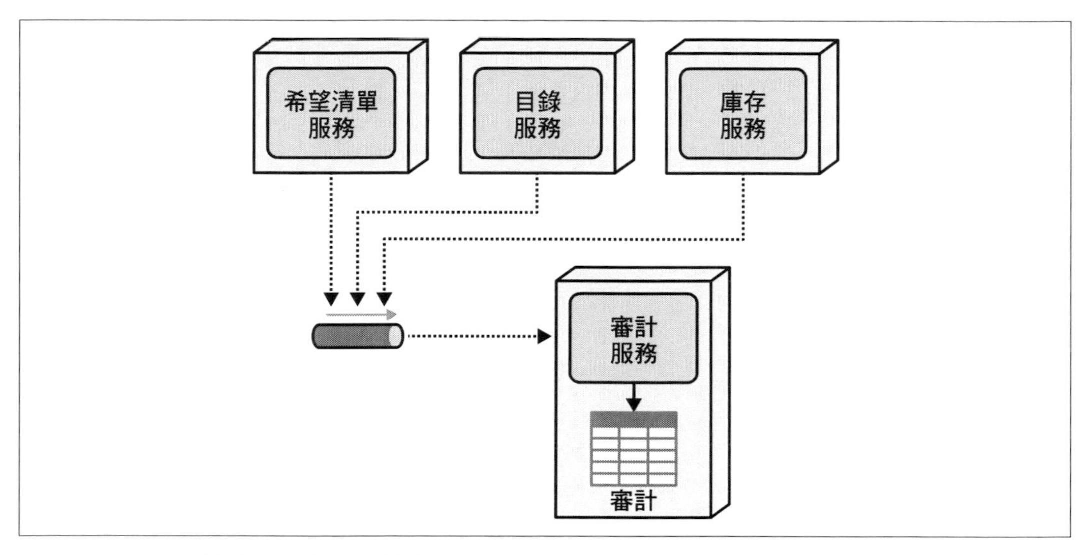

圖 9-3　共同所有權使用一個專門的服務所有者

在某些情況下，服務可能必須讀取非它們擁有的共同資料，這些唯讀存取技術將在第 10 章詳細描述。

聯合所有權的情況

涉及資料所有權的更常見（也更複雜）的場景之一是**聯合所有權**，它發生在當多個服務在同一個資料表上執行寫入動作的時候。這種情況與先前共同所有權情況的區別為，在聯合所有權中同一領域中只有幾個服務寫入同一個資料表，而在共同所有權中大多數或所有的服務都執行寫入同一個資料表的操作。例如，注意在圖 9-1 中，所有服務都在審計表上執行寫入操作（共同所有權），而只有目錄和庫存服務在產品表上執行寫入操作（聯合所有權）。

圖 9-4 顯示了圖 9-1 中隔離的聯合所有權例子。目錄服務在資料表中插入新產品、刪除不再提供的產品，並在產品資訊改變時更新它的靜態資訊；而庫存服務則負責在產品被查詢、出售或退回時，讀取並更新每個產品的目前庫存。

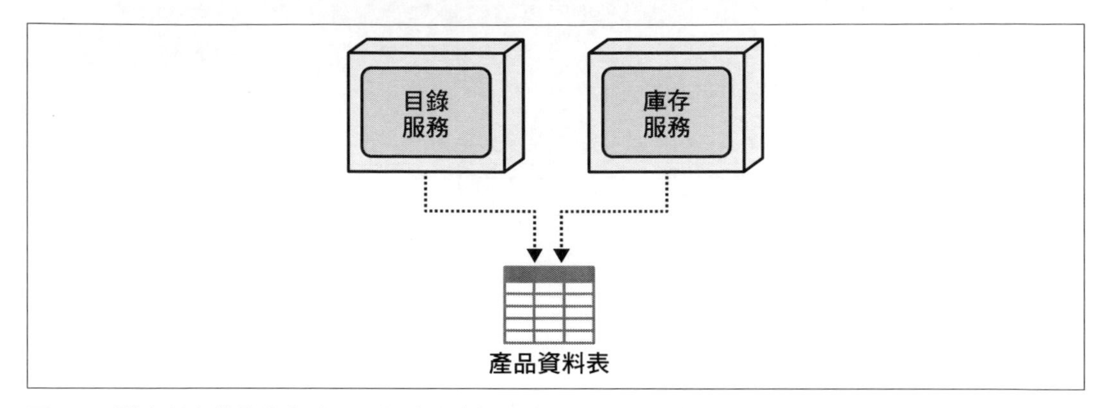

圖 9-4 聯合所有權發生在當同一領域內多個服務在同一個資料表上執行寫入操作時

幸運的是，存有幾種技術可以解決這種類型的所有權情況——資料表分割技術、資料領域技術、委託技術和服務整合技術。以下各節將詳細地討論每種技術。

資料表分割技術

資料表分割技術將一資料表分解成多個資料表，這樣每個服務都擁有它負責的一部分資料。這種技術在《*Refactoring Databases*》一書和配套網站（*https://oreil.ly/WJ2kt*）上有詳細描述。

為了說明資料表分割技術，請考慮圖 9-4 所示的產品表例子。在這情況下，架構師或開發者首先會建立一個包含產品 ID（鍵）和庫存數量（可用品項的數量）的獨立庫存表，用現有產品表的資料預先填入庫存表，最後從產品表中刪除庫存數量欄。列示在範例 9-1 中的原始程式碼顯示在典型的關聯式資料庫中如何用資料定義語言（DDL）實作這個技術。

範例 9-1 分割產品表並將庫存數量移到一個新庫存表的 DDL 原始程式碼

```
CREATE TABLE Inventory
(
product_id VARCHAR(10),
inv_cnt INT
);
```

```
INSERT INTO Inventory VALUES (product_id, inv_cnt)
AS SELECT product_id, inv_cnt FROM Product;

COMMIT;

ALTER TABLE Product DROP COLUMN inv_cnt;
```

分割資料庫資料表將聯合所有權轉移成單一資料表所有權的情況：目錄服務擁有產品表中的資料，且庫存服務擁有庫存表中的資料。但是，如圖 9-5 所示，當產品被建立或刪除時，這種技術需要目錄服務和庫存服務之間的通訊，以確保兩個表之間的資料保持一致。

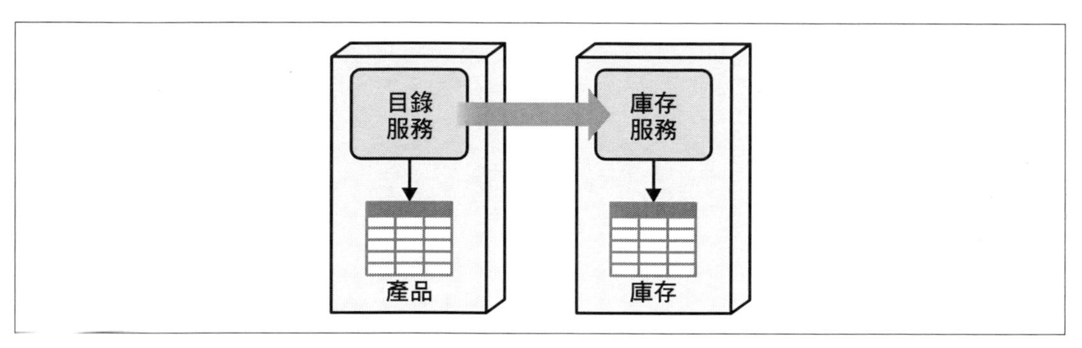

圖 9-5　共同所有權可以透過拆開共享資料表來解決

例如，如果增加了一個新產品，目錄服務會產生一個產品 ID，並將新產品插入產品表中。然後，目錄服務必須將該新產品 ID（以及可能的初始庫存數量）發送給庫存服務。如果一個產品被刪除，目錄服務先從產品表中刪除該產品，然後必須通知庫存服務從庫存表中刪除庫存列。

在分割資料表之間同步資料並不是一件小事。目錄服務和庫存服務之間的通訊應該是同步的還是異步的？當添加或刪除產品並發現庫存服務無法使用時，目錄服務應該怎麼做？這些都是很難回答的問題，而且通常由分散式架構中常見的傳統**可用性**與**一致性**權衡所驅動。選擇可用性意味著即使在庫存表中可能沒有建立對應的庫存記錄，但目錄服務總是能夠添加或刪除產品更為重要。選擇一致性意味著兩個資料表始終能保持同步更重要，如果庫存服務無法使用，這將造成產品建立或刪除的操作失敗。因為在分散式架構中網路分區是必要的，CAP 定理（*https://oreil.ly/R1fXW*）指出，這些選擇（一致性或可用性）中只有一個是可能的。

通訊協定的類型（同步與異步）在拆開資料表時也很重要。當建立一個新產品時，目錄服務是否需要確認對應的庫存記錄已經增加了？如果是，那麼就需要同步通訊，在犧牲性能下提供更好的資料一致性。如果不需要確認，目錄服務就可以使用異步的射後不理通訊，在犧牲資料一致性下提供更好的性能。這麼多的權衡需要考慮！

表 9-1 總結了與聯合所有權資料表分割技術有關的權衡。

權衡

表 9-1　聯合所有權資料表分割技術的權衡

優勢	劣勢
保留有界上下文	對資料表必須修改和重建
單一資料所有權	可能的資料一致性問題
	在資料表更新間沒有 ACID 交易
	資料同步很困難
	可能發生資料表之間的資料複製

資料領域技術

聯合所有權的另一種技術是建立一個共享的**資料領域**。這會在服務之間共享資料所有權時形成，因此對資料表建立了多個所有者。透過這種技術，由相同服務共享的資料表被放入相同的模式或資料庫中，因此在服務和資料之間形成了一個更廣泛的有界上下文。

注意圖 9-6 看起來與原來的圖 9-4 很接近，但有一個明顯的差別——資料領域圖將產品表放在每個擁有服務上下文之外的一個獨立盒子裡。這種圖示技術清楚地表明，這資料表不屬於任何一個服務，也不是它們有界上下文的一部分，而是在一個更廣泛的有界上下文中供它們之間共享。

雖然在分散式架構（尤其是微服務）中通常不鼓勵資料共享，但它確實解決了其他聯合所有權技術中的一些性能、可用性和資料一致性問題。由於服務之間互不相依，目錄服務可以不需要與庫存服務協調就建立或刪除產品，而庫存服務可以不需要目錄服務就調整庫存。這兩項服務變得完全獨立。

在選擇資料領域技術時，因為資料對每個服務都是共用，所以一定要重新評估為什麼需要獨立的服務。理由可能包括可擴展性差異、容錯性需求、吞吐量差異或隔離程式碼易變性等（參閱第 7 章）。

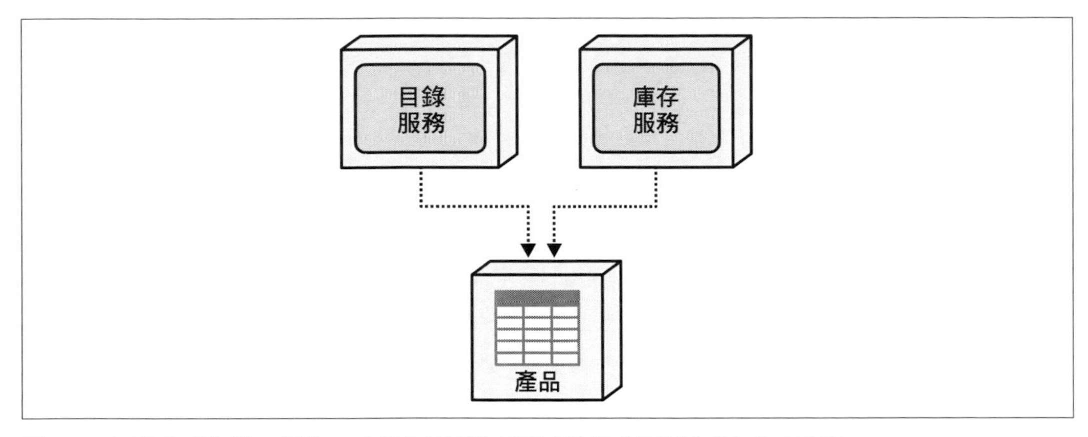

圖 9-6　用聯合所有權，服務可以藉由使用資料領域技術（共享模式）共享資料

不幸的是，在分散式架構中共享資料引入了一些問題，這些問題中的第一個是對資料結構所做的改變（像是改變資料表模式）增加了工作量。因為在服務和資料之間形成了更廣泛的有界上下文，對共享資料表結構的改變可能需要在多個服務之間協調這些改變。這會增加開發工作、測試範圍和部署風險。

資料領域技術在資料所有權上的另一個問題是控制哪些服務對哪些資料有寫入責任。在某些情況下，這可能不重要，但如果控制對某些資料的寫入操作很重要，那就需要額外的努力來應用特定的管理規則以維護特定資料表或資料欄的寫入所有權。

表 9-2 總結了與聯合所有權情況下資料領域技術相關的權衡。

權衡

表 9-2　聯合所有權資料領域技術的權衡

優勢	劣勢
良好的資料存取性能	資料模式變化涉及更多服務
沒有可擴展性和吞吐量問題	對資料模式改變增加了測試範圍
資料維持一致	資料所有權管理（寫入責任）
沒有服務相依性	對資料模式改變增加了部署風險

委託技術

解決聯合所有權情況的另一種方法是**委託技術**。用這種技術，一個服務被分配為資料表的單一所有權，並成為委託者，而另一個服務（或多個服務）與委託者通訊以代表它執行更新。

委託技術的挑戰之一是知道把哪個服務指定為委託者（資料表的唯一所有者）。第一種選項稱為**主領域優先**，將資料表的所有權分配給最能代表資料主領域的服務——換句話說，就是為這領域中的特定實體做大部分主要實體 CRUD 操作的服務。第二種選項，稱為**操作特性優先**，將資料表的所有權分配給需要較高操作架構特性的服務，像是性能、可擴展性、可用性和吞吐量。

為了說明這兩種選項以及與每種選項相關的對應權衡，考慮圖 9-4 中所示的目錄服務和庫存服務聯合所有權清況。在這個例子中，目錄服務負責建立、更新和刪除產品，以及檢索產品資訊；庫存服務則負責檢索和更新產品庫存數量，以及如果庫存過低時知道何時重新補貨。

用主領域優先選項，對主要實體執行大部分 CRUD 操作的服務成為資料表的所有者。如圖 9-7 所示，由於目錄服務在產品資訊上執行大部分 CRUD 操作，目錄服務將被指定為這資料表的單一所有者。這意味著庫存服務因為不擁有這資料表，所以必須與目錄服務通訊以檢索或更新庫存數量。

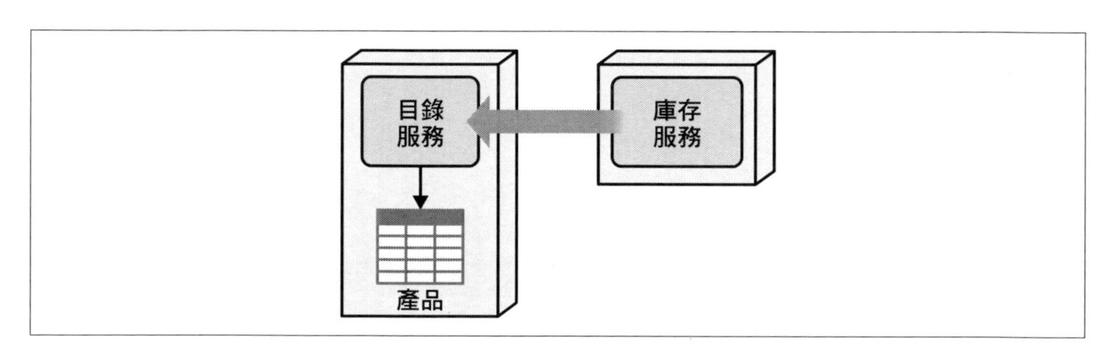

圖 9-7　由於領域優先權，資料表的所有權被分配給目錄服務

像前面描述的共同所有權情況一樣，委託技術總是在需要更新資料的其他服務之間強迫服務間通訊。注意在圖 9-7 中，庫存服務必須透過某種遠端存取協定向目錄服務發送庫存更新，以便目錄服務能代表庫存服務執行庫存更新和讀取。這種通訊可以是同步的或是異步的。在軟體架構中，總是要考慮更多的權衡分析。

用同步通訊，庫存服務必須等待目錄服務對庫存的更新，這影響了整體性能，但確保資料的一致性。使用異步通訊來發送庫存更新，會使庫存服務執行得更快，但資料只有到最後才會是一致的。此外，用異步通訊，由於目錄服務在試圖更新庫存時可能發生錯誤，庫存服務不能被保證庫存曾經更新過，這也影響了資料完整性。

用操作特性優先選項，所有權的角色將被反過來，因為庫存更新的速度比靜態產品資料快。在這種情況下，資料表的所有權將被分配給庫存服務，理由是更新產品庫存是購買產品頻繁即時交易過程的一部分，而不是更新產品資訊或添加和刪除產品這種較不頻繁的管理工作（參閱圖 9-8）。

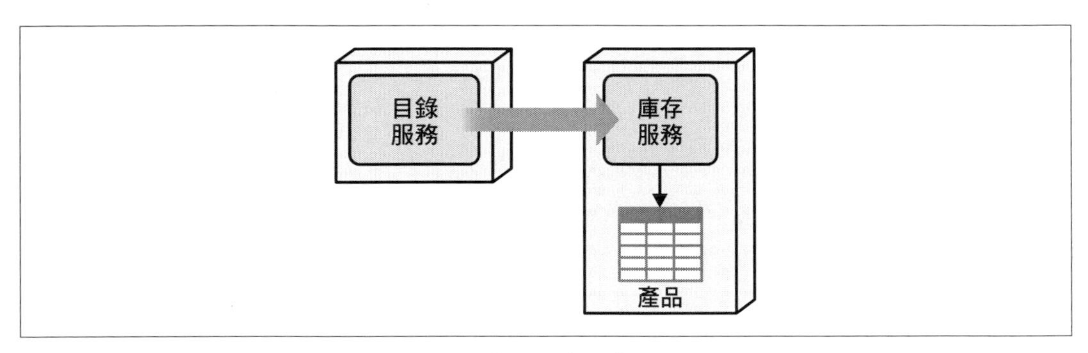

圖 9-8　因為操作特性優先，資料表的所有權被分配給庫存服務

用這個選項，庫存數量的頻繁更新可以使用資料庫的直接呼叫而不是遠端存取協定，因此使庫存操作得更快和更可靠。此外，最易變的資料（庫存數量）也能保持高度一致。

然而，在圖 9-8 所示說明圖的一個主要問題是領域管理的責任。庫存服務負責管理產品庫存，而不是添加、刪除和更新靜態產品資訊的資料庫活動（和對應的錯誤處理）。由於這個原因，我們通常建議用領域優先選項，並利用像是複製的記憶體快取或分散式快取記憶體來幫助解決性能和容錯問題。

無論哪個服務被指定為委託者（唯一的資料表所有者），委託技術都有一些缺點，其中最大的是服務耦合和需要服務間的通訊。這反過來又導致了非委託服務的其他問題，包括當執行寫入操作時缺少原子交易，以及由於網路和處理延遲導致的低性能和低容錯性。因為這些問題，委託技術通常更適合於不需要原子交易的資料庫寫入情況，並且可以經由異步通訊容忍最終的一致性。

表 9-3 總結了委託技術的總體權衡。

權衡

表 9-3　聯合所有權委託技術的權衡

優勢	劣勢
形成單一資料表所有權	高程度的服務耦合
良好的資料模式改變控制	對於非所有者寫入的低性能
從其他服務中提取資料結構	對於非所有者的寫入沒有原子交易
	對非所有者服務的低容錯性

服務整合技術

上一節中討論的委託方法強調了與聯合所有權相關的主要問題——服務相依性。**服務整合技術**解決了服務相依性問題，並藉由將多個資料表所有者（服務）合併到一個單一的整合服務來解決聯合所有權問題，因此將聯合所有權移到單一所有權的情形中（參閱圖 9-9）。

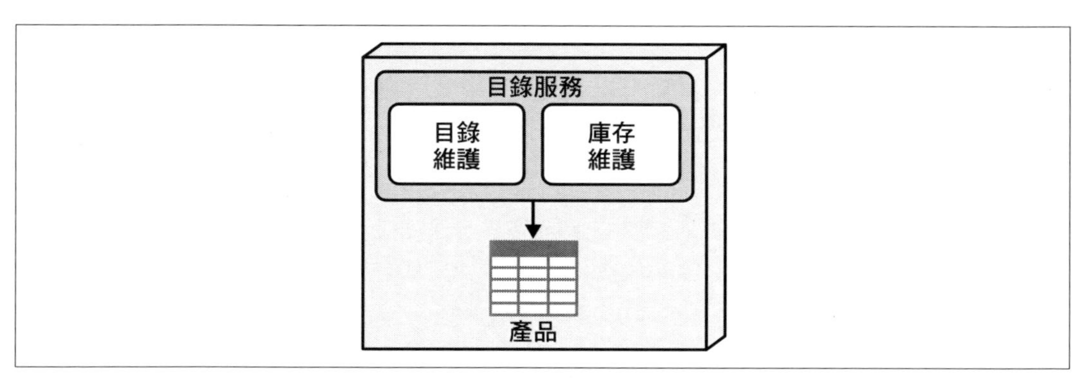

圖 9-9　資料表的所有權是藉由合併服務來解決

類似資料領域技術，這技術解決了與服務相依性和性能相關的問題，同時也解決了聯合所有權的問題。然而，像其他技術一樣，它也有它的權衡取捨。

整合服務建立一個更粗粒度的服務，因此增加了整體的測試範圍以及整體的部署風險（當增加一個新功能或修復一個錯誤時，破壞服務中其他事情的機會）。因為服務所有的部分會一起失效，所以整合服務也可能影響整體容錯性。

當使用服務整合技術時，即使某些功能可能不需要像其他功能擴展到相同程度，但因為服務*所有*的部分必須相同地擴展，所以總體可擴展性也會受到影響。例如，在圖 9-9 中，目錄維護功能（過去在獨立的目錄服務中）必須不必要地擴展，以符合庫存檢索和更新功能的高要求。

表 9-4 總結了服務整合技術的總體權衡。

權衡

表 9-4 聯合所有權服務整合技術的權衡

優勢	劣勢
保留了原子性交易	更粗粒度的可擴展性
好的整體性能	低容錯性
	增加部署風險
	增加測試範圍

資料所有權摘要

圖 9-10 顯示在應用了本節描述的技術後，從圖 9-1 產生的資料表所有權分配。對於涉及希望清單服務的單一資料表情況，我們簡單地將所有權分配給希望清單服務，在服務和資料表之間形成一個緊密的有界上下文。對於涉及審計表的共同所有權情況，我們建立了一個新的審計服務，使所有其他服務發送異步訊息給一個持久性佇列。最後，對於涉及了目錄服務和庫存服務的產品表更複雜的聯合所有權情況，我們選擇使用委託技術，將產品表的單一所有權分配給目錄服務，並由庫存服務發送更新請求給目錄服務。

一旦資料表所有權被分配給服務，架構師就必須藉由分析商務工作流程及它們相關的交易要求來驗證資料表所有權的分配。

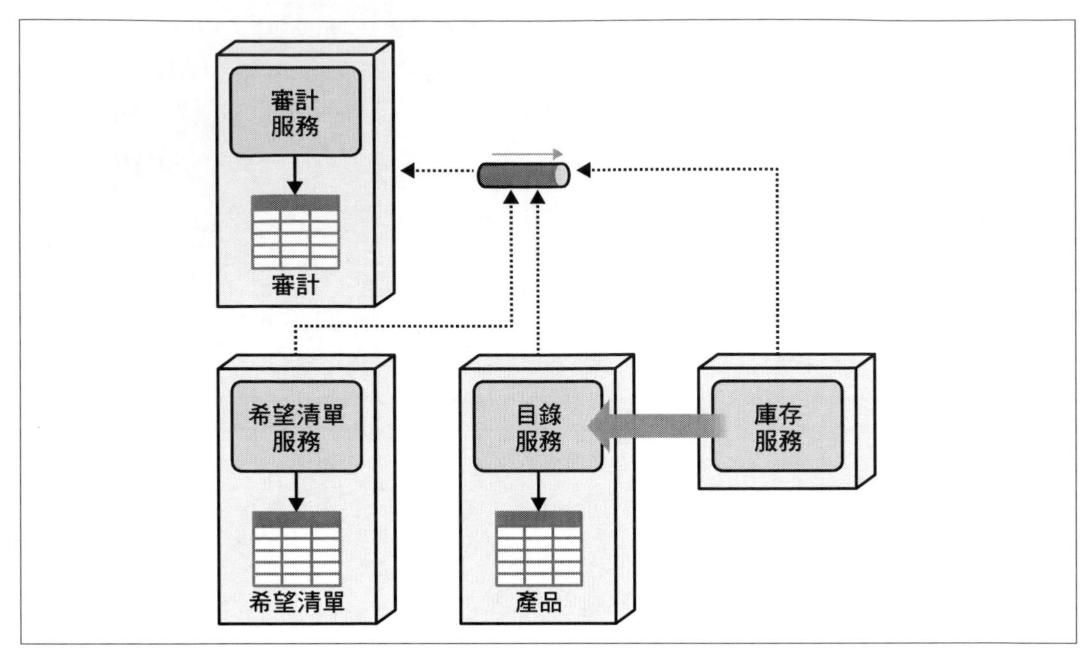

圖 9-10　用聯合所有權的委託技術產生的資料所有權

分散式交易

當架構師和開發者想到交易時，他們通常會想到一個單一的原子工作單元，其中多個資料庫更新要麼一起提交，要麼在發生錯誤時全部退回。這種類型的原子交易通常被稱為 *ACID 交易*。如第 6 章所提出的，ACID 是一個描述了原子性單一工作單元資料庫交易的基本屬性：原子性、一致性、隔離性和持久性。

為了解分散式交易如何工作以及使用分散式交易涉及的權衡，有必要充分了解 ACID 交易四個屬性的縮寫。我們堅信，如果不了解 ACID 交易，架構師就無法執行必要的權衡分析，從而知道何時（以及何時不）使用分散式交易。因此，我們將先深入探討 ACID 交易的細節，然後再描述它們與分散式交易的差異。

*原子性*意味著交易必須在單一工作單元中提交或退回它*所有的*更新，無論這交易期間的更新數量如何。換句話說，所有更新都被視為一個整體，所以所有的改變要麼被提交，要麼被作為一個單元退回。例如，假設註冊一個客戶涉及在客戶資料表中插入客戶個人

資料資訊，在錢包表中插入信用卡資訊，以及在安全表中插入安全相關資訊。假設個人資料和信用卡資訊被成功插入，但安全資訊插入失敗。使用原子性，個人資料和信用卡的插入將被退回，以保持資料庫資料表同步。

一致性意味著在交易過程中，資料庫永遠不會處於不一致的狀態，或違反資料庫中指定的任何完整性約束。例如，在 ACID 交易期間，不先添加對應的摘要記錄（如訂單），系統就不能添加一條詳細記錄（如項目）。雖然有些資料庫將這種檢查推遲到提交期間，但一般程式師在交易過程中不能違反像是外鍵約束的一致性約束。

隔離性是指個別交易之間互動的程度。隔離性保護未提交的交易資料在商務請求過程中不被其他交易看到。例如，在 ACID 交易的過程中，當客戶個人資料資訊被插入到客戶個人資料表時，在 ACID 交易範圍以外的其他服務都不能存取這新插入的資訊，直到整個交易被提交為止。

持久性意味著一旦從交易的提交產生成功回應，就能保證所有的資料更新都是永久的，無論系統是否有另外的故障。

為了說明 ACID 交易，假設註冊 Sysops Squad 應用程式的客戶在一個使用者介面螢幕上輸入了他們所有的個人資料資訊，他們希望在支援計畫下涵蓋的電子產品以及他們的帳單資訊。這些資訊隨後被送到單一客戶服務，然後這服務執行與客戶註冊商務請求相關的所有資料庫活動，如圖 9-11 所示。

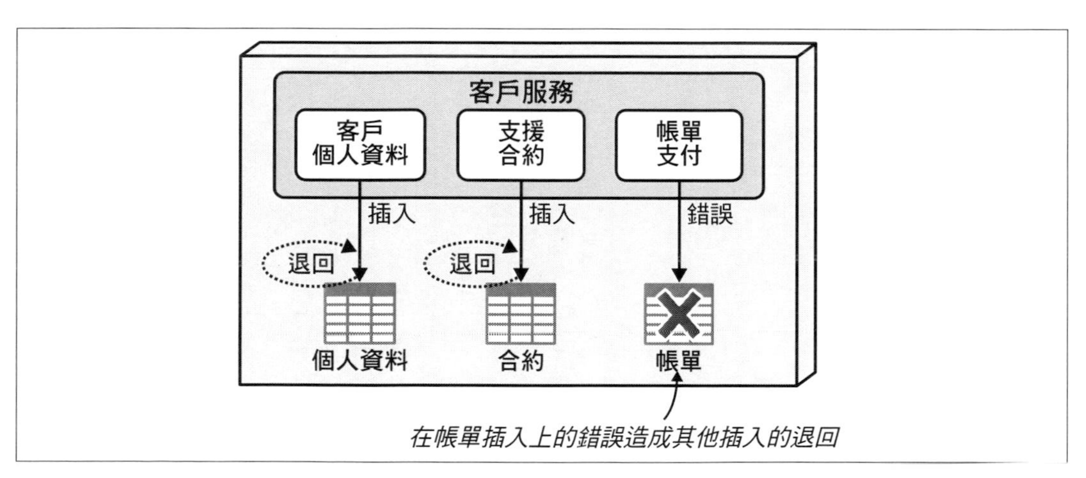

圖 9-11　在 ACID 交易中，帳單插入的錯誤會造成對其他資料表插入的退回

首先，注意在一個 ACID 交易中，由於當嘗試插入帳單資訊時發生錯誤，之前插入的個人資料資訊和支援合約資訊現在都被退回（這就是 ACID 的**原子性**和**一致性**部分）。雖然圖中沒有說明，但在交易過程中插入到每個資料表中的資料對其他請求是不可見的（這就是 ACID 的**隔離性**部分）。

注意 ACID 交易可以存在於分散式架構中**每個服務的上下文中**，但只有在對應的資料庫也支援 ACID 的情況下才可以。每個服務可以在原子商務交易的範圍內對它擁有的資料表執行自己的提交和退回。但是，如果商務請求跨越多個服務，整個商務請求本身就不能是 ACID 交易——相反地，它成為**分散式交易**。

當一個包含多個資料庫更新的原子商務請求由獨立部署的遠端服務執行時，就會發生分散式交易。注意在圖 9-12 中，對一個新客戶註冊的相同請求（由代表提出請求客戶的筆記型電腦圖像表示），現在分散在三個獨立部署的服務中——客戶個人資料服務、支援合約服務和帳單支付服務。

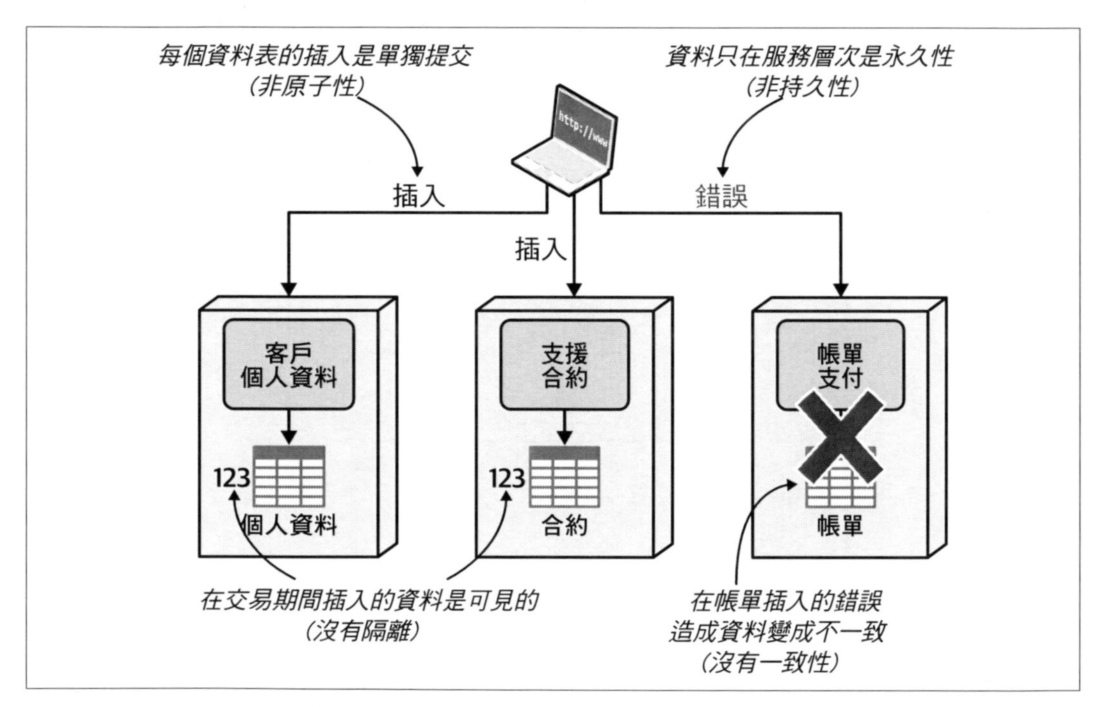

圖 9-12　分散式交易不支援 ACID 屬性

正如你所看到的，分散式交易不支援 ACID 屬性。

因為每個獨立部署的服務提交自己的資料，並且只執行整個原子性商務請求的一部分，所以不支援**原子性**。在一個分散式交易中，原子性被綁定到**服務**，而不是**商務請求**（如客戶註冊）。

因為一個服務的失敗造成負責商務請求資料表之間的資料不同步，所以不支援**一致性**。如圖 9-12 所示，因為帳單支付服務插入失敗，個人資料表和合約表現在與帳單表不同步（我們在本節後面會顯示如何解決這些問題）。因為傳統的關聯式資料庫約束（例如外鍵總是與主鍵匹配）在每一個個別的服務提交期間不能應用，所以一致性也受到影響。

不支援**隔離性**，因為一旦客戶個人資料服務在分散式交易的過程中插入個人資料以註冊客戶，這個人資料資訊就可被任何其他服務或請求使用，即使客戶註冊過程（目前交易）還沒有完成。

在跨商務請求中不支援**持久性**——它只被每個獨立服務支援。換句話說，任何個別的資料提交都不能確保整個商務交易範圍內的**所有**資料是永久性的。

分散式交易支援一種稱為 *BASE* 的東西，而不是 ACID。在化學上，**酸性**物質和**鹼性**物質正好相反。原子和分散式交易也是如此——ACID 交易與 BASE 交易相反。BASE 描述了分散式交易的屬性：基本可用性、軟狀態和最終一致性。

基本可用性（BASE 的「BA」部分）意味著分散式交易中的所有服務或系統都預期可以參與到分散式交易中。雖然異步通訊可以幫助解耦服務並解決與分散式交易參與者相關的可用性問題，但不幸的是，它會影響原子商務交易中資料多久會變成一致（參閱本節後面的最終一致性）。

軟狀態（BASE 的 *S* 部分）描述了分散式交易正在進行，而且原子商務請求的狀態尚未完成（或者在某些情況下甚至不知道）的情況。在圖 9-12 所示的客戶註冊例子中，當客戶個人資料資訊被插入（和提交）到個人資料表，但支援合約和帳單資訊還沒有被插入時，就會出現軟狀態。使用同一個例子，如果所有三個服務平行工作以插入它對應的資料，那麼軟狀態的未知部分就可能會發生，原子商務請求的確切狀態在任何時間點都是未知的，直到**所有三個**服務回報資料已被成功處理為止。在使用異步通訊工作流程的情況下（參閱第 11 章），分散式交易的進行中或最終狀態通常很難確定。

最終一致性（BASE 的 *E* 部分）意味著，只要有足夠的時間，分散式交易的所有部分都能成功完成，而且所有的資料都是相互同步的。所使用的最終一致性模式的類型和處理錯誤的方式決定了在分散式交易中涉及的所有資料來源需要多長時間才能變得一致。

下一節描述了最終一致性模式的類型，以及與每種模式相關的對應權衡。

最終一致性模式

分散式架構重度的依賴最終一致性，作為像是性能、可擴展性、彈性、容錯性和可用性等更好操作架構特性的權衡。雖然有許多方法來實現資料來源和系統之間的最終一致性，但目前使用的三種主要模式是後台同步模式、基於請求的協作模式和基於事件的模式。

為了更清楚地描述每種模式並說明它們如何工作，再一次考慮我們之前在圖 9-13 討論的 Sysops Squad 應用程式的客戶註冊過程。在這個例子中，客戶註冊過程中涉及三個獨立的服務：維護基本個人資料資訊的客戶個人資料服務、維護每個客戶的 Sysops Squad 維修計畫所涵蓋產品的支援合約服務、以及向客戶收取支援計畫費用的帳單支付服務。注意在圖中，客戶 123 是 Sysops Squad 服務的用戶，因此在每個服務擁有的對應資料表中都有資料。

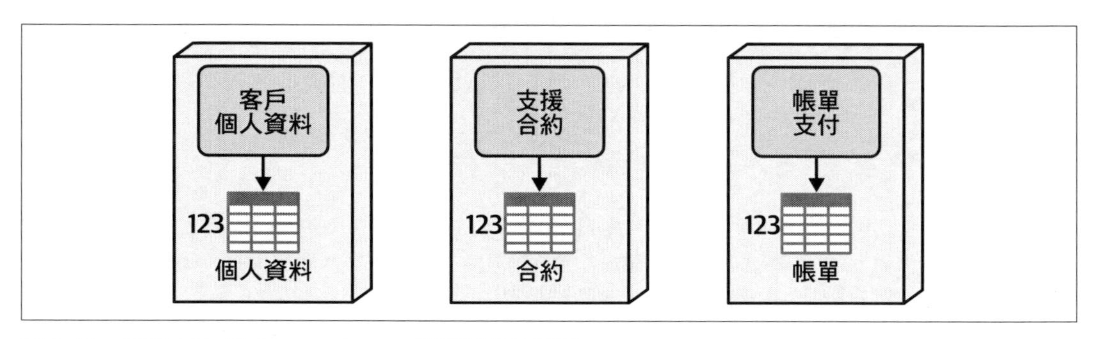

圖 9-13　客戶 123 是 Sysops Squad 應用程式的用戶

客戶 123 決定他們不再對 Sysops Squad 支援計畫感興趣，因此他們取消了服務訂閱。如圖 9-14 所示，客戶個人資料服務收到了來自使用者介面的這項請求，從個人資料表中刪除這位客戶，並向客戶回傳他們已經成功退訂而且將不再被計費的確認訊息。但是，這位客戶的資料仍然存在於由支援合約服務擁有的合約表、和由帳單支付服務擁有的帳單表中。

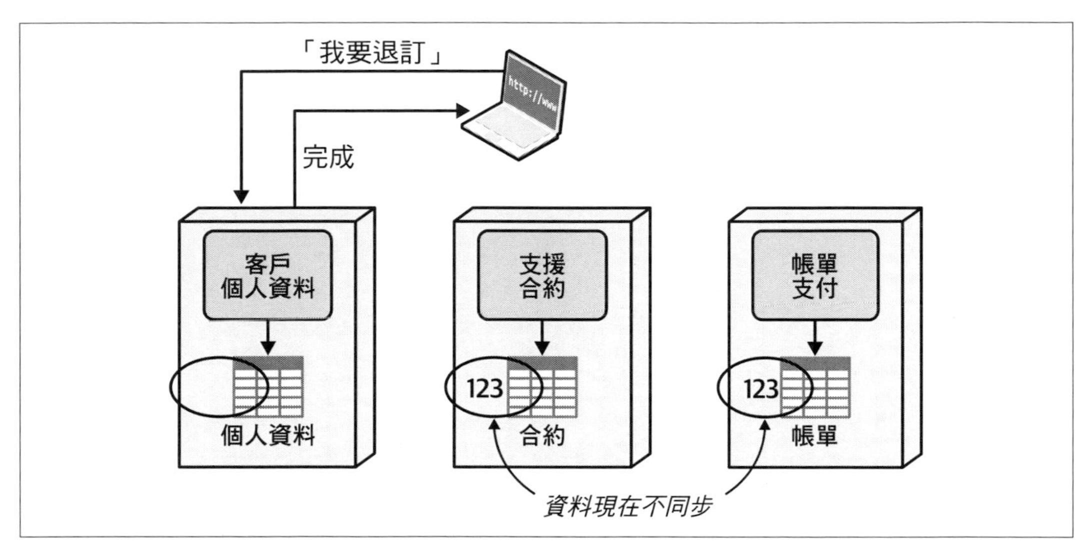

圖 9-14　在客戶從支援計畫退訂後資料不同步

我們將使用這個場景來描述每個最終一致性模式，以便為這個原子商務請求獲得同步的所有資料。

後台同步模式

後台同步模式使用一個獨立的外部服務或過程，定期地檢查資料來源並使它們互相保持同步。使用這種模式，資料來源最終變得一致的時間長度將根據後台過程是否實作為在半夜某個時候執行的批次處理作業，或定期喚醒（例如，每小時）以檢查資料來源一致性的服務而不同。

無論後台過程是如何實作的（夜間批次處理或定期），這種模式通常有最長的時間讓資料來源變得一致。但是，在許多情況下，資料來源並不需要立即保持同步。考慮圖 9-14 中客戶退訂的例子。一旦客戶退訂，這位客戶的支援合約和帳單資訊是否仍然存在其實並不重要。在這種情況下，在夜間完成最終一致性就有足夠時間讓資料同步。

這種模式的挑戰之一是，用於保持所有資料同步的後台過程必須知道哪些資料發生了變化。這可以透過事件流、資料庫觸發器、或從來源資料表讀取資料，並將目標資料表與來源資料對齊的方式達成。無論使用哪種技術來確認變化，後台過程必須了解交易中涉及的所有資料表和資料來源。

圖 9-15 說明了在 Sysops Squad 取消註冊例子中使用的後台同步模式。注意在 11:23:00，客戶發出一個取消支援計畫訂閱的請求。客戶個人資料服務收到請求，刪除資料，一秒鐘後（11:23:01）回應客戶說他們已經成功地從系統中退訂。然後，在 23:00:00 後台批次處裡同步過程開始。後台同步過程經由事件流或主資料表與次資料表的差異檢測到客戶 123 已經被刪除，並從合約和帳單表中刪除資料。

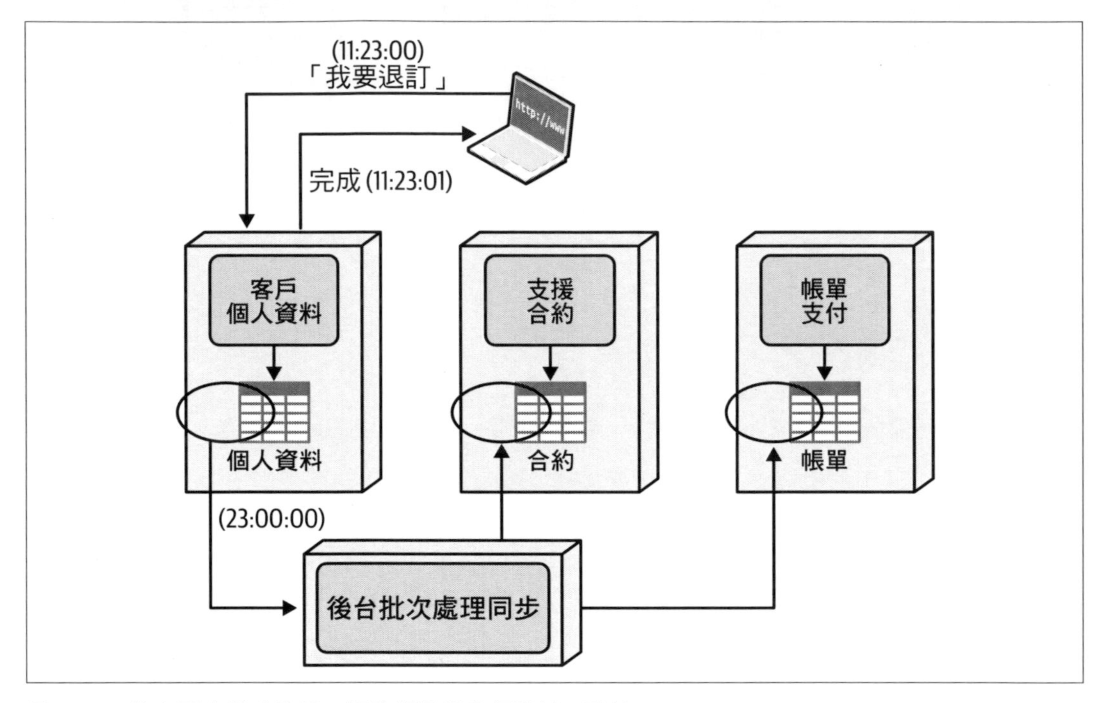

圖 9-15　後台同步模式使用一個外部過程確保資料一致性

這種模式對整體的反應能力很好，因為最終使用者不需要等待整個商務交易完成（在這種情況下，從支援計畫中退訂）。但不幸的是，這種最終一致性模式有一些嚴重的權衡。

後台同步模式最大的缺點是它將所有資料來源耦合在一起，因此破壞了資料和服務之間的每一個有界上下文。注意在圖 9-16 中，後台批次處理同步過程必須對相應服務所擁有的每一個資料表有寫入存取，這意味著所有的資料表在服務和後台同步過程之間有效地共享所有權。

服務和後台同步過程之間的這種共享資料所有權問題百出，並強調了在分散式架構中需要緊密的有界上下文。對每個服務所擁有資料表所做的結構改變（改變欄名、刪除欄等），也必須與外部的後台過程協調，這使得改變困難和費時。

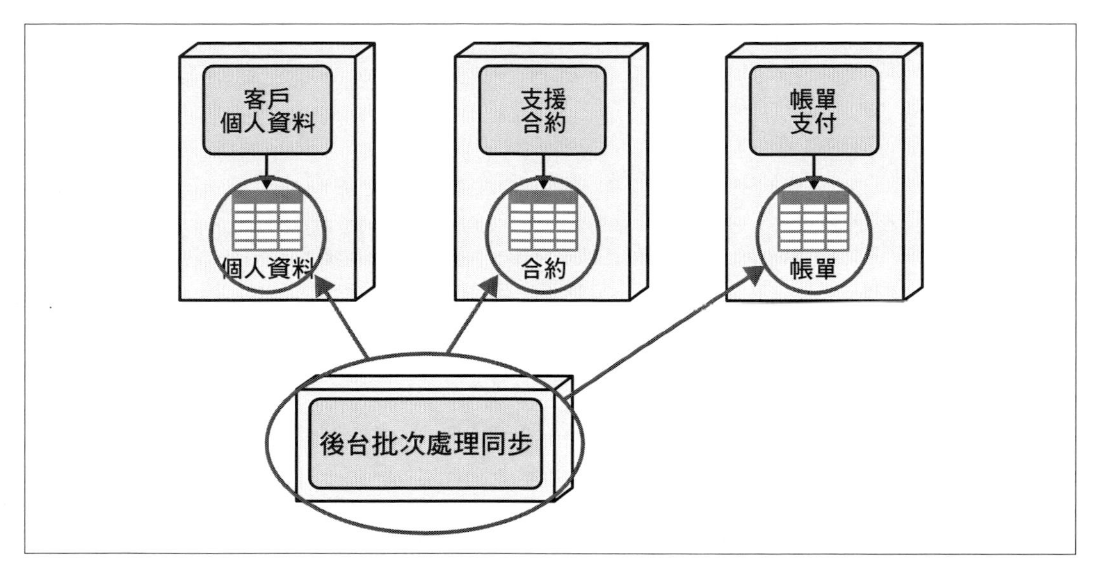

圖 9-16　後台同步模式與資料來源耦合，因此破壞了有界上下文和資料所有權

除了變更控制困難以外，在複製商務邏輯上也出現問題。從圖 9-15 看，後台過程在包含客戶 123 的合約和帳單表的所有列中簡單地執行 `DELETE` 操作，這似乎相當直接。但是，在這些服務中對這特定操作可能存在某些商務規則。

例如，當一個客戶退訂時，他們現有的支援合約和帳單歷史將被保留三個月，以備客戶決定重新訂閱支援計畫。因此，不是刪除這些資料表中的列，而是設置一個 `remove_date` 欄，用一個長整數代表這些列應該被刪除的日期（這一欄的零值表示一個活躍的客戶）。這兩個服務每天檢查 `remove_date`，以確定哪些列應該從他們各自的資料表中刪除。問題是，這個商務邏輯位於哪裡？當然答案是在支援合約和帳單支付服務中——哦，*還有後台批次處理過程中*！

後台同步最終一致性模式不適合需要緊密有界上下文的分散式架構（如微服務），因為資料所有權和功能之間的耦合是架構的關鍵部分。這種模式適用的情況是不互相通訊或共享資料封閉的（自給自足的）異構系統。

例如，考慮一個接受建築材料訂單的承包商訂單輸入系統，以及另一個為承包商開發票的獨立系統（在不同平台上實作）。一旦承包商訂購了補給品，後台同步過程將這些訂單轉移到開票系統中產出發票。當承包商改變訂單或取消它時，後台同步過程將這些改變轉移到開票系統更新發票。這是一個系統變成*最終一致*的好例子，承包商的訂單總是在兩個系統之間同步。

表 9-5 總結了後台同步模式對最終一致性的權衡。

權衡

表 9-5　後台同步模式的權衡

優勢	劣勢
服務是解耦的	資料來源耦合
良好的反應能力	實作複雜
	破壞有界上下文
	商務邏輯可能被複製
	緩慢的最終一致性

基於請求的協作模式

管理分散式交易的常見方法是，確保所有的資料來源在商務請求過程中（換句話說，在最終使用者等待的時候）是同步的。這種方法是經由所謂的*基於請求的協作模式*實作的。

與前面的後台同步模式或下一節描述的基於事件的模式不同，基於請求的協作模式試圖在*商務請求期間*處理整個分散式交易，因此需要某種協作器來管理分散式交易。協作器可以是指定的現有服務或新的獨立服務，它負責管理處理請求所需的所有工作，包括商務流程的知識、所涉及參與者的知識、多任務邏輯、錯誤處理和合約所有權。

實作這種模式的一種方法是指定一個主要服務（假設有一個）管理分散式交易。如圖 9-17 中的說明，這種技術指定一個服務在它其他職責以外承擔協作器的角色，在這種情況下它就是客戶個人資料服務。

雖然這種方法避免了需要獨立的協作服務，但它往往會使被指定為分散式交易協作器的服務責任過重。除了協作器的角色以外，管理分散式交易的指定服務也必須履行自己的責任。這種方法的另一個缺點是，它助長了導致服務之間的緊密耦合和同步依賴。

在使用基於請求的協作模式時，我們一般喜歡的方法是為商務請求使用專門的協作服務。如圖 9-18 所示，這種方法將客戶個人資料服務從管理分散式交易的責任中解放出來，並將這個責任放在一個獨立的協作服務上。

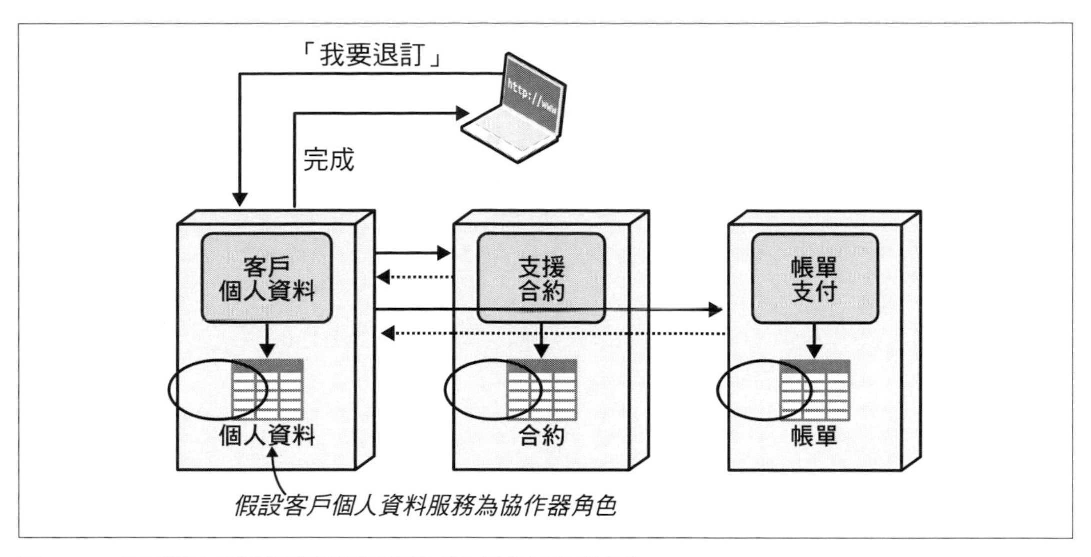

圖 9-17　客戶個人資料服務承擔了分散式交易的協作器角色

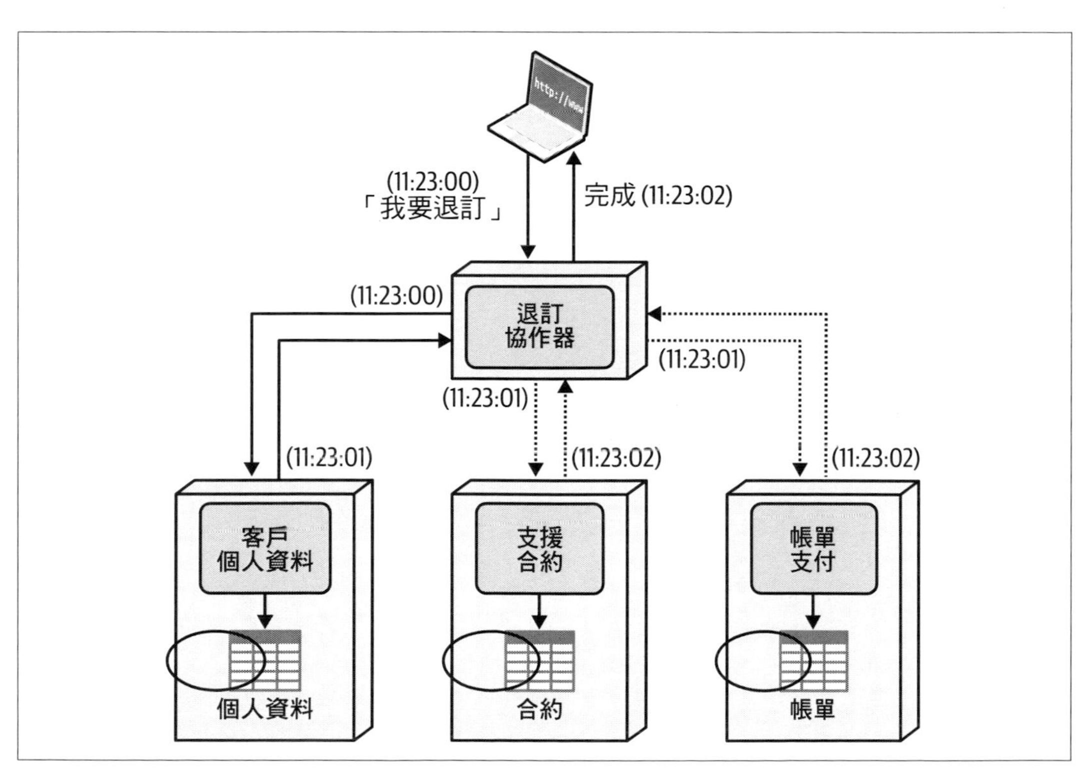

圖 9-18　一個專門的協作服務承擔了分散式交易的協作器角色

我們將使用這種獨立協作服務方法來描述這種最終一致性模式是如何工作的，以及與這種模式對應的權衡。

注意在 11:23:00，客戶發出了從 Sysops Squad 支援計畫退訂的請求。退訂協作器服務收到了這請求，然後將該請求同步轉發給客戶個人資料服務，以便將這位客戶從個人資料表中刪除。一秒鐘後，客戶個人資料服務向退訂協作器服務回送確認訊息，然後它向支援合約和帳單支付服務平行發送請求（經由執行緒或某種異步協定）。這兩個服務處理退訂請求，然後在一秒鐘後向退訂協作器服務回送確認訊息，表示他們已經完成了請求的處理。現在所有的資料都是同步的，退訂協作服務在 11:23:02（初始請求發出兩秒後）回覆客戶，讓客戶知道他們已經成功退訂。

要觀察的第一個權衡是，協作方法通常更傾向於資料的一致性而不是反應能力。增加專門的協作服務不僅會增加額外的網路跳躍和服務呼叫，而且根據協作器是串列還是平行執行呼叫，協作器和它所呼叫的服務之間來回通訊需要額外的時間。

在圖 9-18 中，藉由與其他服務同時執行客戶個人資料請求改善了反應時間，但我們選擇同步執行這個操作是為了錯誤處理和一致性原因。例如，如果客戶因為有未付的帳單費用而不能從個人資料表中刪除，就不需要其他操作來反轉支援合約和帳單支付服務中的操作。這代表了另一個一致性大於反應能力的例子。

除了反應能力以外，這種模式的另一個權衡是複雜的錯誤處理。雖然基於請求的協作模式可能看起來很簡單，但考慮當客戶從個人資料表和合約表中移除，但在試圖從帳單表中移除帳單資訊時發生錯誤，會發生什麼事，如圖 9-19 所示。由於個人資料和支援合約服務個別提交了它們的操作，退訂協作器服務現在必須決定**在客戶等待請求被處理的時候**該採取什麼行動。

1. 協作器是否應該再次嘗試向帳單支付服務發送請求？
2. 協作器是否應該執行一個補償性交易，並讓支援合約和客戶資料服務反轉它們的更新操作？
3. 在嘗試修復不一致的時候，協作器是否應該回應客戶說發生了錯誤，並等待一下再嘗試一次？
4. 協作器是否應該忽略這個錯誤，希望其他過程能夠處理這個問題，並回覆客戶說他們已經成功退訂？

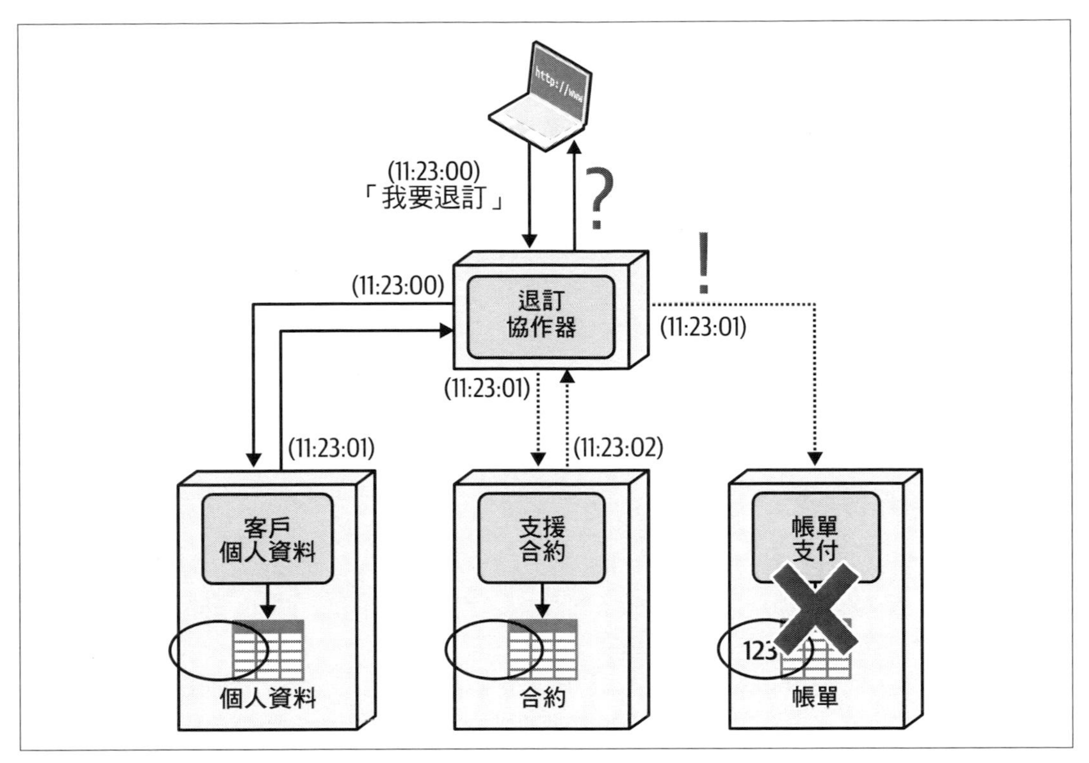

圖 9-19　在使用基於請求的協作模式時，錯誤狀況很難解決

這種真實世界的場景為協作器造成了混亂的情況。因為這是使用最終一致性的模式，所以沒有其他方法來更正資料並使事情恢復同步（因此否定了前面清單中的 3 和 4 選項）。在這種情況下，協作器唯一真正的選擇是嘗試反轉分散式交易——換句話說，發布一個**補償更新**，在個人資料表中重新插入客戶，並將合約表中的 `remove_date` 欄設為 0。這需要協作器擁有所有必要的資訊以重新插入客戶，並且在建立新客戶時不會發生副作用（例如初始化帳單資訊或支援合約）。

分散式架構補償交易的另一個複雜情況是補償期間發生的故障。例如，假設一個補償性交易發給客戶個人資料服務，以重新插入客戶，但這操作失敗了。現在怎麼辦？現在資料真的不同步，而且周圍沒有其他服務或過程可以修復這個問題。大多數像這樣的情況通常需要人工干預來修復資料來源並使它們恢復同步。我們將在第 310 頁的「交易傳奇模式」中介紹關於補償交易和交易傳奇更多的細節。

表 9-6 總結了基於請求的協作模式對最終一致性的權衡。

權衡

表 9-6　基於請求的協作模式的權衡

優勢	劣勢
服務是解耦的	反應速度較慢
即時的資料一致性	錯誤處理複雜
原子商務請求	通常需要補償性交易

基於事件的模式

基於事件的模式是包括微服務和事件驅動架構等大多數現代分散式架構中最普遍和最可靠的最終一致性模式之一。用這種模式，事件與異步發布和訂閱（pub/sub）訊息模型結合使用，將事件（如 `customer unsubscribed`）或命令訊息（如 `unsubscribe customer`）發布到主題或事件流。涉及分散式交易的服務偵聽某些事件，並對這些事件作出回應。

由於異步訊息處理的平行和解耦性質，實現資料一致性的最終一致性時間通常很短。在這種模式下，服務彼此間是高度解耦的，而且因為觸發最終一致性事件的服務在回傳資訊給客戶之前不必等待資料同步的發生，因此反應能力也很好。

圖 9-20 說明了最終一致性的基於事件模式是如何運作。注意客戶在 11:23:00 對客戶個人資料服務發出了退訂請求。客戶個人資料服務接收到這個請求，將客戶從個人資料表中刪除，向訊息主題或事件流發布一條訊息，並在一秒鐘後回傳資訊，讓客戶知道他們已經成功退訂。幾乎在這事件發生的同時，支援合約和帳單支付服務都收到了退訂事件，並執行退訂客戶所需的任何功能，使所有的資料來源達到最終一致。

對於用標準基於主題的發布和訂閱訊息的實作（如 ActiveMQ、RabbitMQ、AmazonMQ 等），對事件反應的服務必須被設置為**持久訂閱者**，以確保如果訊息代理者或接收訊息的服務失敗也不會遺失訊息。持久訂閱者在概念上類似於持久佇列，因為訂閱者（在這種情況下，支援合約服務和帳單支付服務）在訊息發布時不需要是可用的，且訂閱者一旦成為可用，就保證能收到訊息。在事件流實作的情況下，訊息代理者（如 Apache Kafka）必須始終持有訊息，並確保它在合理的時間內在主題中是可用的。

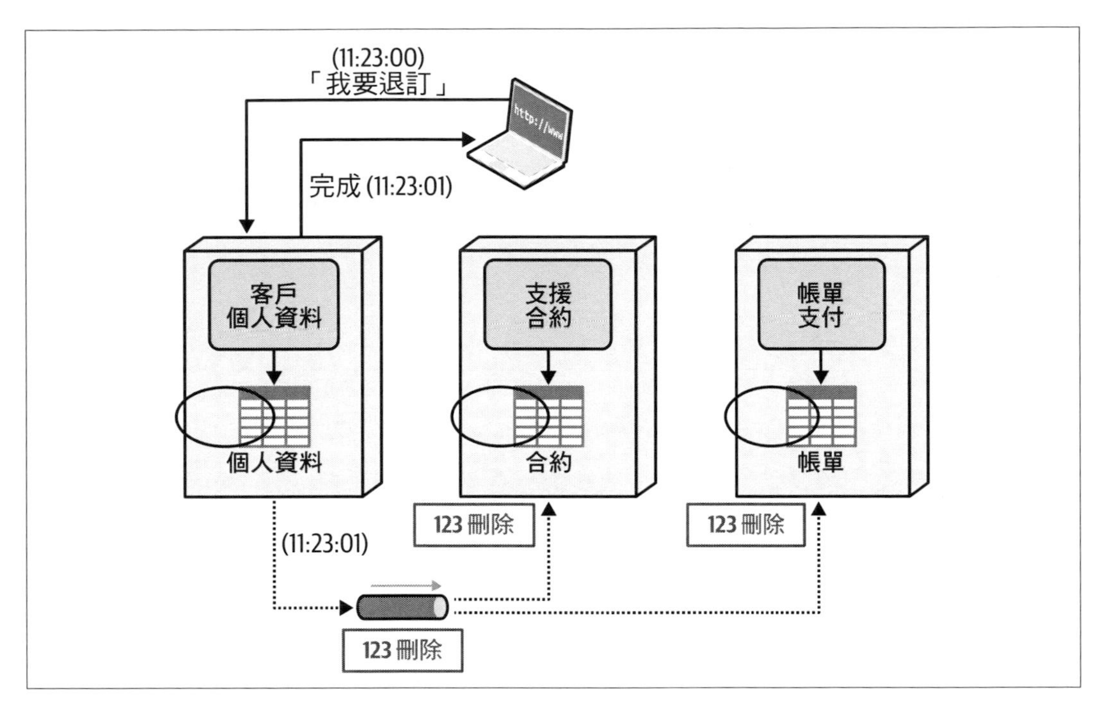

圖 9-20　基於事件的模式使用異步發布和訂閱訊息或事件流以實現最終一致性

基於事件模式的優點是反應能力、即時的資料一致性和服務解耦性。然而，與所有最終一致性模式類似，這種模式的主要權衡是錯誤處理。如果服務之一（例如，圖 9-20 中說明的帳單支付服務）不可用，它是一個持久訂閱者的事實意味著，當它成為可用的時候，最終它將接收並處理這事件；但是，如果這服務正在處理事件並且失敗，事情很快就會變得複雜。

大多數訊息代理者會嘗試一定次數的訊息傳遞，在接收方反復失敗後，代理者會將訊息送到*無效信件佇列*（*DLQ*）。這是一個可配置的目的地，事件被儲存在那裡，直到一個自動的過程讀取這訊息並試圖修復問題。如果不能以編程方式修復，則這訊息通常會被送給人工處理。

表 9-7 列出了基於事件的模式實現最終一致性的權衡。

權衡

表 9-7 基於事件模式的權衡

優勢	劣勢
服務是解耦的	複雜的錯誤處理
即時的資料一致性	
快速反應能力	

Sysops Squad 傳奇：單據處理的資料所有權

1 月 18 日，星期二，09:14

在與 Dana 交談並了解了資料所有權和分散式交易管理之後，Sydney 和 Addison 很快意識到，如果在這解決方案上沒有兩個團隊的合作，拆開資料並分配資料所有權以形成緊密的有界上下文是不可能的。

「難怪這裡似乎什麼都沒有，」Sydney 觀察到。「我們和資料庫團隊之間總是有問題和爭論，現在我看到了我們公司將我們當作兩個獨立團隊的結果。」

「沒錯，」Addison 說。「我很高興我們現在與資料團隊更緊密的合作。所以，從 Dana 所說的，不管其他服務需要以唯讀方式存取資料，在資料表上執行寫入動作的服務擁有這資料表。在這種情況下，看起來使用者維護服務需要擁有這資料。」

Sydney 同意，Addison 建立了一個一般的架構決策記錄，描述了在單一資料表所有權的情況下該怎麼做：

ADR：有界上下文的單一資料表所有權

上下文

當在服務和資料之間形成有界上下文時，資料表所有權必須被分配給特定的服務或服務群組。

決策

當只有一個服務寫到一個資料表時，這資料表的所有權將被分配給該服務。此外，需要唯讀存取另一個有界上下文中資料表的服務，不能直接存取包含這資料表的資料庫或模式。

根據資料庫團隊看法，資料表的所有權被定義為對這資料表執行寫入操作的服務。因此，對單一資料表所有權的情況，無論有多少個其他服務需要存取這資料表，只有一個服務被分配為所有者，且這個所有者就是維護資料的服務。

結果

根據所使用的技術，需要唯讀存取另一個有界上下文中資料表的服務，當存取不同有界上下文中資料時可能會產生性能和容錯性問題。

現在，Sydney 和 Addison 更了解資料表的所有權，以及如何在服務和資料之間形成有界上下文，他們開始研究調查功能。單據完成服務將把單據完成的時間戳記和執行工作的專家寫到調查表。調查服務將寫下調查被發送給客戶的時間戳記，並在收到調查後插入所有的調查結果。

「在我更了解了有界上下文和資料表的所有權後，現在這並不困難，」Sydney 說。

「好吧，讓我們移到調查功能上，」Addison 說。

「哎呀，」Sydney 說。「單據完成服務和調查服務都寫到調查表。」

「這就是 Dana 所說的資料表的聯合所有權，」Addison 說。

「那麼，我們有什麼選項？」Sydney 問道。

「既然拆開資料表行不通，那麼它真正留給我們的只有兩個選項，」Addison 說。「我們可以使用一個共同資料領域，使得兩個服務都擁有資料，或者我們可以使用委託技術，只指定一個服務作為所有者。」

「我喜歡共同資料領域。讓兩個服務都寫入資料表中並共享一個共同模式，」Sydney 說。

「只不過這在這種情況下行不通，」Addison 說。「單據完成服務已經與共同單據資料領域交流了。記住，一個服務不能連接到多個模式。」

「哦，對了，」Sydney 說。「等等，我知道了，只要將調查表加到單據資料領域模式就可以了。」

「但現在我們又開始把所有資料表重新組合回一起了。」Addison 說。「很快地我們將再次回到一個整體式資料庫。」

「那我們該怎麼辦？」Sydney 問。

「等等，我想我在這裡看到了一個好的解決方案，」Addison 說。「你知道單據完成服務必須如何傳訊息給調查服務，以便在單據完成後啟動調查過程？如果我們將必要的資料與這訊息一起傳遞，使調查服務在建立客戶調查時可以插入資料，會怎麼樣？」

「太精彩了，」Sydney 說。「這樣一來，單據完成就不需要對調查表進行任何存取。」

Addison 和 Sydney 同意調查服務將擁有調查表，並將使用委託技術在該資料表通知調查服務啟動調查過程時傳遞資料，如圖 9-21 所示。Addison 為這個決定寫了一份架構決策記錄。

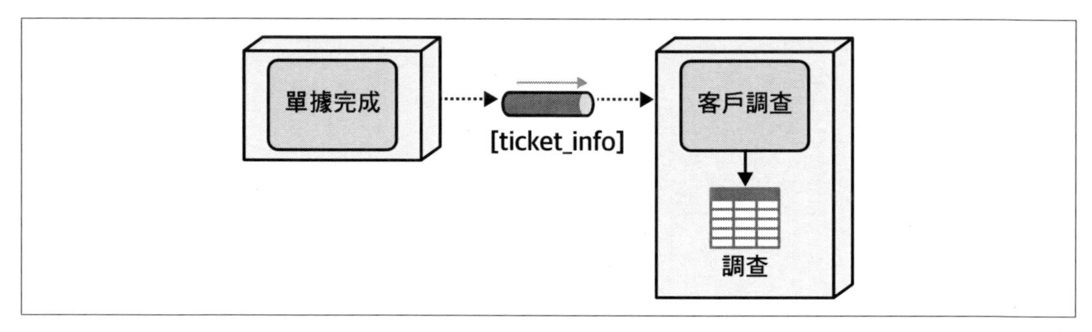

圖 9-21　調查服務使用委託技術擁有資料

ADR：調查服務擁有調查表

上下文

單據完成服務和調查服務都會寫入到調查表。因為這是一個聯合所有權的情況，所以替代方案是用一個共同的共享資料領域或使用委託技術。因為調查表的結構，所以資料表分割不是一個選項。

決策

調查服務將是調查表的單一所有者，這意味著它是可以對這資料表執行寫入操作的唯一服務。

一旦單據被標記為完成並被系統接受，單據完成服務需要送一個訊息給調查服務，以啟動客戶調查過程。因為單據完成服務已經發送了一個通知事件，所以必要的單據資訊可以與這事件一起傳遞，因此消除了單據完成服務對調查表有任何存取的需要。

結果

單據完成服務需要插入調查表的所有必要資料，都需要在觸發客戶調查過程時，作為負荷的一部分傳送。

在整體式系統中，單據完成插入調查記錄作為完成過程的一部分。有了這個決策，調查記錄的建立是一個獨立於單據建立過程的活動，現在由調查服務處理。

第十章

分散式資料存取

1 月 3 日，星期一，12:43

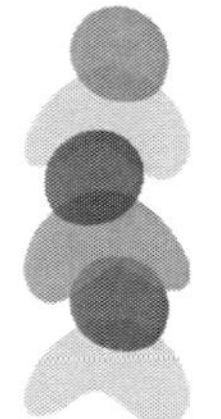

「現在我們已經把專家個人資料表的所有權分配給了使用者管理服務，」Sydney 說，「單據分配服務應該如何獲得專家位置和技能的資料？正如我之前所說的，以它對資料庫的讀取次數，每次需要查詢這資料表的時候都進行遠端呼叫，實在是不可行的。」

「你能修改分配演算法工作的方式，以便我們能減少它所需要的查詢次數嗎？」Addison 問。

「難倒我了，」Sydney 回答。「維護這些演算法的人通常是 Taylen。」

Addison 和 Sydney 與 Taylen 會面，討論資料存取問題，並了解 Taylen 是否可以修改專家分配演算法，以減少對專家個人資料表所屬資料庫的呼叫次數。

「你在跟我開玩笑嗎？」Taylen 問。「我不可能改寫分配演算法來完成你的要求。絕對沒辦法。」

「但我們其他的唯一選擇是，每次分配演算法需要專家資料時，就遠端呼叫使用者管理服務，」Addison 說。

「什麼？」Taylen 大叫。「我們不能這樣做！」

「我也是這麼說的，」Sydney 說。「這意味著我們又回到了原點。這種分散式架構的東西很難。我不想這麼說，但我實際上已經開始懷念整體式應用程式了。等等，我有辦法了。如果我們對使用者維護服務進行訊息傳遞呼叫而不是使用 REST 呢？」

「這是同一件事，」Taylen 說。「無論我們使用訊息傳遞、REST 或任何其他遠端存取協定，我仍然要等待資訊回傳。那資料表只是簡單的需要和單據表在同一個資料領域中。」

「必須有另一種解決方案來存取我們不再擁有的資料，」Addison 說。「讓我跟 Logan 確認一下。」

在大多數使用單一資料庫的整體式系統中，開發者不會考慮讀取資料庫資料表的問題。SQL 資料表連接是司空見慣的，用一個簡單的查詢，所有必要的資料都可以在一次資料庫呼叫中檢索到。但是，當資料被分割成由不同服務所擁有的獨立資料庫或模式時，讀取操作的資料存取開始變得困難。

這一章描述了服務要獲得非它們所擁有資料的讀取存取的各種方式——換句話說，是在需要資料的服務的有界上下文之外。我們在本章中討論的四種資料存取模式包括服務間通訊模式、欄模式複製模式、複製快取記憶體模式和資料領域模式。

這些資料存取模式中的每一種都有它的優點和缺點。是的，再一次**權衡利弊**。為了更好地描述這些模式中的每一種，我們將回到第 9 章中希望清單服務和目錄服務的例子。圖 10-1 所示的希望清單服務維護著一個客戶最終可能想要購買的物品清單，而且包含了客戶 ID、物品 ID 和這項物品添加到對應希望清單表中的日期。目錄服務負責維護公司銷售的所有物品，且包括了物品 ID、物品描述和像是重量、高度、長度等靜態產品尺寸資訊。

在這個例子中，當客戶提出的請求顯示在他們希望清單中時，物品 ID 和物品描述（`item_desc`）都會回傳給客戶。但是，希望清單服務在它的資料表中沒有項目描述；這項資料是由目錄服務在一個緊密形成的有界上下文中擁有，提供變更控制和資料所有權。因此，架構師必須使用本章中列出的資料存取模式之一，以確保希望清單服務能夠從目錄服務中得到產品描述。

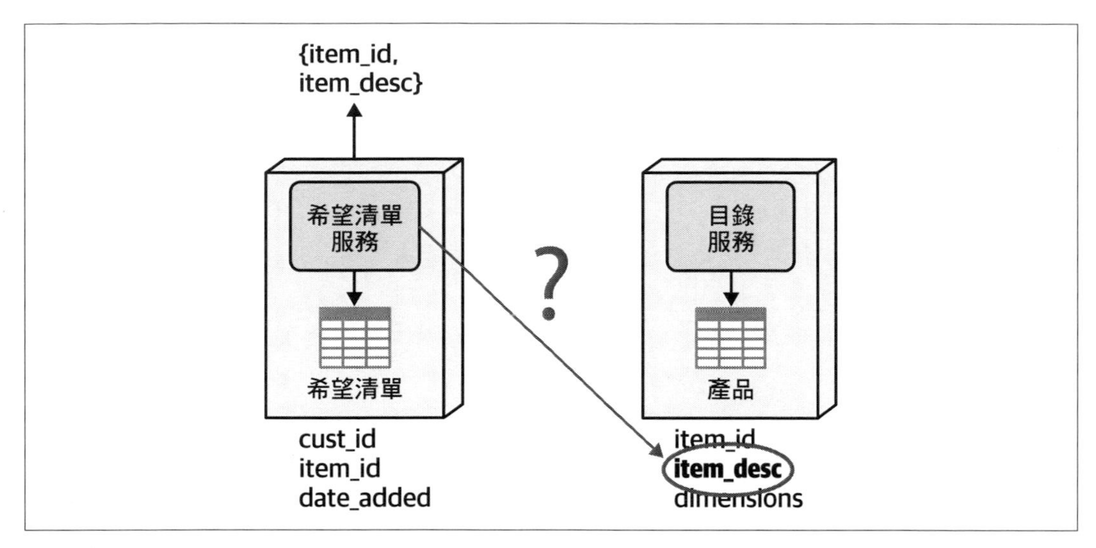

圖 10-1　希望清單服務需要物品描述，但不能存取包含資料的產品表

服務間通訊模式

*服務間通訊模式*是迄今為止在分散式系統中存取資料的最常見模式。如果一個服務（或系統）需要讀取它不能直接存取的資料，它只需簡單地藉由使用某種遠端存取協定向擁有的服務或系統*請求*。還能有什麼比這更簡單的呢？

就像軟體架構中的大多數事情一樣，一切都不像它看起來那樣。雖然簡單，但這常見的資料存取技術很不幸地充滿了缺點。考慮圖 10-2：希望清單服務對目錄服務進行同步遠端存取呼叫，傳入一個物品 ID 的清單，以換取對應物品的描述清單。

注意對*每個*獲得客戶希望清單的請求，希望清單服務必須對目錄服務進行遠端呼叫以取得物品描述。發生在這種模式上的第一個問題是由於網路延遲、安全性延遲和資料延遲導致較差的性能。*網路延遲*是往返服務的封包傳輸時間（通常在 30 毫秒到 300 毫秒之間）。安全性延遲發生在目標服務的終端需要額外授權來執行請求。*安全性延遲*根據被存取端點的安全程度可以有很大的變化，但對大多數系統而言可能在 20 毫秒和 400 毫秒之間。*資料延遲*描述了需要進行多次資料庫呼叫，以檢索必要的資訊回傳給最終使用者的情況。在這種情況下，不是一個單一 SQL 資料表連接敘述，而必須由目錄服務進行額外的資料庫呼叫以檢索物品描述。這可能會增加從 10 毫秒到 50 毫秒不等的額外處理時間。將所有這些加在一起，只是為了獲得物品的描述就可能延遲到一秒鐘。

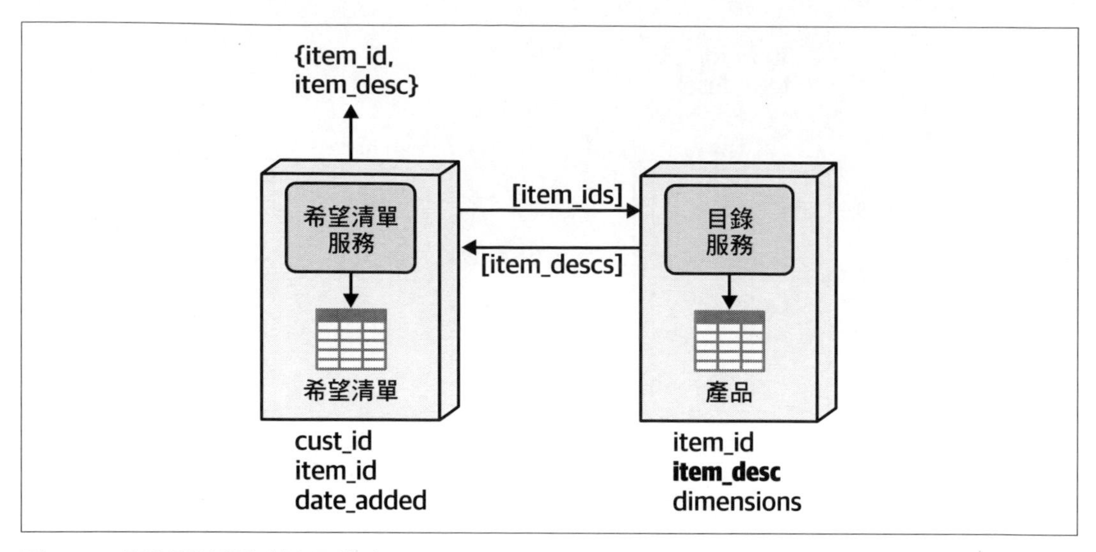

圖 10-2　服務間通訊資料存取模式

這種模式的另一個大缺點是服務耦合。因為希望清單必須依賴於目錄服務是可用的，因此這些服務是語義上和靜態上耦合的，這意味著如果目錄服務是不可用的，希望清單服務將也不可用。此外，因為在希望清單服務和目錄服務之間緊密的靜態耦合，當希望清單服務擴展到滿足額外的需求量時，目錄服務也必須有這規模的擴展。

表 10-1 總結了與服務間通訊資料存取模式相關的權衡。

權衡

表 10-1　服務間通訊資料存取模式的權衡

優勢	劣勢
簡單	網路、資料和安全性延遲（性能）
沒有資料量問題	可擴展性和吞吐量問題
	沒有容錯性（可用性問題）
	需要服務之間的合約

欄模式複製模式

用欄模式複製模式，欄被跨資料表複製，因此複製了資料並使它可用於其他的有界上下文。如圖 10-3 所示，`item_desc` 欄被加到希望清單表，使得希望清單服務不需要向目錄服務請求這資料就可以使用它。

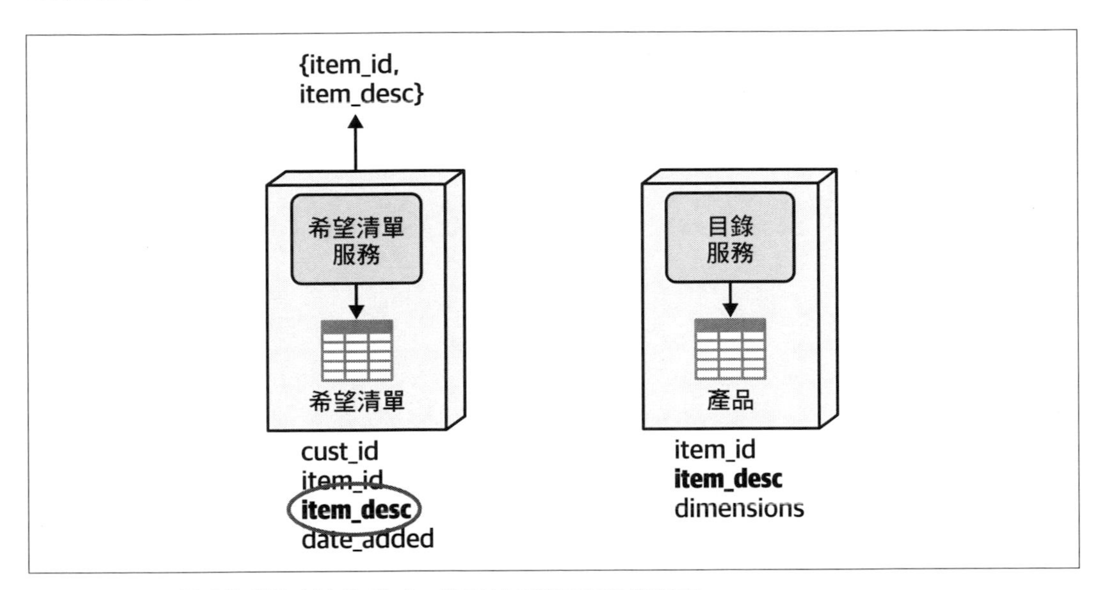

圖 10-3　用欄模式複製資料存取模式，資料被複製到其他資料表

資料同步和資料一致性是與欄模式複製資料存取模式相關的兩個最大問題。當一個產品被建立、從目錄中移除或改變產品描述時，目錄服務必須以某種方式讓希望清單服務（以及複製這資料的任何其他服務）知道這個改變。這通常是經由使用佇列、主題或事件流的異步通訊完成。除非需要*立即*進行交易同步，否則異步通訊是比同步通訊更好的選擇，因為它提高了反應能力，並且減少了服務之間可用性的依賴。

這種模式的另一個挑戰是，它有時很難管理資料所有權。因為資料被複製到屬於其他服務的資料表，儘管他們並不正式*擁有*這資料，但那些服務可能會更新這資料。這反過來又產生了更多的資料一致性問題。

儘管因為資料同步，服務仍然是耦合的，但需要讀取的服務可以立即存取資料，並且可以對自己的資料表進行簡單的 SQL 連接或查詢以獲得資料。這提高了性能、容錯性和可擴展性，而所有這些都是服務間通訊模式的缺點。

雖然一般而言，我們警告不要在像希望清單服務和目錄服務這樣例子的場景中使用這種資料存取模式，但在某些情況下，可能需要考慮使用這種資料存取模式，像是對資料聚合、報告，或者因為大資料量、高反應能力要求或高容錯性要求，使得其他資料存取模式不適合的情況。

表 10-2 總結了與欄模式複製資料存取模式相關的權衡。

權衡

表 10-2 欄模式複製資料存取模式的權衡

優勢	劣勢
良好的資料存取性能	資料一致性問題
沒有可擴展性和吞吐量問題	資料所有權問題
沒有容錯性問題	需要資料同步
沒有服務相依性	

複製快取記憶體模式

大多數開發者和架構師都認為快取記憶體是一種提高整體反應能力的技術。透過將資料儲存在快取記憶體中，檢索資料的時間從幾十毫秒縮短到只有幾納秒。但是，快取記憶體也可以成為分散式資料存取和共享的有效工具。這種模式利用**複製的快取記憶體**，以使其他服務所需要的資料可以提供給每個服務使用，而不需要它們請求。複製快取記憶體與其他快取記憶體模式的差別在於，資料被保存在每個服務的記憶體中並且持續同步，以便所有服務在任何時候都有相同的正確資料。

為了更了解複製快取記憶體模型，將它與其他快取記憶體模型進行比較，看看它們之間的差異是很有用的。**單一記憶體**快取模型是最簡單的快取形式，其中每個服務都有自己的內部記憶體快取。在這種快取記憶體模型下（說明如圖 10-4），記憶體內的資料在快取記憶體之間是不同步的，這意味著每個服務都有它自己特定於該服務的獨特資料。雖然這種快取記憶體模型確實有助於提高每個服務內部的反應能力和可擴展性，但由於服務之間缺少快取記憶體同步，因此對服務之間的資料共享沒有用。

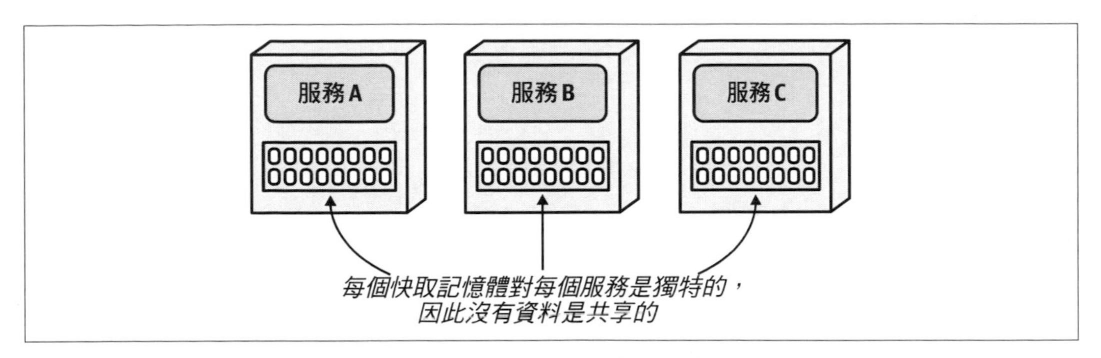

圖 10-4 在單一記憶體快取，每個服務都含有它自己獨特的資料

分散式架構中使用的另一種快取記憶體模型是**分散式快取記憶體**。如圖 10-5 所示，在這種快取記憶體模型中，資料不保存在每個服務的記憶體，而是在保存在外部一個快取記憶體伺服器中。服務使用專有的協定向快取記憶體伺服器請求，以檢索或更新共享資料。注意不像單一記憶體快取模型，這模型的資料可以在服務之間共享。

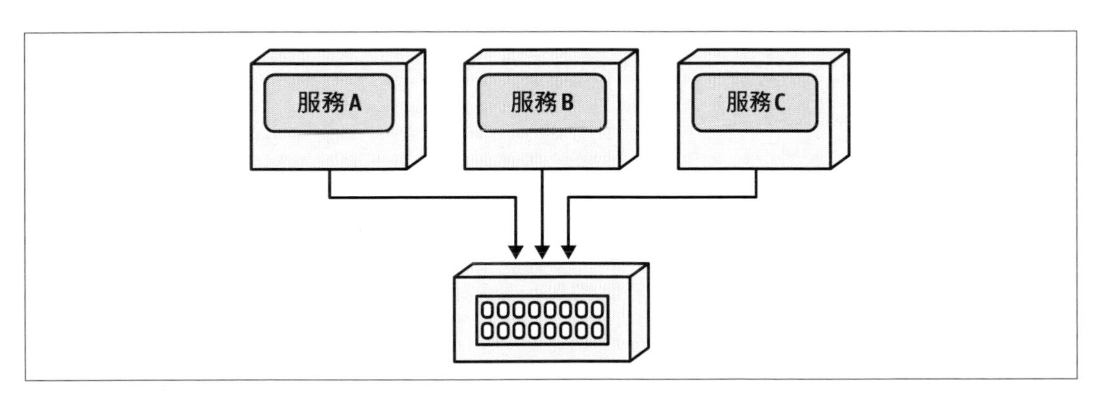

圖 10-5 分散式快取記憶體在服務之外

有幾個原因，使得分散式快取記憶體模型用於複製快取記憶體資料存取模式上並不是有效的快取記憶體模型。首先，它對於服務問通訊模式中發現的容錯性問題，沒有任何好處。與其說是依賴服務檢索資料，不如說是將相依性轉移到快取記憶體伺服器上。

因為快取記憶體資料是集中且共享的，分散式快取記憶體模型允許其他服務更新資料，從而打破了關於資料所有權的有界上下文。這可能會導致快取記憶體和擁有資料的資料庫之間的資料不一致。雖然這有時可以經由嚴格的管理解決，但它仍然是這種快取記憶體模型的一個問題。

最後，由於對集中的分散式快取記憶體的存取是經由遠端呼叫，網路延遲增加了資料額外的檢索時間，因此與記憶體複製快取相比，影響了整體反應能力。

使用複製快取記憶體，每個服務都有自己的記憶體資料，這些資料在服務之間保持同步，允許相同資料在多個服務之間共享。注意在圖 10-6 中，沒有外部快取記憶體的相依性。每個快取記憶體實例都與另一個快取記憶體通訊，因此當對一個快取記憶體進行更新時，這更新會立即（在幕後）異步地傳播給使用相同快取記憶體的其他服務。

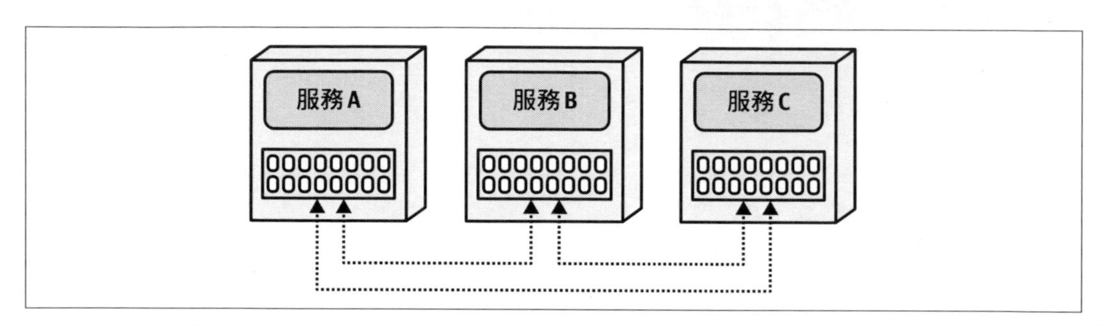

圖 10-6　用複製快取記憶體，每個服務都含有相同的記憶體資料

並非所有的快取記憶體產品都支援複製快取記憶體，因此向快取記憶體產品供應商諮詢，以確保支援複製快取記憶體模型就很重要。一些支援複製快取記憶體的普及產品包括 Hazelcast（*https://hazelcast.com*）、Apache Ignite（*https://ignite.apache.org*）和 Oracle Coherence（*https://oreil.ly/ISDkz*）。

為了解複製快取記憶體如何解決分散式資料存取問題，我們將回到希望清單服務和目錄服務的例子。在圖 10-7 中，目錄服務擁有一個產品描述的記憶體快取（意味著它是唯一可以修改該快取記憶體的服務），而希望服務包含相同快取記憶體的唯讀記憶體副本。

用這種模式，希望清單服務不再需要呼叫目錄服務來檢索產品描述——它們已經在希望清單服務的記憶體中。當目錄服務對產品描述做了更新，快取記憶體產品將更新希望清單服務中的快取記憶體以使資料一致。

複製快取記憶體模式的明顯優勢是反應能力、容錯性和可擴展性。因為服務之間不需要明確的服務間通訊，資料**在記憶體中**隨時可用，為服務不擁有的資料提供最快的存取。這種模式也很好地支持容錯性。即使目錄服務出現故障，希望清單服務也可以繼續運行。一旦目錄服務恢復了，快取記憶體會相互連接，而不會中斷希望清單服務。最後，用這種模式，希望清單服務可以獨立於目錄服務進行擴展。

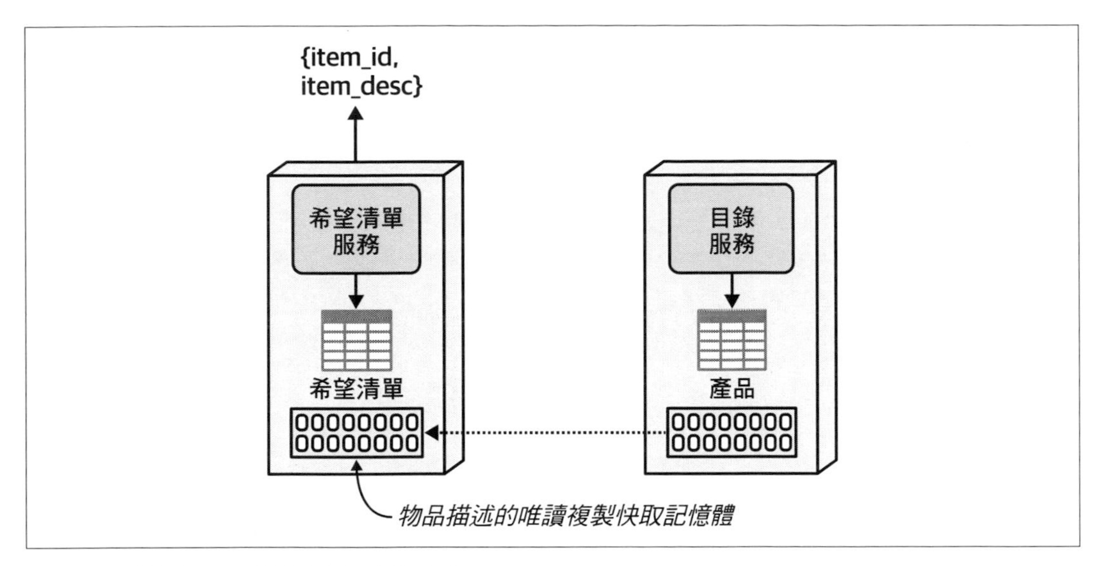

圖 10-7　複製快取記憶體的資料存取模式

有了所有這些明顯的優勢，這種模式怎麼可能會有權衡呢？正如我們在《*The Fundamentals of Software Architecture*》（*https://oreil.ly/J8FPY*）書中所說的**軟體架構的第一定律**，軟體架構中的每件事都是一種權衡，如果一個架構師認為他們發現了一些**不**值得權衡的東西，這意味著他們只是還沒有**確定**權衡。

這種模式的第一個權衡是關於快取記憶體資料和啟動時間的服務相依性。因為目錄服務擁有快取記憶體並負責填入快取記憶體，所以當初始的希望清單服務啟動時，目錄服務必須正在執行。如果目錄服務是不可用的，初始的希望清單服務必須進入等候狀態，直到與目錄服務的連接建立為止。注意只有**初始的**希望清單服務實例受到這種啟動相依性的影響；如果目錄服務當機，可以啟動其他希望清單實例，並從其他希望清單實例之一轉移快取記憶體資料。同樣重要的是要注意，一旦希望清單服務啟動並在快取記憶體中有資料，則目錄服務是否可用就**不是**必要的。一旦希望清單服務中的快取記憶體是可用的，目錄服務就可以在不影響希望清單服務（或其任何實例）的情況下啟動和關閉。

這種模式的第二個權衡是資料量。如果資料量過大（例如超過 500MB），這種模式的可行性就會迅速降低，特別是在有多個服務實例需要資料的情形下。每個服務實例都有自己的複製快取記憶體，這意味著如果快取記憶體大小為 500MB 且需要 5 個服務實例，則使用的總記憶體為 2.5GB。架構師必須分析快取記憶體的大小和需要快取記憶體資料服務實例的總數，以確定複製快取記憶體的總記憶體需求。

第三個權衡是，如果資料變化率（更新率）太高，複製快取記憶體模式通常不能在服務之間保持資料完全同步。這會根據資料的大小和複製的延遲而改變，但一般而言，這種模式並不太適合高度易變性的資料（像是產品庫存數量）。但是，對相對靜態的資料（像是產品描述），這種模式作用得很好。

與這種模式相關的最後一個權衡是配置和設置管理。在複製快取記憶體模式中，服務經由 TCP/IP 廣播和查找而互相了解。如果 TCI/IP 廣播和查找的範圍太廣，則可能需要很長的時間建立服務之間的套接層級交握。因為缺少對 IP 位址的控制，以及與這些環境相關 IP 位址的動態性質，基於雲端和容器化的環境使這一點特別有挑戰性。

表 10-3 列出了與複製快取記憶體資料存取模式相關的權衡。

權衡

表 10-3　與複製快取記憶體資料存取模式相關的權衡

優勢	劣勢
良好的資料存取性能	雲端和容器化配置可能很困難
沒有可擴展性和吞吐量問題	不利於高資料量
良好的容錯性程度	不利於高更新率
資料保持一致	初始服務啟動時的相依性
保留資料所有權	

資料領域模式

在上一章，我們討論了用**資料領域**解決聯合所有權問題，其中多個服務都需要對同一個資料表寫入資料。服務之間共享的資料表被放入一個單一的模式，然後由兩個服務共享。相同的模式也可以用於資料存取。

再次考慮希望清單服務和目錄服務問題，其中希望清單服務需要存取產品描述，但不能存取包含這些描述的資料表。假設因為目錄服務的可靠性問題，以及網路延遲和額外資料檢索的性能問題，使得服務間通訊模式不是一個可行的解決方案。也假設如果用欄模式複製模式，因為需要高程度的資料一致性所以也不可行。最後，假設因為資料量太大，所以複製快取記憶體模式也不是一個選項。那唯一的其他解決方案是建立一個資料領域，將希望清單表和產品表合併到同一個共享模式，使希望清單服務和目錄服務都可以存取。

圖 10-8 說明了這種資料存取模式的使用。注意希望清單表和產品表不再被任何的服務所擁有，而是在它們之間共享，形成了一個更廣泛的有界上下文。用這種模式，在希望清單服務中獲得對產品描述的存取只是兩個資料表之間的一個簡單 SQL 連接語句問題。

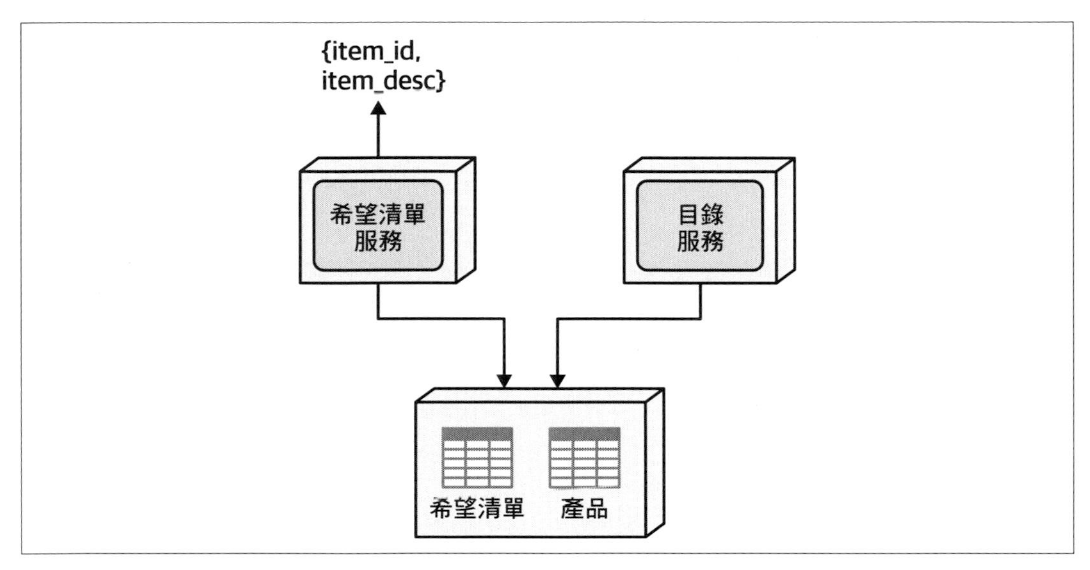

圖 10-8 資料領域資料存取模式

雖然在分散式架構中一般不鼓勵共享資料，但這種模式比其他資料存取模式有巨大的好處。首先，服務之間完全解耦，因此解決了任何可用性相依、反應能力、吞吐量和可擴展性問題。這種模式的反應能力非常好，因為資料可以用普通的 SQL 呼叫獲得，不需要在服務的功能內進行額外的資料聚合（如複製快取記憶體模式所要求的）。

資料領域模式的資料一致性和資料完整性的比率都非常高。由於多個服務存取相同的資料表，所以資料不需要被轉移、複製或同步。在這種模式下，因為現在可以在資料表之間強制執行外鍵約束，所以保留了資料的完整性。此外，像是檢視表、預存程序和觸發器等其他資料庫工件，可以存在資料領域中。事實上，保留這些完整性約束和資料庫工件是使用資料領域模式的另一個驅動因素。

對於這種模式，在服務之間傳輸資料不需要額外的合約——資料表模式就成為合約。雖然這是這種模式的優點，但它也是一種權衡。用於服務間通訊模式和複製快取記憶體模式的合約在資料表模式上形成了一個抽象層，允許對資料表結構的改變保持在緊密的上下文中，並且不影響其他服務。但是，這種模式形成了一個更廣泛的有界上下文，當資料領域中任何資料表的結構發生改變時，可能有多個服務會發生變化。

這種模式的另一個缺點是，它可能會帶來與資料存取相關的安全問題。例如，在圖 10-8 中，希望清單服務可以完全存取資料領域中的*所有*資料。雖然這在希望清單和目錄服務的例子中沒問題，但有時存取資料領域的服務不應該存取某些資料。具有嚴格服務所有權的更緊密上下文可以防止其他服務經由使用來回傳遞資料的合約存取某些資料。

表 10-4 列出了與資料領域資料存取模式相關的權衡。

權衡

表 10-4　與資料領域資料存取模式相關的權衡

優勢	劣勢
良好的資料存取性能	以更廣泛的有界上下文，管理資料變更
沒有可擴展性和吞吐量問題	資料所有權管理
沒有容錯性問題	資料存取安全
沒有服務相依性	
資料保持一致	

Sysops Squad 傳奇：單據分配的資料存取

3 月 3 日，星期四，14:59

Logan 解釋了分散式架構中資料存取的各種方法，並概述了每種技術對應的權衡。然後，Addison、Sydney 和 Taylen 必須決定使用哪種技術。

「除非我們開始整合所有這些服務，否則我想我們就會困在單據分配需要以某種方式快速獲得專家個人資料這樣的事實，而且要快。」Taylen 說。

「好的，」Addison 說。「所以服務整合被排除了，因為這些服務是在完全不同的領域中，而且共享資料領域選項被排除了，原因與我們之前談到的相同——我們不能讓單據分配服務連接到兩個不同的資料庫。」

「所以，這留給我們兩個選項之一。」Sydney 說。「要麼我們使用服務間通訊，要麼使用複製快取記憶體。」

「等等。讓我們花點時間探討複製快取記憶體選項，」Taylen 說。「我們在這裡討論的是多少資料？」

「好吧，」Sydney 說，「我們資料庫裡有 900 名專家。單據分配服務需要專家個人資料表中的哪些資料？」

「主要是靜態資訊，因為我們從其他地方獲得目前專家的位置資訊。因此，這將是專家的技能、他們的服務位置區域、以及他們標準排程的可用性，」Taylen 說。

「好的，那麼每個專家大約有 1.3KB 的資料。因為我們總共有 900 名專家，這將是…大約 1200KB 的總資料量。而且這些資料是相對靜態的，」Sydney 說。

「嗯，要存在記憶體中的資料並不多，」Taylen 說。

「我們不要忘記，如果我們使用複製快取記憶體，我們就必須考慮到我們將有多少個使用者管理服務以及單據分配服務的實例，」Addison 說。「為了安全起見，我們應該使用我們預期每個實例的最大數量。」

「我有那些資訊，」Taylen 說。「我們預計使用者管理服務最多只有兩個實例，而單據分配服務在我們最高峰時最多只有四個。」

「在記憶體的總資料不多，」Sydney 觀察到。

「是不多，」Addison 說。「好吧，讓我們用我們之前嘗試過的基於假設的方法來分析權衡。我建議我們應該選擇用記憶體中複製快取記憶體選項，只快取單據分配服務所需要的資料。你們還能想到其他的權衡嗎？」

Taylen 和 Sydney 都坐在那裡，試圖想出複製快取記憶體方法的一些負面影響。

「如果使用者管理服務出現故障怎麼辦？」Sydney 問道。

「只要已經填入快取記憶體，那麼單據分配服務就沒問題，」Addison 說。

「等等，你的意思是告訴我，即使使用者管理服務是不可用的，資料也會在記憶體中？」Taylen 問。

「只要使用者管理服務在單據分配服務之前啟動，那麼就是如此，」Addison 說。

「啊！」Taylen 說。「那這是我們的第一個權衡。除非啟動使用者管理服務，否則單據分配不能作用。這可不好。」

「但是，」Addison 說，「如果我們遠端呼叫使用者管理服務，而且它故障了，那麼單據分配服務就無法操作。至少在複製快取記憶體選項中，一旦使用者管理服務啟動並運行，我們就不再依賴它了。所以，在這種情況下，複製快取記憶體實際上更具有容錯性。」

「沒錯，」Taylen 說。「我們只是要注意關於啟動的相依性。」

「還有什麼你能想到的負面影響嗎？」Addison 問道，他知道另一個明顯的權衡，但希望開發團隊能自己想出來。

「嗯，」Sydney 說，「是的。我想到一個。我們要使用什麼快取記憶體產品？」

「啊，」Addison 說，「這其實是另一種權衡。你們誰以前用過複製快取記憶體嗎？或者是開發團隊中的任何人用過？」

Taylen 和 Sydney 都搖了搖頭。

「那麼我們在這裡就有一些風險，」Addison 說。

「實際上，」Taylen 說，「我曾經聽說過很多關於這種快取記憶體技術的事情有一段時間了，而且一直渴望能嘗試一下。我自願研究一些產品並對這種方法做一些概念驗證。」

「太好了，」Addison 說。「在這期間，我也會研究這些產品的許可費用是多少，以及在我們的部署環境上是否有任何技術限制。你知道，像可用性區域交叉、防火牆之類的東西。」

團隊開始了他們的研究和概念驗證工作，發現從成本和工作量上考量這確實不僅是一個可行的解決方案，而且還可以解決對專家個人資料表的資料存取問題。Addison 和批准這個解決方案的 Logan 討論了這個方法。Addison 建立了一個 ADR，概述並確認了這個決定。

ADR：對專家檔案資料使用記憶體中的複製快取記憶體

上下文

單據分配服務需要持續存取專家個人資料表，這資料表由使用者管理服務在一個獨立的有界上下文中擁有。對專家個人資料資訊的存取可以經由服務間通訊、記憶體中的複製快取記憶體或共同資料領域完成。

決策

我們將在使用者管理服務和單據分配服務之間使用複製快取記憶體，而使用者管理服務是寫入操作的唯一所有者。

因為單據分配服務已經連接到共享的單據資料領域模式，因此它不能連接到額外的模式。另外，因為使用者管理功能和核心單據功能是在兩個獨立的領域中，而我們不想將資料表合併在一個模式中；因此，使用一個共同的資料領域不是一個選項。

使用記憶體中的複製快取記憶體可以解決與服務間通訊選項有關的性能和容錯性問題。

結果

在啟動單據分配服務的第一個實例時，至少要有一個使用者管理服務的實例在運行中。

這個選項需要快取記憶體產品的許可費用。

第十一章

管理分散式工作流程

2 月 15 日，星期二，14:34

Austen 在午飯後就衝進了 Logan 的辦公室。「我一直在看新的架構設計，我想幫忙。你需要我寫一些 ADR 或幫助解決一些問題嗎？我很樂意撰寫 ADR，說明我們在新架構中只使用編排，來保持事物的解耦。」

「哇，在那方面，你這個瘋子，」Logan 說。「你從哪裡聽到的？是什麼給你這種印象？」

「嗯，我讀了很多關於微服務的資料，而且每個人的建議似乎都是要保持高度解耦。當我看到通訊的模式時，編排似乎是最解耦的，所以我們應該總是使用它，對吧？」

「總是在軟體架構中是一個棘手的術語。我有一個導師，他對這有一個令人難忘的觀點，他總是說，*在談論架構的時候永遠不要使用絕對，除非在談論絕對的時候*。換句話說，*永遠不要說永不*。我想不出在架構中，有多少決定是總是或永不適用的。」

「好的，」Austen 說。「那麼，在不同的通訊模式間架構師如何做出決定？」

作為我們對於現代分散式架構相關權衡分析的一部分，我們達到了量子耦合的動態部分，了解了我們在第 2 章中描述和命名的許多模式。事實上，即使是我們命名的模式也只是觸及到現代架構許多排列組合的可能。因此，架構師應該了解工作中的各種力量，以便他們能夠做出最客觀的權衡分析。

在第 2 章，我們在考慮分散式架構中的相互作用模型時確定了三種耦合力：通訊、一致性和協調，如圖 11-1 所示。

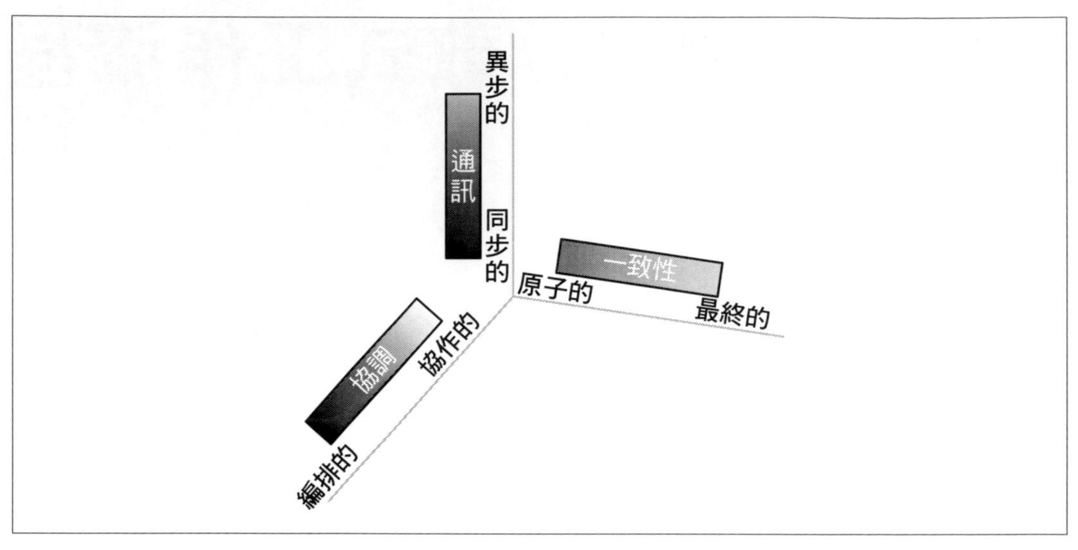

圖 11-1　動態量子耦合的維度

在本章，我們會討論協調：在分散式架構中結合兩個或更多的服務，形成一些特定領域的工作，以及許多伴隨的問題。

分散式架構中存在的兩種基本協調模式：協作和編排。圖 11-2 說明了這兩種樣式之間基本的拓撲差異。

協作的特點是使用協作器，而編排的解決方案則不使用協作器。

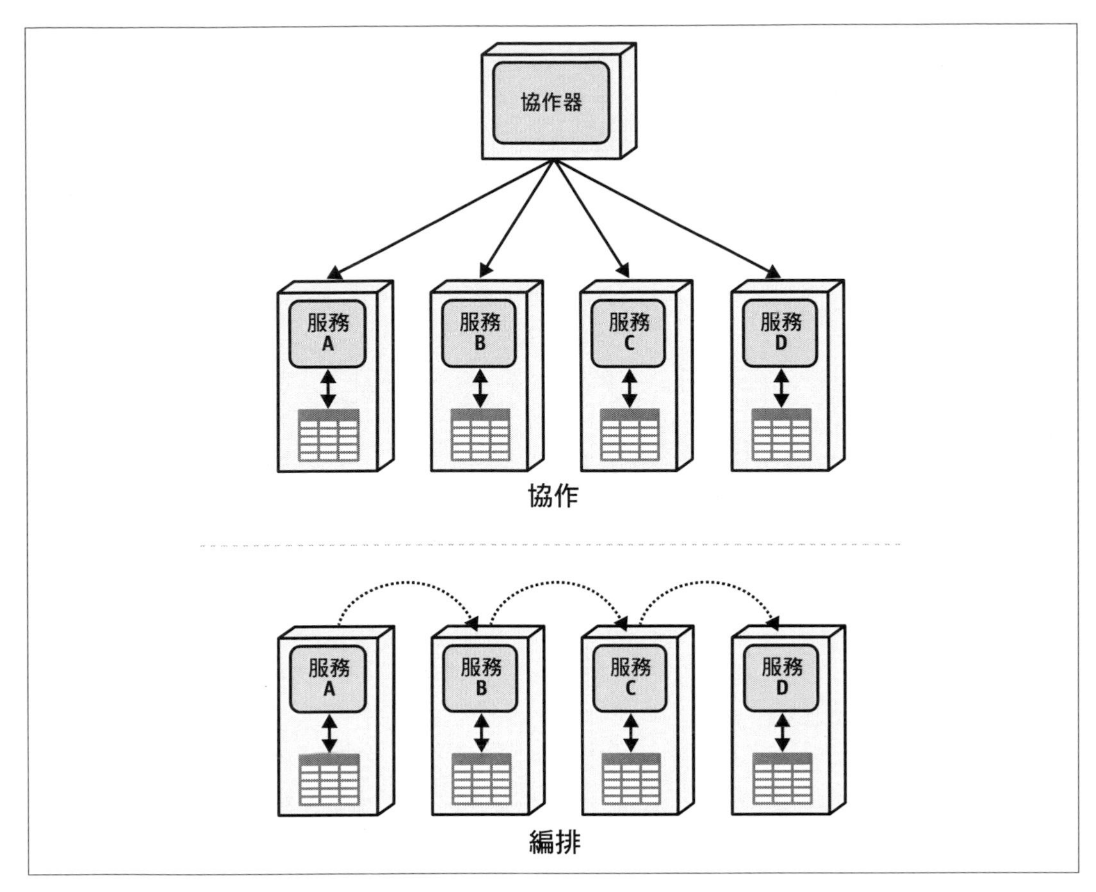

圖 11-2　分散式架構中的協作與編排

協作通訊樣式

協作樣式使用一個協作器（有時稱為調解器）組件管理工作流程狀態、可選行為、錯誤處理、通知和一堆其他的工作流程維護。它以音樂中的管弦樂隊顯著特徵命名，樂隊靠指揮同步整個樂譜中不完整的部分，以創造出統一的音樂作品。圖 11-3 以最通用的表示方式說明了協作。

在這個例子中，服務 A-D 是領域服務，每個服務負責它自己的有界上下文、資料和行為。協作器組件通常不包括它調解的工作流程以外的任何領域行為。注意微服務架構的每個工作流程都有一個協作器，而不是像企業服務匯流排（ESB）（*https://oreil.ly/KTGrU*）那樣的全域協作器。微服務架構樣式的主要目標之一是解耦，並使用一個像是

ESB 的全域組件建立一個不合需要的耦合點。因此，微服務傾向於每個工作流程有一個協作器。

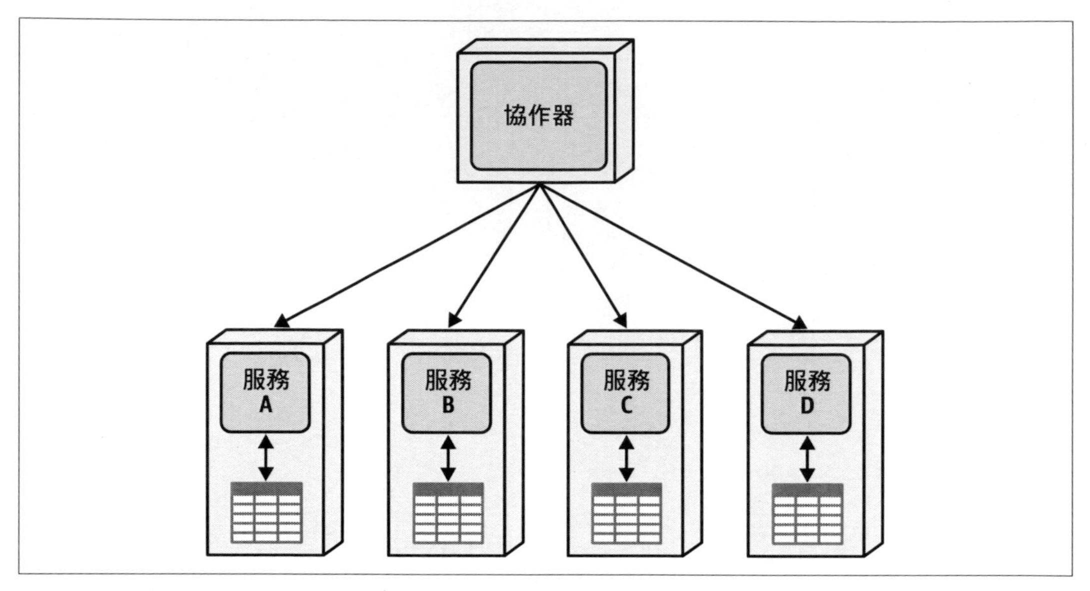

圖 11-3　分散式微服務之間的協作

當架構師必須對一個不僅包括單一的「快樂路徑」，還包括替代路徑和錯誤狀況的複雜工作流程進行建模時，協作非常有用。但是，要了解這模式的基本形狀，我們先從無錯誤的快樂路徑開始。考慮 Penultimate Electronics 公司在線上向它客戶出售一個設備的非常簡單例子，如圖 11-4 所示。

該系統將下訂請求傳遞給下訂協作器，協作器同步呼叫下訂服務，下訂服務記錄訂單並回傳狀態資訊。接下來，協作器呼叫支付服務，支付服務更新付款資訊。再下來，協作器異步呼叫履行服務以處理訂單。這呼叫是異步的，因為與支付驗證不同，訂單履行不存在嚴格的時間依賴性。例如，如果每天只履行訂單幾次，那麼就沒有理由花費同步呼叫的開銷。同樣地，協作器隨後會呼叫電子郵件服務來通知使用者電子訂單下訂成功。

如果世界上只有快樂路徑，那麼軟體架構就很容易了。但是，軟體架構的主要困難部分之一是錯誤狀況和路徑。

考慮電子產品採購的兩種潛在錯誤情況。首先，如果客戶付款方式被拒絕，會發生什麼？這種錯誤情況顯示於圖 11-5 中。

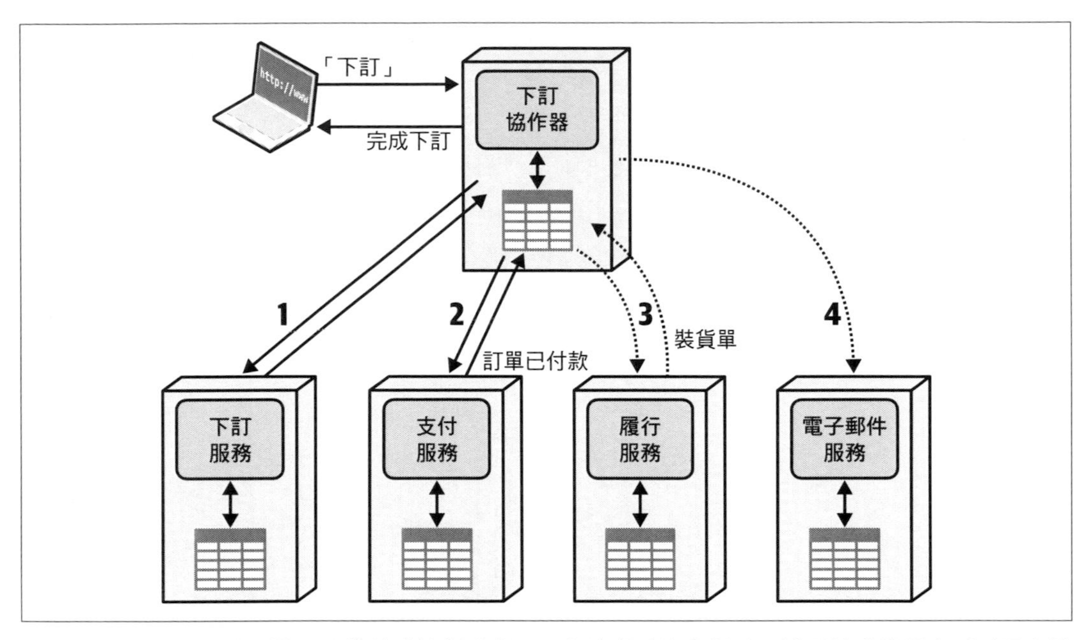

圖 11-4　用協作器購買電子設備的「快樂路徑」工作流程（注意對時間較不敏感的異步呼叫用虛線表示）

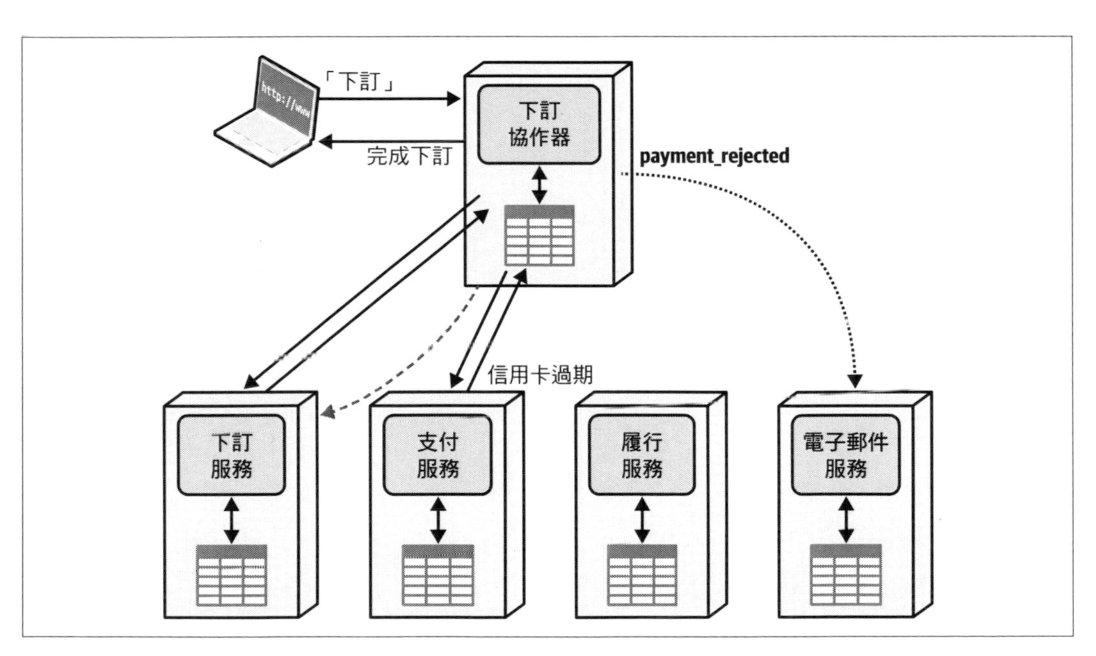

圖 11-5　付款被拒絕的錯誤狀況

在這裡，下訂協作器像以前一樣經由下訂服務更新訂單。但是，當試圖申請付款時，也許是因為信用卡過期，它被支付服務拒絕。在這種情況下，支付服務會通知協作器，然後協作器會設置一個（通常）異步呼叫，向電子郵件服務發送一個訊息，以通知客戶訂單失敗。此外，協作器更新了下訂服務狀態，仍然認為這是一個活躍的訂單。

注意在這個例子中，我們允許每個服務維護自己的交易狀態，這建模於第 319 頁的「童話傳奇 (seo) 模式」。現代架構中最難的部分之一是管理交易，我們將涵蓋在第 12 章中。

在第二個錯誤情況中，工作流程已經進一步往下執行：當履行服務報告有延期交貨時，會發生什麼？這個錯誤情況顯示於圖 11-6 中。

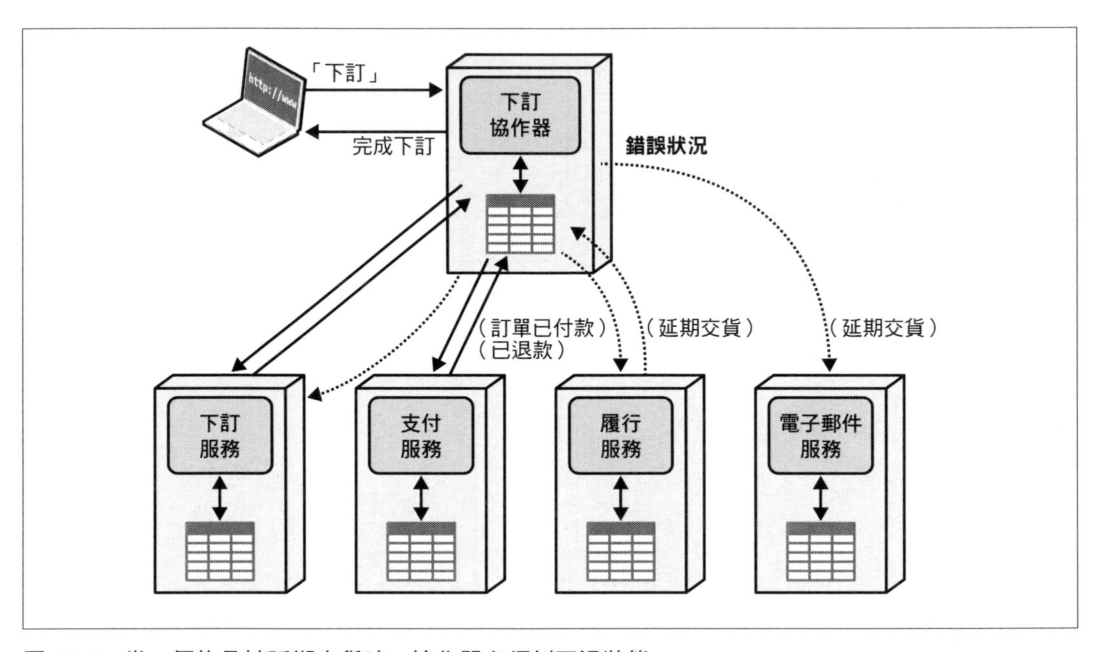

圖 11-6　當一個物品被延期交貨時，協作器必須糾正這狀態

如你看到的，工作流程正常進行，直到履行服務通知協作器，目前的物品已經缺貨，必需要延期交貨。在這種情況下，協作器必須退還付款（這就是為什麼許多線上服務直到發貨才收費，而不在下訂時收費），並更新下訂服務的狀態。

注意圖 11-6 中的有一個有趣特點：即使在最複雜的錯誤情況中，架構師也不需要增加額外的通訊路徑來促進正常的工作流程，這與第 294 頁的「編排通訊樣式」不同。

協作通訊樣式包括以下的一般優點：

集中的工作流程

隨著複雜性增加，擁有狀態和行為統一的組件變得有利。

錯誤處理

錯誤處理是許多領域工作流程的主要部分，由工作流程的狀態所有者協助。

可恢復性

由於協作器監控工作流程的狀態，如果一個或多個領域服務遭受短期中斷時，架構師可以增加邏輯來重試。

狀態管理

有協作器使得工作流程的狀態可以查詢，為其他工作流程和其他暫態提供了一個場所。

協作通訊樣式包括以下的一般缺點：

反應能力

所有通訊都必須經過調解器，產生可能會損害反應能力的潛在吞吐量瓶頸。

容錯性

雖然協作增強了領域服務的可恢復性，但它為工作流程建立了一個潛在的單點故障，這可以透過冗餘解決，但會增加複雜性。

可擴展性

這種通訊樣式的規模沒有編排好，因為它有更多的協調點（協作器），削減了潛在的平行性。如我們在第 2 章中討論的，有一些動態耦合模式使用編排，並因而實現了更高的規模（特別是第 322 頁的「時空之旅傳奇 (sec) 模式」及第 333 頁的「選集傳奇 (aec) 模式」）。

服務耦合

擁有一個中央協作器會在它和領域組件之間建立更高的耦合度，這有時是必要的。協作通訊樣式的權衡顯示於表 11-1 中。

權衡

表 11-1　協作的權衡

優勢	劣勢
集中的工作流程	反應能力
錯誤處理	容錯性
可恢復性	可擴展性
狀態管理	服務耦合

編排通訊樣式

協作通訊樣式是以協作器提供的隱喻性中央協調而命名，而**編排**模式則直觀地說明了沒有中央協調通訊樣式的意圖。相反地，每個服務都與其他服務一起參與，類似於舞伴。這不是一個臨時性的表演——動作是由編排器 / 架構師事先計畫好的，但在沒有中央協調器的情況下執行。

圖 11-4 描述了一個從 Penultimate Electronics 購買電子產品客戶的協作工作流程；相同工作流程以編排通訊樣式建模則顯示於圖 11-7。

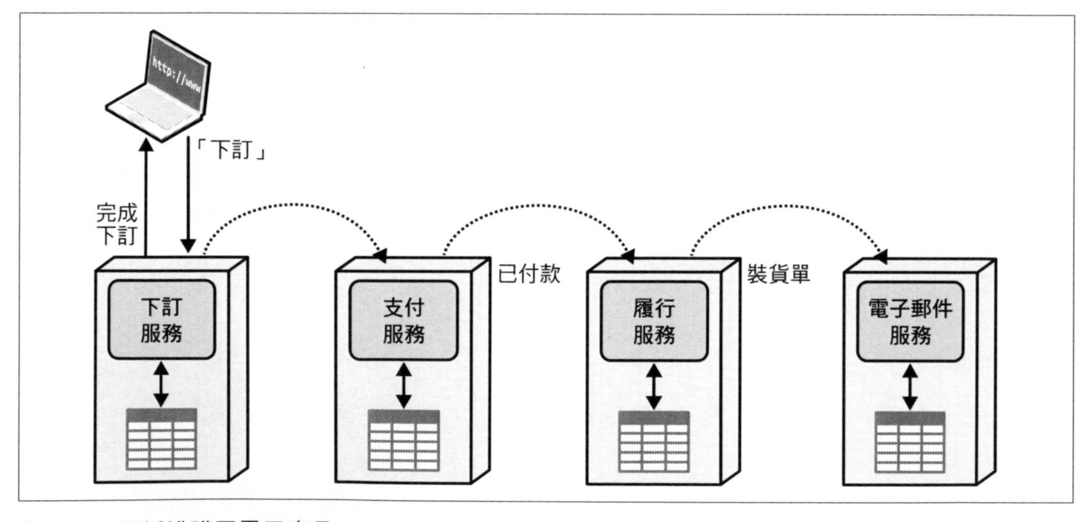

圖 11-7　用編排購買電子產品

在這個工作流程中，發起的請求會到責任鏈中的第一個服務——在本例是下訂服務。一旦它更新了關於訂單的內部記錄，它會發送一個異步請求給支付服務。一旦申請付款後，付款服務產生一個由履行服務接收的訊息，履行服務計劃交付並發送一個訊息給電子郵件服務。

乍看之下，編排解決方案似乎更簡單——更少的服務（沒有協作器），以及一個簡單的事件 / 命令（訊息）鏈。但是，與軟體架構中的許多問題一樣，困難不在於預設路徑，而在於邊界和錯誤狀況。

和上一節一樣，我們涵蓋了兩種潛在的錯誤情況。第一種情況是付款失敗，說明如圖 11-8 所示。

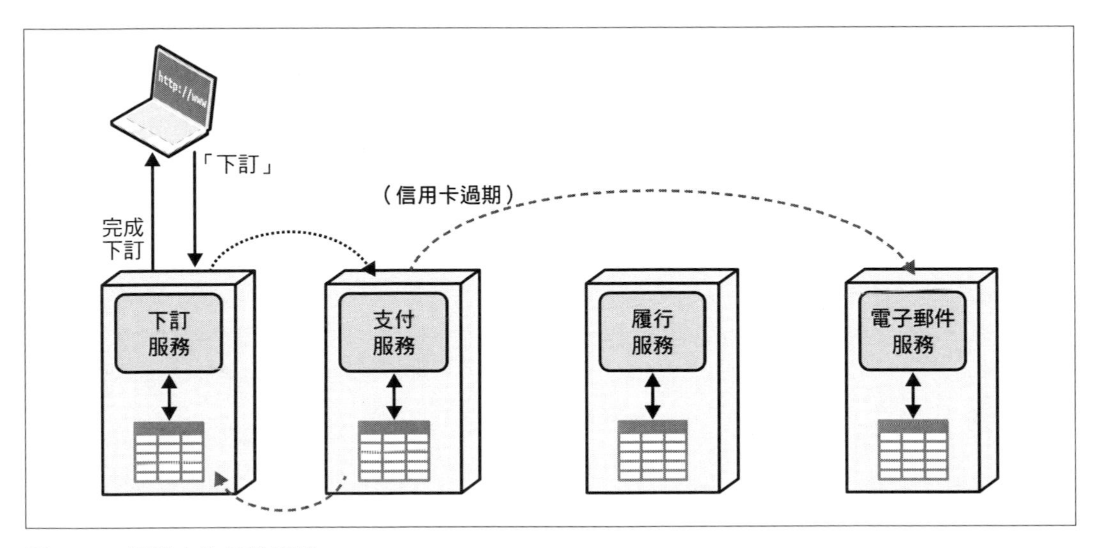

圖 11-8　編排中的付款錯誤

支付服務不是發送訊息給履行服務，而是向電子郵件服務發送表示失敗的訊息，並回到下訂服務更新訂單狀態。這個替代工作流程看起來並不太複雜，只有一個以前不存在的新通訊鏈接。

然而，考慮到如圖 11-9 所示，由產品延期交貨的其他錯誤情況所強加的增加複雜性。

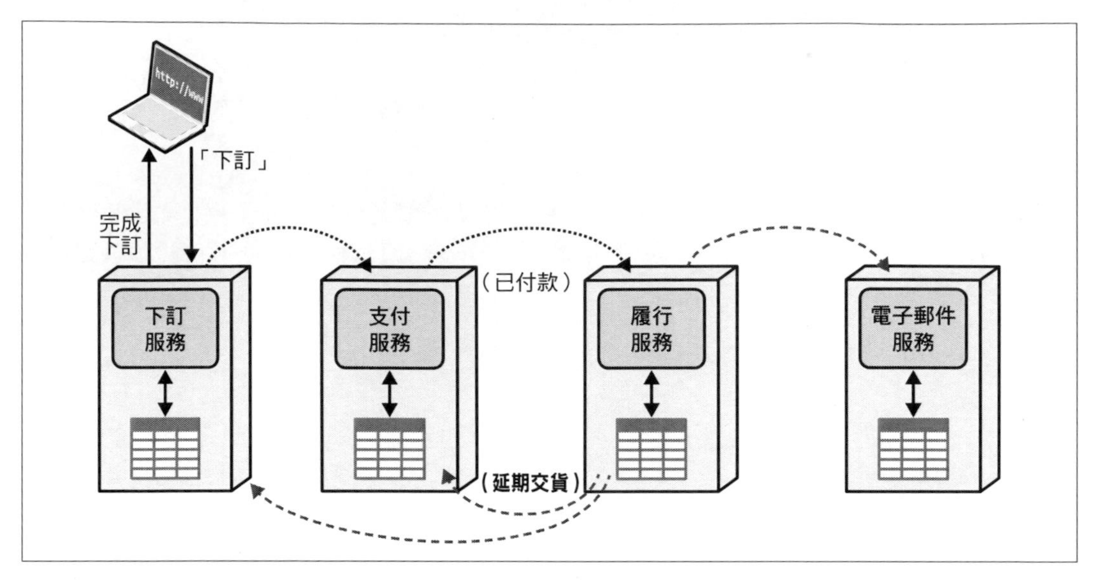

圖 11-9　管理產品積壓的工作流程錯誤狀況

這個工作流程的許多步驟在造成這錯誤的事件（缺貨）之前已經完成。因為這些服務中的每一個都實作了它自己的交易（這是第 333 頁「選集傳奇 (aec) 模式」的一個例子），當錯誤發生時，每個服務必須向其他服務發出補償訊息。一旦履行服務意識到錯誤狀況，它應該產生適合這有界上下文的事件，也許是由電子郵件、支付和下訂服務訂閱的廣播訊息。

圖 11-9 所示的例子說明了複雜的工作流程和調解器之間的相依性。雖然圖 11-7 所說明編排的初始工作流程似乎比圖 11-4 中的簡單，但錯誤情況（以及其他情況）不斷對編排的解決方案增加了更多的複雜性。在圖 11-10 中，每個錯誤情況都強迫領域服務相互作用，增加了快樂路徑不需要的通訊鏈接。

架構師需要在軟體中建模的每個工作流程都有一定量的*語義耦合*——問題領域中存在的固有耦合。例如，將單據分配給 Sysops Squad 成員的過程有一定的工作流程：客戶必須請求服務，技能必須與特定專家匹配，然後與時間表和地點相互參照。架構師對這種互動的建模方式就是*實作耦合*。

工作流程的語義耦合是由解決方案的領域要求所強制的，而且必須以某種方式建模。無論架構師多麼聰明，他們都不能減少語義耦合的數量，但他們的實作選擇可能會增加它。這並不意味著架構師可能不會反對商務使用者定義的不切實際或不可能的語義——有些領域的需求會在架構中產生特別困難的問題。

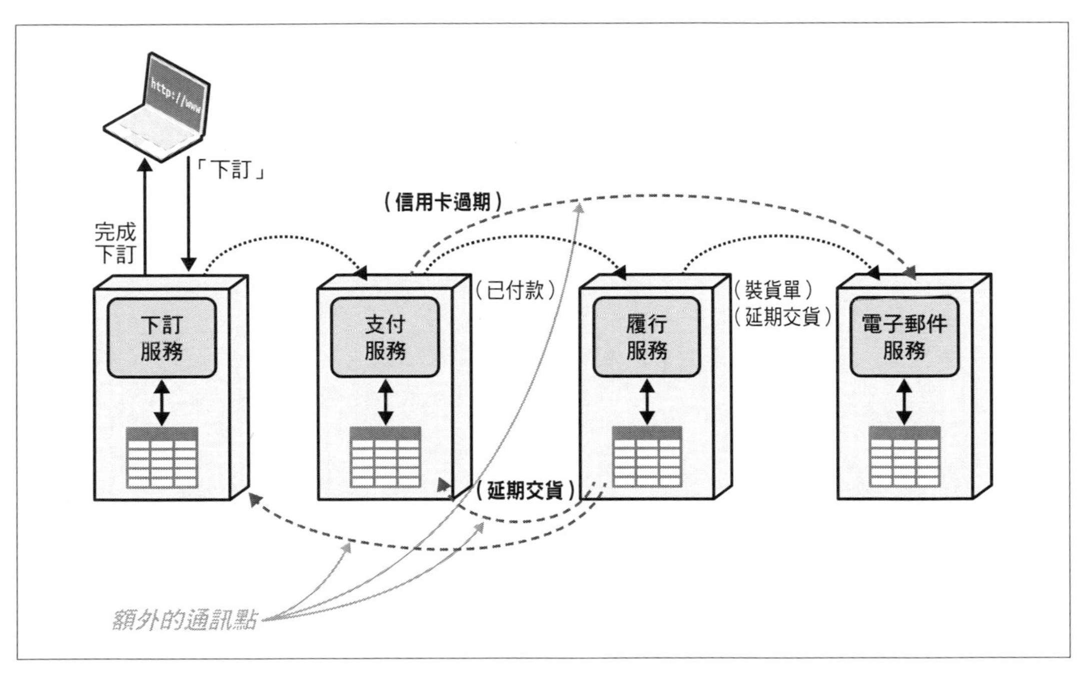

圖 11-10　編排中的錯誤狀況通常會增加通訊鏈接

這裡有一個常見的例子。考慮圖 11-11 所示，標準的分層整體式架構與更現代的模組化整體式樣式相比。

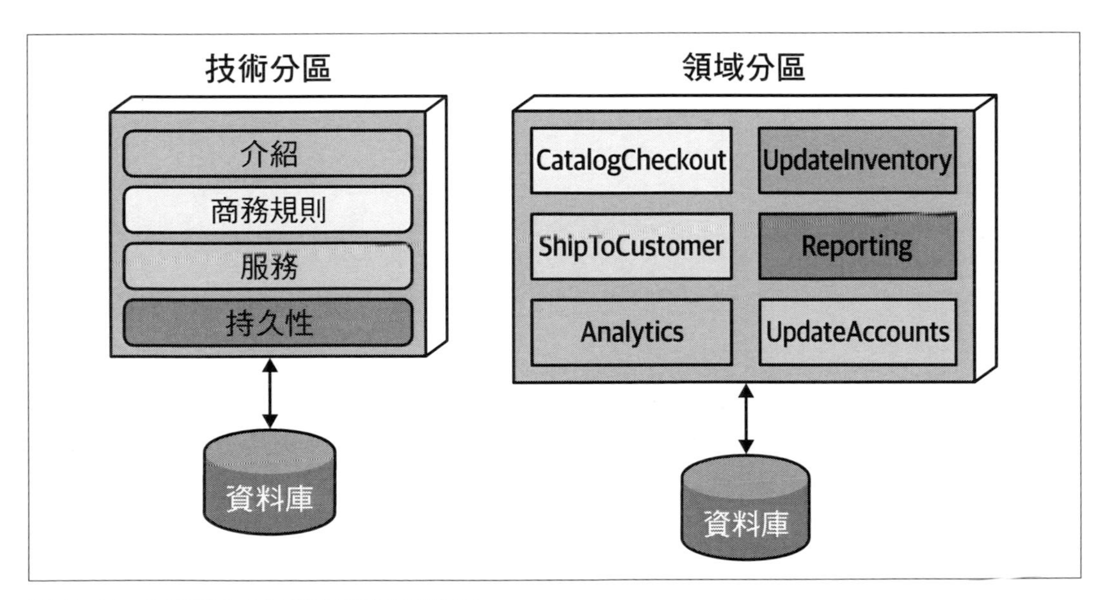

圖 11-11　在架構中的技術分區與領域分區

左邊的架構代表了傳統的分層架構，由持久性、商務規則等技術能力分開。在右邊，顯示相同的解決方案，但由像是 `Catalog Checkout` 和 `Update Inventory` 等領域關注點分開，而不是由技術能力分開。

這兩種拓撲都是組織程式碼庫的邏輯方式。但是，考慮像是 `Catalog Checkout` 等領域概念在每個架構中的位置，如圖 11-12 所示。

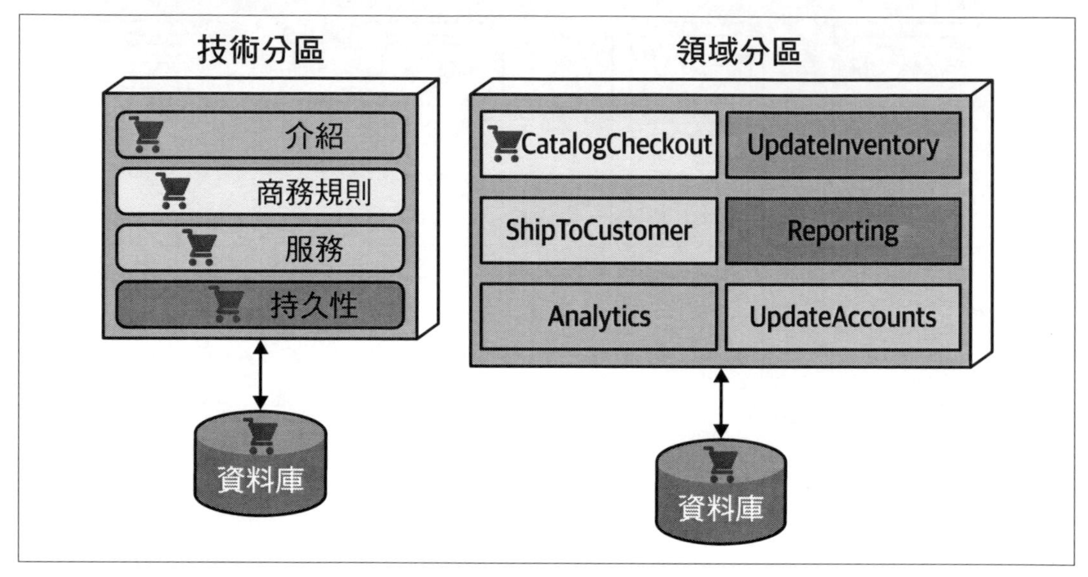

圖 11-12　在一個技術分區架構中，目錄結帳被塗抹在實作層上

`Catalog Checkout` 被「塗抹」在技術架構的各個層中，而在領域分區的例子中，它只出現在匹配的領域組件和資料庫中。當然，將領域與領域分區的架構對齊並不是一個啟示——領域驅動設計的見解之一是領域工作流程的首要地位。無論如何，如果一個架構師想對工作流程建模，他們必須讓這些移動的部分一起工作。如果架構師把他們的架構組織得和領域一樣，工作流程的實作應該有類似的複雜性。但是，如果架構師強加了額外的層（如圖 11-12 所示的技術分區），就會增加整個實作的複雜性，因為現在架構師必須針對*語義*複雜性以及額外的*實作*複雜性進行設計。

有時額外的複雜性是有必要的。例如，許多分層架構來自於架構師希望藉由像是資料庫連接池架構模式的整合以節省成本。在這種情況下，架構師考慮了技術分區資料庫連接性相關的成本節約與強加複雜性，且在許多情況下贏得成本之間的權衡。

過去十年架構設計的主要教訓是盡可能接近實作工作流程的*語義*建模。

架構師永遠無法透過實作減少語義耦合，但他們可以使它更糟。

因此，我們可以在語義耦合和協調需要之間建立關係——工作流程需要的步驟越多，出現潛在錯誤和其他可選的路徑就越多。

工作流程狀態管理

大多數工作流程包括關於工作流程狀態的暫態：哪些元件已經執行、哪些元件留下、排序、錯誤狀況、重試等等。對於協作的解決方案，明顯的工作流程狀態所有者是協作器（儘管一些架構解決方案為更高的規模建立了無狀態協作器）。但是，對於編排來說，並不存在明顯的工作流程狀態所有者。在編排中存在許多管理狀態的常見選項；這裡有三個常見的選項。

首先，**前端控制器模式**把狀態責任放在責任鏈中的第一個被呼叫的服務上，在這個例子中是下訂服務。如果這個服務包含了關於訂單和工作流程狀態的資訊，那麼一些領域服務必須有一個通訊鏈接來查詢和更新訂單狀態，如圖 11-13 所示。

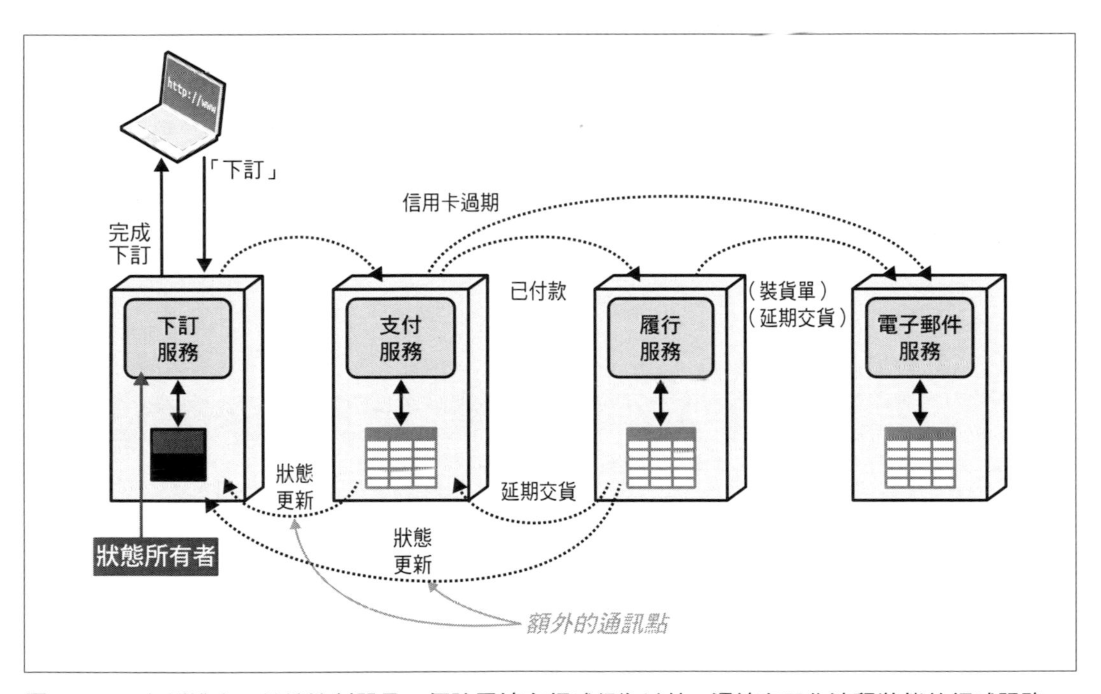

圖 11-13　在編排中，前端控制器是一個除了擁有領域行為以外，還擁有工作流程狀態的領域服務

在這種情況下，一些服務必須回頭與下訂服務通訊，以更新訂單狀態，因為它是狀態所有者。這雖然簡化了工作流程，但它增加了通訊開銷，並使下訂服務比只處理領域行為的下訂服務更複雜。雖然前端控制器模式有一些有利的特性，但它也有一些權衡，如表 11-2 所示。

權衡

表 11-2 前端控制器模式的權衡

優勢	劣勢
在編排內建立一個偽協作器	在領域服務上增加額外的工作流程狀態
使訂單狀態查詢微不足道	增加通訊開銷
	因為增加了整體通訊的喋喋不休，因此對性能和規模不利

架構師管理交易狀態的第二種方法是根本不保留暫態的工作流程狀態，而是依靠查詢各個服務以建立即時快照。這就是所謂的**無狀態編排**。雖然這簡化了第一個服務的狀態，但對於在服務之間建立有狀態快照的喋喋不休而言，它大大增加了網路開銷。例如，考慮一個像圖 11-7 中的簡單編排快樂路徑的工作流程，沒有額外的狀態。如果客戶想知道他們訂單的狀態，架構師必須建立一個查詢每個領域服務狀態的工作流程，以確定最新的訂單狀態。雖然這提供了一個高度靈活的解決方案，但就像是可擴展性和性能等操作架構特性，重建狀態可能是複雜而昂貴的。無狀態編排以高性能換取工作流程控制，如表 11-3 的說明。

權衡

表 11-3 無狀態編排的權衡

優勢	劣勢
提供高性能和規模	工作流程狀態必須即時構建
極度解耦	複雜度隨著複雜的工作流程迅速上升

第三種解決方案是利用**標記性耦合**（更多細節會在第 362 頁的「用於工作流程管理的標記性耦合」描述），將額外的工作流程狀態存儲在服務之間發送的訊息合約中。每個領域服務都會更新整體狀態中它的部分，並將其傳遞給責任鏈中的下一個服務。因此，這合約的任何消費者都可以在不需要查詢每個服務下檢查工作流程的狀態。

這是一個部分解決方案，因為它仍然沒有為使用者提供一個單一的地方來查詢正在進行的工作流程狀態。然而，它確實提供了一種在服務之間傳遞狀態的方法，作為工作流程的一部分，為每個服務提供了額外可能有用的上下文。正如軟體架構的所有特徵一樣，標記性耦合也有好的和壞的特徵，如表 11-4 所示。

權衡

表 11-4　標記性耦合的權衡

優勢	劣勢
允許領域服務傳遞工作流程狀態，而不需要向狀態所有者進行額外查詢	合約必須更大，以適應工作流程狀態
消除了對前端控制器的需求	不提供即時的狀態查詢

在第 13 章中，我們將討論合約如何在編排的解決方案中減少或增加工作流程的耦合。

編排通訊樣式包括以下的優點：

反應能力

　這種通訊樣式有較少的單一阻塞點，因此提供了更多平行的機會。

可擴展性

　與反應能力類似，少了像是協作器的協調點允許更獨立的縮放。

容錯性

　由於少了單一協作器，讓架構師可以使用多個實例來增強容錯性。

服務解耦

　沒有協作器意味著更少的耦合。

編排通訊樣式包括以下的缺點：

分散式工作流程

　沒有工作流程的所有者，使得錯誤管理和其他邊界條件更困難。

狀態管理

　沒有集中的狀態所有者阻礙了進行中的狀態管理。

錯誤處理

沒有協作器，錯誤處理會變得更困難，因為領域服務必須擁有更多工作流程的知識。

可恢復性

同樣地，沒有協作器試圖重試和其他整治工作，可恢復性變得更困難。

類似第 289 頁的「協作通訊樣式」，編排有一些往往是對立的好和壞的權衡，總結在表 11-5 中。

權衡

表 11-5 編排通訊樣式的權衡

優勢	劣勢
反應能力	分散式工作流程
可擴展性	狀態管理
容錯性	錯誤處理
服務解耦	可恢復性

協作和編排之間的權衡

與軟體架構中所有事情一樣，協作和編排都不能代表所有可能性的完美解決方案。一些包括這裡所描述部分的關鍵權衡，將引導架構師朝向這兩種解決方案中的一種。

狀態所有者和耦合

如圖 11-13 所示，狀態所有權通常會存在某個地方，或許是作為協作器的正式調解器，或許是編排好解決方案中的前端控制器。在編排好的解決方案中，移除調解器會迫使服務之間有更高程度的通訊，這可能是一個完全合適的權衡。例如，如果一個架構師需要有一個更高規模的工作流程，而且通常很少有錯誤狀況，那麼用錯誤處理的複雜性來交換較高規模的編排規模可能是值得的。

然而，隨著工作流程複雜性上升，對協作器的需求也會依比例地提高，說明如圖 11-14。

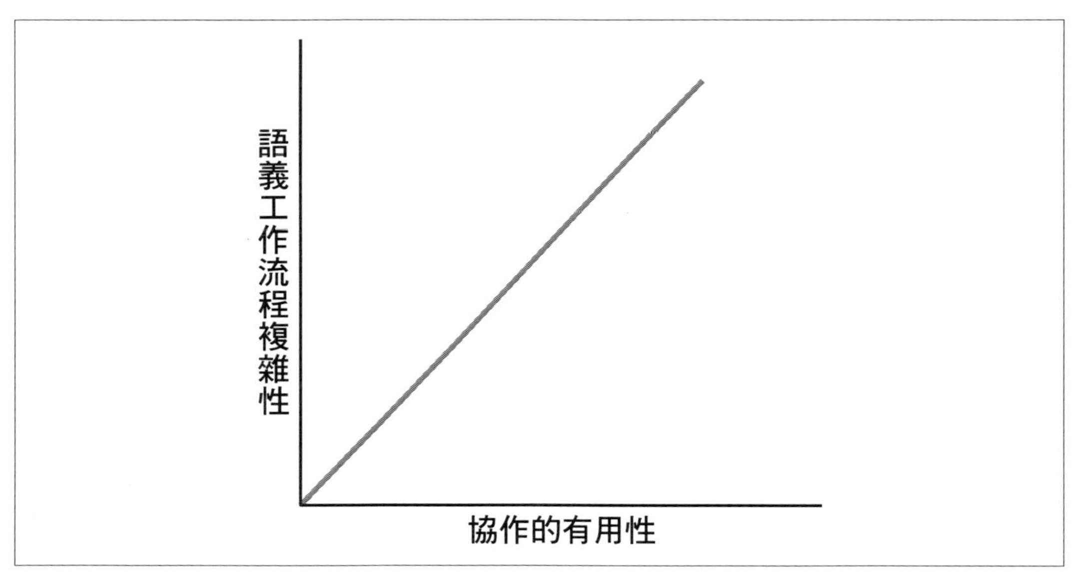

圖 11-14　當工作流程的複雜性上升，協作會變得更加有用

此外，工作流程中包含的語義越複雜，協作器就越實用。記住，實作耦合不能讓語義耦合更好，只能更差。

最終，編排的最佳點在於需要反應能力和可擴展性的工作流程，並且沒有或很少發生複雜的錯誤情況。這種通訊樣式允許高吞吐量；它被用於第 316 頁的動態耦合模式「電話捉迷藏遊戲傳奇 (sac) 模式」、第 322 頁的「時空之旅傳奇 (sec) 模式」、和第 333 頁的「選集傳奇 (aec) 模式」。然而，當其他力量混入時，它也可能導致非常困難的實作，導致第 327 頁的「恐怖故事 (aac) 模式」。

另一方面，協作最適合包括邊界和錯誤狀況的複雜工作流程。雖然這種樣式不能提供像編排一般的規模，但它在大多數情況下大大降低了複雜性。這種通訊樣式出現在第 311 頁的「史詩傳奇 (sao) 模式」、第 319 頁的「童話傳奇 (seo) 模式」、第 325 頁的「奇幻小說傳奇 (aao) 模式」、以及第 330 頁的「平行傳奇 (aeo) 模式」。

在確定如何在微服務之間進行最好的通訊時，協調是給架構師帶來複雜性的主要力量之一。接下來，我們將研究這種力量如何與另一種主要力量，**一致性**相交。

Sysops Squad 傳奇：管理工作流程

3 月 15 日，星期四，11:00

Addison 和 Austen 準時來到 Logan 的辦公室，帶著一份簡報和廚房裡的儀式咖啡壺。

「你準備好見我們了嗎？」Addison 問。

「當然，」Logan 說。「時機正好——剛結束一個電話會議。你們準備好討論主要單據流程的工作流程選項了嗎？」

「是的！」Austen 說。「我認為我們應該使用編排，但 Addison 認為該用協作，我們無法決定。」

「向我概述一下我們正在研究的工作流程。」

「這是主要的單據工作流程，」Addison 說。「它涉及四項服務；以下是它的步驟。」

面向客戶的操作

1. 客戶經由單據管理服務提交一張故障單，並收到一個單據號碼。

後台操作

1. 單據分配服務為故障單找到合適的 Sysops 專家。
2. 單據分配服務將故障單行程發送到系統專家的行動裝置。
3. 通知服務會通知客戶，解決這個問題的 Sysops 專家正在來的路上。
4. 專家修復了問題，並將單據標記為完成，單據被送到單據管理服務。
5. 單據管理服務與調查服務通訊，請客戶填寫調查表。

「你們對兩種解決方案都建模了嗎？」Logan 問。

「是的，編排的圖在圖 11-15。」

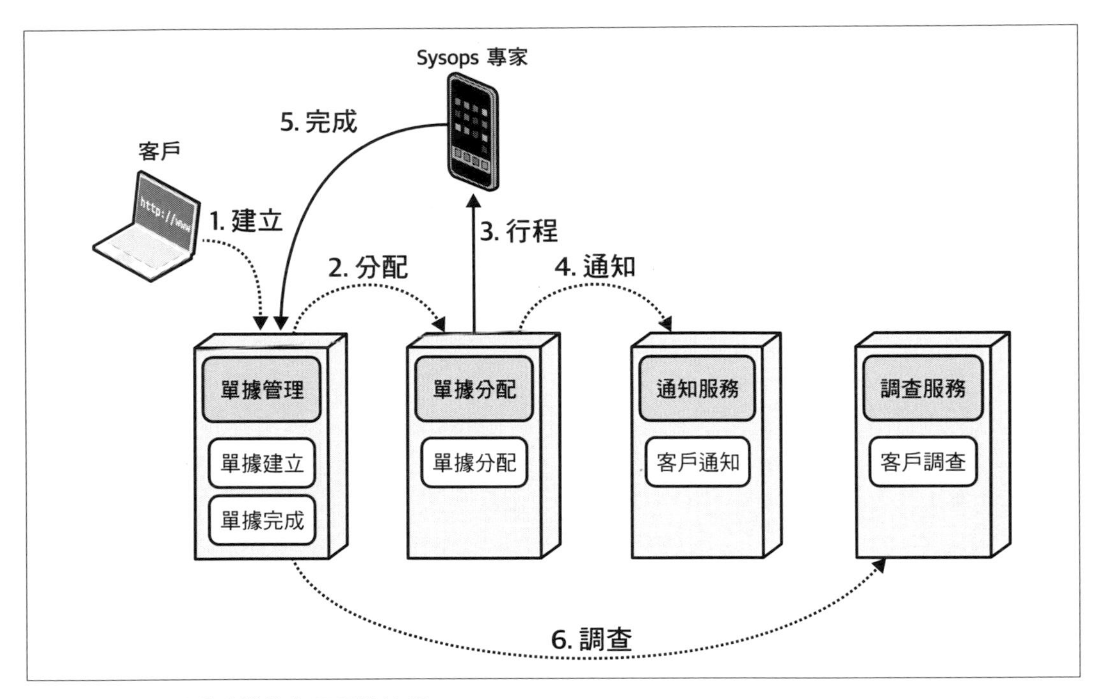

圖 11-15　以編排建模的主要單據流程

「…協作的模型在圖 11-16 中。」

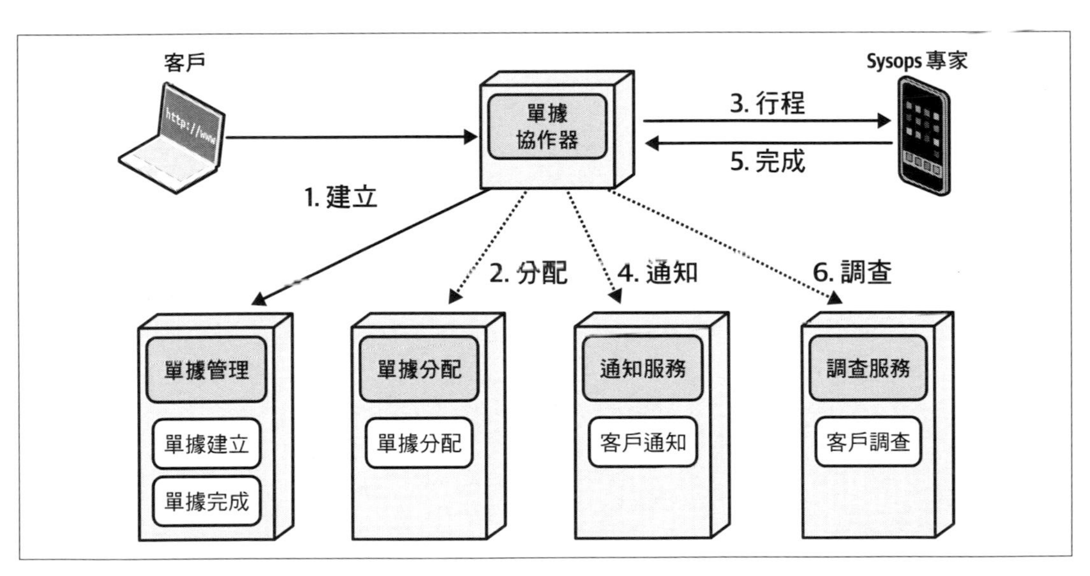

圖 11-16　以協作建模的主要單據工作流程

Logan 對圖形思考了一會，然後宣佈，「嗯，這裡似乎沒有一個明顯的贏家。你們知道這意味著什麼。」

Austen 插話說，「權衡利弊！」

「當然，」Logan 笑著說。「讓我們想想可能的情況，並看看每種解決方案對它們的反應如何。你們關心的主要問題是什麼？」

「第一個是遺失或行程錯誤的單據。商務一直在抱怨這個問題，而且它已經成為一個優先事項。」Addison 說。

「好，哪一個能更好地處理這個問題——協作還是編排？」

「更容易控制的工作流程聽起來像是協作器版本比較好——我們可以在那裡處理所有工作流程的問題，」Austen 自願的說。

「好，讓我們在表 11-6 中建立一個問題和首選解決方案的表格。」

權衡

表 11-6　對單據工作流程的協作和編排之間的權衡

協作	編排
工作流程控制	

「我們應該建模的下一個問題是什麼？」Addison 問。

「我們需要在任何特定時刻知道故障單的狀態——商務已經要求這個功能，而且它使追蹤幾個指標更容易。這意味著我們需要一個協作器，以便我們可以查詢工作流程的狀態。」

「但你不必為這點而擁有一個協作器——我們可以查詢任何給定的服務，看看它是否處理了工作流程的特定部分，或者使用標記性耦合，」Addison 說。

「這就對了——這不是一個零和遊戲，」Logan 說。「有可能兩種方案都有或都沒有效果。我們將在表 11-7 的更新表格中對兩種解決方案都給予肯定。」

權衡

表 11-7　對單據工作流程的協作和編排之間的更新權衡

協作	編排
工作流程控制	
狀態查詢	狀態查詢

「好了，還有什麼？」

「我能想到的還有一個，」Addison 說。「單據可能會被客戶取消，而且單據也可能因為專家的可用性、失去與專家行動裝置的連接、或專家在客戶現場的延誤而被重新分配。因此，適當的錯誤處理很重要。這意味著協作？」

「是的，一般來說。複雜的工作流程必須在某個地方進行，要麼在協作器中，要麼分散在服務中。有個單一的地方整合錯誤處理很好。而且編排在這裡絕對沒有好成績，所以我們將在表 11-8 更新我們的表格。」

權衡

表 11-8　對單據工作流程的協作和編排之間的最終權衡

協作	編排
工作流程控制	
狀態查詢	狀態查詢
錯誤處裡	

「這看起來很不錯。還有嗎？」

「都很明顯了，」Addison 說。「我們將把它寫到 ADR 中；萬一我們想到任何其他問題，我們也可以把它們加到那裡。」

ADR：為主要單據工作流程使用協作

上下文

對於主要的單據工作流程，該架構必須具有支援輕鬆追蹤遺失或行程錯誤的訊息、出色的錯誤處理、以及追蹤單據狀態的能力。在圖 11-16 顯示的協作解決方案或圖 11-15 顯示的編排解決方案都可以使用。

決策

對主要的單據工作流程我們將使用協作。

我們為協作和編排建模，並且得到了表 11-8 中的權衡。

結果

單據工作流程可能有圍繞單一協作器的可擴展性問題，如果目前的可擴展性要求發生變化，那麼就應該重新考慮。

第十二章

交易傳奇

3 月 31 日，星期四，16:55

在一個多風的星期四下午，Austen 很晚才出現在 Logan 的辦公室。「Addison 要我過來請教你一些恐怖故事？」

Logan 停下手上的事，並抬起頭來。「這是對你這個週末要做的什麼瘋狂極限運動的描述嗎？這次又是什麼呢？」

「現在是春末，所以我們一群人要在解凍的湖上滑冰。我們穿著緊身衣，所以它實際上是滑冰和游泳的結合。但這根本不是 Addison 的意思。當我向 Addison 展示我對單據工作流程的設計時，他立刻叫我來找你，告訴你我創造了一個恐怖的故事。」

Logan 笑了起來。「哦，我知道是怎麼回事了——你偶然發現了「恐怖故事」傳奇的通訊模式。你設計了一個具有異步通訊、原子交易和編排的工作流程，對嗎？」

「你怎麼知道的？」

「這就是「恐怖故事」的傳奇模式，或者說，真正的反模式。我們從八種通用的傳奇模式開始，因為每種模式都有不同的權衡平衡，所以知道它們是什麼蠻好的。」

架構中的**傳奇**概念早於微服務，最初是為了在早期的分散式架構中限制資料庫上鎖的範圍——主要被認為創造這個概念的論文是出自 1987 年 ACM 的研討會會報中。Chris Richardson 在他的《*Microservices Patterns*》（Manning 出版）一書中，以及在他網站上的「傳奇模式」部分（*https://oreil.ly/drXJa*），將微服務的**傳奇模式**描述為一個本地交易序列，其中每個更新都會發布一個事件，因而觸發序列中的下一個更新。如果其中任何一個更新失敗，則傳奇會發出一系列的補償更新，以撤銷之前在傳奇期間所做的改變。

然而，回顧第 2 章，那只是八種可能傳奇類型中的一種。本節中，我們將更深入地研究交易傳奇的內部工作原理，以及如何管理它們，尤其是發生錯誤的時候。畢竟，因為分散式交易缺少原子性（參閱第 252 頁的「分散式交易」），讓它們變得有趣的是當發生問題的時候。

交易傳奇模式

在第 2 章中，我們介紹了一個當架構師必須選擇如何實現一個交易傳奇時，將每個相交維度並列的矩陣，這矩陣重新列示於表 12-1。

表 12-1　分散式架構的維度交集矩陣

模式名稱	通訊	一致性	協調
史詩傳奇 (sao)	同步的	原子的	協作的
電話捉迷藏遊戲傳奇 (sac)	同步的	原子的	編排的
童話傳奇 (seo)	同步的	最終的	協作的
時空之旅傳奇 (sec)	同步的	最終的	編排的
奇幻小說傳奇 (aao)	異步的	原子的	協作的
恐怖故事 (aac)	異步的	原子的	編排的
平行傳奇 (aeo)	異步的	最終的	協作的
選集傳奇 (aec)	異步的	最終的	編排的

我們為每個組合提供了異想天開的名稱，這些名稱衍生自傳奇類型。然而，模式名稱的存在是為了幫助區分各種可能性，我們不想提供一個記憶測試來將模式名稱關聯到一組特徵，所以我們在每個傳奇類型上加了一個上標，表示按字母順序列出三個維度的值（如表 12-1 所示）。例如，**史詩傳奇** (sao) **模式**表示通訊、一致性和協調的值為**同步的**、**原子的**和**協作的**；上標幫助你更容易地將名稱關聯到字元集。

雖然架構師會更常使用某些模式，但它們都有合法的用途和不同組的權衡。

我們用三種力量在空間中交集的三維表示法，以及使用通用分散式服務的工作流程例子來說明每種可能的通訊組合，我們將它稱為**同構圖**。這些圖以最通用的方式顯示服務之間的相互作用，以最簡單的形式向我們展示架構師概念的目標。在這些圖中，我們使用了圖 12-1 所示的一組通用符號。

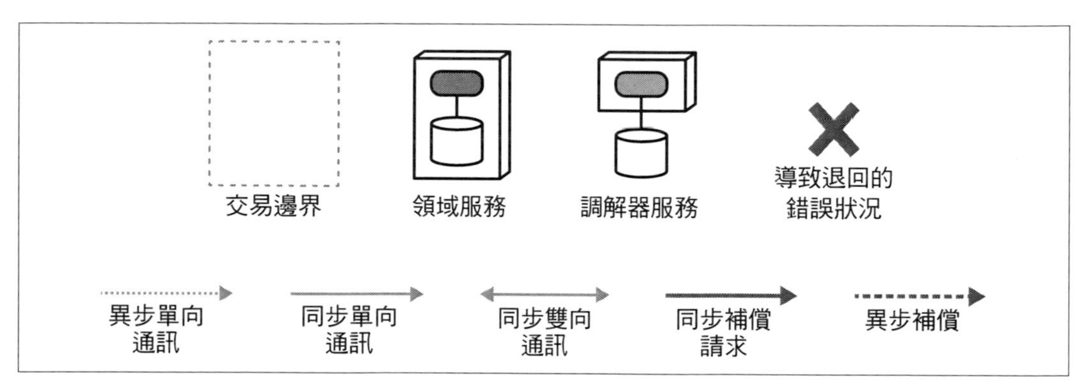

圖 12-1　ISO 架構交互圖的圖例

對於每一種架構模式，我們並沒有顯示每一種可能的相互作用，因為這將變成重複。相反地，我們確定並說明了這模式的區別性特徵——是什麼使它的行為在模式中獨一無二。

史詩傳奇 (sao) 模式

這種類型的通訊是許多架構師所理解的「傳統」傳奇模式，由於它的協調類型，也被稱為**協作的傳奇**。它的維度關係顯示於圖 12-2。

這種模式利用了**同步通訊**、**原子一致性**和**協作協調**。架構師選擇這種模式的目標是模仿整體式系統的行為——事實上，如果在圖 12-2 的圖中加入一個整體式系統，它將位於原點（0, 0, 0），完全沒有分散。因此，傳統交易系統的架構師和開發者最熟悉這種通訊樣式。

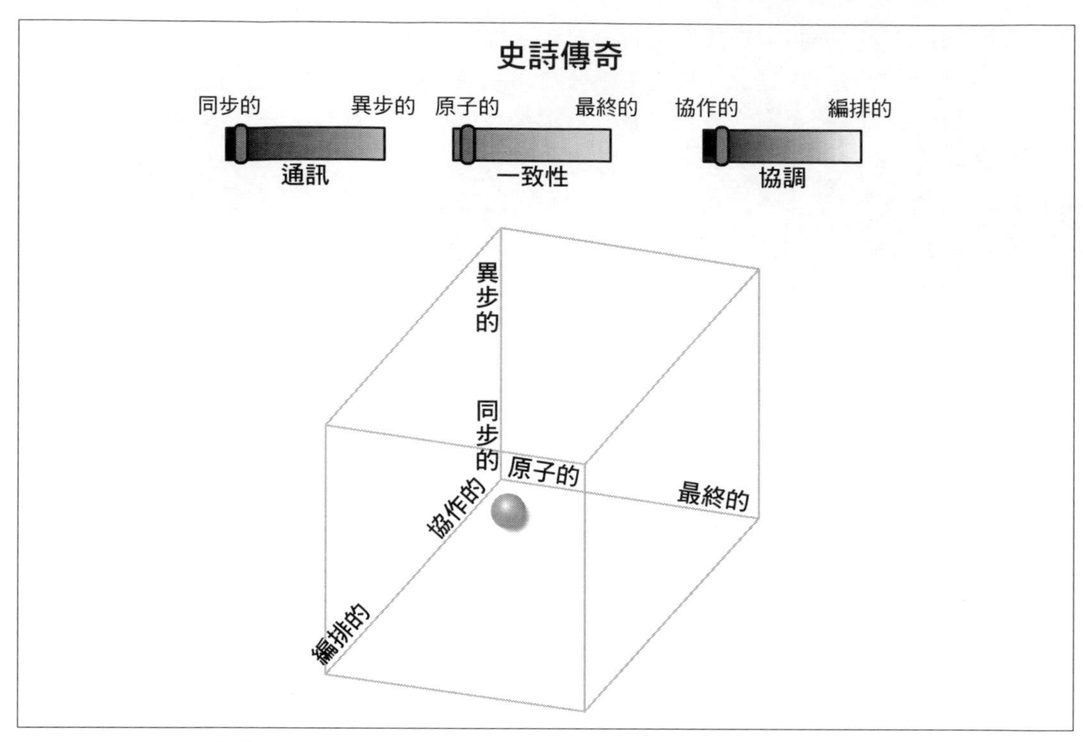

圖 12-2　史詩傳奇 (sao) 模式的動態耦合（通訊、一致性、協調）關係

史詩傳奇 (sao) 模式的同構表示顯示於圖 12-3 中。

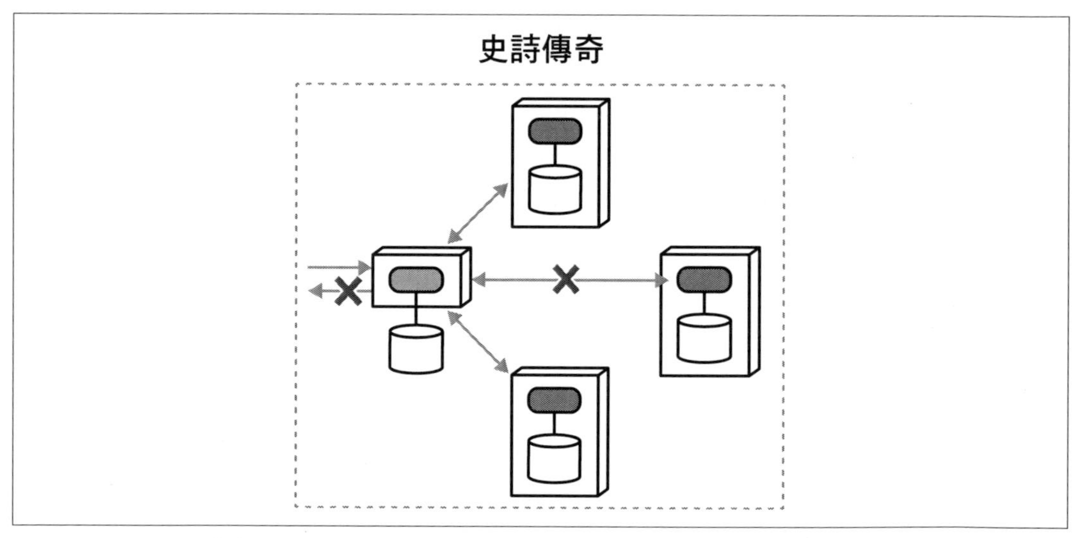

圖 12-3　史詩傳奇 (sao) 模式的同構通訊圖示

在這裡，一個**協作器**服務協作了一個包括三個服務更新的工作流程，預計將以交易方式發生——要麼所有三個呼叫都成功，要麼都不成功。如果其中一個呼叫失敗，它們就會全部失敗並返回到之前的狀態。架構師可以用各種方式解決這個協調問題，但在分散式架構中都很複雜。然而，這種交易限制了資料庫的選擇，並且有傳奇的失效模式。

許多新手或天真的架構師相信，因為模式是為問題存在，所以它代表一個乾淨的解決方案。然而，模式只承認共同性，而不是可解決性。分散式交易為這種現象提供了一個很好的例子——習慣在非分散式系統中對交易建模的架構師有時認為，將這種能力轉移到分散式世界中是一種漸進的改變。然而，在分散式架構中的交易存有許多挑戰，這些挑戰根據問題語義耦合的複雜性而成比例的變得更糟。

考慮史詩傳奇 (sao) 模式利用補償性交易的常見實作。**補償性更新**是指在分散式交易範圍的過程中，逆轉由另一個服務執行的資料寫入動作（例如逆轉更新、重新插入之前刪除的列，或刪除之前插入的列）。雖然補償更新試圖逆轉改變，以使分散式資料來源回到它們在分散式交易開始之前的原來狀態，但它們充滿了複雜的問題、挑戰和權衡。

一個補償性交易模式指定了一個服務監控一個請求的交易完整性，如圖 12-4 所示。

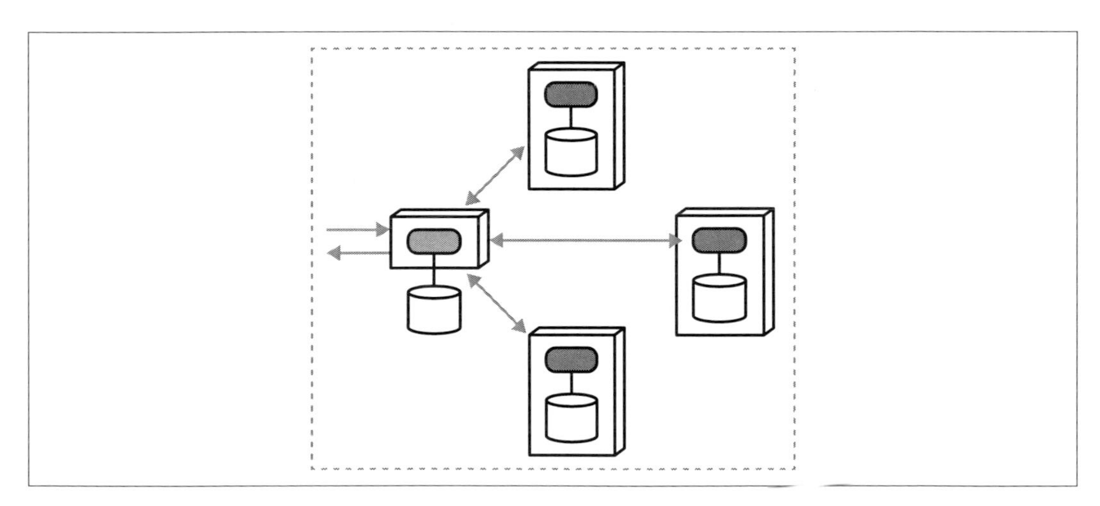

圖 12-4　使用補償交易的成功協作交易的史詩傳奇

然而，就像架構中的許多事情一樣，錯誤狀況會造成困難。在一個補償性交易框架中，調解器會監控呼叫是否成功，並且在如果有一個或多個請求失敗時，向其他服務發出補償性呼叫，如圖 12-5 所示。

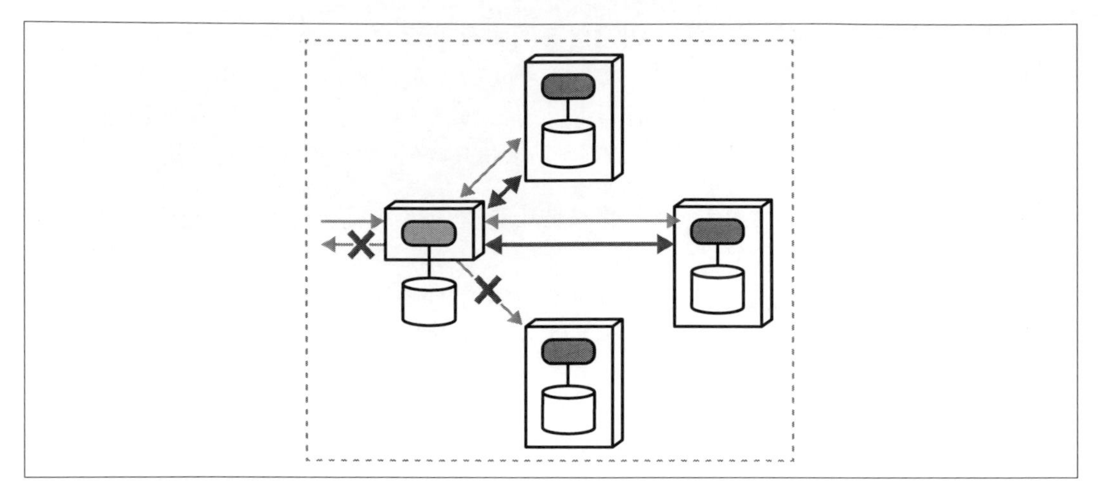

圖 12-5　當一個錯誤發生時，調解器必須發送補償請求給其他服務

調解器既接受請求又調解工作流程，而且成功的同步呼叫前兩個服務。但是，當試圖呼叫最後一個服務時，它失敗了（可能是各種領域和操作方面的原因）。因為史詩傳奇 (sao) 的目標是原子一致性，所以調解器必須利用補償交易，請求其他兩個服務撤銷之前的操作，將整體狀態恢復到交易開始之前的狀態。

這種模式被廣泛使用：它對熟悉的行為建模，而且它有一個完善的模式名稱。許多架構師預設使用史詩傳奇 (sao) 模式，因為它對整體式架構感覺很熟悉，再加上利益相關者的請求（有時是要求），即無論技術限制如何，狀態改變都必須同步。然而，許多其他的動態量子耦合模式可能會提供一組更好的權衡。

史詩傳奇 (sao) 的明顯優勢是模仿整體式系統的交易協調，再加上經由協作器代表的明確工作流程所有者。然而，它的缺點也是多樣的。首先，協作加上交易可能會對像是性能、規模、彈性等操作架構特性產生影響——協作器必須確保交易中的所有參與者都已經成功或失敗，這會產生時間的瓶頸。其次，用於實作分散式交易的各種模式（如補償性交易）屈從於各式各樣的失效模式和邊界條件，同時還經由撤銷操作增加了固有的複雜性。分散式交易呈現出一堆的困難，因此如果可能的話最好是避免。

史詩傳奇 (sao) 模式具有以下特點：

耦合程度

這種模式在所有可能的維度上都表現出極高的耦合度：同步通訊、原子一致性和協作的協調——事實上，它是列表中耦合程度最高的模式。這並不奇怪，因為它模擬了高度耦合的整體式系統通訊行為，但在分散式架構中卻產生了一些問題。

複雜程度

增加到原子性要求的錯誤狀況和其他密集的協調，增加了這個架構的複雜性。這個架構使用的同步呼叫減輕了一些複雜性，因為架構師不必擔心呼叫期間的競爭條件和僵局。

反應能力 / 可用性

協作會產生瓶頸，特別是當它還必須協調會降低反應能力交易原子性的時候。這種模式使用同步呼叫，進一步影響了性能和反應能力。如果任何服務不可用或發生不可恢複的錯誤，這種模式將失敗。

規模 / 彈性

與反應能力類似，實作這種模式所需的瓶頸和協調使規模和其他操作問題變得困難。

雖然史詩傳奇 (sao) 因為熟悉而備受歡迎，但從設計和操作特性的角度來看，它也帶來了一些挑戰，如表 12-2 所示。

表 12-2　對史詩傳奇 (sao) 的評等

史詩傳奇 (sao)	評等
通訊	同步的
一致性	原子的
協調	協作的
耦合程度	非常高
複雜程度	低
反應能力 / 可用性	低
規模 / 彈性	非常低

幸運的是，架構師不需要預設那些雖然看起來很熟悉、但會造成意外複雜性的模式——存在各種有不同權衡組合的其他模式。參閱第 342 頁的「Sysops Squad 傳奇：原子交易和補償更新」，作為史詩傳奇 (sao) 的具體例子和它帶來的一些複雜挑戰（以及如何解決這些挑戰）。

電話捉迷藏遊戲傳奇 (sac) 模式

電話捉迷藏遊戲傳奇 (sac) 模式改變了史詩傳奇 (sao) 的一個維度，將協調從協作改為編排；這一改變說明於圖 12-6。

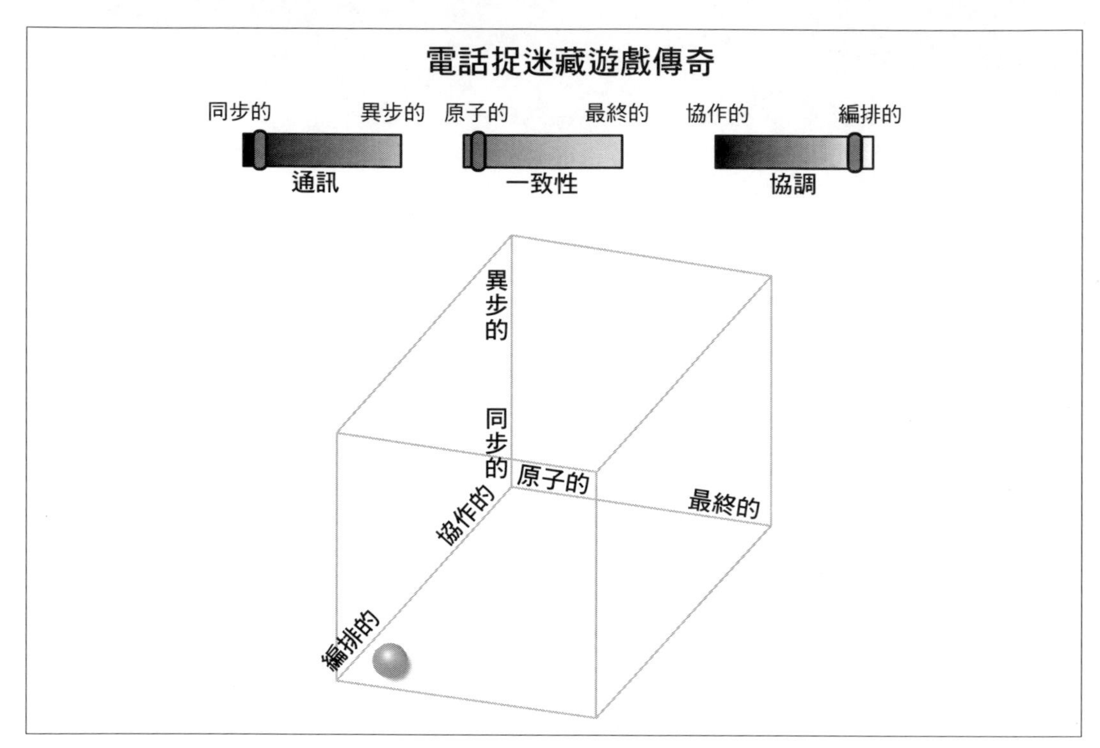

圖 12-6　電話捉迷藏遊戲傳奇模式使用了寬鬆耦合的通訊

這個模式的名稱是「電話捉迷藏遊戲」，因為它類似於北美著名的兒童遊戲「*Telephone*」：孩子們圍成一圈，一個人向下一個人耳語說一個秘密，下一個人再傳給下一個，直到最後一個人說出最終版本。在圖 12-6 中，編排比協作更受青睞，結構通訊中產生的對應改變顯示於圖 12-7。

電話捉迷藏遊戲傳奇 (sac) 模式具有原子性，但也是編排的，這意味著架構師沒有指定正式的協作器。然而，原子性需要某種程度的協調。在圖 12-7 中，最初被呼叫的服務成為協調點（有時稱為**前端控制器**）。一旦它完成了它的工作，它將請求傳遞給工作流程中的下一個服務，這會持續到工作流程完成為止。但是，如果發生錯誤狀況，每個服務都必須有內置的邏輯沿著鏈路回送補償請求。

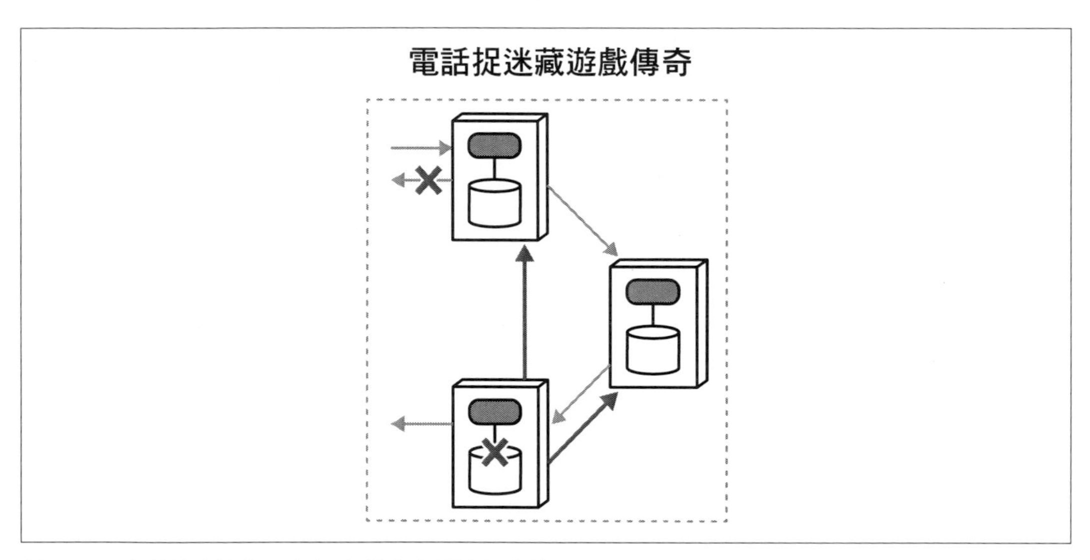

圖 12-7　由於缺少協作，每個參與者必須協調狀態

因為架構的目標是交易的原子性，協調原子性的邏輯必須存在於某個地方。因此，領域服務必須包含更多關於它們參與工作流程上下文的邏輯，這包括錯誤處理和行程。對複雜的工作流程，這種模式中的**前端控制器**將變得和大多數調解器一樣複雜，降低了這種模式的吸引力和適用性。因此，這種模式通常用於需要較高規模的簡單工作流程，但對性能有潛在的影響。

編排相對於協作如何改善像是規模的操作架構特點？即使在同步通訊中使用編排也可以減少瓶頸——在無錯誤狀況下，工作流程中的最後一個服務可以回傳結果，允許更高的吞吐量和更少的阻塞點。因為缺少協調，所以快樂路徑工作流程的性能可能比史詩傳奇 (sao) 中更快。但是，如果沒有調解器，錯誤狀況會慢得多——每個服務都必須展開呼叫鏈，這也會增加服務之間的耦合。

一般而言，電話捉迷藏遊戲傳奇 (sac) 因為沒有有時會成為限制瓶頸的調解器，所以規模比史詩傳奇 (sao) 稍微好一些。但是，這種模式也有錯誤狀況和其他工作流程複雜性等較低性能的特色——沒有調解器，工作流程必須經由服務之間的通訊來解決，這影響了性能。

非協作架構的一個很好的特點是缺少耦合奇異點，即工作流程耦合到單一位置。雖然這種模式使用同步請求，但快樂路徑工作流程的等待條件會比較少，允許更高的規模。一般來說，減少耦合會增加規模。

由於缺少協作而帶來的可擴展性改善，除了名義上的責任以外，管理工作流程的領域服務複雜性也隨之增加。對於複雜的工作流程，增加的複雜性和服務間通訊可能會促使架構師回到協作及它的權衡。

電話捉迷藏遊戲傳奇 (sac) 有一個相當罕見的特徵組合——一般來說，如果一個架構師選擇**編排**，他們也會選擇**異步性**。然而，在某些情況下，架構師可能會選擇這種替代的組合：同步呼叫確保每個領域服務在調用下一個工作流程之前完成它的部分，消除了競爭條件。如果錯誤狀況很容易解決，或者領域服務可以使用冪等性和重試，那麼架構師可以使用這種模式構建比史詩傳奇 (sao) 更高的平行規模。

電話捉迷藏遊戲傳奇 (sac) 模式有以下特點：

耦合程度

這種模式放寬了史詩傳奇 (sao) 模式的一個耦合維度，利用編排而不是協作的工作流程。因此，這種模式的耦合度略低，但具有相同的交易要求，這意味著工作流程的複雜性必須分散在領域服務之間。

複雜程度

這種模式明顯的比史詩傳奇 (sao) 複雜得多；這種模式的複雜性隨工作流程語義複雜性成線性比例上升：工作流程越複雜，每個服務中必須出現更多的邏輯來彌補協作器的不足。另外，架構師可能會將工作流程的資訊添加到訊息本身，作為**標記性耦合**的一種形式（參閱第 362 頁的「用於工作流程管理的標記性耦合」）以維持狀態，但會增加每個服務所需要的開銷上下文。

反應能力 / 可用性

較少的協作通常會導致更好的反應能力，但這種模式的錯誤狀況在沒有協作器下變得更難建模，需要經由回呼和其他耗時的活動進行更多的協調。

規模 / 彈性

缺少協作意味著更少的瓶頸，一般來說會增加可擴展性，但只是稍微的。這種模式仍然利用三個維度中的兩個維度緊密耦合，所以可擴展性並不是一個亮點，特別是在錯誤狀況很常見的情況下。

電話捉迷藏遊戲傳奇 (sac) 的評等顯示於表 12-3。

表 12-3　電話捉迷藏遊戲傳奇 (sac) 的評等

電話捉迷藏遊戲傳奇 (sac)	評等
通訊	同步的
一致性	原子的
協調	編排的
耦合程度	高
複雜程度	高
反應能力 / 可用性	低
規模 / 彈性	低

電話捉迷藏遊戲傳奇 (sac) 模式更適合沒有很多常見錯誤狀況的簡單工作流程。雖然它提供了一些比史詩傳奇 (sao) 更好的特性，但由於缺少協作器而帶來的複雜性抵消了許多優勢。

童話傳奇 (seo) 模式

典型的童話以通俗易懂的情節提供了快樂的故事，它利用同步通訊、最終一致性和協作，因此被稱為*童話傳奇 (seo)*，如圖 12-8 所示。

這種通訊模式放寬了困難的原子要求，為架構師設計系統提供了更多選擇。例如，如果一個服務暫時中斷了，最終一致性允許快取一個改變，直到服務恢復為止。童話傳奇 (seo) 的通訊結構說明於圖 12-9。

在這種模式中，存在一個協作器來協調請求、反應和錯誤處理。但是，協作器不負責管理交易，每個領域服務都保留這個責任（常見的工作流程例子，參閱第 11 章）。因此，協作器可以管理補償呼叫，但不需要在活動的交易中發生。

這是一種更有吸引力的模式，通常出現在許多微服務架構中。有了調解器使工作流程管理更容易，同步通訊是兩種選擇中較容易的，而且最終一致性消除了最困難的協調挑戰，特別是對錯誤處理。

童話傳奇 (seo) 最大吸引的優勢是缺少整體交易。每個領域服務依靠整個工作流程的最終一致性管理自己的交易行為。

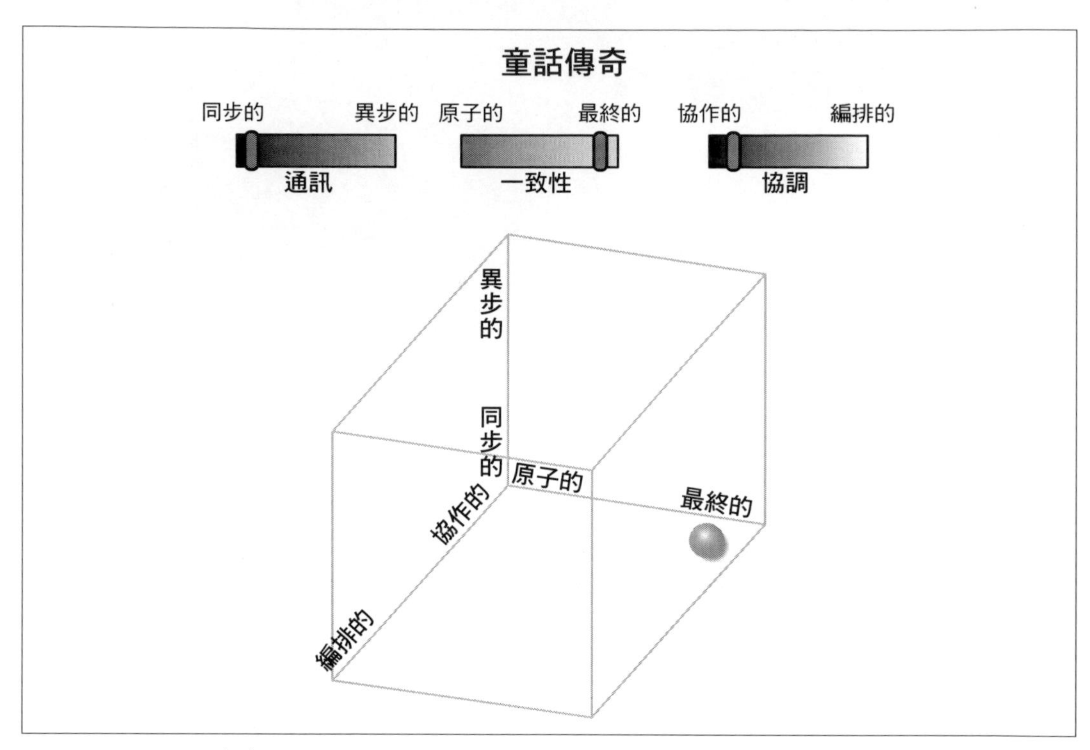

圖 12-8　童話傳奇 (seo) 說明最終一致性

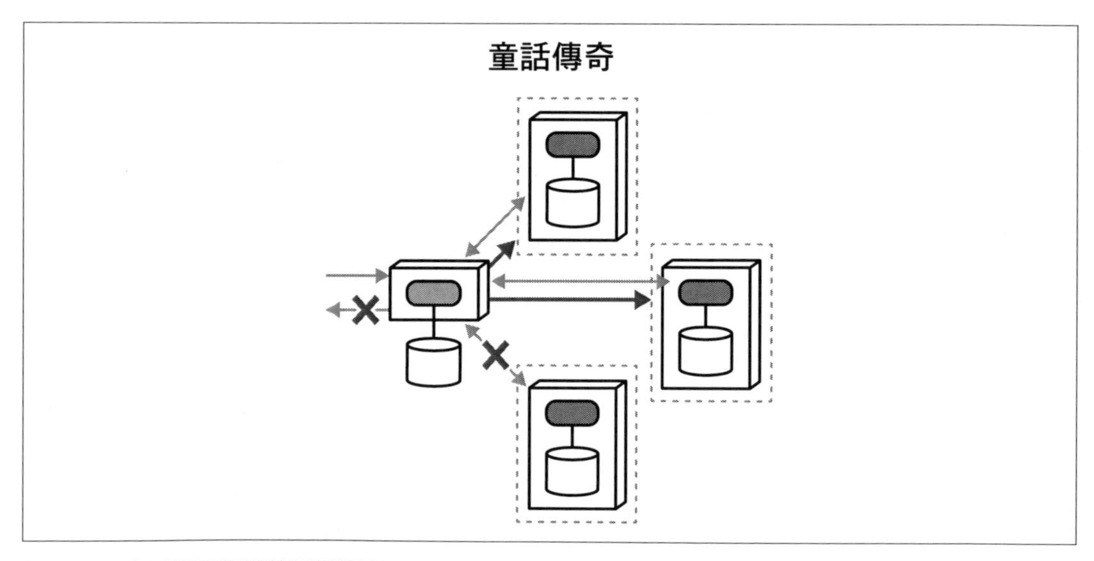

圖 12-9　童話相互作用的同構圖示

與許多其他模式比較，這種模式通常表現出良好的權衡平衡：

耦合程度

童話傳奇 (seo) 的特點是高耦合性，三個耦合驅動因素中的兩個在這個模式中被最大化（同步通訊和協作協調）。然而，耦合複雜性較糟糕的驅動因素——交易性——在這個模式中消失了，而有利於最終一致性。協作器仍然必須管理複雜的工作流程，但並不限制要在交易中這樣做。

複雜程度

童話傳奇 (seo) 的複雜性相當低；它包括最方便的選項（協作的、同步的）和最寬鬆的限制（最終一致性）。因此被稱為童話傳奇 (seo)——一個有圓滿結局的簡單故事。

反應能力 / 可用性

在這種類型的通訊樣式的反應能力通常比較好，因為即使呼叫是同步的，調解器需要包含關於進行中交易時間敏感度較低的狀態，允許更好的負荷平衡。然而，性能上的真正差異來自於異步性，這會在未來的模式中說明。

規模 / 彈性

缺少耦合通常會導致更高的規模；消除交易性耦合讓每個服務更獨立地縮放。

童話傳奇 (seo) 的評等顯示於表 12-4。

表 12-4　童話傳奇 (seo) 的評等

童話傳奇 (seo)	評等
通訊	同步的
一致性	最終的
協調	協作的
耦合程度	高
複雜程度	非常低
反應能力 / 可用性	中
規模 / 彈性	高

如果架構師能夠利用最終一致性，這種模式非常有吸引力，將容易移動的部分和最少的可怕限制結合，使它成為架構師的熱門選擇。

時空之旅傳奇 (sec) 模式

時空之旅傳奇 (sec) 模式的特點是同步通訊，以及最終一致性，但是有編排的工作流程。換句話說，這種模式避免了中央調解器，將工作流程的責任完全放在參與的領域服務上，如圖 12-10 的說明。

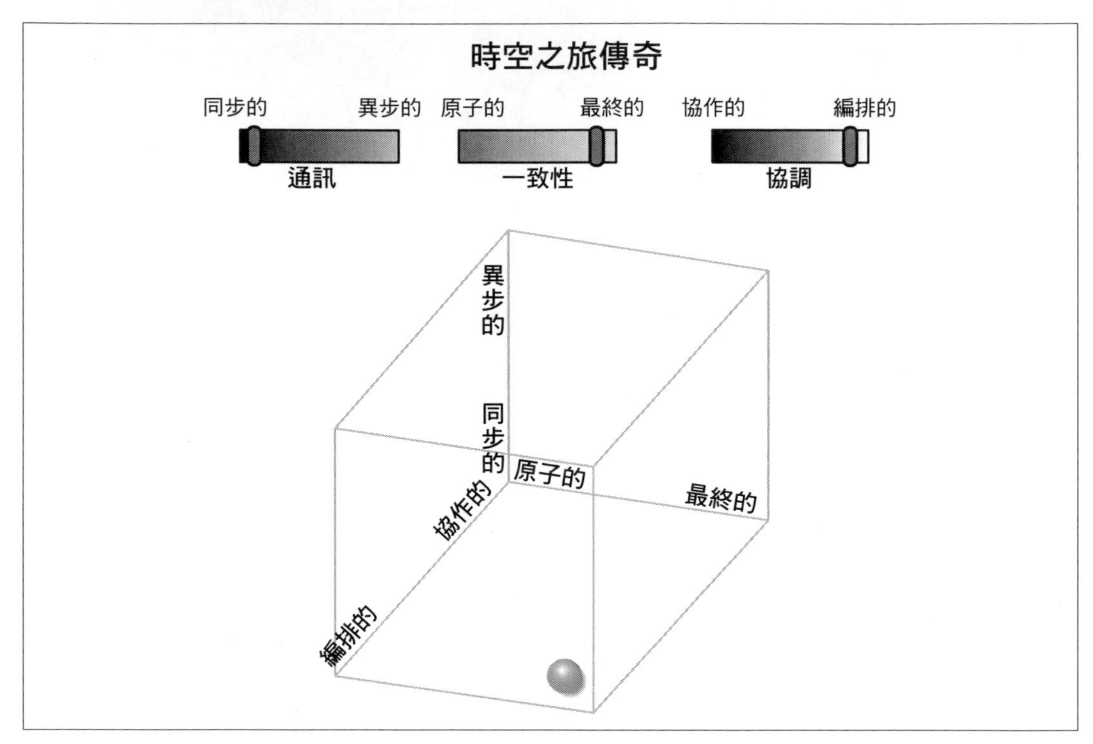

圖 12-10　時空之旅傳奇 (sec) 模式使用了三種解耦技術中的兩種

缺少協作的結構拓撲圖說明如圖 12-11。

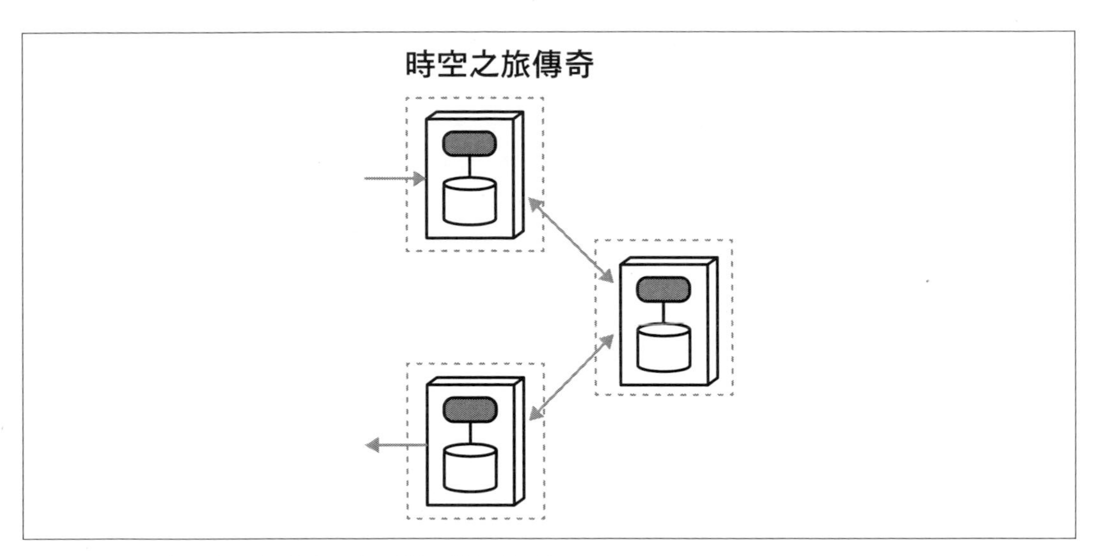

圖 12-11　沒有協作，複雜的工作流程會變得難以管理

在這個工作流程中，每個服務接受一個請求，執行一個動作，然後將請求轉發給另一個服務。這種架構可以實現**責任鏈**的設計模式或**管道和篩選**架構樣式——任何具有單向系列步驟的工作流程。這種模式中的每個服務都「擁有」它自己的交易性，所以架構師必須在領域設計中設計工作流程的錯誤狀況。一般來說，工作流程複雜性和編排解決方案之間存在一個成比例的複雜性關係，因為缺少經由調解器的內置協調——工作流程越複雜，編排就越困難。它被稱為時空之旅傳奇 (sec)，是因為從時間的角度來看，所有的東西都是解耦的：每個服務都擁有自己交易的上下文，使得工作流程的一致性在時間上是漸進的——狀態會根據相互作用的設計隨著時間推移而變得一致。

時空之旅傳奇 (sec) 模式中缺少交易，這使得工作流程更容易建模；然而，缺少協作器意味著每個領域服務必須包括大多數工作流程狀態和資訊。與所有編排的解決方案一樣，在工作流程複雜性和協作器的效用之間存有直接的關聯；因此，這種模式最適合簡單的工作流程。

對於受益於高吞吐量的解決方案而言，這種模式對像是電子資料攝取、大宗交易等的「射後不理」樣式的工作流程來說效果非常好。然而，因為不存在協作器，領域服務必須處理錯誤狀況和協調。

缺少耦合性增加了這種模式的可擴展性；只增加異步性會使它更具可擴展性（如同在選集傳奇 (aec) 模式中）。然而，因為這種模式缺少整體交易的協調，架構師必須付出額外的努力來同步資料。

以下是對時空之旅傳奇 (sec) 模式的定性評價：

耦合程度

時空之旅傳奇 (sec) 的耦合度降為中等，經缺少協作器帶來的耦合度下降被仍然存在的同步通訊耦合度所平衡。與所有最終一致性模式一樣，缺少交易耦合緩解了許多資料問題。

複雜程度

沒有交易性使這種模式降低了複雜性。這種模式是准特殊用途的，非常適合快速吞吐單向通訊的架構，而且耦合程度與這種架構樣式非常匹配。

反應能力 / 可用性

反應能力在這種架構模式下的得分是**中等**：如前所述，對專用系統它相當高，而對複雜的錯誤處理它卻相當低。因為這種模式中不存在協作器，所以每個領域服務必須在錯誤狀況下處理恢復最終一致性的情況，這將造成同步呼叫的大量開銷，影響反應能力和性能。

規模 / 彈性

這種架構模式提供了非常好的規模和彈性；只有用異步性才能讓它變得更好（參閱選集傳奇 (aec) 模式）。

時空之旅傳奇 (sec) 模式的評等顯示於表 12-5。

表 12-5　時空之旅傳奇 (sec) 的評等

時空之旅傳奇 (sec)	評等
通訊	同步的
一致性	最終的
協調	編排的
耦合程度	中
複雜程度	低
反應能力 / 可用性	中
規模 / 彈性	高

時空之旅傳奇 (sec) 模式為更複雜但最終可擴展的選集傳奇 (aec) 模式提供了引坡道。架構師和開發者發現處理同步通訊更容易推理、實作和除錯；如果這種模式提供了足夠的可擴展性，團隊就不必接受更複雜但更可擴展的替代方案。

奇幻小說傳奇 (aao) 模式

奇幻小說傳奇 *(aao)* 使用原子一致性、異步通訊和協作協調，如圖 12-12 所示。

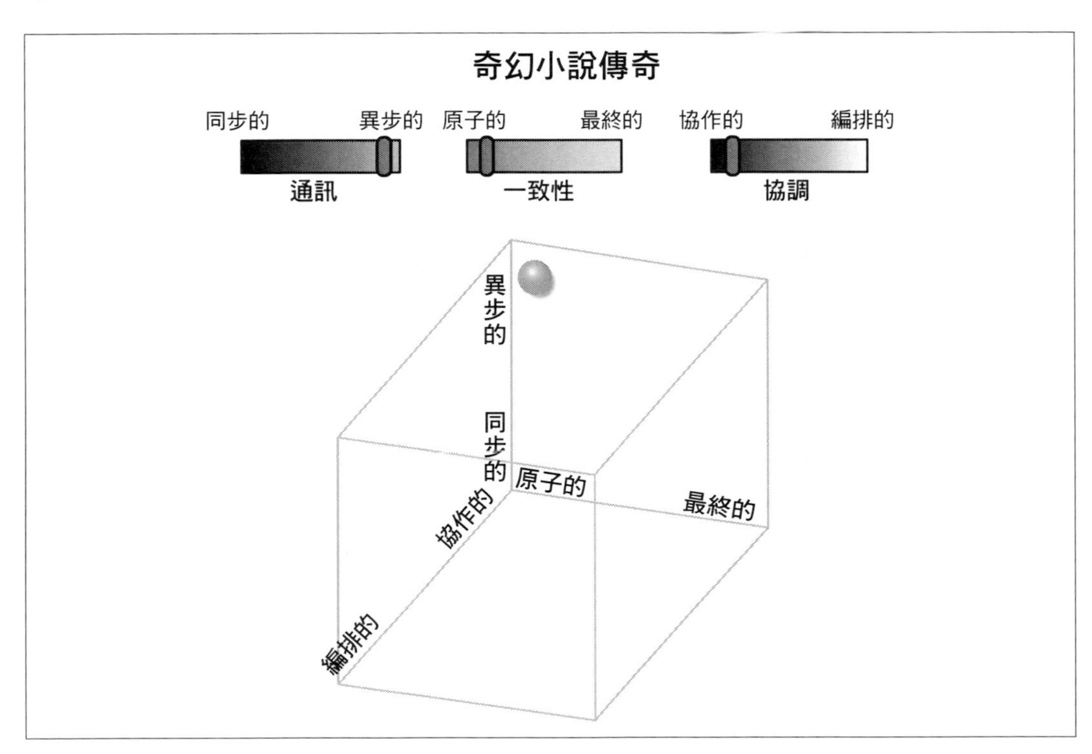

圖 12-12　異步通訊使這模式的交易性很困難

圖 12-13 所示的結構表示開始顯示出這種模式的一些困難。

僅僅因為存在結構力量的組合並不表示它形成了一種有吸引力的模式，但是這種相對難以置信的組合自有它的用途。這種模式除了**通訊**以外的其他方面都類似於史詩傳奇 (sao)——這種模式使用**異步**而不是**同步**通訊。傳統上，架構師提高分散式系統反應能力的一種方法是使用異步性，讓操作平行而不是串列的發生。這似乎是一個提高超過史詩傳奇 (sao) 感知性能的好方法。

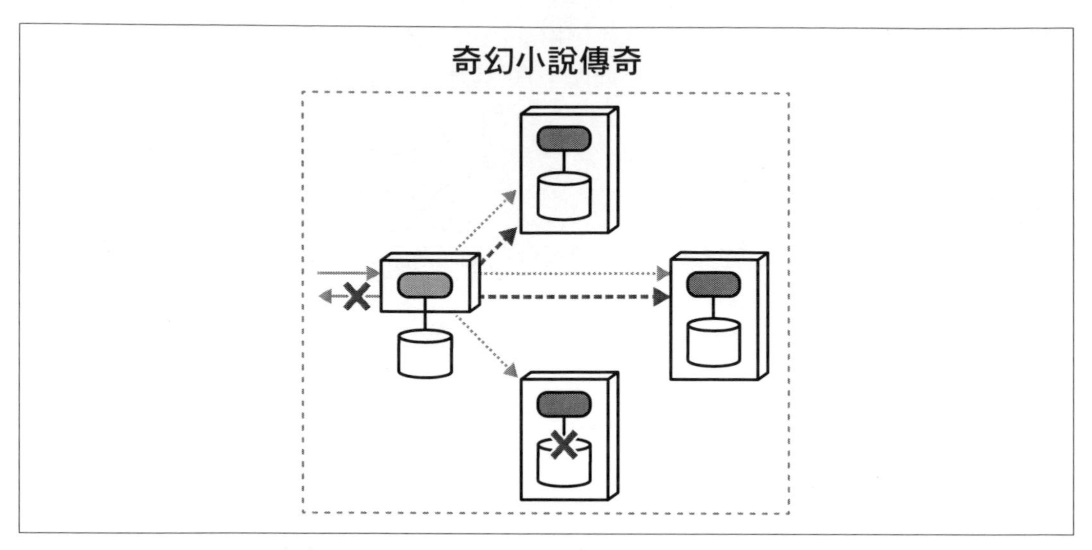

圖 12-13　奇幻小說傳奇 (aao) 模式是牽強的，因為異步通訊的交易協調而存有困難

然而，異步性並不是一個簡單的改變——它給架構增加了許多層的複雜性，尤其是在協調方面，在調解器上需要更高的複雜性。例如，假設一個交易性工作流程 *Alpha* 開始了。因為所有的事情都是異步的，當 Alpha 擱置時，交易性工作流程 Beta 開始。現在，調解器必須追蹤處於擱置狀態所有進行中的交易狀態。

它會變得更糟。假設工作流程 *Gamma* 開始了，但對領域服務的第一次呼叫取決於仍在擱置中 Alpha 的結果——架構師如何對這種行為建模？雖然有可能，但複雜性會不斷增加。

將異步性加到協作的工作流程中，就是將異步交易性狀態加到式子中，移除了關於排序的串列假設，並增加了僵局、競爭條件和一堆其他平行系統挑戰的可能性。

這種模式提供了以下挑戰：

耦合程度

　　這種模式的耦合度非常高，使用協作器和原子性，但用異步通訊，因為架構師和開發者必須處理異步通訊強加的競爭條件和其他失序問題，使得協調更加困難。

複雜程度

　　由於耦合非常困難，這種模式的複雜性也隨之增加。不僅有設計的複雜性，需要架構師開發過於複雜的工作流程，而且還有處理異步工作流程規模的除錯和操作複雜性。

反應能力 / 可用性

因為這種模式試圖在不同呼叫中進行交易協調，如果其中一個或多個服務無法使用，反應能力將受到整體影響，並且反應能力將非常糟糕。

規模 / 彈性

在交易系統中，即使有異步性，高規模也幾乎是不可能的。在類似平行傳奇 (aeo) 的模式中，將**原子性**轉換為**最終一致性**，規模要好得多。

奇幻小說傳奇 (aao) 模式的評等顯示於表 12-6。

表 12-6 奇幻小說傳奇 (aao) 的評等

奇幻小說傳奇 (aao)	評等
通訊	異步的
一致性	原子的
協調	協作的
耦合程度	高
複雜程度	高
反應能力 / 可用性	低
規模 / 彈性	低

不幸的是，這種模式比它應該得到的還要受歡迎，這主要是出自於在維持交易性的同時改善了史詩傳奇 (sao) 性能的錯誤嘗試；更好的選擇通常是平行傳奇 (aeo)。

恐怖故事 (aac) 模式

必定會有一種模式是最糟糕的組合；它名符其實的被命名為**恐怖故事** *(aac)* **模式**，特徵為**異步**通訊、**原子**一致性和**編排**協調，說明於圖 12-14。

為什麼這種組合如此可怕？它結合了圍繞一致性最嚴格的耦合（原子性）與兩種最寬鬆的耦合樣式，**異步**和**編排**。這種模式的結構通訊顯示於圖 12-15 中。

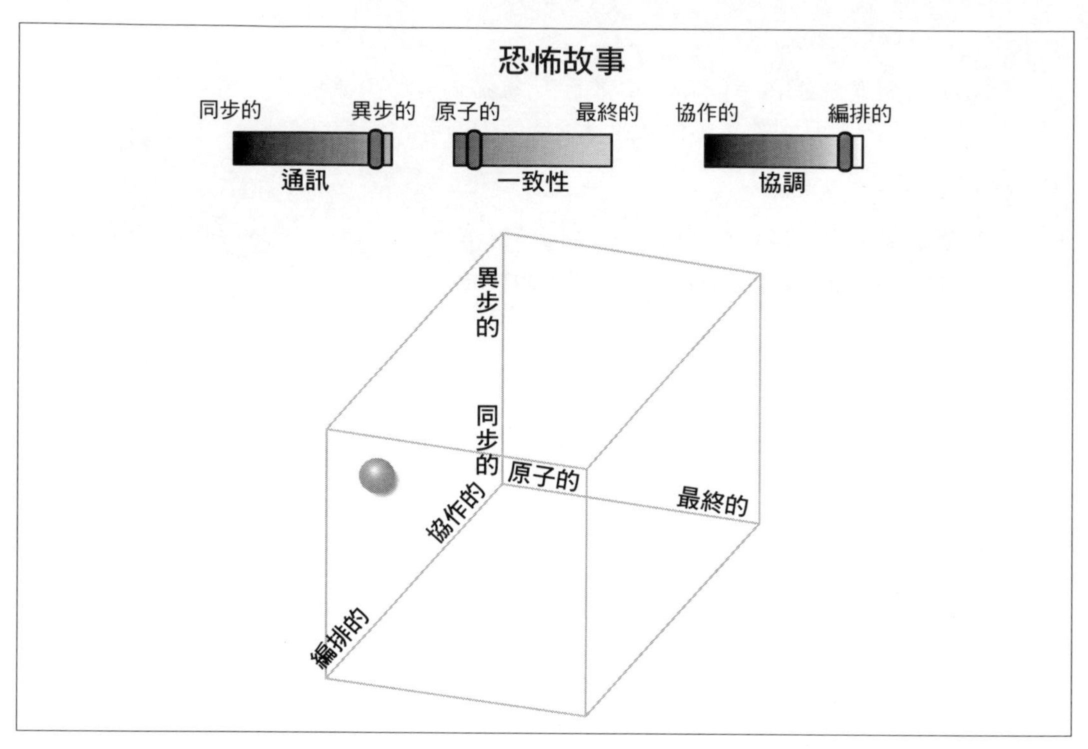

圖 12-14　最困難的組合：在異步和編排的同時實現交易性

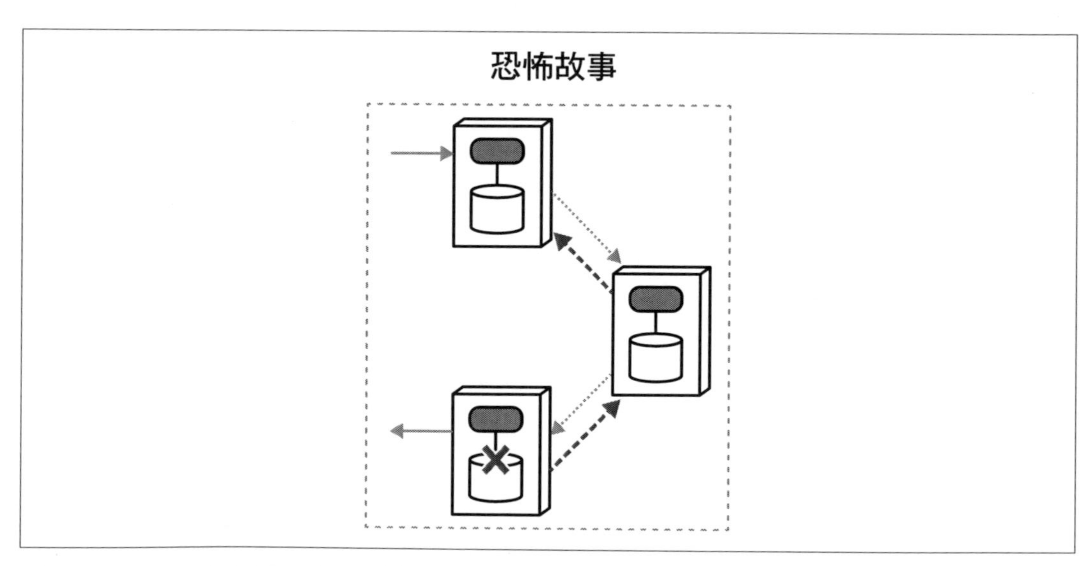

圖 12-15　因為需要交易性而且缺少調解器，這種模式需要大量的服務間通訊

在這種模式中，沒有調解器管理跨多個服務的交易一致性——同時又使用異步通訊。因此，每個領域服務必須追蹤多個可能因為異步性失序而擱置交易的撤銷資訊，並且在錯誤狀況下相互協調。對於許多可能的可怕例子中的一個，想像，交易 *Alpha* 開始了，在擱置時，交易 *Beta* 開始。*Alpha* 交易的一個呼叫失敗了——現在，編排服務必須逆轉觸發的順序，沿途撤銷交易的每個（可能是失序的）元件。錯誤狀況的多樣性和複雜性使這成為一個令人生畏的選擇。

為什麼架構師會選擇這個選項？異步性作為性能提升很有吸引力，然而架構師可能仍然試圖維持其中有許多五花八門失效模式的交易完整性。相反地，架構師最好是選擇移除了整體交易性的選集傳奇 (aec) 模式。

恐怖故事 (aac) 模式的定性評價如下：

耦合程度

令人驚訝的是，這種模式的耦合程度並不是最差的（這個「榮譽」歸功於史詩傳奇 (sao) 模式）。雖然這個模式確實嘗試了最糟糕的那種單一耦合（交易性），但它緩解了其他兩種少了調解器和因耦合而增加的同步通訊。

複雜程度

正如名字所暗示的，這種模式的複雜性確實很可怕，是所有模式中最糟糕的，因為它的實現需要最嚴格的要求（交易性），與其他因素最困難的組合（異步性和編排）。

規模 / 彈性

這種模式確實比有調解器的模式更具規模，而且異步性也增加了平行執行更多工作的能力。

反應能力 / 可用性

這種模式的反應能力很低，類似於其他需要整體交易的模式：工作流程的協調需要大量的服務間「喋喋不休」，因此損害了性能和反應能力。

恐怖故事 (aac) 模式的評等顯示於表 12-7。

表 12-7　恐怖故事 (aac) 的評等

恐怖故事 (aac)	評等
通訊	異步的
一致性	原子的
協調	編排的
耦合程度	中
複雜程度	非常高
規模 / 彈性	中
反應能力 / 可用性	低

恰當命名的恐怖故事 (aac) 模式往往是一個善意的架構師從史詩傳奇 (sao) 模式開始的結果，他注意到因為複雜的工作流程造成低性能，並意識到改善性能的技術包括異步通訊和編排。然而，這種想法提供了一個對問題空間所有糾纏維度沒有思慮周全的很好例子。單獨看，異步通訊可以提高性能。但是，作為架構師，當它與其他像是一致性和協調性的架構維度糾纏在一起時，我們不能只單獨考慮它。

平行傳奇 (aeo) 模式

平行傳奇 (aeo) 模式是以「傳統」的史詩傳奇 (sao) 模式命名的，它有減輕限制並因之使它成為更容易實作模式的兩個關鍵差異：異步通訊和最終一致性。平行傳奇 (aeo) 模式的維度圖顯示於圖 12-16。

史詩傳奇 (sao) 模式中最困難的目標圍繞著交易和同步通訊，這兩者都會造成瓶頸和性能下降。如圖 12-16 所示，平行傳奇模式放寬了這兩個限制。

平行傳奇 (aeo) 的同構表示顯示於圖 12-17。

這種模式使用調解器，使它適用於複雜的工作流程。但是，它也使用異步通訊，允許有更好的反應能力和平行執行。模式的一致性在於領域服務，這可能需要在後台或經由調解器驅動的共享資料的一些同步。就如同需要協調的其他架構問題一樣，調解器變得非常有用。

例如，如果在執行工作流程的過程中發生錯誤，調解器可以發送異步訊息給每個參與的領域服務，以補償失敗的改變，這可能包含重試、資料同步或一堆其他補救措施。

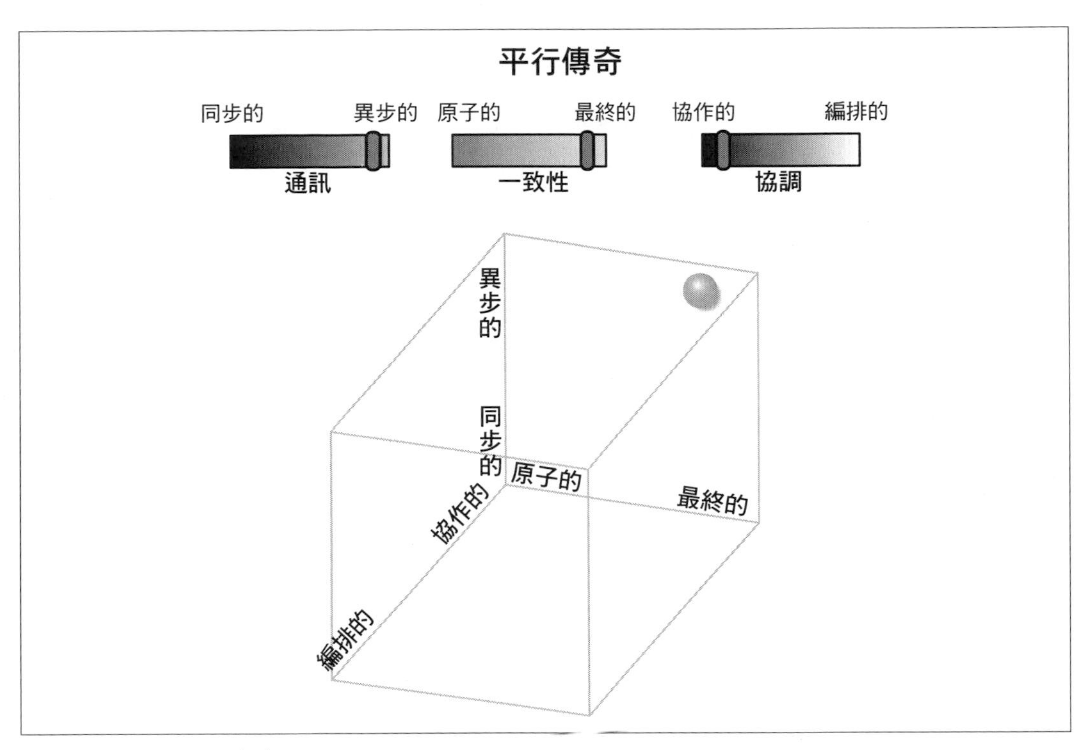

圖 12-16　平行傳奇 (aeo) 提供了優於傳統傳奇的性能改善

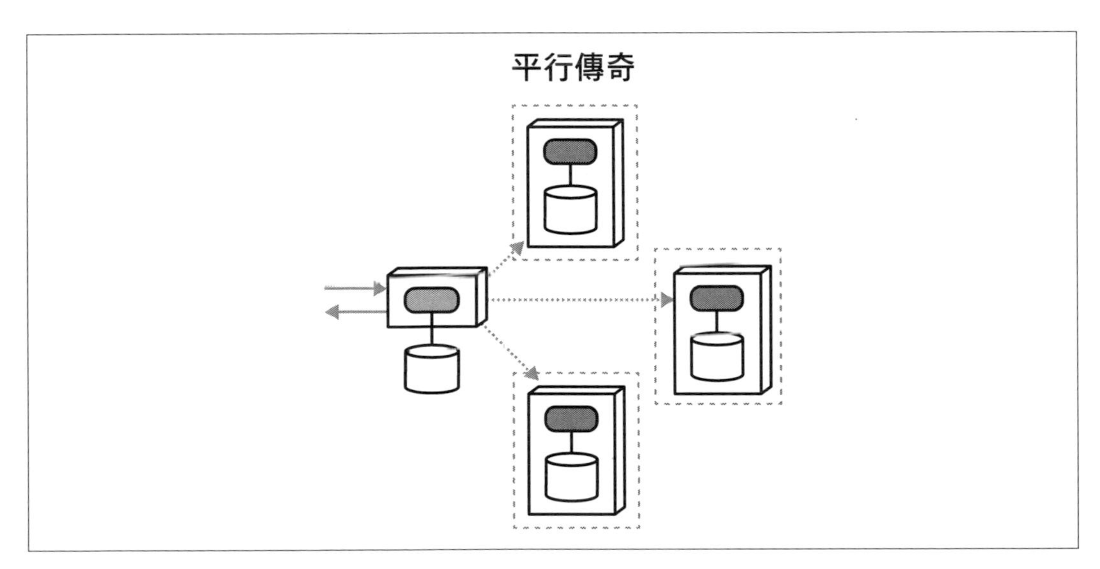

圖 12-17　每個服務都擁有自己的交易性；由調解器協調請求和反應

當然，約束的放鬆意味著會犧牲一些利益，這是軟體架構的本質。缺少交易性會給調解器帶來更多的負擔，以解決錯誤和其他工作流程問題。異步通訊雖然提供了更好的反應能力，但同時也使解決時序和同步問題變得困難——競爭條件、僵局、佇列可靠性和其他一系列分散式架構在這個空間裡的頭痛問題。

平行傳奇 (aeo) 模式表現出以下的定性分數：

耦合程度

這種模式具有較低的耦合程度，將交易的耦合強化力量隔離到各個領域服務範圍內。它還利用異步通訊，進一步將服務與等候狀態解耦，允許更多的平行處理，但也為架構師的耦合分析增加了時間因素。

複雜程度

平行傳奇 (aeo) 的複雜性也很低，反映了前面提到的耦合性降低。這種模式對架構師來說相當容易理解，而且編排允許更簡單的工作流程和錯誤處理設計。

規模 / 彈性

使用異步通訊和較小的交易邊界讓這種架構可以很好地擴展，並且在服務之間有良好的隔離程度。例如，在微服務架構中，一些面向公眾的服務可能需要更高程度的規模和彈性，而後台服務不需要規模，但需要更高程度的安全。在領域層次上隔離交易，使架構能夠圍繞領域概念進行擴展。

反應能力 / 可用性

由於缺少協調的交易和異步通訊，這種架構的反應能力很高。事實上，因為這些服務中的每一個都維護著自己的交易上下文，所以這種架構很適合服務之間有高度可變服務性能的足跡，允許架構師因為需求而對一些服務進行比其他服務更大的擴展。

與平行傳奇 (aeo) 模式相關的評等顯示於表 12-8。

表 12-8　平行傳奇 (aeo) 的評等

平行傳奇 (aeo)	評等
通訊	異步的
一致性	最終的
協調	協作的
耦合程度	低

平行傳奇 (aeo)	評等
複雜程度	低
規模 / 彈性	高
反應能力 / 可用性	高

總體而言，平行傳奇 (aeo) 模式為許多情況提供了有吸引力的一組權衡，尤其是需要高規模的複雜工作流程。

選集傳奇 (aec) 模式

選集傳奇 (aec) 模式提供了與傳統的史詩傳奇 (sao) 模式完全相反的一組特徵：它利用異步通訊、最終一致性和編排協調，提供在所有這些模式中最低耦合度的典範。選集傳奇 (aec) 模式的維度視圖顯示於圖 12-18。

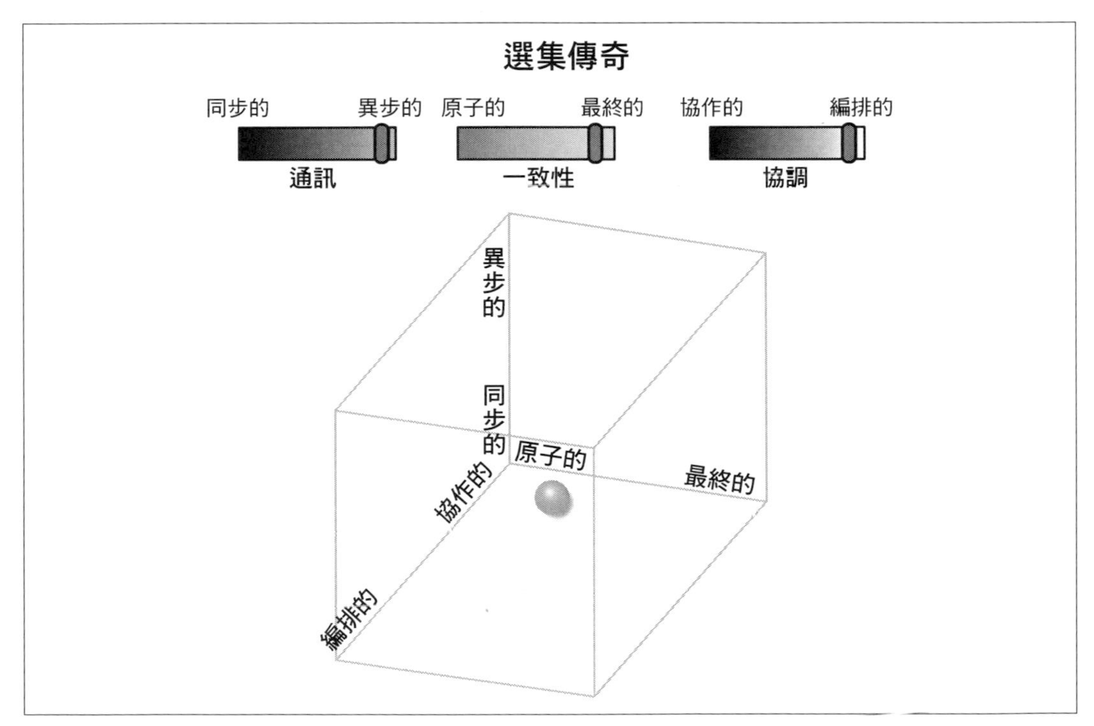

圖 12-18　選集傳奇 (aec) 模式提供了與史詩傳奇相反的極端，因此是最低耦合度的模式

如圖 12-19 所示，選集模式使用訊息佇列在無需協作下發送異步訊息給其他領域服務。

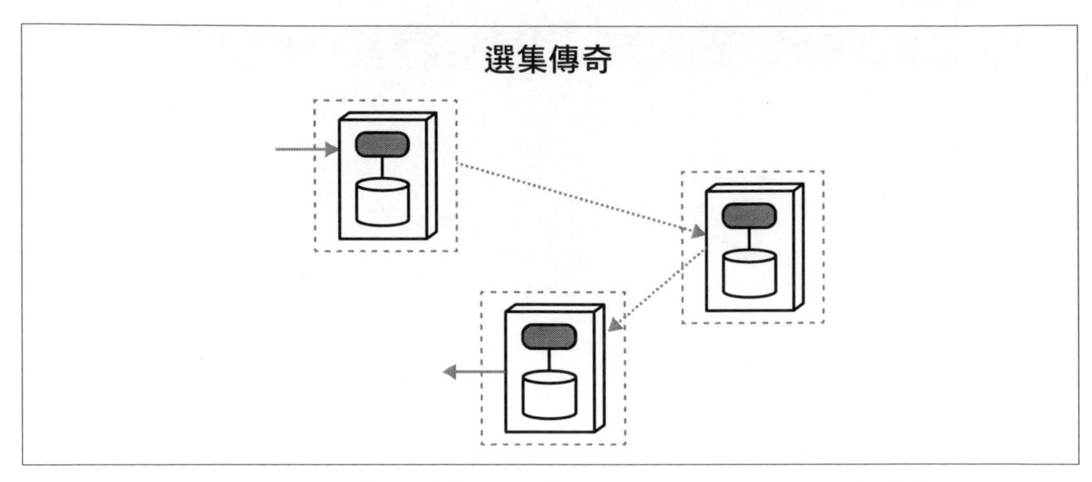

圖 12-19　缺少協作、最終一致性和異步性使這種模式高度解耦，但對協調是一個挑戰

正如你所看到的，每個服務維持著自己的交易完整性，且不存在協作器，迫使每個領域服務包含更多關於他們參與的工作流程上下文，包括錯誤處理和其他協調策略。

缺少協作使服務更複雜，但允許更高的吞吐量、可擴展性、彈性和其他有益的操作架構特性。這種架構中不存在瓶頸或耦合阻塞點，允許高的反應能力和可擴展性。

但是，這種模式對於複雜的工作流程並不是特別好，尤其是在解決資料一致性錯誤方面。雖然沒有協作器似乎是不可能，但標記性耦合（參閱第 362 頁的「用於工作流程管理的標記性耦合」）可用來攜帶工作流程狀態，如在類似電話捉迷藏遊戲傳奇 (sac) 模式所描述的。

這種模式最適合於架構師希望有高吞吐量的簡單、大部分是線性的工作流程。這種模式為高性能和規模提供了最大的潛力，當這些是系統的關鍵驅動因素時，它是一個有吸引力的選擇。然而，解耦的程度使協調困難，對於複雜或關鍵的工作流程來說，這是會令人望而卻步的。

受短篇小說啟發的選集傳奇 (aec) 模式具有以下特點：

耦合程度

這種模式的耦合程度是任何其他力量組合中最低的，產生了一個高度解耦的架構，非常適合於高規模和彈性。

複雜程度

雖然耦合程度非常低，但複雜性卻相對較高，特別是對於協作器（這裡缺少）很方便的複雜工作流程。

規模 / 彈性

這種模式在規模和彈性分類中得分最高，這與此模式中發現的整體缺少耦合性有關。

反應能力

因為缺少調速器（交易一致性、同步通訊）和使用反應能力加速器（編排協調），這種架構的反應能力很高。

選集傳奇 (aec) 樣式的評等顯示於表 12-9。

表 12-9　選集傳奇 (aec) 的評等

選集傳奇 (aec)	評等
通訊	異步的
一致性	最終的
協調	編排的
耦合程度	非常低
複雜程度	高
規模 / 彈性	非常高
反應能力 / 可用性	高

選集傳奇 (aec) 模式非常適合具有簡單或不常出錯的極高吞吐量通訊。例如，一個管道和篩選架構就完全適合這種模式。

架構師可以用各種方式實作本節所描述的模式。例如，架構師可以透過使用補償更新或者藉由用最終一致性管理交易狀態，經由原子交易管理交易傳奇。本節展示了每種方法的優點和缺點，這將有助於架構師決定使用哪種交易傳奇模式。

狀態管理和最終一致性

狀態管理和最終一致性透過有限狀態機（參閱 336 頁的「傳奇狀態機」）總是可以了解交易傳奇目前的狀態，並且經由重試或某種自動或手動改正行動最後也能改正錯誤狀況。為了說明這種方法，考慮圖 12-20 所示的單據完成例子的童話傳奇 (seo) 實作。

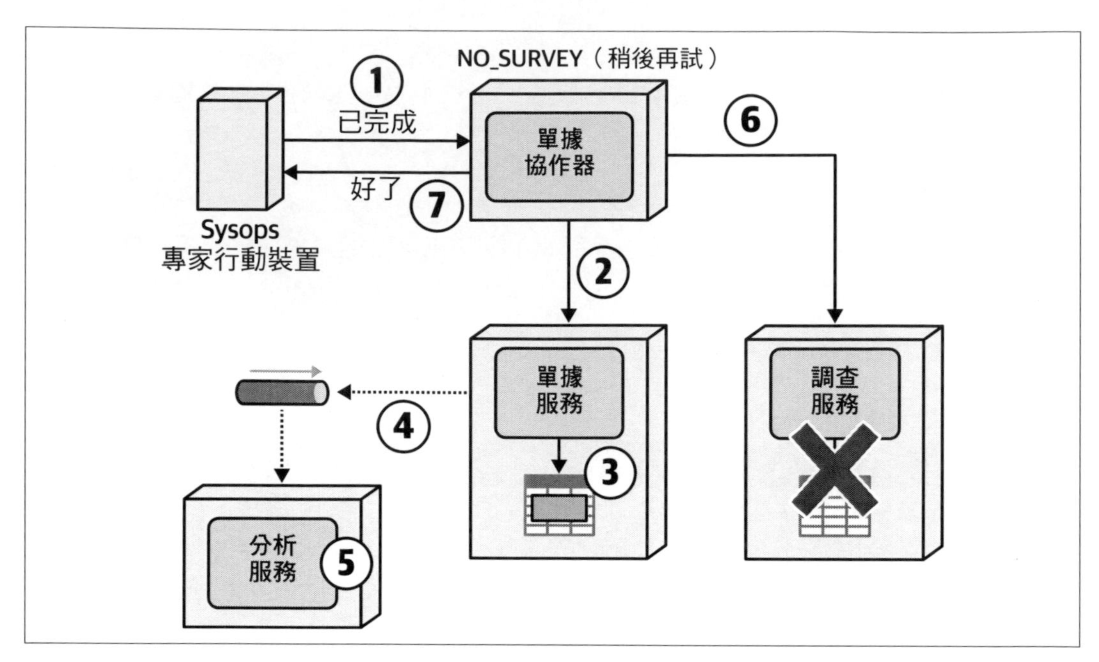

圖 12-20　童話傳奇導致了更好的反應能力，但會使資料來源彼此不同步，直到它們被更正為止

注意在分散式交易的範圍內，調查服務是不可用的。然而，對於這種類型的傳奇，與其發布補償性更新，不如將傳奇的狀態改為 NO_SURVEY，並發送一個成功的回應給 Sysops 專家（圖中第 7 步）。然後，單據協作器服務以異步工作方式（在幕後），藉由重試和錯誤分析以編程方式解決錯誤。如果單據協作器服務不能解決錯誤，它會將錯誤發送給管理者或監督者進行手動修復和處理。

藉由管理傳奇的狀態而不是發布補償更新，最終使用者（在這種情況下為 Sysops Squad 專家）不需要擔心調查表沒有發送給客戶——這個責任要由單據協作器服務擔心。從最終使用者的角度來看，反應能力很好，而且在系統處理錯誤的時候，使用者還可以從事其他工作。

傳奇狀態機

狀態機是一種描述分散式架構中可能存在的所有路徑的模式。一個狀態機總是以一個啟動交易傳奇的起始狀態開始，然後包含轉換狀態和轉換狀態發生時應該發生的對應動作。

為了說明傳奇狀態機如何工作，請考慮以下由客戶在 Sysops Squad 系統中創建一張新問題單的工作流程：

1. 客戶在系統中輸入一個新的問題單。
2. 這問題單被分配給下一個可用的 Sysops Squad 專家。
3. 然後問題單被轉到專家的行動裝置上。
4. 專家收到問題單並且處理問題。
5. 專家完成修復，並將問題單標記為完成。
6. 向客戶發送一份調查表。

圖 12-21 說明了在這個交易傳奇中可能存在的各種狀態，以及對應的轉換動作。注意交易傳奇從表示傳奇進入點的 `START` 節點開始，並從表示傳奇離開點的 `CLOSED` 節點結束。

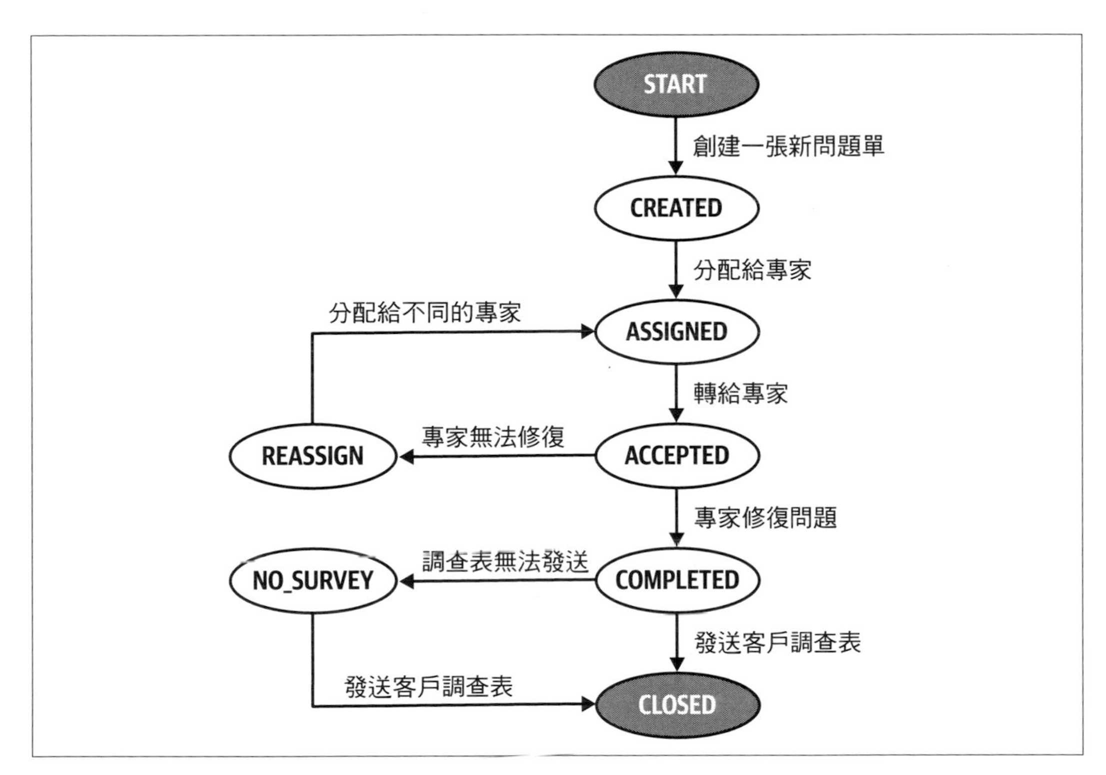

圖 12-21　創建一個新問題單的狀態圖

以下的項目更詳細地描述這個交易傳奇以及對應的狀態，和在每個狀態內發生的轉換動作。

START

當客戶在系統中輸入一張新的問題單時交易傳奇開始。驗證客戶的支援計畫，並且驗證問題單的資料。一旦問題單被插入資料庫中的單據表，交易傳奇的狀態就移到 CREATED，且通知客戶問題單已經創建成功。這是這狀態轉換的唯一可能結果——在這狀態下的任何錯誤都會阻止傳奇的起始。

CREATED

一旦問題單創建成功，它會被分配給一個 Sysops Squad 專家。如果沒有專家能夠為這張問題單提供服務，這張問題單將保持在等候狀態，直到有專家可用為止。一旦專家被指派，傳奇狀態移到 ASSIGNED 狀態。這是這狀態轉換的唯一結果，表示這問題單被保留在 CREATED 狀態，直到它可以被分配為止。

ASSIGNED

一旦問題單被分配給專家，唯一可能的結果是將問題單轉給專家。這是假設在分配演算法中，專家已經被找到並且可以指派。如果問題單因為找不到專家或專家不能被指派而不能轉送，傳奇會停留在這狀態，直到它能被轉送為止。一旦問題單被轉送，專家必須確認已經收到問題單。一旦專家收到問題單，交易傳奇狀態轉為 ACCEPTED，這是這狀態轉換的唯一可能結果。

ACCEPTED

當問題單被 Sysops Squad 專家接受後，有兩種可能的狀態：COMPLETED 或 REASSIGN。當專家完成了維修並將問題單標記為「完成」，傳奇狀態會轉為 COMPLETED。但是，如果因為某種原因，這問題單分配錯誤，或專家無法完成維修，專家會通知系統，狀態會轉為 REASSIGN。

REASSIGN

一旦進入這個傳奇狀態，系統將把問題單重新分配給不同的專家。類似 CREATED 狀態，如果沒有專家可用，交易傳奇將保持在 REASSIGN 狀態，直到有專家被分配為止。一旦找到了不同的專家，而且問題單再次被分配，狀態就會移入 ASSIGNED 狀態，等待那一位專家接受。這是這個狀態轉換的唯一可能結果，傳奇會保持這個狀態，直到這張問題單分配給專家為止。

COMPLETED

當專家完成了一張問題單，則兩種可能的狀態是 CLOSED 或 NO_SURVEY。當問題單處於這種狀態時，會向客戶發送調查表，請客戶對專家和服務進行評價，且傳奇狀態會移至 CLOSED，而結束交易傳奇。但是，如果調查服務無法使用或在發送調查表時出現錯誤，則狀態會移到 NO_SURVEY，表示問題已經修復，但沒有發送調查表給客戶。

NO_SURVEY

在這種錯誤狀況下，系統繼續嘗試向客戶發送調查表。一旦成功發送，狀態就會移到 CLOSED，標記交易傳奇結束。這是這狀態交易的唯一可能結果。

在許多情況下，將所有可能的狀態轉換和對應轉換動作的清單放在某種表格中是很有用的。然後，開發者可以用這個表格在協作服務（如果使用編排，則是各自的服務）中實作狀態轉換觸發器和可能的錯誤狀況。這種做法的一個例子顯示於表 12-10，它列出了所有可能的狀態以及發生狀態轉換時觸發的動作。

表 12-10　在 Sysops Squad 系統中新問題單的傳奇狀態機

起始狀態	轉換狀態	交易動作
START	CREATED	分配問題單給專家
CREATED	ASSIGNED	將問題單轉給指定的專家
ASSIGNED	ACCEPTED	專家修復了問題
ACCEPTED	COMPLETED	發送客戶調查表
ACCEPTED	REASSIGN	將問題單重新分配給不同的專家
REASSIGN	ASSIGNED	將問題單轉給指定的專家
COMPLETED	CLOSED	問題單傳奇完成
COMPLETED	NO_SURVEY	發送客戶調查表
NO_SURVEY	CLOSED	問題單傳奇完成

在分散式交易工作流程中使用補償更新或狀態管理間的選擇，取決於情況以及反應能力和一致性之間的權衡分析。無論用於管理分散式交易中錯誤的技術為何，分散式交易的狀態都應該是已知並且也是可以管理的。

表 12-11 總結了使用狀態管理而不是具有補償更新的原子分散式交易相關的權衡。

權衡

表 12-11　與狀態管理而不是具有補償更新的原子分散式交易相關的權衡

優勢	劣勢
良好的反應能力	當錯誤發生時，資料可能不同步
錯誤對最終使用者的影響較小	最終一致性可能需要一些時間

管理傳奇的技術

分散式交易不是可以簡單地「扔進」系統的東西。它們不能用某種框架或類似 ACID 交易管理器的產品下載或購買——它們必須由開發者和架構師來設計、編碼和維護。

我們喜歡用來協助管理分散式交易的技術之一是利用注釋（Java）或自定義屬性（C#），或其他語言中類似的工件。雖然這些語言工件本身並不包含任何實際功能，但它們確實提供了一種程式化的方式捕獲和記錄系統中的交易傳奇，以及提供了一種將服務與交易傳奇關聯的方法。

列示在範例 12-1（Java）及範例 12-2（C#）中的原始程式碼清單，展示了實作這些注釋和自定義屬性的例子。注意在這兩個實作中，交易傳奇（`NEW_TICKET`、`CANCEL_TICKET` 等）都包含在 `Transaction` 列舉中，在原始程式碼中提供了一個單一的地方來列示和記錄存在於應用上下文中的各種傳奇。

範例 12-1　定義交易傳奇注釋的原始程式碼（Java）

```
@Retention(RetentionPolicy.RUNTIME)
@Target(ElementType.TYPE)
public @interface Saga {
   public Transaction[] value();

   public enum Transaction {
      NEW_TICKET,
      CANCEL_TICKET,
      NEW_CUSTOMER,
      UNSUBSCRIBE,
      NEW_SUPPORT_CONTRACT
   }
}
```

範例 *12-2* 定義交易傳奇屬性的原始程式碼（*C#*）

```
[AttributeUsage(AttributeTargets.Class)]
class Saga : System.Attribute {
   public Transaction[] transaction;

   public enum Transaction {
      NEW_TICKET,
      CANCEL_TICKET,
      NEW_CUSTOMER,
      UNSUBSCRIBE,
      NEW_SUPPORT_CONTRACT
   };
}
```

一旦定義了，這些注釋或屬性就可以用來確認涉及交易傳奇的服務。例如，列示於範例 12-3 中的原始程式碼顯示調查服務（由 `SurveyServiceAPI` 類別確認為服務入口點）參與了 `NEW_TICKET` 傳奇，而單據服務（由 `TicketServiceAPI` 類別確認為服務入口點）參與了兩個傳奇：`NEW_TICKET` 和 `CANCEL_TICKET`。

範例 *12-3* 顯示使用交易傳奇注釋的原始程式碼（*Java*）

```
@ServiceEntrypoint
@Saga(Transaction.NEW_TICKET)
public class SurveyServiceAPI {
   ...
}

@ServiceEntrypoint
@Saga({Transaction.NEW_TICKET,)
       Transaction.CANCEL_TICKET})
public class TicketServiceAPI {
   ...
}
```

注意 `NEW_TICKET` 傳奇如何包含調查服務和單據服務。這對開發者來說是很有價值的資訊，因為它可以幫助他們在改變特定工作流程或傳奇時定義測試的範圍，也可以讓他們知道，藉由改變交易傳奇中的一個服務，對其他服務可能會有什麼樣的影響。

使用這些注釋和自定義屬性，架構師和開發者可以編寫簡單的命令列介面（CLI）工具，走查程式碼庫或原始程式碼庫，以提供即時傳奇資訊。例如，用一個簡單的自定義程式碼走查工具，開發者、架構師、甚至商務分析師都可以查詢 `NEW_TICKET` 傳奇涉及哪些服務：

```
$ ./sagatool.sh NEW_TICKET - 服務

-> 單據服務
-> 分配服務
-> 行程服務
-> 調查服務

$
```

一個自定義程式碼走查工具可以查看應用程式上下文中包含 `@ServiceEntrypoint` 自定義注釋（或屬性）的每個類別檔案，並檢查 `@Saga` 自定義注釋是否存在特定的傳奇（在本例中為 `Transaction.NEW_TICKET`）。這種自定義工具的編寫並不複雜，並且在管理交易傳奇時可以協助提供有價值的資訊。

Sysops Squad Saga：原子交易和補償更新

4 月 5 日，星期二，09:44

Addison 和 Austen 第一時間與 Logan 會面，在冗長的會議室裡討論新微服務架構中圍繞在交易上的問題。

Logan 開始說，「我知道不是每個人都對你們所讀的內容如何適用於我們在這裡所做的事情持有相同的看法。因此，我準備了一些工作流程和圖表，以幫助大家達成共識。今天，我們要討論的是在系統中標記一張單據完成。對於這個工作流程，Sysops Squad 專家完成了一項工作，並透過專家行動裝置上的應用程式將單據標記為「完成」。我想談談史詩傳奇模式以及有關補償更新的問題。我在圖 12-22 建立了一個說明這工作流程的圖解，大家能看到嗎？」

Logan 繼續說，「我也建立了一個描述每個步驟的清單。圖上圓圈數字與工作流程相匹配。」

1. Sysops Squad 專家用他行動裝置上的應用程式將單據標記為完成，單據協作器服務會同步收到它。
2. 單據協作器服務發送一個同步請求給單據服務，將單據的狀態從「進行中」改為「完成」。
3. 單據服務將資料庫資料表中這編號的單據更新為「完成」，並提交更新。

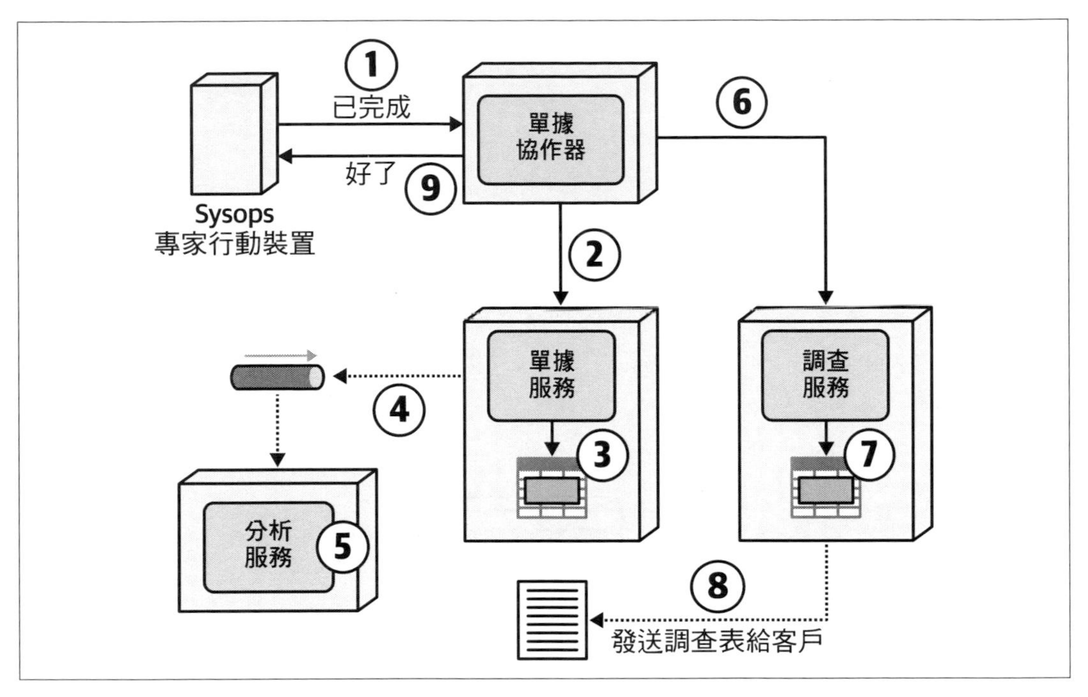

圖 12-22　史詩傳奇要求在一個同步原子操作中更新單據狀態並發送調查表

4. 作為單據完成過程的一部分，單據服務異步地將單據資訊（如單據修復時間、單據等待時間、持續期間等）發送到一個由分析服務取件的佇列中。一旦發送，單據服務就會發送確認訊息給單據協作器服務，表示已經完成更新。

5. 大約在相同時間，分析服務異步地接收更新的單據分析，並開始處理單據資訊。

6. 然後，單據協作器服務發送一個同步請求給調查服務，以準備並發送客戶調查表給客戶。

7. 調查服務將有調查資訊（客戶、單據資訊和時間戳記）的資料插入到資料表中，並提交這插入。

8. 然後，調查服務經由電子郵件將調查表發送給客戶，並回傳調查處理已經完成的確認訊息給單據協作器服務。

9. 最後，單據協作器服務會回傳一個回應給 Sysops Squad 專家的行動裝置，說明單據完成的處理過程已經完成。一旦到了這個步驟，專家可以選擇分配給他們的下一張問題單。

「哇，這真的很有幫助。你花了多久時間來建立這個？」Addison 説。

「時間不長，但它已經派上用場了。你們並不是唯一對如何讓所有這些移動部分一起工作感到困惑的人。這就是軟體架構困難點的所在。大家都了解工作流程的基本原理了嗎？」

在一陣點頭中，Logan 繼續説，「發生在補償更新的第一個問題是，因為在分散式交易內沒有交易隔離（參閱第 252 頁的「分散式交易」），在分散式交易完成之前，其他服務可能已經對分散式交易範圍內的更新資料採取了行動。為了説明這個問題，考慮圖 12-23 中顯示相同的史詩傳奇例子：Sysops Squad 專家將一張單據標記為完成，但這一次調查服務無法作用。在這種情況下，一個補償更新（圖解中的第 7 步）被發送給單據服務以逆轉更新，將單據狀態從*已完成*改回為*進行中*（圖解中的第 8 步）。」

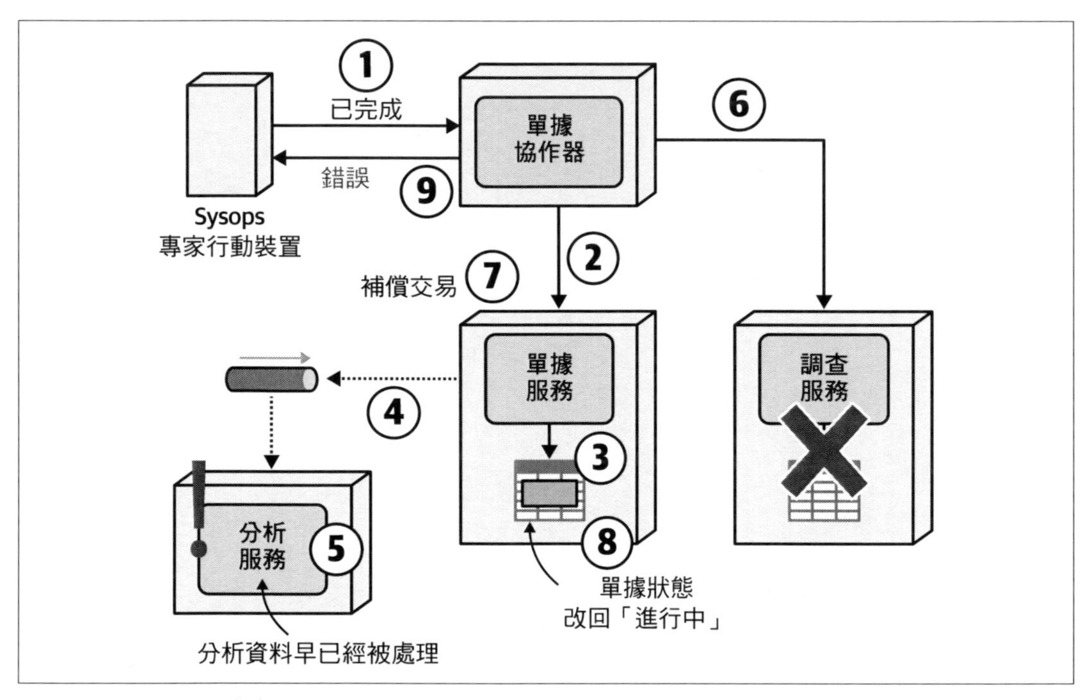

圖 12-23　史詩傳奇 (sao) 需要補償，但會發生副作用

「還要注意在圖 12-23 中，因為這是一個原子分散式交易，因此會向 Sysops Squad 專家回送一個錯誤，表示這個動作不成功並再試一次。現在，問你們一個問題： Sysops Squad 專家為什麼要擔心沒有發送調查表？」

Austen 沉思了一會兒。「但這不是整體式工作流程的一部分嗎？如果我沒記錯的話，所有這些事情都發生在交易中。」

「是的，但我一直認為這很奇怪，只是沒說什麼，」Addison 說。「我不明白為什麼專家要擔心關於調查的事。專家只想繼續處理分配給他們的下一張單據。」

「對，」Logan 說。「這是原子分散式交易的問題——最終使用者不必要地被語義耦合到商務流程。但是注意圖 12-23 也說明了分散式交易中缺少交易隔離的問題。請注意作為將單據標記為*完成*的原始更新的一部分，單據服務異步地將單據資訊送到一個佇列（圖解中的第 4 步），由分析服務（第 5 步）處理。然而，當補償更新發布給單據服務（第 7 步）時，單據資訊早已經被分析服務在第 5 步中處理了。」

「我們稱這是分散式架構內的*副作用*。藉由逆轉單據服務中的交易，其他服務使用先前更新的資料所執行的動作可能已經發生而且可能無法逆轉。這種情況指出了交易中*隔離*的重要性，而這是分散式交易不支援的。為了解決這個問題，單據服務可以透過資料泵發送另一個請求給分析服務，告訴這個服務忽略先前的單據資訊，但試想一下分析服務為解決這個補償變化所需要的大量複雜程式碼和時序邏輯。此外，可能對在分析服務已經處理過的分析資料採取了額外的下游動作，使事件鏈的逆轉和糾正更加複雜。對於分散式架構和分散式交易，有時真的是*尋找無限的盡頭*（*https://oreil.ly/zP8dK*）。」

Logan 停頓了一會兒，然後繼續說，「另一個問題——」

Austen 打斷了他的話，「另一個問題？」

Logan 笑了笑。「關於補償性更新的另一個問題是補償失敗。繼續用相同史詩傳奇完成一張單據的例子，注意在圖 12-24 中，在第 7 步發出一個補償更新給單據服務，將狀態從*已完成*改回*進行中*。但是，在這情況下，當單據服務試圖改變單據的狀態時產生了一個錯誤（第 8 步）。」

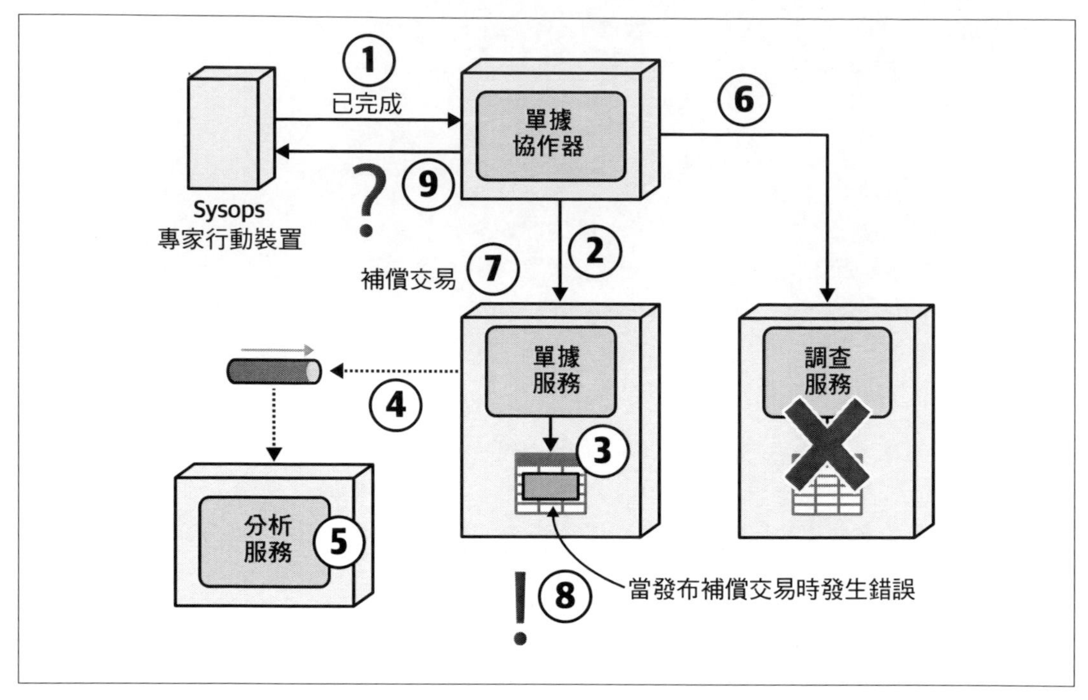

圖 12-24　在史詩傳奇內的補償更新可能會失敗，導致在補償失敗的情況下應該採取什麼行動的不一致和困惑

「我已經看到這種情況了！花了很長時間才找到它，」Addison 說。

「架構師和開發者傾向於認為補償更新總是有效的，」Logan 說。「但有時候並非如此。在這種情況下，如圖 12-24 所示，對關於送回給最終使用者（在這種情況下是 Sysops Squad 專家）什麼樣的反應存有困惑。因為補償失敗，單據狀態已經被標記為*完成*，所以再次嘗試「標記為完成」的請求可能只會導致另一個錯誤（像是*單據已經標記為完成*）。談到最終使用者的困惑！」

「是的，我可以想像開發者來找我們，問我們如何解決這個問題，」Addison 說。

「通常，開發者對不完整或令人困惑的架構解決方案可以很好的檢查。如果他們感到困惑，可能有充分的理由，」Logan 說。「好的，還有一個問題。原子分散式交易和對應的補償更新也會影響反應能力。如果發生錯誤，最終使用者必須等待到採取了所有改正動作（經由補償更新）為止，然後才會發送一個反應告訴使用者這個錯誤。」

「改變成最終一致性對於反應能力不是會有幫助嗎？」Austen 問。

「是的，雖然反應能力有時候可以經由最終一致性異步發布補償更新來解決（像是平行傳奇和選集傳奇模式），但是，大多數原子分散式交易，當涉及到補償更新時反應能力較差。」

「好吧，這有道理——原子協調總是會有開銷，」Austen 說。

「那是很多的資訊。讓我們建立一個表格來總結與原子分散式交易和補償更新相關的一些權衡。」（參閱表 12-12）。

權衡

表 12-12 與原子分散式交易和補償更新相關的權衡

優勢	劣勢
所有資料恢復到先前狀態	沒有交易隔離
允許重試和重新啟動	補償可能會出現副作用
	補償可能會失敗
	對最終使用者的反應能力差

Logan 說，「雖然存在這種補償交易模式，但它也提供了一些挑戰。誰想說出一個？」

「我知道：*服務不能執行退回*，」Austen 說。「如果其中一個服務不能成功撤銷之前的操作怎麼辦？協作器必須有協調程式碼來表示這交易不成功。」

「對了——另一個呢？」

「*鎖住或不鎖住參與的服務？*」Addison 說。「當調解器呼叫一個服務，而且它更新了一個值時，調解器將呼叫作為工作流程一部分的後續服務。但是，如果針對第一個服務的另一個請求出現在第一個請求解決的結果上，無論是來自同一個調解器還是不同的上下文，會發生什麼事？當呼叫是異步的而不是同步的時候，這個分散式架構的問題會變得更糟（參閱第 316 頁「電話捉迷藏遊戲傳奇 (sac) 模式」的說明）。或者，調解器可以堅持在工作流程的過程中其他服務不接受呼叫，這保證了有效的交易，但破壞了性能和可擴展性。」

Logan 說，「沒錯。讓我們來談談哲學。從概念上講，交易迫使參與者停止它們各自的世界，同步在一個特定值上。這在整體式架構和關聯式資料庫上很容易建模，以致於架構師在這些系統上過度使用交易。正如 Gregor Hohpe 的著名文章「Starbucks Does Not Use Two-Phase Commit」（*https://oreil.ly/feCe1*）中所觀察到的那樣，真實世界中的大多數事情都不是交易性的。交易性的協調是架構中最困難的部分之一，而且範圍越廣，情況就變得越糟糕。」

「有沒有使用史詩傳奇的替代方法？」Addison 問道。

「有！」Logan 說。「對於圖 12-24 中描述的場景，一個更真實的方法可能是使用童話傳奇或平行傳奇模式。這些傳奇依賴於異步最終一致性和狀態管理，而不是當錯誤發生時有補償更新的原子分散式交易。用這些類型的傳奇，因為錯誤是在幕後解決，沒有最終使用者的參與，所以使用者受分散式交易中可能發生錯誤的影響較小。因為使用者不必等待在分散式交易中所採取的改正行動，所以用狀態管理和最終一致性的方法反應能力也較好。如果我們有原子性的問題，我們可以研究這些模式作為替代方案。」

「謝謝——那是很多的材料，但現在我明白了為什麼架構師會在新架構中做出一些決策，」Addison 說。

第十三章

合約

4 月 15 日，星期五，12:01

Addison 與 Sydney 在餐廳共進午餐，聊了關於單據協作器和它整合的單據管理工作流程服務之間的協調。

「為什麼所有的通訊不只是使用 gRPC 進行？我聽說它真的很快，」Sydney 說。

「嗯，那是一個實作，而不是一個架構，」Addison 說。「在選擇如何實作之前，我們需要決定我們想要什麼類型的合約。首先，我們需要在嚴格或寬鬆的合約之間做出決定。一旦我們決定了類型，我就會讓你決定如何實作它們，只要它們通過我們的適應度函數。」

「什麼決定了我們需要怎樣的合約？」Sydney 說。

在第 2 章，我們開始討論三種重要力量的交集——通訊、一致性和協調——以及如何為它們制定權衡。我們在一個三維空間中建立了這三種力量的交叉空間模型，再次顯示在圖 13-1 中。在第 12 章，我們重新審視了這三種力量，討論了各種通訊方式及它們的權衡。

無論架構如何識別這樣的關係，有些力量會跨越概念空間，並同樣地影響所有其他維度。如果追求視覺上的三維隱喻，以這些交叉的力量作為一個額外的維度，就像時間與三個物理維度正交一樣。

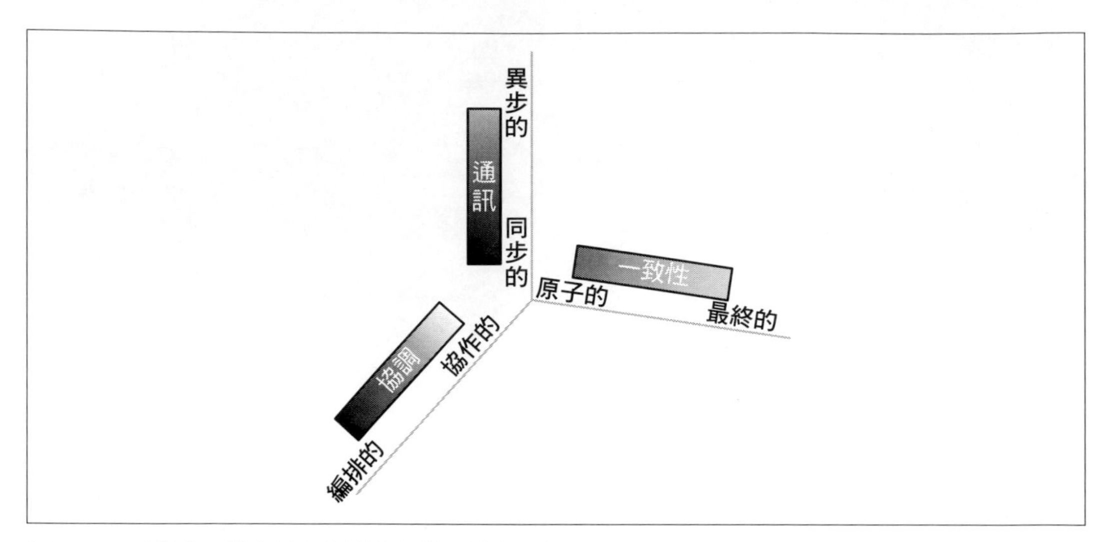

圖 13-1　分散式架構中訊息傳遞力量的三維交叉空間

在軟體架構中，一個貫穿並影響架構師在幾乎每一個面向決策的不變因素是合約，廣義的定義為架構不同部分如何相互連接。合約在字典上的定義如下：

合約

　一項書面或口頭協定，特別是關於就業、銷售或租賃的協定，旨在透過法律強制執行。

在軟體中，我們廣泛使用合約來描述類似架構中的整合點等事物，且許多合約格式是軟體開發設計過程的一部分：SOAP、REST、gRPC、XMLRPC，以及其他首字母縮寫的字母湯。然而，我們擴大了這個定義，並使它更一致。

硬體部分合約

　被架構中各部分用來傳達資訊或相依性的格式。

這個合約的定義包含所有用於「連線」系統各部分的技術，包括框架和庫的遞移相依性、內部和外部整合點、快取記憶體以及各部分之間的任何其他通訊。

本章說明了合約對架構許多部分的影響，包括靜態和動態的量子耦合，以及提高（或損害）工作流程效率的方法。

嚴格與寬鬆的合約

像軟體架構中的許多事物一樣，合約並不存在於二分法中，而是存在於一個從嚴格到寬鬆的廣泛範圍內。圖 13-2 用合約類型的例子說明這個範圍。

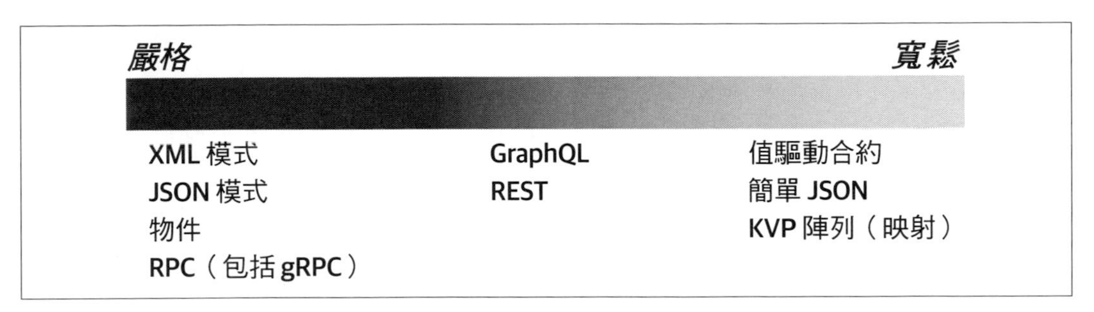

圖 13-2　合約類型從嚴格到寬鬆的範圍

嚴格的合約要求遵守名稱、類型、排序和所有其他細節，沒有任何的模稜兩可。軟體中最嚴格可能合約的一個例子是遠端方法呼叫，使用一個像是 Java 中的 RMI 般的平台機制。在這種情況下，遠端呼叫模仿內部方法呼叫，匹配名稱、參數、類型和所有其他細節。

許多嚴格的合約格式模仿方法呼叫的語義。例如，開發者看到許多協定，包括 RPC 的一些變體，傳統上是*遠端程序呼叫*的首字母縮寫。gRPC（*https://grpc.io*）是一個普遍的遠端呼叫框架的例子，它預設為嚴格合約。

許多架構師喜歡嚴格的合約，因為它們對內部方法呼叫的相同語義行為進行建模。然而，嚴格的合約會在整合架構中產生脆弱性——這是需要避免的。如第 8 章所討論的，頻繁變化並同時被幾個不同架構部分使用的事物會在架構中產生問題。合約符合這種描述，因為它們構成了分散式架構中的黏合劑：它們必須越頻繁地改變，就會對其他服務造成越多的漣漪問題。然而，並未強迫架構師使用嚴格的合約，只有在有利的時候才應該這樣做。

即使是像 JSON（*https://www.json.org*）這樣表面上寬鬆的格式，也提供了將模式資訊選擇性地添加到簡單的名 - 值對的方法。範例 13-1 顯示了一個附有模式資訊嚴格的 JSON 合約。

範例 *13-1* 嚴格的 *JSON* 合約

```
{
    "$schema": "http://json-schema.org/draft-04/schema#",
    "properties": {
      "acct": {"type": "number"},
      "cusip": {"type": "string"},
      "shares": {"type":  "number", "minimum": 100}
   },
    "required": ["acct", "cusip", "shares"]
}
```

第一行引用了我們使用的模式定義，並對它進行驗證。我們定義了三個屬性（`acct`、`cusip` 和 `shares`），以及它們的類型，並在最後一行指出哪些屬性是必需的。這建立了一個嚴格的合約，指定了需要的欄位和類型。

寬鬆合約的例子包括像是 REST（*https://oreil.ly/tzoUg*）和 GraphQL（*https://graphql.org*）等格式，這些格式非常不同，但在展示寬鬆耦合方面會比基於 RPC 的格式更類似。對於 REST，架構師對資源而不是對方法或過程端點進行建模，從而使合約不那麼脆弱。例如，如果一個架構師建立了一個描述飛機零件的 RESTful 資源，以支援關於座椅的查詢，如果有人在資源中增加了關於引擎的細節，未來這個查詢並不會中斷——增加更多的資訊並不會破壞現有的事物。

同樣地，分散式架構用 GraphQL 提供唯讀的聚合資料，而不是在各種服務中執行昂貴的協作呼叫。考慮範例 13-2 和 13-3 中的兩個 GraphQL 表示，提供個人資料合約兩種不同但有能力的檢視表。

範例 *13-2* 客戶希望清單個人資料的表示

```
type Profile {
    name: String
}
```

範例 *13-3* 客戶個人資料表示

```
type Profile {
    name: String
    addr1: String
    addr2: String
    country: String
    . . .
}
```

個人資料的概念出現在這兩個範例中，但有不同的值。在這種情況下，客戶希望清單沒有對客戶姓名的內部存取權，只有一個唯一的識別字。因此，它需要存取一個識別字映射到客戶姓名的客戶個人資料。另一方面，客戶個人資料除了姓名之外，還包括大量關於客戶的資訊。就希望清單而言，個人資料中唯一有趣的東西就是名字而已。

一些讓架構師成為受害者的常見反模式是假設希望清單最後可能會需要所有其他部分的資料，因此架構師從一開始就把它們納入合約中。這是標記性耦合的一個例子，且在大多數情況下是一種反模式，因為它在不需要的地方引入了破壞性的改變，使架構變得脆弱，但卻幾乎沒有什麼好處。例如，如果希望清單只關心個人資料中的客戶名字，但合約指定了個人資料中的每一個欄位（以防萬一），那麼個人資料中一個希望清單不關心的改變也會導致合約的破壞，並需要協調修復。將合約保持在「需要知道」的程度，可以在語義耦合和必要資訊之間取得平衡，而不會在整合架構中造成不必要的脆弱性。

在合約耦合範圍的最末端，是非常寬鬆的合約，通常以類似 YAML（*https://yaml.org*）或 JSON 等格式的名 - 值對表示，如範例 13-4 所示。

範例 13-4　JSON 中的名 - 值對

```
{
  "name": "Mark",
  "status": "active",
  "joined": "2003"
}
```

在這個範例中，除了原始的事實外，什麼都沒有！沒有額外的元資料、類型資訊或其他任何事物，只有名 - 值對。

使用這種寬鬆的合約可以實現極度解耦的系統，這通常像是微服務的架構的目標之一。然而，合約的寬鬆性伴隨著像是缺少合約確定性、驗證和增加的應用邏輯等權衡。我們在第 356 頁的「微服務中的合約」中會說明架構師如何透過使用合約適應度函數來解決這個問題。

嚴格和寬鬆合約之間的權衡

架構師什麼時候應該使用嚴格的合約，什麼時候應該使用較寬鬆的合約？就像架構的所有困難部分一樣，這個問題沒有通用的答案，所以對架構師來說，重要的是了解什麼時候最合適。

嚴格合約

更嚴格的合約有很多優點，包括有：

保證接觸的保真度

在合約中建立模式驗證，可以確保準確地遵守值、類型和其他受管理的元資料。一些問題空間受益於合約變更的緊密耦合。

版本化

嚴格的合約通常需要一個版本控制策略，以支援接受不同值的兩個端點，或隨時間推移的管理領域演變。這允許對整合點逐步改變，同時支援選擇性數量的舊版本，使整合協作更容易。

在構建時更容易驗證

許多模式工具提供了在構建時驗證合約的機制，為整合點增加了一個類型檢查的層次。

更好的文件

不同的參數和類型提供了出色的文件，沒有任何歧義。

嚴格的合約也有一些缺點：

緊密耦合

根據我們對耦合的一般定義，嚴格的合約建立了緊密耦合點。如果兩個服務共享一個嚴格的合約，並且合約改變了，那麼這兩個服務都必須改變。

版本化

這點在優點和缺點中都有。雖然保持不同的版本可以實現精確度，但如果團隊沒有明確的廢止策略或試圖支援過多的版本，它可能會成為整合的噩夢。

嚴格合約的權衡總結在表 13-1。

權衡

表 13-1　嚴格合約的權衡

優勢	劣勢
保證接觸的保真度	緊密耦合
版本化	版本化
在構建時更容易驗證	
更好的文件	

寬鬆合約

像是名 - 值對的寬鬆合約，提供了最少耦合的整合點，但它們也有權衡，如表 13-2 的總結。

以下為寬鬆合約的一些優點：

高度解耦

許多架構師對微服務架構有一個既定的目標，包括高程度的解耦，以及寬鬆合約提供的最大靈活性。

更容易演進

由於幾乎不存在模式資訊，這些合約可以更自由地發展。當然，語義耦合的變化仍然需要所有相關部分的協調——實作不能減少語義耦合——但是寬鬆的合約允許更容易的實作演進。

寬鬆合約也有一些缺點：

合約管理

根據定義，寬鬆的合約沒有嚴格的合約特徵，這可能會導致一些問題，像是名稱拼錯、漏失名 - 值對，以及哪些模式可以修復的其他缺陷。

需要適應度函數

為了解決剛才描述的合約問題，許多團隊使用消費者驅動的合約作為架構的適應度函數，以確保寬鬆的合約仍然包含足夠的資訊，使合約能夠發揮作用。

權衡

表 13-2 寬鬆合約的權衡

優勢	劣勢
高度解耦	合約管理
更容易演進	需要適應度函數

關於架構師經常遇到的權衡例子，請考慮微服務架構中合約的範例。

微服務中的合約

架構師必須不斷地決定服務之間如何互動，傳遞什麼資訊（語義），如何傳遞（實作），以及如何緊密地耦合服務。

耦合程度

考慮兩個有獨立交易性的微服務，它們必須共享像是**客戶位址**的領域資訊，如圖 13-3 所示。

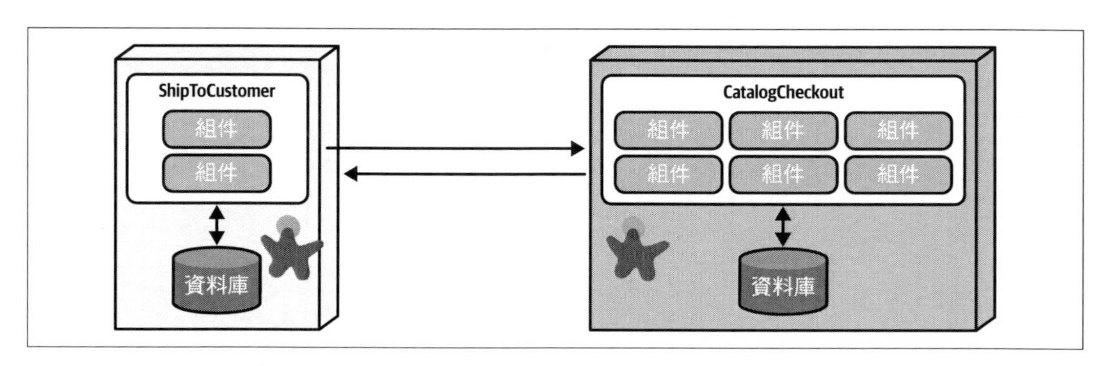

圖 13-3 兩個必須共享相關於客戶領域資訊的服務

架構師可以在相同的技術堆疊實作這兩個服務，並使用要麼是平台特定的遠端過程協定（如 RMI），或是像 gRPC 與實作無關協定的嚴格類型合約，並以合約保真度的高度自信將客戶資訊從一個服務傳遞到另一個。然而，這種緊密耦合違反了微服務架構渴望的目標之一，即架構師試圖建立解耦服務。

考慮另一種方法，其中每個服務都有它自己的客戶內部表示，並且整合使用名 - 值對將資訊從一個服務傳遞到另一個，如圖 13-4 所示。

在這裡，每個服務都有自己有界上下文的客戶定義。當傳遞資訊時，架構師利用 JSON 中的名 - 值對傳遞寬鬆合約中的相關資訊。

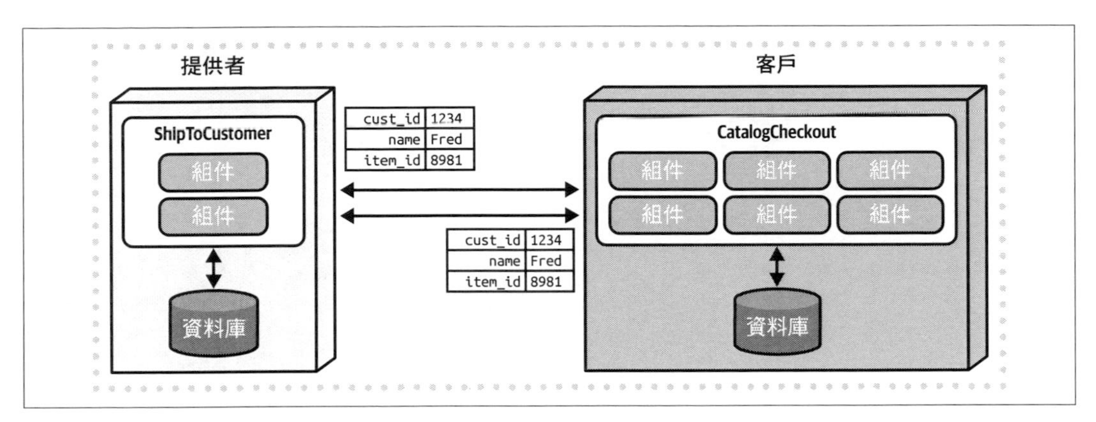

圖 13-4　有自己內部語義表示的微服務可以在簡單的訊息中傳值

這種寬鬆耦合滿足了微服務的許多總體目標。首先，它建立了以有界上下文為模式的高度解耦服務，允許每個團隊根據需要積極地發展內部表示。其次，它建立了解耦實作。如果兩個服務都從同一個技術堆疊開始，但第二個服務的團隊決定移到另一個平台，這可能對第一個服務根本不會有影響。所有常用的平台都可以產生和使用名 - 值對，使它們成為整合架構的通用語言。

寬鬆合約的最大缺點是合約的保真度——作為一個架構師，我怎麼知道開發者為整合呼叫傳遞了正確的參數數量和類型呢？一些像是 JSON 的協定，包括模式工具，允許架構師用更多的元資料覆蓋寬鬆合約。架構師還可以使用一種稱為*消費者驅動合約*的架構適應度函數樣式。

消費者驅動合約

微服務架構中的一個常見問題是，兩個看似矛盾的目標，寬鬆耦合和合約保真度。一種利用軟體開發進階的創新方法，是在微服務架構中很常見的*消費者驅動合約*。

在許多架構整合情況中，一個服務決定散發哪些資訊給其他整合夥伴（*推送模型*——服務提供者推送一個合約給消費者）。消費者驅動合約的概念將這種關係轉化為*拉動模型*；在這裡，消費者為他們需要從提供者那裡得到的項目訂立合約，並將合約傳遞給提供者，提供者將合約納入他們的構建中，並始終保持合約測試為綠色。這個合約封裝了消費者從提供者那裡需要的資訊，這可能適用於提供者必須遵守的連鎖網路請求，如圖 13-5 所示。

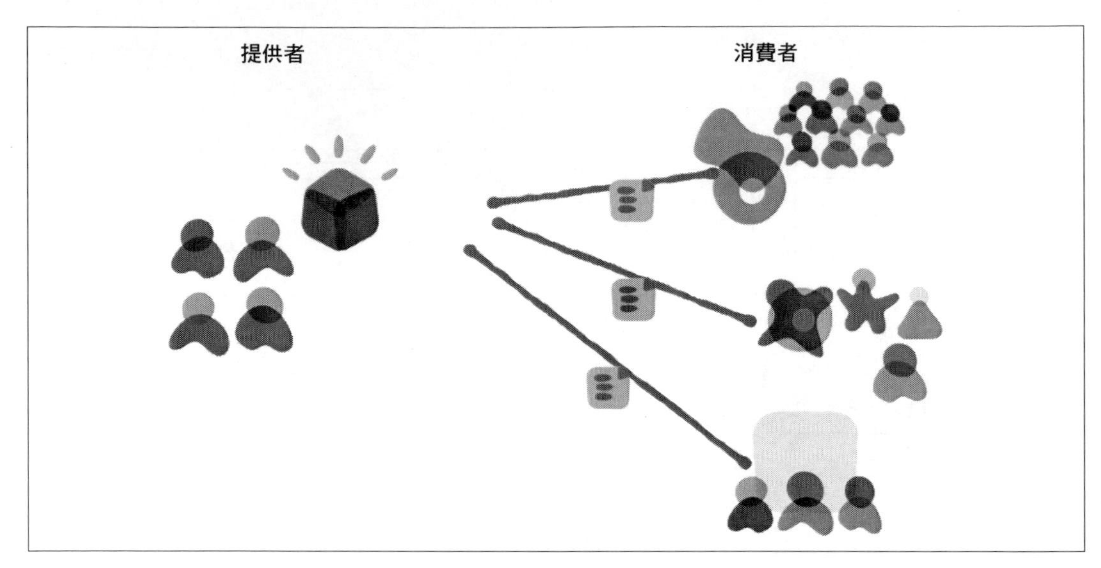

圖 13-5　消費者驅動合約允許提供者和消費者經由自動架構管理保持同步

在這個例子中，左邊的團隊向右邊的每個消費者團隊提供了一些（可能）重疊的資訊。每個消費者建立一個指定所需資訊的合約，並將它傳遞給提供者，提供者將他們的測試作為持續整合或部署管道的一部分。這允許每個團隊根據需要嚴格或寬鬆地指定合約，同時保證合約保真度作為構建過程的一部分。許多消費者驅動合約的測試工具提供了自動化合約構建時檢查合約的工具，提供了類似於更嚴格合約的另一層好處。

消費者驅動合約在微服務架構中相當常見，因為它們允許架構師解決寬鬆耦合和管理整合的雙重問題。消費者驅動合約的權衡說明於表 13-3。

消費者驅動合約的優點如下：

允許服務之間的寬鬆合約耦合

使用名 - 值對是兩個服務之間最寬鬆的可能耦合，允許以最少的破壞機會改變實作。

允許嚴格的可變性

如果團隊使用架構適應度函數，架構師可以建立比模式或其他類型添加工具通常提供的更嚴格驗證。例如，大多數模式允許架構師指定像是數值類型，但值不可接受的範圍。構建適應度函數允許架構師建立盡可能多的特定性。

可演進的

寬鬆耦合意味著可演進性。使用簡單的名 - 值對允許整合點改變實作細節，而不會破壞服務間傳遞資訊的語義。

消費者驅動合約的缺點如下：

需要工程成熟度

架構適應度函數是一個很好的例子，只有在訓練有素的團隊有良好的實踐並且不略過步驟時，這種能力才能真正發揮作用。例如，如果所有的團隊都執行包括合約測試的持續整合，那麼適應度函數就提供了一個很好的驗證機制。另一方面，如果許多團隊忽略失敗的測試或不即時執行合約測試，則整合點在架構上斷裂的時間可能會超過預期。

兩種連鎖機制而不是一種

架構師經常尋找解決問題的單一機制，而且許多模式工具都有建立端到端連接的精心設計能力。然而，有時候兩種簡單的連鎖機制可以更簡單地解決問題。因此，許多架構師使用名 - 值對和消費者驅動合約的組合來驗證。然而，這意味著團隊需要有兩種機制而不是一種。

架構師對這種權衡最好的解決方案歸結為團隊的成熟度和寬鬆合約的解耦與複雜性，加上更嚴格合約的確定性。

權衡

表 13-3　消費者驅動合約的權衡

優勢	劣勢
允許服務之間的寬鬆合約耦合	需要工程成熟度
允許嚴格的可變性	兩種連鎖機制而不是一種
可演進的	

標記性耦合

分散式架構中一個常見的模式，有時也是反模式，就是標記性耦合（*https://oreil.ly/Jau2N*），它描述了在服務之間傳遞大型資料結構，但每個服務只與資料結構的一小部分互動。考慮圖 13-6 中所示四個服務的例子。

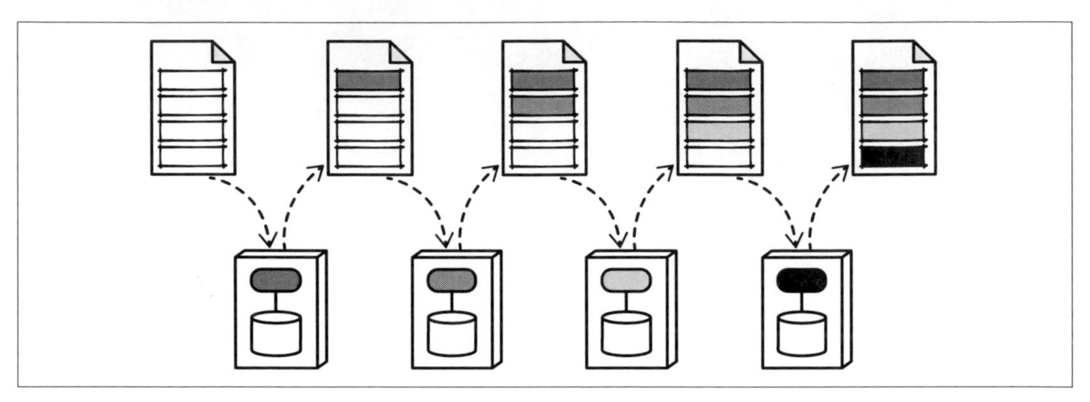

圖 13-6　四個服務之間的標記性耦合

每個服務只存取（讀、寫、或兩者都有）在每個服務之間傳遞的資料結構一小部分。當存在行業標準的文件格式時，通常是 XML 格式，這種模式很常見。例如，旅遊行業有一個全球標準的 XML 文件格式，指定關於旅遊行程的細節。一些與旅遊相關服務一起工作的系統會傳遞整個文件，但只更新他們的相關部分。

然而，標記性耦合通常是一種意外的反模式，架構師在合約中過度地指定了不需要的細節，或者意外地為普通的呼叫消耗了太多頻寬。

透過標記性耦合的過度耦合

回到我們希望清單和個人資料服務上，考慮用嚴格合約結合標記性耦合將兩者連在一起，說明如圖 13-7 所示。

在這個例子中，儘管希望清單服務只需要名字（透過唯一的 ID 存取），但架構師還是將個人資料的整個資料結構耦合成合約，也許這是為了未來證明而做出的錯誤努力。然而，合約中太多耦合的負面影響是脆弱性。如果個人資料改變了像是 `state` 等希望清單並不在意的欄位，它仍然會破壞合約。

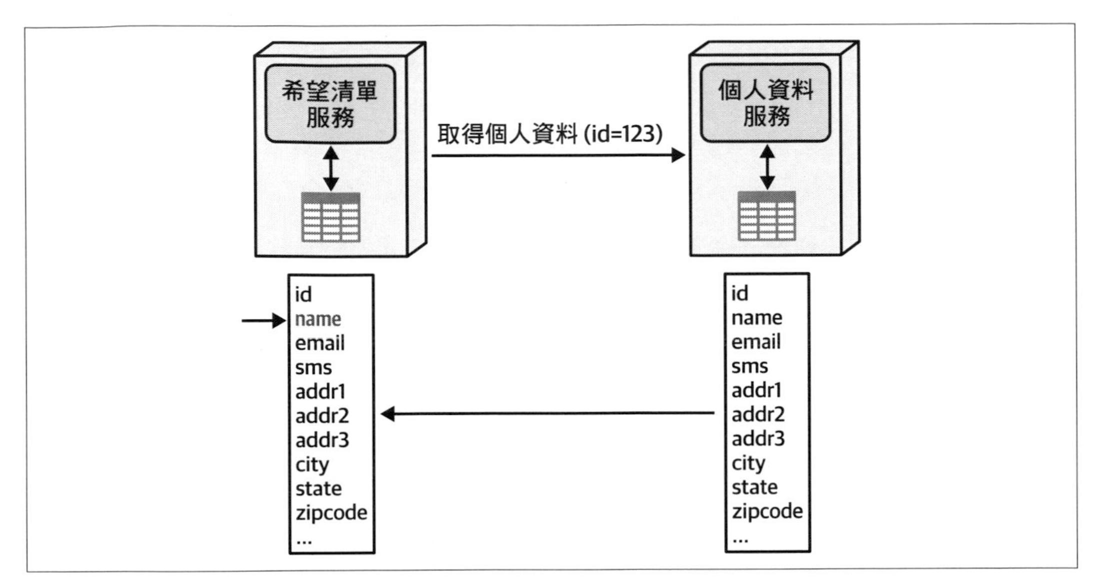

圖 13-7　希望清單服務是與個人資料服務的標記性耦合

在合約中過度指定細節通常是一種反模式，但當使用標記性耦合解決合法問題時，包括像是工作流程管理等用途，很容易會陷入這種情況（參閱第 362 頁「用於工作流程管理的標記性耦合」）。

頻寬

一些架構師陷入另一個不經意的反模式是分散式運算中著名的謬論之一：**頻寬是無限的**。因為存有自然的障礙，所以架構師和開發者很少需要考慮他們在整體式內部進行方法呼叫次數的累積規模。然而，許多這些障礙在分散式架構中消失了，不經意地就產生了問題。

考慮前面每秒有 2,000 個請求的例子。如果每個有效負荷是 500KB，那麼對這個單一請求所需頻寬等於每秒 1,000,000KB！這顯然是沒有充分理由的對頻寬過度使用。另外，如果希望清單和個人資料之間的耦合只包含必要的資訊——名字，開銷就變成了每秒 200 位元組，那麼所需要的頻寬就成為完全合理的 400KB。

當過度使用標記性耦合時可能會產生問題，包括與頻寬耦合過緊所造成的問題。然而，就像架構中的所有事物一樣，它也有有益的用途。

用於工作流程管理的標記性耦合

在第 12 章，我們介紹了許多動態量子通訊模式，包括一些具有協調樣式的編排。由於我們闡述過的許多原因，架構師傾向於對複雜的工作流程進行調解。然而，如果像是可擴展性等其他因素，驅使架構師走向一個既是編排又複雜的解決方案呢？

架構師可以使用標記性耦合來管理服務之間工作流程的狀態，將領域知識和工作流程狀態作為合約的一部分傳遞，說明如圖 13-8。

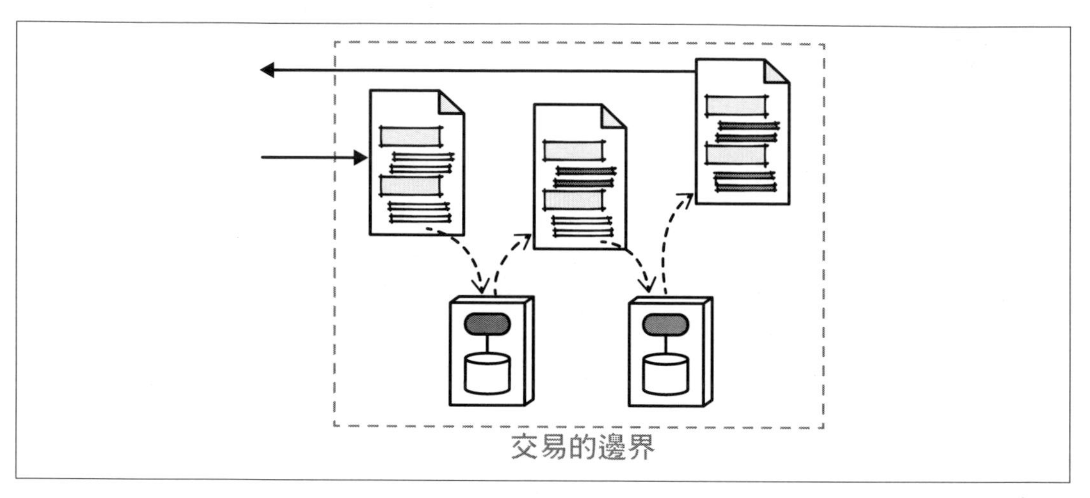

圖 13-8 為工作流程管理使用標記性耦合

在這個例子中，架構師設計的合約包括工作流程資訊：工作流程狀態、交易狀態等等。當每個領域服務接受合約時，它會更新合約中它的部分和工作流程的狀態，然後再將合約傳遞出去。在工作流程結束時，接收者可以隨著像是錯誤訊息等狀態和資訊查詢合約以確定成功或失敗。如果系統需要在整個過程中實作交易的一致性，則領域服務應該將合約重新廣播給先前存取的服務，以恢復原子的一致性。

使用標記性耦合管理工作流程確實在服務之間產生了比名義上更高的耦合，但是語義耦合必須存在於某一個地方——記住，架構師不能透過實作來減少語義耦合。然而，在許多情況下，改換成編排可以提高吞吐量和可擴展性，使得選擇標記性耦合比調解更有吸引力。表 13-4 顯示了標記性耦合的權衡。

權衡

表 13-4 標記性耦合的權衡

優勢	劣勢
在編排解決方案內允許複雜的工作流程	在合作器之間產生（有時是人為的）高耦合性
	在大規模下可能會產生頻寬問題

Sysops Squad 傳奇：管理單據合約

5 月 10 日，星期二，10:10

Sydney 和 Addison 在餐廳一起喝咖啡，討論單據管理工作流程中的合約。

Addison 說，「讓我們看看討論中的單據管理工作流程。我已經畫出了我們應該使用的合約類型，並想讓你執行看看，以確保我沒有遺漏什麼。這流程說明如圖 13-9。」

「協作器以及單據管理和單據分配兩個單據服務之間的合約是緊密的；這些資訊是高度語義耦合的，而且有可能會一起改變，」Addison 說。「例如，如果我們增加了新類型的事物來管理，分配必須同步。通知和調查服務可以比較寬鬆——資訊改變比較慢，而且不會從脆弱性耦合中受益。」

Sydney 說，「所有這些決策都是有道理的——但是協作器和 Sysops Squad 專家應用程式之間的合約呢？似乎這需要像分配一樣緊密的合約。」

「接得好——名義上，我們希望行動應用程式的合約能與單據分配的匹配。然而，我們透過一個公共應用程式商店部署行動應用程式，而他們的審批過程有時需要很長時間。如果我們保持合約的寬鬆，我們就能獲得靈活性和較慢的改變速度。」

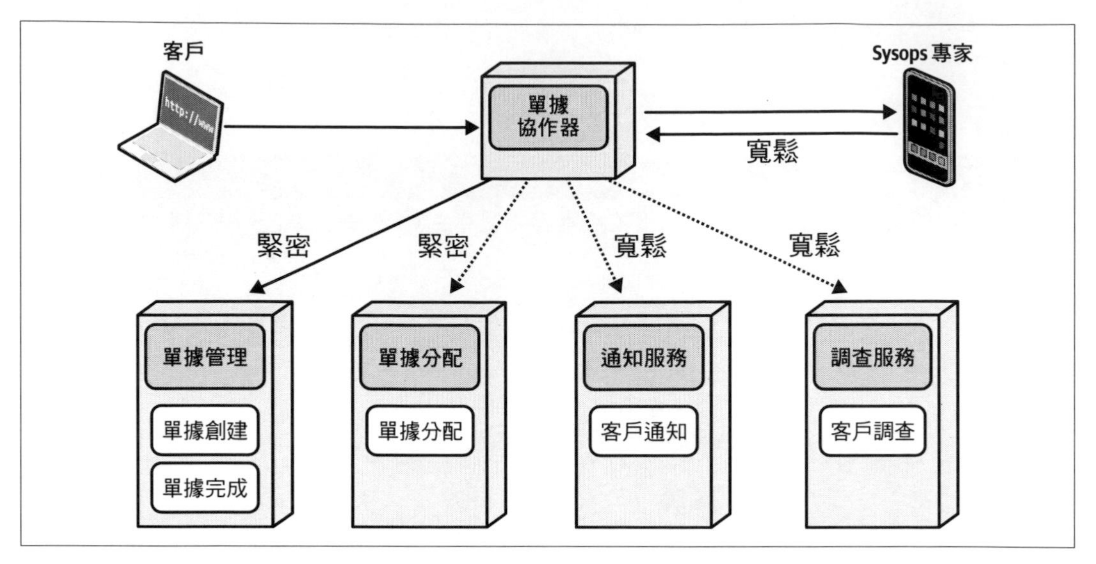

圖 13-9　單據管理工作流程中合作器之間的合約類型

他們都為這些寫了一份 ADR：

ADR：Sysops Squad 專家行動應用程式的寬鬆合約

上下文

Sysops Squad 專家使用的行動應用程式必須透過公共應用程式商店部署，在更新合約的能力上強加了延遲。

決策

我們將使用一個寬鬆的名 - 值對合約，在協作器和行動應用程式之間傳遞資訊。

我們將建立一個擴充機制，允許臨時擴充以獲得短期靈活性。

結果

如果應用程式商店的政策允許更快（或持續）的部署，那就應該重新審視這個決策。

驗證合約的更多邏輯必須放置在協作器和行動應用程式中。

第十四章

管理分析資料

5 月 31 日，星期二，13:23

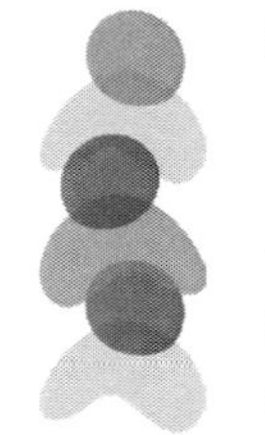

Logan 和 Dana（資料架構師）站在大會議室外，在每週的狀態會議後聊天。

「我們要如何在這個新的架構中處理分析資料？」Dana 問。「我們把資料庫分成小部分，但為了報告和分析我們必須把所有的資料再黏回一起。我們試圖實作的改進之一是更好的預測性規劃，這意味著我們正在使用更多的資料科學和統計來做出更有策略地決策。我們現在有一個團隊在思考分析資料，而且我們需要系統的一部分來處理這個需求。我們要有一個資料倉庫嗎？」

Logan 說，「我們研究過建立一個資料倉庫，而且雖然它解決了整合問題，但對我們會有一堆其他問題。」

本書大部分內容都是關於如何分析像微服務的現有架構樣式中的權衡問題。然而，我們強調的技術也可以用來了解軟體開發生態系統中出現的全新能力；**資料網格**就是一個很好的例子。

分析資料和操作資料在現代架構中有非常不同的用途（參閱第 3 頁的「資料在架構中的重要性」）；本書大部分內容都是處理與操作資料相關的艱難權衡。當主從式系統開始普遍並對大型企業足夠強大時，架構師和資料庫管理者就在尋找一個允許專門查詢的解決方案。

以前的方法

操作資料和分析資料之間的分割幾乎不是一個新問題——資料基本的不同用途與資料存在的時間一樣長。隨著架構樣式的出現和演進，對於如何處理資料的方法也發生了類似的改變和演進。

資料倉庫

回到軟體開發的早期時代（例如，大型電腦或早期的個人電腦），應用程式是整體式的，包括同一個實體系統上的程式碼和資料。毫不奇怪，考慮到我們在這之前所涵蓋的上下文，不同實體系統之間的交易協調變得很有挑戰性。隨著資料要求變得更高，再加上辦公室區域網路的出現，導致了**主從式**應用程式的掘起，其中一個強大的資料庫伺服器在網路上運行，而桌面應用程式在本地電腦上運行，並透過網路存取資料。應用程式和資料處理的分離允許更好的交易管理、協調和許多其他好處，包括對像是分析的新目的開始利用歷史資料。

架構師很早就嘗試用**資料倉庫**模式提供可查詢的分析資料。他們試圖解決的基本問題是操作資料和分析資料分離的核心：一個的格式和模式不一定適合（甚至不一定允許使用）另一個。例如，許多分析問題需要聚合和計算，這操作在關聯式資料庫上很昂貴，特別是那些已經在重度交易負荷下運行的操作。

演進的資料倉庫模式有稍微的變化，主要是基於供應商的產品和能力。然而，這種模式有許多共同的特徵。基本假設是操作資料存儲在關聯式資料庫，可以透過網路直接存取。以下是資料倉庫模式的主要特徵：

資料從許多來源提取

由於操作資料存在各個資料庫中，這模式的一部分指定了將資料提取到另一個（巨大的）資料存儲中的機制，也就是這模式的「倉庫」部分。查詢組織中所有不同的資料庫以建立報告是不切實際的，所以將資料提取到倉庫中只用於分析目的。

轉換成單一模式

通常情況下，操作模式與報告需要的模式並不匹配。例如，一個運營系統需要圍繞交易來構建模式和行為，而一個分析系統很少是 OLTP 資料（參閱第 1 章），而通常是用於報告、聚合等處理大量的資料。因此，大多數資料倉庫利用**星型模式**來實現維度建模，將不同格式的業務系統的資料轉換為倉庫模式。為了促進速度和簡單性，倉庫設計者會對資料進行去規範化，以促進性能和更簡單的查詢。

裝入倉庫

因為操作資料設置在各個系統中，倉庫必須建立機制，定期提取資料，轉換資料，並將資料置於倉庫內。設計者要麼使用內置的關聯式資料庫像是複製的機制，要麼使用專門的工具來建立從原始模式到倉庫模式的轉換器。當然，任何對操作系統模式的改變都必須在轉換後的模式中複製，使得改變的協調很困難。

對倉庫進行的分析

因為資料「生活」在倉庫中，所有的分析都在那裡完成。從操作的角度來看，這是可取的：資料倉庫機器通常具有大規模存儲和計算能力，將繁重的需要卸載到自己的生態系統中。

由資料分析師使用

資料倉庫為工作包括建立報告和其他商業智慧資產的資料分析師所使用。然而，建立有用的報告需要對領域的理解，這意味著領域專業知識必須同時存在於操作資料系統和分析系統中，其中查詢設計者必須在轉換後的模式中使用相同的資料來建立有意義的報告和商業智慧。

BI 報告和儀錶盤

資料倉庫的輸出包括商業智慧報告、提供分析資料的儀錶盤、報告和任何其他資訊，以使公司能夠做出更好的決策。

類似 *SQL* 的介面

為了讓 DBA 更容易使用，大多數資料倉庫查詢工具都提供了熟悉的功能，例如用於形成查詢的類 SQL 語言。前面提到的資料轉換步驟的原因之一，是提供使用者一種更簡單的方式來查詢複雜的聚合和其他智慧。

> **星型模式**
>
> *星型模式*在資料市場和倉庫中很受歡迎。它將資料語義分成持有組織可量化資料的*事實*和*維度*，因此它們也被稱為包含事實資料描述性屬性的*維度模型*。
>
> Sysops Squad 事實資料的例子可能包括每小時費率、維修時間、到客戶的距離以及其他具體可測量的事物。維度可能包括團隊成員的專長、團隊成員的名字、商店的位置和其他元資料。

> 最重要的是，星型模式是故意去規範化的，以促進更簡單的查詢、簡化商務邏輯（換句話說，較少的複雜連接）、更快的查詢和聚合、像是資料立方體般的複雜分析、以及形成多維查詢的能力。大多數星型模式會變得異常地複雜。

資料倉庫模式為軟體架構中的**技術分區**提供了一個很好的例子：倉庫設計者將資料轉換為易於查詢和分析的模式，但失去了任何的領域分區，在需要時必須在查詢中重新建立。因此，需要訓練有素的專家來了解如何在這種架構中構建查詢。

然而，資料倉庫模式的主要缺點包括聚合的脆弱性、領域知識的極端分區、複雜性和對預期目的的有限功能：

整合脆弱性

: 這種模式內置的要求是在注入階段轉換資料，這會在系統中造成嚴重的脆弱性。一個特定問題領域的資料庫模式與這問題的語義高度耦合；對領域的改變需要模式改變，這反過來又需要資料導入邏輯的改變。

領域知識的極端劃分

: 構建複雜的商務工作流程需要領域知識。構建複雜的報告和商務智慧也需要領域知識，再加上專門的分析技術。因此，領域專業知識的 Venn 圖是重疊的，但只是部分重疊。架構師、開發者、DBA 和資料科學家都必須協調資料的變化和演進，迫使生態系統中巨大的不同部分之間緊密耦合。

複雜性

: 構建一個備用的模式以允許進階分析增加了系統的複雜性，以及注入和轉換資料所需的持續機制。資料倉庫是一個組織正常操作系統之外的獨立專案，所以必須作為一個完全獨立的生態系統來維護，但與操作系統內部嵌入的領域高度耦合。所有這些因素都會導致複雜性。

對預期目的的有限功能

: 最後，大多數資料倉庫都失敗了，因為它們沒有提供與創建和維護倉庫所需要努力相稱的商務價值。因為這種模式在雲端環境之前就很常見，基礎設施的實體投資相當巨大，還有持續的開發和維護。通常，資料消費者會要求倉庫無法提供的某種類型報告。因此，這種為最終有限功能的持續投資注定了這些專案中大多數的命運。

同步造成瓶頸

資料倉庫需要在各式操作系統之間同步資料，這就造成了操作和組織上的瓶頸——在這裡，多個獨立的資料流必須匯集在一起。資料倉庫的一個常見的副作用是，儘管渴望要解耦，但同步過程會影響到操作系統。

操作與分析合約的差異

記錄系統有特定的合約需求（在第 13 章討論）。分析系統也有通常與操作需求不同的合約需求。在資料倉庫中，管道經常處理轉換和擷取，在轉換過程中引入了合約的脆弱性。

表 14-1 顯示了資料倉庫模式的權衡。

權衡

表 14-1　資料倉庫模式的權衡

優勢	劣勢
集中整合的資料	領域知識的極端劃分
提供隔離用的專用分析簡倉	整合脆弱性
	複雜性
	對預期目的的有限功能

5 月 31 日，星期二，13:33

「我們考慮過建立一個資料倉庫，但意識到它更適合舊式的、整體式的架構，而不是現代的分散式架構，」Logan 說。「另外，我們現在有更多的機器學習案例需要支援。」

「我曾聽說過資料湖的想法如何呢？」Dana 問。「我在 Martin Fowler 的網站上讀了一篇部落格文章[1]。它似乎解決了資料倉庫的一堆問題，而且它更適合 ML 用例。」

「哦，是的，那篇文章刊出的時候我讀過，」Logan 說。「他的網站是一個好資訊的寶庫，那篇貼文是在微服務的話題變得很熱門後緊接著發表的。事實上，關於微服務我第一次是

1 Martin Fowler 於 2015 年在他的博客上貼了關於資料湖模式有影響力的資訊，網址是 *https://martinfowler.com/bliki/DataLake.html*。

2014 年在那個網站上看到，當時的最大問題之一是，*我們如何在這樣的架構中管理報告？*資料湖是早期的答案之一，主要是作為資料倉庫的反面教材，它絕對不適用於微服務之類的東西。」

「為什麼不呢？」Dana 問道。

資料湖

正如對資料倉庫的複雜性、費用和失敗的許多反動反應一樣，設計鐘擺擺到了相反的極點，以*資料湖*模式為例，它有意地將資料倉庫模式反過來。雖然它保留了集中模型和管道，但它將資料倉庫的「轉換和裝載」模型反轉為「裝載和轉換」模型。與其做大量的轉換工作，資料湖模式的理念認為，與其做可能永遠不會被使用的無用轉換工作，不如不做轉換，允許商務使用者存取自然格式的分析資料，這通常需要轉換和美化才能達到目的。因此，工作的負擔是*被動的*，而不是*主動的*——與其做可能不需要的工作，不如只按需求做轉換工作。

許多架構師的基本看法是，資料倉庫中的預建模式經常不適合使用者所需要的報告或查詢類型，需要額外的工作來了解倉庫模式，以便熟練地製作一個解決方案。此外，許多機器學習模型在使用「更接近」半原始格式的資料比用轉換後版本的效果更好。對於已經了解該領域的領域專家，這呈現了一個令人極度痛苦的折磨，其中資料從分開的領域和上下文被剝離，並轉換到資料倉庫中，只是需要領域知識來製作不適合新模式的查詢！

資料湖模式的特徵如下：

從許多來源提取資料

在這種模式下操作資料仍然被提取，但是較少發生轉換成另一種模式——相反地，資料通常以它「原始」或本來的形式存儲。在這種模式下仍然可能發生一些轉換。例如，一個上游系統可能會將格式化的檔案轉存到一個基於欄快照組織的湖中。

裝入湖中

通常部署在雲端環境中的湖，由來自操作系統的定期資料轉存組成。

由資料科學家使用

資料科學家和其他分析資料的消費者發現湖中的資料，並執行任何必要的聚合、組合和其他的轉換，以回答特定的問題。

資料湖模式雖然在許多方面對資料倉庫模式做了改善，但仍有許多限制。

這種模式仍然採取**集中的**資料檢視，資料從操作系統的資料庫中提取出來，並複製到一個或多或少自由形式的湖中。消費者的負擔是要發現如何將不同的資料集連接在一起，儘管規劃的程度很高，但在資料倉庫中經常發生這種情況。所遵循的邏輯是，如果我們必須為某些分析做前期工作，就讓我們為所有的分析做，並跳過大量的前期投資。

雖然資料湖模式避免了資料倉庫模式所引起的轉換問題，但它也沒有解決或產生新的問題。

難以發現適當的資產

當資料流入非結構化的湖中，對領域內資料關係的大部分了解就消失了。因此，領域專家仍然必須參與到工藝分析中。

PII 和其他敏感資料

對 PII 的擔憂隨著資料科學家獲取不同資訊和學習侵犯隱私知識的能力而上升。許多國家現在不僅限制私人資訊，而且還限制可以結合起來學習和識別用於廣告定位或其他不那麼好的目的的資訊。將非結構化資料放進一個湖中，往往有可能暴露出可以拼接起來侵犯隱私的資訊。不幸的是，就像在發現過程中一樣，領域專家擁有必要的知識來避免意外暴露，迫使他們重新分析湖中的資料。

仍然是技術而不是領域的分區

軟體架構目前的趨勢是將重點從基於技術能力的系統分區轉移到基於領域上，而資料倉庫和資料湖模式都側重於技術分區。一般來說，架構師在設計這些解決方案時，都有不同的擷取、轉換、載入和服務分區，每個分區都專注於一種技術能力。現代架構模式青睞於領域分區，封裝技術實作細節。例如，微服務架構試圖藉由領域而不是技術能力來分開服務，將包括資料的領域知識，封裝在服務邊界內。然而，資料倉庫和資料湖模式都試圖將資料分開成獨立的實體，在這個過程中遺失或模糊了重要的領域觀點（如 PII 資料）。

最後一點很關鍵——越來越多架構師的設計是圍繞著架構中的**領域**而不是**技術**分區，且之前的兩種方法都是將資料從它的上下文分開的例證。架構師和資料科學家需要的是一種技術，它可以保留適當宏觀層次的分區，同時支援分析資料和操作資料完全的分離。表 14-2 列出了資料湖模式的權衡。

權衡

表 14-2　資料湖模式的權衡

優勢	劣勢
結構化比資料倉庫低	有時很難理解關係
較少的前期轉換	需要臨時的轉換
更適合分散式架構	

圍繞管道的脆弱性和病態耦合的缺點仍然存在。雖然它們在資料湖模式中做了較少的轉換和資料清洗，但這些仍然很常見。

資料湖模式將資料完整性測試、資料品質和其他品質問題推給下游湖的管道，這可能會產生一些與資料倉庫模式中所顯現相同的操作瓶頸。

因為技術分區和批次處理的性質，解決方案可能會受到資料陳舊的影響。如果沒有仔細的協調，架構師要麼忽視上游系統的變化，導致資料陳舊，要麼讓耦合的管道中斷。

5 月 31 日，星期二，14:43

「好吧，所以我們也不能使用資料湖！」Dana 叫道。「現在怎麼辦？」

「幸運的是，最近的一些研究找到了一種用像是微服務的分散式架構來解決分析資料問題的方法，」Logan 回答。「它符合我們試圖實現的領域邊界，但也允許我們以資料科學家可以使用的方式來預測分析資料。而且，它消除了我們律師所擔心的 PII 問題。」

「太好了！」Dana 回答。「它是如何工作的？」

資料網格

觀察到分散式架構的其他趨勢，Zhamak Dehghani 和其他幾位創新者從領域導向的微服務、服務網格和側邊車的解耦中衍生出資料網格模式的核心思想（參閱第 224 頁的「側邊車和服務網格」），將它應用於分析資料並進行修改。正如我們在第 8 章中提到的，側邊車模式提供了一種非糾纏的方式來組織正交耦合（參閱第 228 頁的「正交耦合」）；在操作和分析資料之間的分離正是這種耦合的另一個很好的例子，但比簡單的操作耦合更複雜些。

資料網格的定義

資料網格是一種社會技術方法，以分散的方式分享、存取和管理分析資料。它滿足了像是報告、ML 模型訓練和產生洞察力等廣泛的分析用例。與之前的架構相反，它藉由使架構和資料所有權與商務領域保持一致，並實現資料的點對點消費。

資料網格建立在四個原則之上：

資料的領域所有權

　資料由最熟悉資料的領域擁有和共享：這些領域或是資料的來源，或是資料的第一類消費者。這種架構允許從多個領域以點對點的方式進行分散式共享和存取資料，而不需任何仲介和集中的湖或倉庫，並且也沒有專門的資料團隊。

資料作為一種產品

　為了防止資料孤島化並鼓勵領域共享它們的資料，資料網格引入了資料作為產品的概念。它設定了必要的組織角色和成功指標，以確保領域以一種使整個組織的資料消費者感到愉悅的方式提供它們資料。這一個原則引入了一種稱為**資料產品量子**的新架構量子，以維護和提供可發現、可理解、即時、安全和高品質資料服務給消費者。本章介紹了資料產品量子架構的面向。

自助資料平台

　為了使領域團隊能夠構建和維護他們的資料產品，資料網格引入了一套新的自助平台功能。這些功能著重於改善資料產品開發者和消費者的體驗。它包括了如資料產品的聲明式創建、經由搜索和瀏覽跨網格資料產品的可發現性、以及管理像是資料和知識圖譜的其他智慧圖的出現等功能。

計算聯合管理

　這個原則保證了儘管資料的所有權是分散的，但整個組織的管理要求——像是資料的順應性、安全性、隱私性和品質等，以及資料產品的可交互運作性——在所有領域都得到一致的滿足。資料網格引入了一個由領域資料產品所有者組成的聯合決策模型。他們制定的政策是自動化的，並作為程式碼嵌入每一個資料產品。這種管理方法的架構含義是每個資料產品量子中提供一個平台的嵌入式側邊車，以在存取點存儲和執行策略：資料讀取或寫入。

資料網格是一個廣泛的主題，在 Zhamak Dehghani 所著《*Data Mesh*》（O'Reilly）一書中有完整的闡述。在本章，我們則專注於核心架構元素，即資料產品量子。

資料產品量子

資料網格的核心原則覆蓋了像微服務的現代分散式架構。就像在服務網格中一樣，團隊建立了一個與他們的服務相鄰但耦合的資料產品量子（DPQ），如圖 14-1 所示。

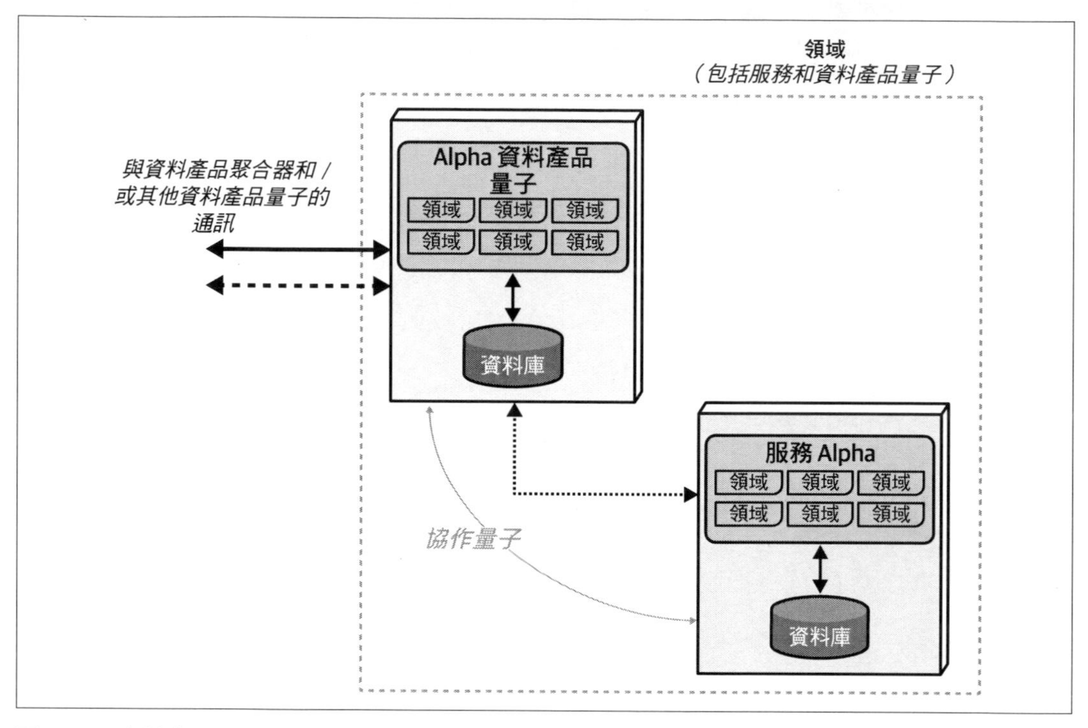

圖 14-1　資料產品量子的結構

在這個例子中，服務 *Alpha* 包含了行為和交易（操作）資料。該領域包括一個資料產品量子，它也包含程式碼和資料，並且作為系統整體分析和報告部分的介面。DPQ 作為一個操作上獨立但高度耦合的行為和資料集合。

現代架構中通常存在幾種類型的 DPQ：

源頭對齊（本地）的 *DPQ*

　　在代表合作的架構量子上，通常是一個微服務，提供分析資料以作為協作量子。

聚合 *DQP*

同步或異步的聚合資料來自於多個輸入。例如，對於某些聚合，異步請求可能就足夠了；對於其他聚合，聚合器 DPQ 可能需要對源頭對齊的 DPQ 執行同步查詢。

適合用途的 *DPQ*

為服務特定需求的自定義 DPQ，這可能包括分析報告、商務智慧、機器學習或其他支援能力。

每個有助於分析和商務智慧的領域都包括一個 DPQ，說明如圖 14-2。

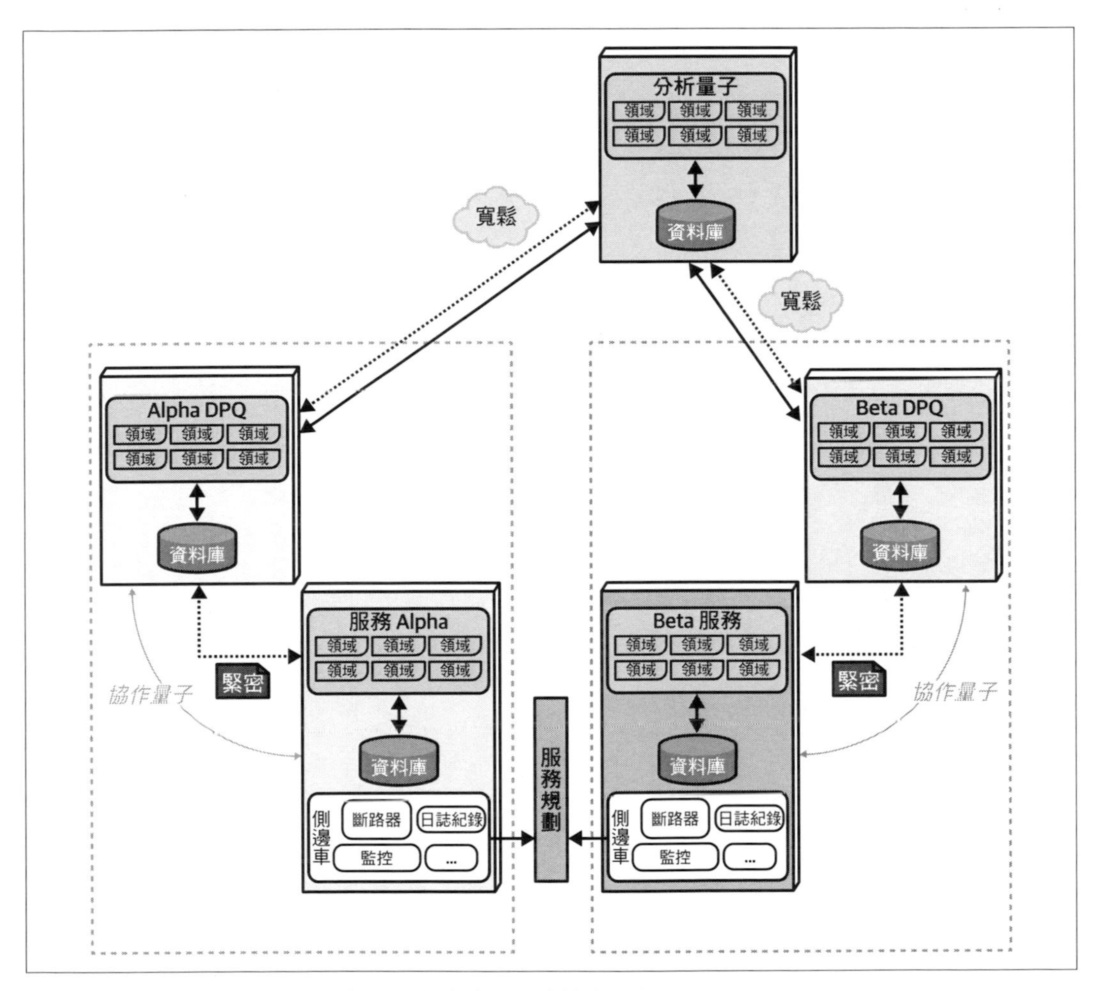

圖 14-2　資料產品量子作為一個單獨但高度耦合的輔助服務

在這裡，DPQ 代表了由負責實作服務的領域團隊所擁有的組件。它與存儲在資料庫中的資訊重疊，並可能與一些領域行為有異步的交互作用。這資料產品量子也可能有行為，以及用於分析和商務智慧的資料。

每個資料產品量子作為服務本身的一個協作量子：

協作量子

一個在操作上獨立的量子，透過異步通訊和最終一致性與它合作者通訊，但它的特點是與合作者的緊密合約耦合，而與負責報告、分析、商業智慧等服務的分析量子的合約耦合一般較寬鬆。雖然這兩個合作量子在操作上獨立，但它們代表資料的兩側：量子中的操作資料和資料產品量子中的分析資料。

系統的某些部分將負有分析和商務智慧的責任，這將形成它自己的領域和量子。為了運行，這個分析量子會為了資訊而與它所需要的個別資料產品量子有靜態量子耦合。這個服務可以依據請求的類型對 DPQ 進行同步或異步呼叫。例如，某些 DPQ 將具有與分析 DPQ 的 SQL 介面，允許同步查詢。其他要求可能會在多個 DPQ 之間聚合資訊。

資料網格、耦合和架構量子化

因為分析報告可能是解決方案的一個必要功能，所以 DPQ 和它的通訊實作屬於架構量子的靜態耦合。例如，在一個微服務架構中，服務平面必須是可用的，就像如果設計需要訊息傳遞，訊息代理者必須是可用的。然而，就像服務網格中的側邊車模式一樣，DPQ 應該正交於服務中的實作變化，並與資料平面保持單獨的合約。

從動態量子耦合的觀點看，資料側邊車應該總是實作具有最終一致性和異步性的通訊模式之一：第 330 頁的「平行傳奇 (aeo) 模式」或第 333 頁的「選集傳奇 (aec) 模式」。換句話說，資料側邊車不應該包括保持操作和分析資料同步的交易性要求，這將違背為正交解耦而使用 DPQ 的目的。同樣地，與資料平面的通訊一般也應該是異步的，這樣才能對領域服務的操作架構特性影響最小。

何時使用資料網格

像架構中的所有事情一樣，這種模式也有相關的權衡，如表 14-3 所示。

權衡

表 14-3　資料網格模式的權衡

優勢	劣勢
高度適用於微服務架構	需要與資料產品量子的合約協調
遵循現代架構原則和工程實踐	要求異步通訊和最終一致性
允許在分析和操作資料之間非常好的解耦	
仔細形成的合約允許分析能力的寬鬆耦合演進	

它最適合於像是含有良好的交易性，和服務之間有良好隔離的微服務的現代分散式架構。它允許領域團隊決定其他量子所消耗資料的數量、節奏、品質和透明度。

在分析資料和操作資料必須隨時保持同步的架構中它更困難，這在分散式架構中是一個艱巨的挑戰。找到支援最終一致性的方法，也許是非常嚴格的合約，可以讓許多模式不會強加其他的困難。

資料網格是發生在軟體開發生態系統中不斷增加演進的一個突出例子；新的能力產生了新的視角，這反過來又有助於解決過去一些持續的頭痛問題，像是人為地將包括操作和分析的領域與資料分開。

Sysops Squad 傳奇：資料網格

6 月 10 日，星期五，09:55

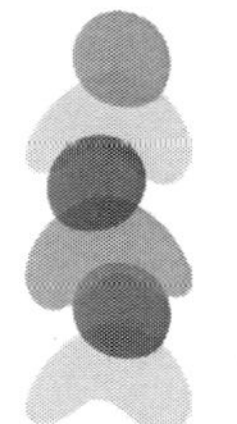

Logan、Dana 和 Addison 在大會議室會面，那裡經常有以前會議所剩下的零食（或者在這麼早的時候，是早餐）。

「我剛從與我們資料科學家的會議回來，而且他們正試圖找出一種可以為我們解決一個長期問題的方法——在專家供應計畫中我們需要變成資料驅動的，以滿足不同地理位置在不同時間點的技能組合需求。這種能力將有助於招聘、培訓和其他與供應相關的功能，」Logan 說。

「我沒有參與很多資料網格的實作，我們進展到什麼地步了？」Addison 問。

「我們實作的每項新服務都包含一個 DPQ。領域團隊負責為他們的服務運行和維護 DPQ 協作量子。我們才剛剛開始。我們在確定需求的過程中會逐漸建立這些能力。我在圖 14-3 中有一張單據管理領域的圖片。」

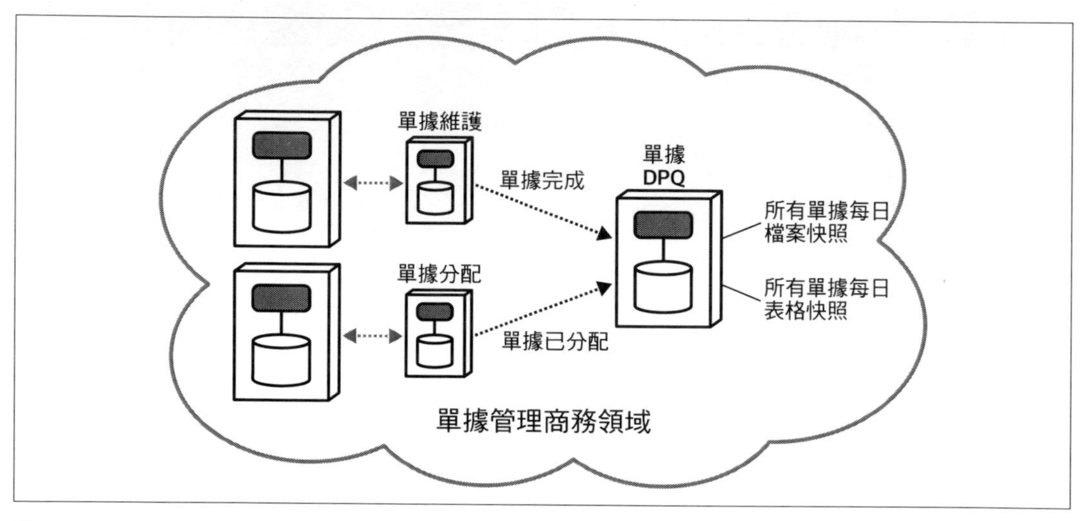

圖 14-3　單據管理領域，包括兩個有自己 DPQ 的服務和一個單據 DPQ

Logan 說，「單據 DPQ 是它自己的架構量子，並作為其他系統關心的幾個不同單據檢視表的聚合點。」

「每個團隊要建造多少和已經提供了多少？」Addison 問。

「我可以回答這個問題，」Dana 說。「資料網格平台團隊正在為資料使用者和資料產品開發者提供一套自助能力。這使得任何想要建立新分析用例的團隊能夠在現有的架構量子中搜尋和找到所選擇的資料產品，直接連接到它們並開始使用。這個平台還支援想要建立新資料產品的領域。這個平台持續監控網格中為了任何資料產品的停機，或與管理政策的不相容，並通知領域團隊採取行動。」

Logan 說，「領域資料產品所有者與安全、法律、風險和順應性中小企業（SME）以及平台產品所有者合作，形成了一個全球聯合管理群組，決定 DPQ 中像是它們資料共享合約、資料異步傳輸模式、存取控制等必須標準化的面向。平台團隊在一段時間內，用新的策略執行能力來充實 DPQ 的側邊車，並在整個網格中統一升級側邊車。」

「哇，我們進展的比我想像的更快，」Dana 說。「為了提供專家供應問題的資訊，我們需要什麼資料？」

Logan 回答，「在與資料科學家的合作中，我們已經確定了我們需要聚合哪些資訊。看起來我們有正確的資訊：單據 DPQ 服務於所有提出和解決單據的長期檢視表，使用者管理 DPQ 提供所有專家個人資料的每日快照，以及調查 DPQ 提供來自客戶所有調查結果的日誌。」

「太棒了，」Addison 說。「也許我們應該建立一個新的 DPQ，命名為像是專家供應 DPQ 之類的，它從這三個 DPQ 中取得異步輸入？它的第一個產品可以稱為*供應建議*，它使用一個 ML 模型，這個模型使用從調查、單據和維護領域的 DPQ 中聚合的資料進行訓練。當關於單據、調查和專家個人資料的新資料可用時，專家供應 DPQ 將提供每日建議資料。整體設計看起來像圖 14-4。」

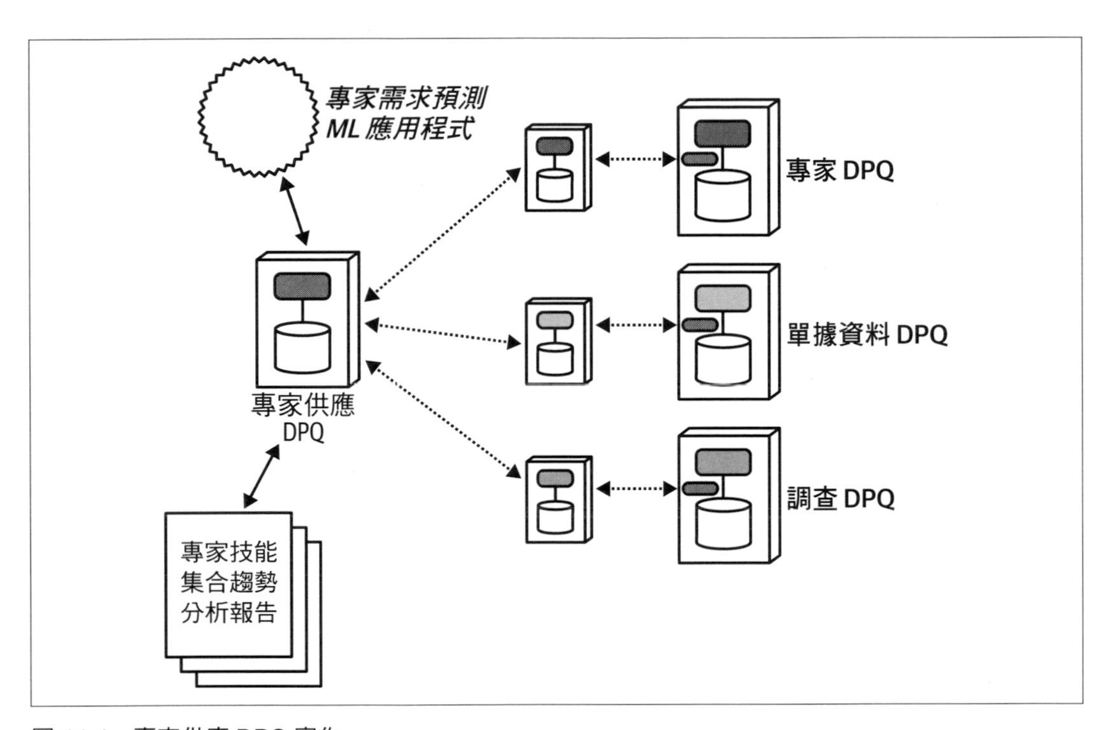

圖 14-4　專家供應 DPQ 實作

「好的，這看起來非常合理，」Dana 說。「服務已經完成；我們只需確保每個來源 DPQ 中存在特定的端點，並實作新的專家供應 DPQ。」

「沒錯，」Logan 說。「不過，我們需要擔心一件事——趨勢分析取決於可靠的資料。如果其中一個饋送來源系統在某段時間內回傳不完整的資訊會怎樣？這不會影響到趨勢分析嗎？」

「這是正確的——一段時間沒有資料比不完整的資料要好，它會使得流量看起來比原來的少，」Dana 說。「我們可以免除空虛的一天，只要它不經常發生。」

「好吧，Addison，你知道比是什麼意思，對嗎？」Logan 說。

「是的，我當然會這樣做——指定完整資訊或沒有資訊的 ADR，以及確保我們獲得完整資料的適應度函數。」

ADR：確保專家供應 DPQ 來源提供一整天的資料或不提供

上下文

專家供應 DPQ 在指定時間段內進行趨勢分析。特定日期的不完整資料會扭曲趨勢結果，應該避免。

決策

我們將確保專家供應 DPQ 的每個資料來源，收到每日趨勢的完整快照，或者當天沒有資料，允許資料科學家免除當天的資料。

來源饋入和專家供應 DPQ 之間的合約應該是寬鬆耦合的以避免脆弱性。

結果

如果由於可用性或其他問題造成太多天被免除，趨勢的準確性將受到負面影響。

適應度函數：

完成每日快照。在訊息到達時檢查它上面的時間戳記。對已知典型的訊息量，任何超過一分鐘的間隔都表示處理過程中存有缺口，將當日標記為免除。

用於單據 DPQ 和專家供應 DPQ 的消費者驅動合約適應度函數。為了確保單據領域的內部演進不會破壞專家供應 DPQ。

第十五章

建立你自己的權衡分析

6 月 10 日，星期一，10:01

會議室裡的燈光不知為何似乎比 9 月份那個決定性的日子更明亮，當時 Sysops Squad 的商務贊助者即將廢止整個支援合約商務線。會議開始前，會議室裡的人在互相聊天，營造出會議室裡很久很久沒有出現過的活力。

「嗯，」主要商務贊助者和 Sysops Squad 單據應用程式的負責人 Bailey 說，「我想我們應該開始了。如你們所知，本次會議的目的是為了討論 IT 部門如何能夠扭轉局面，並修復九個月前的大災難。」

「我們把這稱為回顧，」Addison 說。「而且這對於發現如何在未來做得更好，以及討論那些看起來效果不錯的事情非常有用。」

「那麼，告訴我們，什麼是真正有效的？你是如何從技術角度扭轉這個商務線？」Bailey 問。

「這真的不是單一的事情，」Austen 說，「而是很多事情的組合。首先，我們 IT 部門學到了寶貴的一課，就是把商務驅動因素作為解決問題和建立解決方案的一種方式看待。以前，我們總是習慣於只關注問題的技術面向，結果是從來沒有看到全局。」

「這是其中的一部分，」Dana 說，「但對我和資料庫團隊來說，扭轉局面的事情之一是開始與應用程式團隊更加合作來解決問題。你看，以前我們資料庫方面的人做我們自己的事，而應用程式開發團隊做他們的事。如果沒有合作和共同努力遷移 Sysops Squad 應用程式，我們永遠不會有現在的成果。」

「對我來說，它是學習如何正確分析權衡，」Addison 說。「如果沒有 Logan 的指導、洞察力和知識，我們就不會成為現在的樣子。正是因為 Logan，我們才能夠從商務角度證明我們的解決方案。」

「關於這一點，」Bailey 說，「我想我可以代表這裡的每個人說，你們最初的商務理由促使我們給你們最後一次機會來修復我們所處的爛攤子。這是我們不習慣的事情，而且，坦白說，它讓我們感到驚訝——以一種好的方式。」

「好吧，」Parker 說，「既然我們都同意事情似乎進展順利，我們如何保持這種速度？我們如何鼓勵公司內部的其他部門和處室不陷入我們之前的爛攤子？」

「紀律，」Logan 說。「我們繼續我們為所有決策建立權衡表的新習慣，繼續透過架構決策記錄來記錄和溝通我們的決策，並繼續與其他團隊就問題和解決方案上合作。」

「但這不就增加了許多額外的過程和程序嗎？」市場部負責人 Morgan 問道。

「不是，」Logan 說。「那是架構。而且正如你所看到的，它有效。」

在本書中，統一的例子說明了如何在分散式架構中一般地執行權衡分析。然而，架構中很少存在通用的解決方案，並且即使有，對於高度特定的架構以及它帶來的獨特問題，一般也是不完整的。因此，我們不認為第 2 章所涉及的通訊分析詳盡無遺，而是讓你為與你問題空間糾纏的獨特元素增加更多的欄位起點。

為此，本章對如何建立你自己的權衡分析提供了一些建議，其中使用了許多我們用來得出本書所呈現結論的相同技術。

我們在第 2 章中介紹的現代權衡分析的三個步驟如下：

- 找出哪些部分糾纏在一起。
- 分析它們是如何耦合的。
- 透過確定變化對相互依賴系統的影響來評估權衡。

我們接下來討論每個步驟的一些技巧和注意事項。

尋找糾纏的維度

架構師在這個過程中的第一步是發現哪些維度是糾纏或編織在一起的。這在特定的架構中是獨特的，但有經驗的開發者、架構師、操作者，和其他熟悉現有整體生態系統及它的能力和限制的角色可以發現。

耦合

分析的第一部分回答了架構師的這個問題：架構中的各個部分是如何相互耦合的？軟體開發領域對耦合有各式各樣的定義，但我們在這個訓練中使用了最簡單、最直觀的版本：如果有人改變了 *X*，它是否可能會強迫 *Y* 改變？

在第 2 章，我們描述了架構量子之間靜態耦合的概念，它提供了一個全面的技術耦合的結構圖。因為每個架構都是獨一無二的，所以沒有通用的工具來構建它。然而，在一個組織內，一個開發團隊可以手動或經由自動化來建立靜態耦合圖。

例如，要在一個架構中為一個微服務建立靜態耦合圖，架構師需要收集以下的細節：

- 作業系統 / 容器的相依性
- 經由遞移相依管理（框架、庫等）傳遞的相依性
- 在資料庫、搜尋引擎、雲端環境等的持久性相依
- 服務啟動自己所需的架構整合點
- 為實現與其他量子通訊所需的訊息傳遞基礎架構（像是訊息代理者）

靜態耦合圖不考慮唯一耦合點是與這個量子的工作流程通訊的其他量子。例如，如果一個 AssignTicket 服務在工作流程中與 `ManageTicket` 合作，但沒有其他耦合點，那它們是靜態獨立的（但在實際工作流程中是動態耦合的）。

那些已經經由自動化建立了大部分環境的團隊可以在生成機制中建立額外的能力，以在系統建立時記錄耦合點。

對於本書，我們的目標是衡量分散式架構耦合和通訊的權衡。為了確定什麼是我們的動態量子耦合的三個維度，我們研究了數百個分散式架構的例子（包括微服務和其他）來確定共同的耦合點。換句話說，我們看到的所有例子都對**通訊**、**一致性**和**協調**這些維度的改變很敏感。

這個過程突顯了在架構中迭代設計的重要性。沒有哪位架構師是出色到他們的初稿總是完美無缺。構建工作流程的樣本拓撲結構（就像我們在本書中所做的），讓架構師或團隊建立一個權衡的矩陣視圖，允許比臨時方法更快、更徹底的分析。

分析耦合點

一旦架構師或團隊確定了他們要分析的耦合點，下一步就是以輕量級的方式對可能的組合進行建模。有些組合可能是不可行，允許架構師跳過這些組合的建模。分析的目的是確定架構師需要研究哪些力量——換句話說，哪些力量需要權衡分析？例如，對於我們的架構量子動態耦合分析，我們選擇了耦合、複雜性、反應能力 / 可用性和規模 / 彈性作為主要的權衡關注點，此外還分析了通訊、一致性和協調這三種力量，如第 330 頁的「平行傳奇 (aeo) 模式」評等表所示，這表再次顯示在表 15-1。

表 15-1　平行傳奇模式的評等

平行傳奇	評等
通訊	異步的
一致性	最終的
協調	集中的
耦合程度	低
複雜程度	低
反應能力 / 可用性	高
規模 / 彈性	高

在建立這些評等列表時，我們將每個設計解決方案（我們命名的模式）隔離起來考慮，只有在最後才將它們結合起來查看差異性，如表 15-2 所示。

一旦我們單獨地分析了每個模式，我們就建立了一個矩陣來比較這些特徵，從而導致了有趣的觀察結果。首先，注意到*耦合程度*和*規模 / 彈性*之間直接的逆相關：模式中存在的耦合程度越高，它的可擴展性就越差。這在直覺上是有道理的；工作流程中涉及的服務越多，架構師做規模設計就越難。

其次，我們圍繞*反應能力 / 可用性*和*耦合程度*做了類似的觀察，它不像前面的相關性那麼直接，但也很重要：較高的耦合程度會導致較低的反應能力和可用性，因為工作流程中涉及的服務越多，整個工作流程就越有可能基於服務故障而失敗。

權衡

表 15-2　動態耦合模式的綜合比較

模式	耦合程度	複雜性	反應能力 / 可用性	規模 / 彈性
史詩傳奇	非常高	低	低	非常低
電話捉迷藏遊戲傳奇	高	高	低	低
童話傳奇	高	非常低	中	高
時空之旅傳奇	中	低	中	高
奇幻小說傳奇	高	高	低	低
恐怖故事	中	非常高	低	中
平行傳奇	低	低	高	高
選集傳奇	非常低	高	高	非常高

這種分析技術舉例說明了迭代架構。沒有一位架構師，不管他們有多聰明，能夠立即理解真正獨特情況的細微差別——而這些細微差別在複雜的架構中不斷出現。構建一個可能性矩陣，為架構師可能想要做的建模訓練提供訊息，以便研究排列一個或多個維度的影響，看看產生的效果。

評估權衡

一旦你建立了一個允許迭代的「如果…那會怎樣」場景的平台，就要專注於特定情況下的基本權衡。例如，我們專注於同步與異步通訊，這種選擇產生了大量的可能性和限制——軟體架構中的每件事都是一種權衡。因此，選擇像同步這樣的基本維度首先會限制未來的選擇。在這個維度現在固定的情況下，藉由第一個鼓勵或強迫後續的決策執行相同類型的迭代分析。架構師團隊可以在這個過程中迭代，直到他們解決了困難的決策為止——換句話說，有糾纏維度的決策。剩下的就是設計了。

權衡技術

隨著時間的推移，作者創建了一些權衡分析，並積累了一些如何處理這些分析的建議。

定性與定量分析

你可能已經注意到，我們的權衡表幾乎沒有一個是*定量的*——基於數字的——而是*定性的*——衡量事物的品質而不是數量，這是必要的，因為兩種架構總是會有足夠的差異，以避免真正的定量比較。然而，在一個大型資料集上使用統計分析可以進行合理的定性分析。

例如，在比較模式的可擴展性時，我們看了通訊、一致性和協調組合的多種不同*實作*，在每種情況下評估可擴展性，並允許我們建立表 15-2 中所示的比較量表。

類似地，在特定組織內的架構師也可以執行相同的訓練，建立一個耦合關注點的維度矩陣，並查看代表性的例子（無論是在現有組織內或測試理論的局部尖峰）。

我們建議你磨練執行定性分析的技能，因為在架構中很少有真正定量分析的機會。

MECE 列表

對於架構師來說，重要的是要確保他們比較的是相同事物，而不是截然不同的事物。例如，將一個簡單的訊息佇列與企業服務匯流排進行比較是無效的，企業服務匯流排包含一個訊息佇列，但也含有數十個其他的組件。

一個從技術策略領域借來幫助架構師得到正確匹配的事物，以進行比較的有用的概念是 *MECE 列表*，*MECE* 是*相互排斥*、*集體詳盡的*縮寫。

相互排斥

所有的能力都不能在比較的項目之間重疊。就像前面的例子，比較訊息佇列和整個 ESB 是無效的，因為它們不是真正的同一類事物。如果你只想比較不含其他部分的資訊傳遞能力，這會將比較減少到兩個相互可比的事物上。

集體詳盡的

這表明你已經涵蓋了決策空間中的所有可能性，而且你沒有遺漏任何明顯的能力。例如，如果一個架構師團隊在評估高性能的訊息佇列，並且只考慮 ESB 和簡單的訊息佇列而不考慮 Kafka，那他們就沒有考慮到這個空間內的所有可能性。

MECE 列表的目標是完全覆蓋一個類別空間，沒有漏洞或重疊，如圖 15-1 所示。

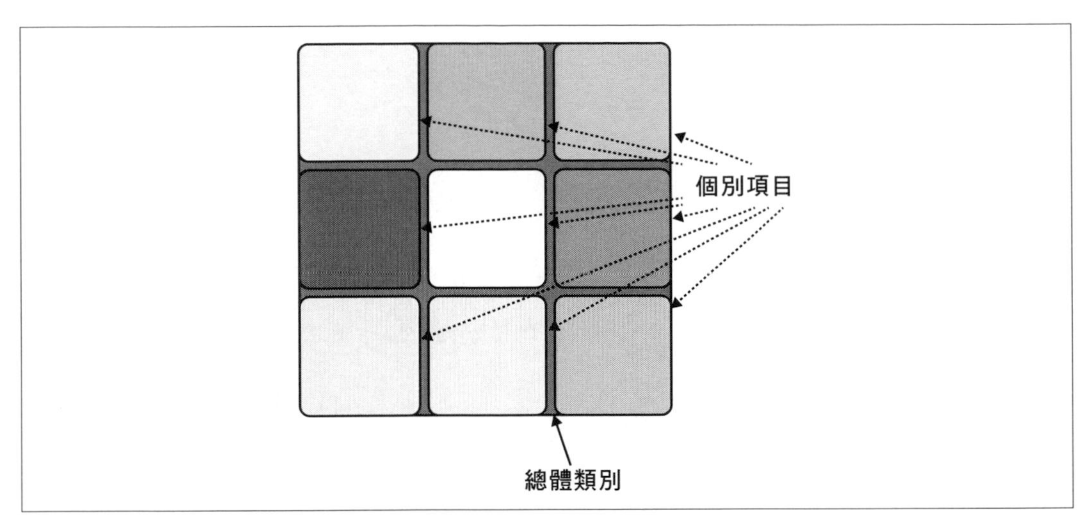

圖 15-1　MECE 列表是相互排斥並且集體詳盡的

軟體開發的生態系統不斷演進，在這過程中發現了新的能力。當做出一個具有長期影響的決策時，架構師應該確保新的能力不會改變標準。確保比較標準是集體詳盡的，以鼓勵這種探索。

「斷章取義」的陷阱

在評估權衡時，架構師必須確保依上下文做決策；否則，外部因素會過度地影響他們的分析。通常，一個解決方案有許多有利的方面，但卻因缺乏關鍵能力而無法成功。架構師需要確保他們平衡*正確的*一組權衡，而不是所有可用的權衡。

例如，也許架構師正試圖決定對於分散式架構中的共同功能，是要用共享服務或是共享庫，說明如圖 15-2。

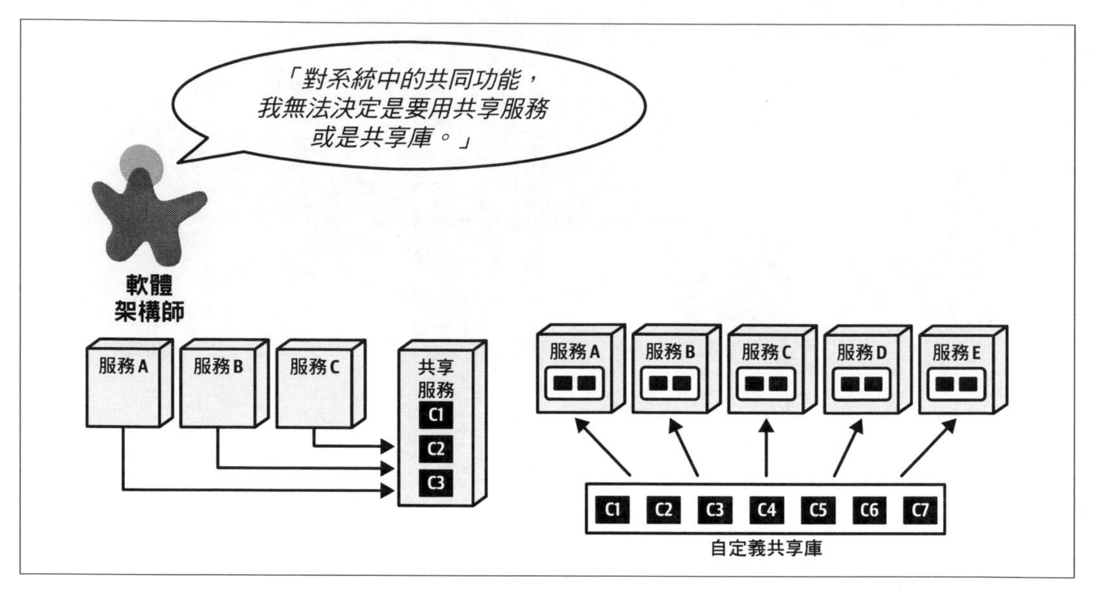

圖 15-2　在分散式架構中決定是共享服務還是共享庫

面臨這決定的架構師將開始研究這兩種可能的解決方案，既透過研究發現的一般特徵，也透過他們組織內部的實驗資料。這發現過程的結果導致了一個權衡矩陣，如圖 15-3 所示。

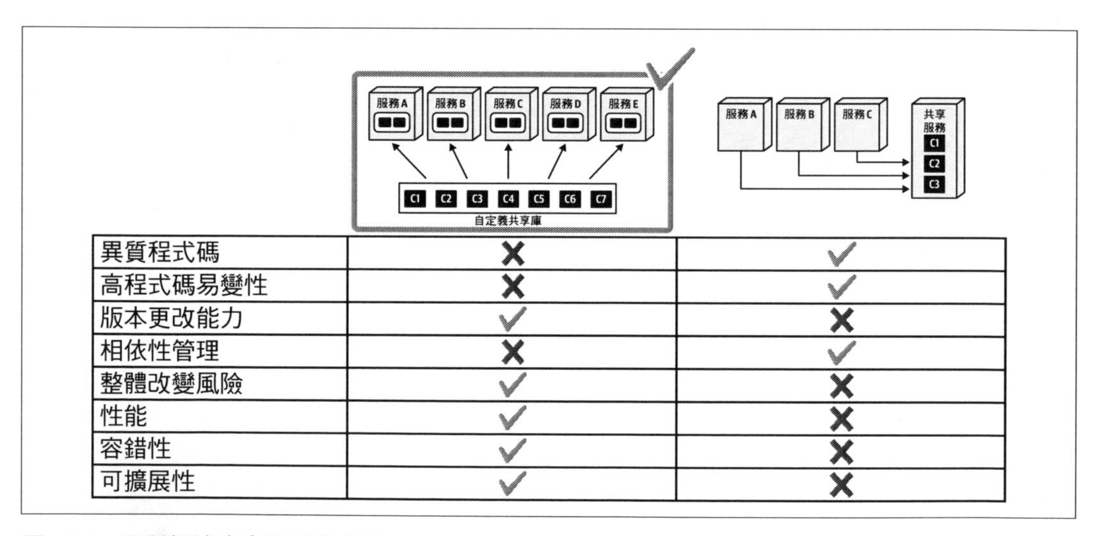

	自定義共享庫	共享服務
異質程式碼	✗	✓
高程式碼易變性	✗	✓
版本更改能力	✓	✗
相依性管理	✗	✓
整體改變風險	✓	✗
性能	✓	✗
容錯性	✓	✗
可擴展性	✓	✗

圖 15-3　兩種解決方案的權衡分析

架構師似乎有理由選擇共享庫的方法，因為矩陣明顯傾向於這種解決方案……**總體而言**。但是，這個決策示範了**斷章取義**的問題——當問題額外的上下文變得明確時，決策的標準就會改變，說明如圖 15-4。

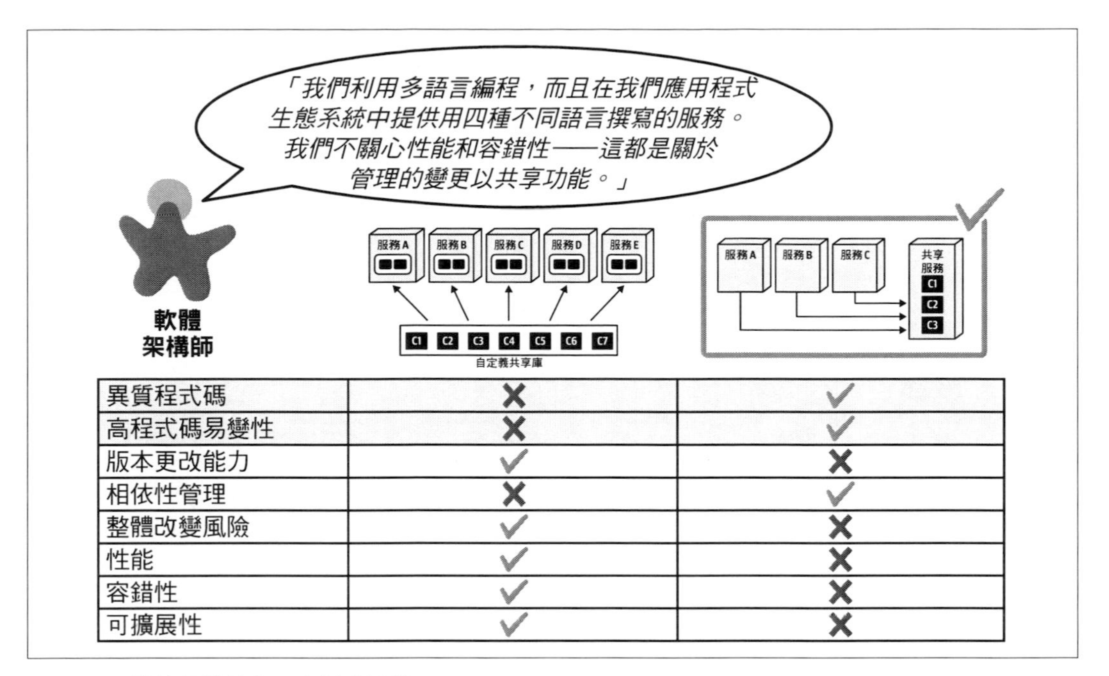

異質程式碼	✗	✓
高程式碼易變性	✗	✓
版本更改能力	✓	✗
相依性管理	✗	✓
整體改變風險	✓	✗
性能	✓	✗
容錯性	✓	✗
可擴展性	✓	✗

圖 15-4　基於額外的上下文轉移決策

架構師不僅繼續研究服務與庫的一般問題，還研究適用於這種情況的實際上下文。記住，如果不應用具體情況的上下文，一般解決方案在真實世界的架構中很少有用。

這個過程強調了兩個重要的觀點。首先，為決策找到最好的上下文，可以讓架構師考慮更少的選擇，大大地簡化了決策過程。來自軟體一個睿智常見的建議是「擁抱簡單的設計」，但卻不曾解釋如何實現這個目標。為決策找到正確的**狹義**上下文，可以讓架構師考慮得更少，在很多情況下，可以簡化設計。

其次，對於架構師來說，理解**迭代**設計在架構中的重要性是至關重要的，繪製架構解決方案的樣本圖，玩定性的「如果…那會怎樣」遊戲看看架構維度間如何相互影響。使用迭代設計，架構師可以調查可能的解決方案，並發現一個決策所屬的適當上下文。

模型相關領域案例

架構師在沒有為具體解決方案增加有價值的相關驅動因素下，不應該在空白中做出決策。將這些領域驅動因素添加到決策過程中，可以幫助架構師過濾可用的選項，並專注於真正重要的權衡。

例如，考慮架構師是否建立單一的付款服務還是每種支付類型單獨服務的決策，說明如圖 15-5。

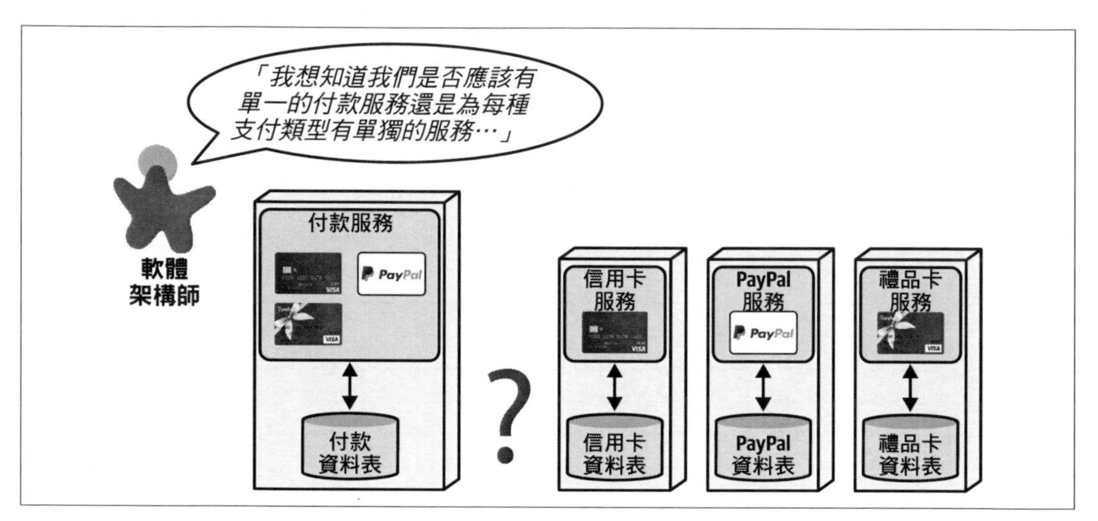

圖 15-5　在單一付款服務或每個支付類型中有一個之間的選擇

正如我們在第 7 章中所討論的，架構師可以從一些整合器和分解器中選擇，以協助這個決策。然而，這些力量是通用的——架構師可以透過對一些可能發生的場景進行建模，為決策增加更多的細微差別。

例如，考慮第一個場景，說明如圖 15-6，更新信用卡處理服務。

在這種場景下，擁有獨立的服務提供了更好的**可維護性**、**可測試性**和**可部署性**，這些都是基於服務量子層次的隔離。然而，獨立服務的缺點通常是重複的程式碼，以避免服務之間的靜態量子耦合，這損害了擁有獨立服務的好處。

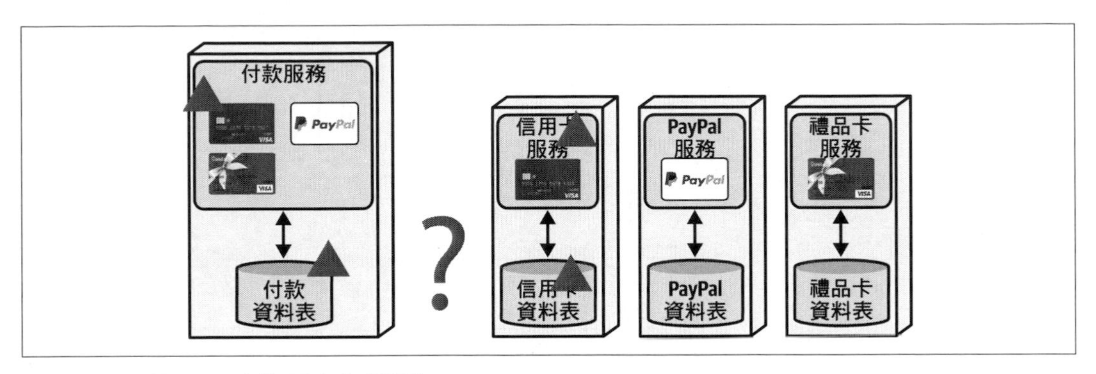

圖 15-6　場景 1：更新信用卡處理服務

在第二個場景中，架構師模仿了當系統增加一個新的支付類型時會發生什麼，如圖 15-7 所示。

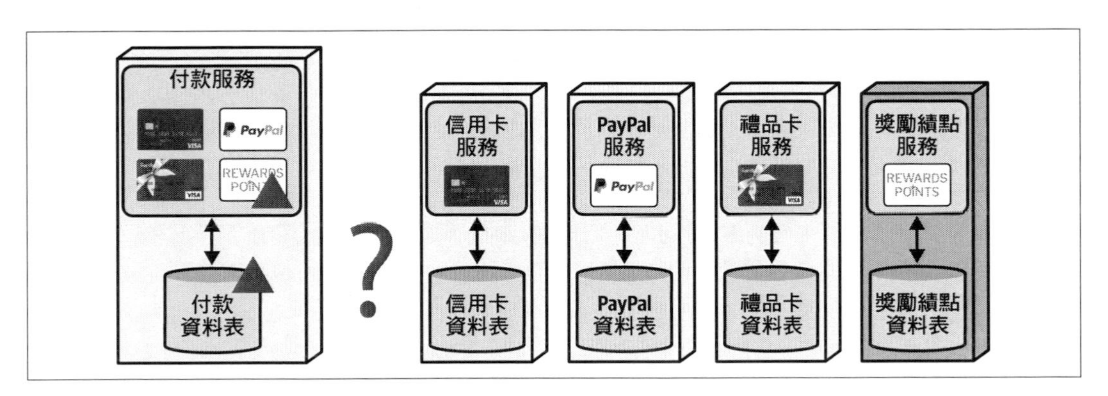

圖 15-7　場景 2：增加一種支付類型

架構師增加了一個**獎勵積點**支付類型，看看它對感興趣的架構特徵有什麼影響，強調**可擴展性**作為單獨服務的一個好處。到目前為止，單獨服務看起來很有吸引力。

然而，和許多情況一樣，更複雜的工作流程突顯了架構的困難部分，如圖 15-8 顯示的第二種場景所示。

在這種場景下，架構師開始深入了解這個決策所涉及的真正權衡。利用單獨的服務需要對這個工作流程進行協調，這最好由協作器處理。然而，正如我們在第 11 章中所討論的，移到協作器可能會對性能產生負面影響，並使資料一致性成為更大的挑戰。架構師可以避免使用協作器，但工作流程的邏輯必須存在於某個地方——記住，語義耦合只能經由實作增加，而不能減少。

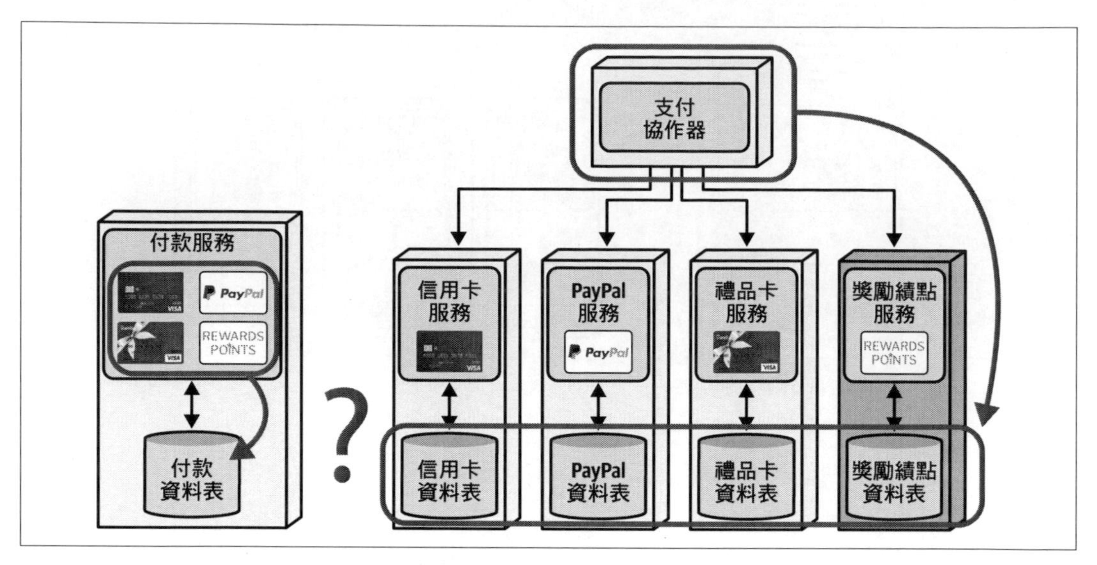

圖 15-8　場景 3：使用多種類型的支付方式

模仿這三種場景後，架構師意識到，真正的權衡分析歸結為哪個更重要：**性能和資料一致性**（單一付款服務）還是**可擴展性和敏捷性**（單獨服務）。

在通用和抽象的情況下思考架構問題，才能讓架構師最多也只能夠如此。由於架構通常會回避通用的解決方案，架構師必須建立他們在相關領域場景的建模技能，以便專注於更好的權衡分析和決策。

寧願選擇底線，也不要壓倒性的證據

架構師很容易積累大量的資訊，以追求對特定權衡分析所有方面的學習。此外，任何學到新東西的人一般都想告訴別人，特別是如果他們認為對方會感興趣的話。然而，架構師所發現的許多技術細節對於非技術的利益相關者來說是很神秘的，細節的數量可能會壓倒他們為決策增加有意義洞察力的能力。

架構師不應該展示他們所收集的所有資訊，而應該將權衡分析減少到幾個關鍵點，這些關鍵點有時候是各個權衡的聚合。

考慮架構師在微服務架構中可能面臨的關於選擇同步或異步通訊的常見問題，說明如圖 15-9。

圖 15-9　在通訊類型之間做出決策

同步解決方案協作器進行同步 REST 呼叫，以與工作流程合作者進行通訊，而異步解決方案則使用訊息佇列來實作異步通訊。

在考慮了指向一個與另一個的通用因素之後，架構師接下來會考慮非技術利益相關者感興趣的具體領域場景。為這個目的，架構師將建立一個類似表 15-3 的權衡表。

權衡

表 15-3　信用卡處理的同步和異步通訊之間的權衡

同步的優點	同步的缺點	異步的優點	異步的缺點
	客戶必須等待信用卡批核流程開始	不需等待流程開始	
保證在客戶請求結束之前開始信用批核			不保證這個流程已經開始
	如果協作器當機，客戶申請會被拒絕	應用程式提交不依賴於協作器	

在對這些場景進行建模後，架構師可以為利益相關者建立一個底線決策：**保證信用批核流程立即開始與反應能力和容錯性**哪個更重要？消除令人困惑的技術細節，使非技術領域的利益相關者能夠關注結果而不是設計決策，這有助於避免將他們淹沒在細節的海洋中。

避免誇大成效和狂熱鼓吹

對技術的熱情有一個不幸的副作用，那就是狂熱鼓吹，這應該是保留給技術主管和開發者的奢侈品，但往往會讓架構師陷入困境。

麻煩來了，因為當有人向其他人狂熱鼓吹一種工具、技術、方法或其他任何東西的時候，他們開始加強好的部分並淡化壞的部分。不幸的是，在軟體架構中，權衡最後總是使事情變得複雜。

架構師還應該對承諾有任何令人震驚新功能的工具或技術保持警惕，這些新功能經常出現與消失。總是強迫鼓吹者為工具或技術的好壞方面提供誠實的評估——在軟體架構中沒有任何事物全然是好的——這樣可以做出更平衡的決策。

例如，考慮一個架構師，他過去在某特定方法上獲得過成功，並成為這種方法的鼓吹者，說明於圖 15-10。

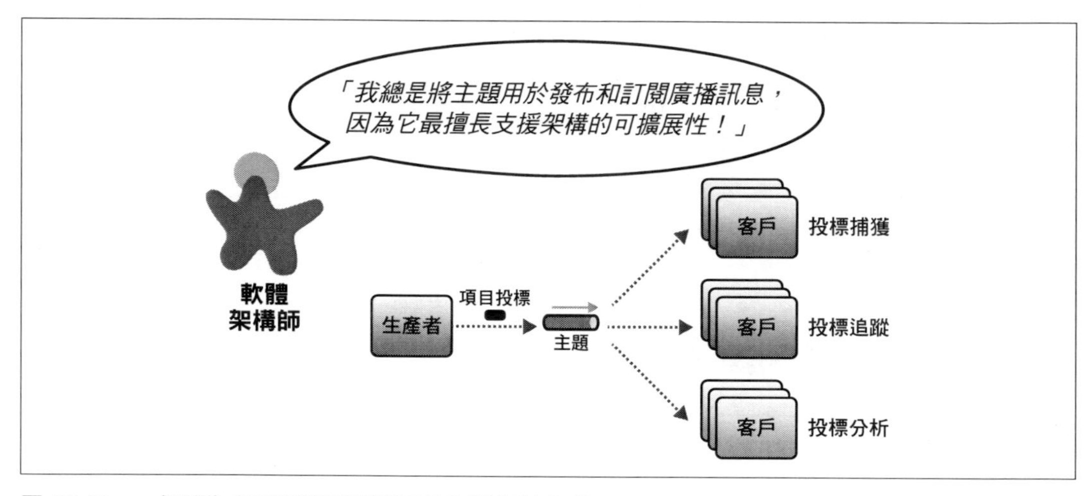

圖 15-10　一個認為自己找到了萬靈丹的架構師鼓吹者

這位架構師過去很可能處理過可擴展性是驅動架構特徵關鍵的一些問題，並且相信能力將永遠驅動決策過程。然而，架構中的解決方案很少擴展到特定問題空間的狹窄範圍之外。另一方面，傳聞的證據往往令人信服，但你怎樣才能得到隱藏在狂熱鼓吹者下意識背後的真正權衡？

雖然經驗很有用，但情況分析是架構師最有力的工具之一，可以在不建立整個系統的情況下進行迭代設計。藉由對可能情況的建模，架構師可以發現特定的解決方案實際上是否有效。

在圖 15-10 所示的例子中，一個現有的系統使用單一主題來廣播改變。架構師的目標是在工作流程中添加**投標歷史**——團隊應該保持現有的發布和訂閱方式，還是為每個消費者轉到點對點的訊息傳遞？

為了發現這個具體問題的權衡，架構師應該用這兩種拓撲結構來模仿可能的領域場景。圖 15-11 顯示在現有的發布和訂閱設計中加入投標歷史。

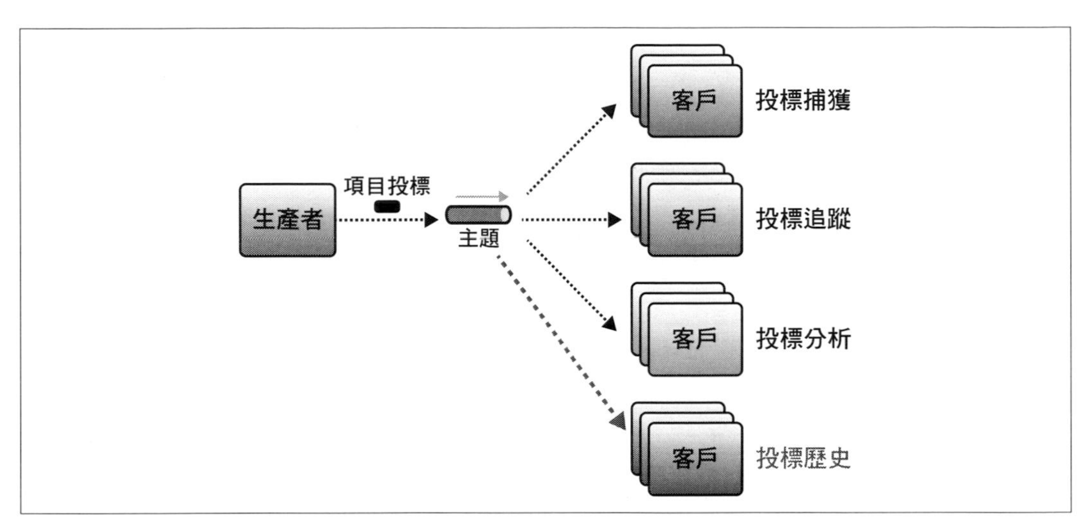

圖 15-11　場景 1：將投標歷史添加到現有的主題

雖然這個解決方案可行，但它也有問題。首先，如果團隊對每個消費者都需要不同的合約怎麼辦？構建一個包含所有內容的單一大型合約，實作了第 362 頁反模式的「用於工作流程管理的標記性耦合」；強迫每個團隊統一在單一合約上，在架構上產生一個意外的耦合點——如果一個團隊改變了它所需要的資訊，所有的團隊都必須在這一個變化上協調。第二，資料的安全性如何？使用單一的發布和訂閱主題，每個消費者都可以存取所有的資料，這可能會造成安全性問題和 PII（個人身分資訊，在第 14 章討論）問題。第三，架構師應該考慮不同消費者之間的操作架構特徵差異。例如，如果運營團隊想監控佇列深度，並對**投標捕獲**和**投標追蹤**使用自動縮放，但不用於其他兩個服務，使用單一主題就會妨礙這種能力——消費者現在的操作被耦合在一起。

為了減輕這些缺點，架構師應該對替代方案進行建模，看看它是否解決了之前的問題（並且不會引入新的棘手問題）。個別佇列的版本顯示於圖 15-12 中。

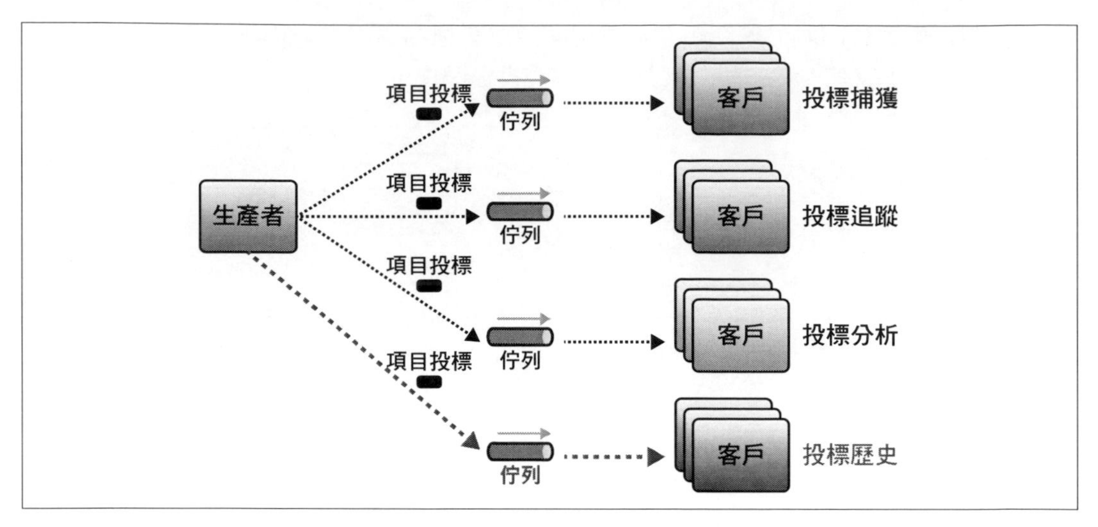

圖 15-12　使用個別佇列來捕獲投標資訊

這個工作流程的每個部分（投標捕獲、投標追蹤、投標分析和投標歷史）都使用自己的訊息佇列，並解決了之前的許多問題。首先，每個消費者可以有他們自己的合約，使消費者之間彼此解耦。第二，資料的安全存取和控制置於生產者和每個消費者之間的合約中，允許有不同的資訊和變化率。第三，每個佇列現在都可以被獨立的監控和縮放。

當然，在本書的這一點上，你應該意識到基於點對點的系統也不完美，但提供了一組不同的權衡。

一旦架構師對這兩種方法進行了建模，差異似乎就歸結為表 15-4 中的選擇。

權衡

表 15-4　在點對點與發布和訂閱訊息傳遞之間的權衡

點對點	發布和訂閱
允許異質性的合約	可擴展性（容易添加新的消費者）
更細粒的安全存取和資料控制	
每個消費者的個人操作概況	

最後，架構師應該與有關各方（運營、企業架構師、商務分析師等）協商，以確定這幾組權衡中哪一組更重要。

有時候，架構師並不選擇鼓吹某個事物，而是被迫扮演對立的陪襯，特別是對於那些沒有明顯優勢的事物。技術會培養出粉絲，有時是狂熱的粉絲，他們傾向於淡化缺點並強化優點。

例如，最近一個專案的技術負責人試圖和本書作者之一爭辯關於單體倉庫（*https://oreil.ly/PEEBC*）和基於主幹的開發（*https://oreil.ly/HCtsh*）的論點。兩者都有好和壞的面向，這是一個典型的軟體架構決策。這位技術負責人是單體倉庫方法的狂熱支持者，並試圖強迫作者採取反對的立場——如果不存在兩邊的話，那就不是一場爭論。

相反地，架構師指出這是一種權衡，並溫和地解釋說，技術負責人所吹捧的許多優勢需要一定程度的紀律，這種紀律性是過去從未在團隊中體現過的，但肯定會得到改善。

架構師沒有被迫採取反對的立場，反而強力地進行真實世界的權衡分析，而不是基於通用的解決方案。架構師同意嘗試單體倉庫的方法，但也收集指標以確保這解決方案的負面面向不會表現出來。例如，他們想避免的破壞性反模式之一是兩個專案之間因為資源庫接近度而意外耦合，所以架構師和團隊建立了一系列的適應度函數，以確保雖然在技術上有可能產生一個耦合點，但適應度函數可以防止它。

不要讓別人強迫你去狂熱鼓吹某件事——把它拉回到權衡上。

我們建議架構師避免狂熱鼓吹，並嘗試成為權衡的客觀仲裁。架構師不是藉由追逐一個又一個的萬靈丹為組織增加實際的價值，而是藉由當權衡出現時磨練他們分析的技能。

Sysops Squad 傳奇：尾聲

6 月 20 日，星期一，16:55

「好吧，我想我終於明白了。對於我們的架構，我們不能真的依賴通用建議——它與所有其他的架構太不一樣了。我們必須不斷地做權衡分析的艱苦工作。」

「沒錯。但這不是缺點——它是優點。一旦我們都學會了如何隔離維度並進行權衡分析，我們就會學到關於*我們*架構的具體東西。誰會關心其他的、通用的東西呢？如果我們能將一個問題的權衡數量壓縮到足夠小的數目，以便實際建模和測試它們，我們就獲得了關於我們生態系統的寶貴知識。你知道，結構工程師已經建立了大量的數學和其他預測工具，但建立他們的東西是困難和昂貴的。軟體是很多…嗯，更軟的。我總是說，*測試是軟體開發的工程嚴謹性*。雖然我們沒有其他工程師擁有的那種數學能力，但我們可以逐步建立和測試我們的解決方案，允許更大的彈性並利用更靈活的媒介優勢。用客觀的結果進行測試，讓我們的權衡分析從定性變成定量——從猜測變成工程。我們對關於我們獨特生態系統了解的具體事實越多，我們的分析就會越精準。」

「是啊，這很有道理。要不要來個下班後的聚會，慶祝大翻身呢？」

「當然要。」

附錄 A

概念和術語參考

在本書中，我們多次引用了在之前《*Fundamentals of Software Architecture*》書中詳細說明過的一些術語或概念，以下是這些術語和概念在之前書中的前向參考。

迴圈複雜性：第 6 章，81 頁

組件耦合：第 7 章，92 頁

組件內聚力：第 7 章，93 頁

技術分區與領域分區：第 8 章，103 頁

分層架構：第 10 章，135 頁

基於服務的架構：第 13 章，163 頁

微服務架構：第 12 章，151 頁

附錄 B

架構決策記錄參考

本書中每個 Sysops Squad 的決策都附有對應的架構決策記錄。我們在這裡整合了所有的 ADR，以便參考：

附錄 C

權衡參考

本書的主要重點是權衡分析；為此，我們在第二部分建立了一些權衡表和圖，以總結圍繞特定架構問題的權衡。這個附錄總結了所有的權衡表和圖，以便於參考：

索引

＊提醒您：由於翻譯書排版的關係，部份索引名詞的對應頁碼會和實際頁碼有一頁之差。

A

B

C

D

E

F

G

H

I

J

K

L

M

N

O

P

Q

R

S

T

U

V

W

Y

Z

關於作者

Neal Ford 是 Thoughtworks 的董事、軟體架構師、以及備忘錄的整理者，Thoughtworks 是一家軟體公司，也是一個由充滿熱情、以目標為導向的一群人所組成的社群，他們以顛覆性的思維提供解決最棘手挑戰的技術，同時尋求革新 IT 行業並創造積極的社會變革。Neal 是國際公認的軟體開發和發表專家，特別是在敏捷工程技術和軟體架構的交叉領域中。Neal 已經撰寫了七本書籍（還在繼續增加中）、許多雜誌文章和數十個視訊短片的演示，並在全球數百個開發者會議上發表演講。他論著的主題包括軟體架構、持續交付、函數式編程、前沿軟體創新，以及以商務為重點的關於改進技術演示的書籍和視訊短片。請查看他的網站：*Nealford.com*。

Mark Richards 是一位經驗豐富的實踐型軟體架構師，參與過各種技術的微服務架構、服務導向的架構以及分散式系統的架構、設計和實作。他自 1983 年開始從事軟體行業，在應用程式、整合和企業架構方面擁有豐富的經驗和專業知識。Mark 是許多技術書籍和視訊短片的作者，包括《*Fundamentals of Software Architecture*》、「Software Architecture Fundamentals」系列的視訊短片、以及一些關於微服務和企業訊息傳遞的書籍和視訊短片。Mark 也是一位會議發言人和培訓師，並在全球各地數百個會議和使用者群組中就各種企業相關的技術主題發表過演講。

Pramod Sadalage 是 Thoughtworks 的資料和 DevOps 總監。他的專長包括應用程式開發、敏捷資料庫開發、演進的資料庫設計、演算法設計和資料庫管理。

Zhamak Dehghani 是 Thoughtworks 的新興技術總監。在此之前，她曾在 Silverbrook Research 擔任首席軟體工程師，以及在 Fox Technology 擔任高級軟體工程師。

出版記事

本書封面上的動物是一隻黑腰金焰啄木鳥（*Dinopium benghalense*），這是一種引人注目的啄木鳥，遍佈於印度次大陸的平原、山麓、森林和城市區域。

這種鳥的金色背部鑲嵌在黑色的肩膀和尾巴上，這也是牠以火為名的原因。成鳥的冠冕是紅色的，頭部和胸部有黑白斑點，一條黑色的條紋從眼睛一直延伸到後腦勺。像其他常見的小嘴啄木鳥一樣，黑腰金焰啄木鳥有一個直的尖喙，可以支撐樹幹的硬尾巴，和四個腳趾——兩個向前、兩個向後。如果牠的標記還不夠明顯的話，黑腰金焰啄木鳥經常透過牠「ki-ki-ki-ki-ki-ki」的叫聲被發現，這種叫聲速度會穩定的增加。

這種啄木鳥用尖喙和長舌在樹皮下捕食昆蟲，如紅蟻和甲蟲幼蟲。牠們已經被觀察到拜訪過白蟻丘，甚至以花蜜為食。金焰鳥也很能適應城市的棲息地，以現成的落果和食物殘渣為生。

這種鳥被認為在印度比較常見，牠目前的保護狀況被列為「暫無危機」。O'Reilly 書籍封面上的許多動物都面臨瀕臨絕種的危機；牠們都是這個世界重要的一份子。

本書封面圖片是由 Karen Montgomery 根據《*Shaw's Zoology*》中的一幅黑白版畫創作所繪。

軟體架構：困難部分

作　　者：Neal Ford, Mark Richards, Pramod Sadalage, Zhamak Dehghani
譯　　者：劉超群
企劃編輯：蔡彤孟
文字編輯：王雅雯
設計裝幀：陶相騰
發 行 人：廖文良

發 行 所：碁峰資訊股份有限公司
地　　址：台北市南港區三重路 66 號 7 樓之 6
電　　話：(02)2788-2408
傳　　真：(02)8192-4433
網　　站：www.gotop.com.tw
書　　號：A690
版　　次：2022 年 06 月初版
2024 年 04 月初版二刷
建議售價：NT$780

國家圖書館出版品預行編目資料

軟體架構：困難部分 / Neal Ford, Mark Richards, Pramod Sadalage, Zhamak Dehghani 原著；劉超群譯. -- 初版. -- 臺北市：碁峰資訊, 2022.06

面；　公分

譯自：Software Architecture: The Hard Parts: modern trade-off analysis for distributed architectures.

ISBN 978-626-324-204-3(平裝)

1.CST：軟體研發　2.CST：電腦程式設計

312.2　　111007475

本書是根據寫作當時的資料撰寫而成，日後若因資料更新導致與書籍內容有所差異，敬請見諒。若是軟、硬體問題，請您直接與軟、硬體廠商聯絡。